미용사 일반
실기 필기

김서원 · 김선희 · 조해연 · 김수재 · 이진영 공저

다락원

저자 약력

김서원
뷰티연구소 K(케이) 대표
일본 헐리우드미용전문학교 한국사무소 운영
서울종합예술실용학교 뷰티예술계열 교수
삼육보건대 뷰티융합과 P-tech 교수
NCS학습모듈 헤어미용 분야 개발 참여

김선희
경복대학교 준오헤어디자인과 부교수
NCS 자격기관 컨설팅 위원
한국인체미용예술학회 사독위원
한양대학교 이학박사
CIABC Licensed Hairstylist, Canada

조해연
㈜르에쓰 프로유통사업부 이사
헤어미용NCS 기반 학습모듈 집필진
헤어미용NCS 기반 자격설계 위원
일학습기업 현장실사위원
NCS기반 헤어컬러컨설턴트 집필

김수재
서경대학교 미용예술대학원 석사
서울벤처대학원대학교 미용경영학 박사
보그헤어 로윈마포공덕점 대표원장
부천대학교 뷰티융합비즈니스 겸임교수
국제예술대학교, 서경대학교, 예인직업전문학교 교수
한국뷰티스타일리스트 협회 이사

이진영
두리직업전문학교 학교장
숙명여자대학교 사회교육대학원 미용예술석사
이용기능장

 **머리말**

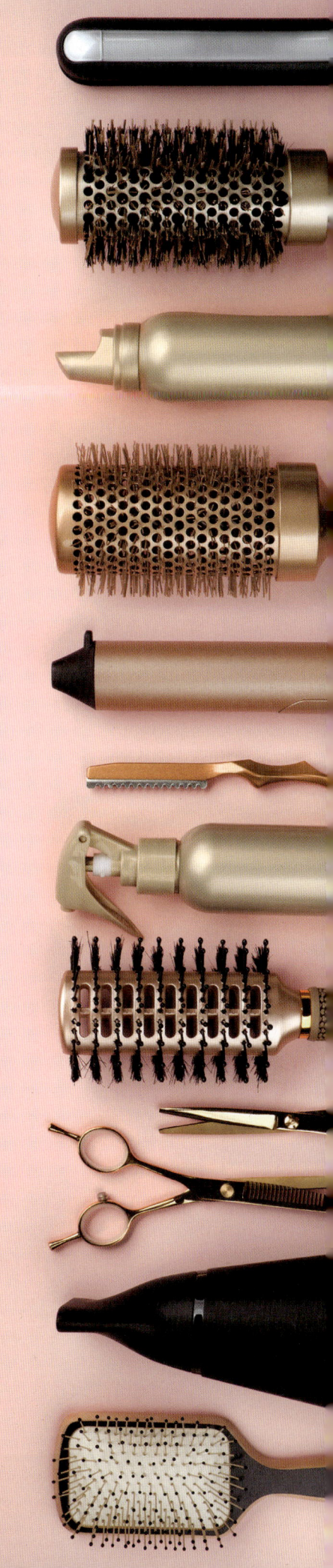

　〈원큐패스 혼공비법 미용사 일반 실기 필기〉는 다양한 학습 환경에서 자기 주도적 방법으로 미용사 일반 실기와 필기 자격을 취득하고자 하는 학습자를 대상으로 집필된 수험서입니다.

　미용사 일반 자격에서 요구하는 과제의 종류와 양은 다른 자격시험에 비해 현저히 방대합니다. 이러한 현실을 반영하여 학습자가 쉽게 자격시험을 준비할 수 있도록 상세하고 편리한 단계별 구성 형식을 적용하였습니다. 특히, 과제별로 정확하고 다양한 사진을 순서대로 나열하고 테크닉과 관련되어 이해도가 요구되는 부분은 자세한 그림도 추가하였습니다.

　본 수험서의 실기과제 영역은 과제항목으로 구분되어 학습자가 영역별로 자격시험 지참물을 확인하고 준비한 후, 제시된 사진의 순서에 따라 실습을 진행할 수 있도록 합니다. 사진과 해당 QR코드의 동영상으로 실습에 대한 테크닉을 구체적으로 이해할 수 있습니다. 그리고 필기영역은 수험자가 단시간에 합격할 수 있도록 간추린 핵심이론과 실제시험과 유사한 기출복원문제로 구성하여 빠른 시간 안에 실력을 자가 진단하여 합격하도록 하였습니다. 또한, NCS 헤어미용의 학습내용도 연계 반영하여 산업현장이 요구하는 실무형 인재로 성장하는 데 도움이 되고자 합니다.

　이 책을 통하여 수험생이 미용사 일반 실기 필기 자격시험에 모두 합격하는 기쁨을 누리기를 기원하고, 미용 산업 현장에 첫발을 내딛어 미용전문 인재로 성장하기를 기대합니다.

저자 일동

헤어 자격시험 혼공비법

01 미용사 일반 자격시험

개요

미용업무는 공중위생분야로서 국민의 건강과 직결되어 있는 중요한 분야로 향후 국가의 산업구조가 제조업에서 서비스업 중심으로 전환되는 차원에서 수요가 증대되고 있다. 분야별로 세분화 및 전문화 되고 있는 세계적인 추세에 맞추어 미용의 업무 중 헤어 미용을 수행할 수 있는 미용분야 전문인력을 양성하여 국민의 보건과 건강을 보호하기 위하여 자격제도를 제정

수행직무

아름다운 헤어스타일 연출 능을 위하여 헤어 및 두피에 적절한 관리법과 기기 및 제품을 사용하여 일반미용을 수행

진로 및 전망

- 미용실에 취업하거나 직접 자신의 미용실을 운영할 수 있다.
- 미용업계가 과학화, 기업화됨에 따라 미용사의 지위와 대우가 향상되고 작업조건도 양호해질 전망이며, 남자가 미용실을 이용하는 경향이 두드러지고, 많은 남자 미용사가 활동하는 미용 업계의 경향으로 보아 남자에게도 취업의 기회가 확대될 전망이다.
- 공중위생법상 미용사가 되려는 자는 미용사 자격 취득을 한 뒤 시·도지사의 면허를 받도록 하고 있다(법 제9조).
- 미용사(일반)의 업무범위 : 파마, 머리카락 자르기, 머리카락 모양내기, 머리피부손질, 머리카락염색, 머리감기, 의료기기와 의약품을 사용하지 아니하는 눈썹손질 등

02 미용사 일반 자격 취득

자격시험
-1차 필기시험(객관식 4지 택일형, CBT 방식, 1시간)
-2차 실기시험(작업형, 2시간 30분 정도)

응시료 필기시험 14,500원 / 실기시험 24,900원

합격 기준 100점 만점에 전 과목 평균 60점 이상

시험 일정 상시시험
※ 자세한 시험 일정은 큐넷 홈페이지 참조

03 합격률

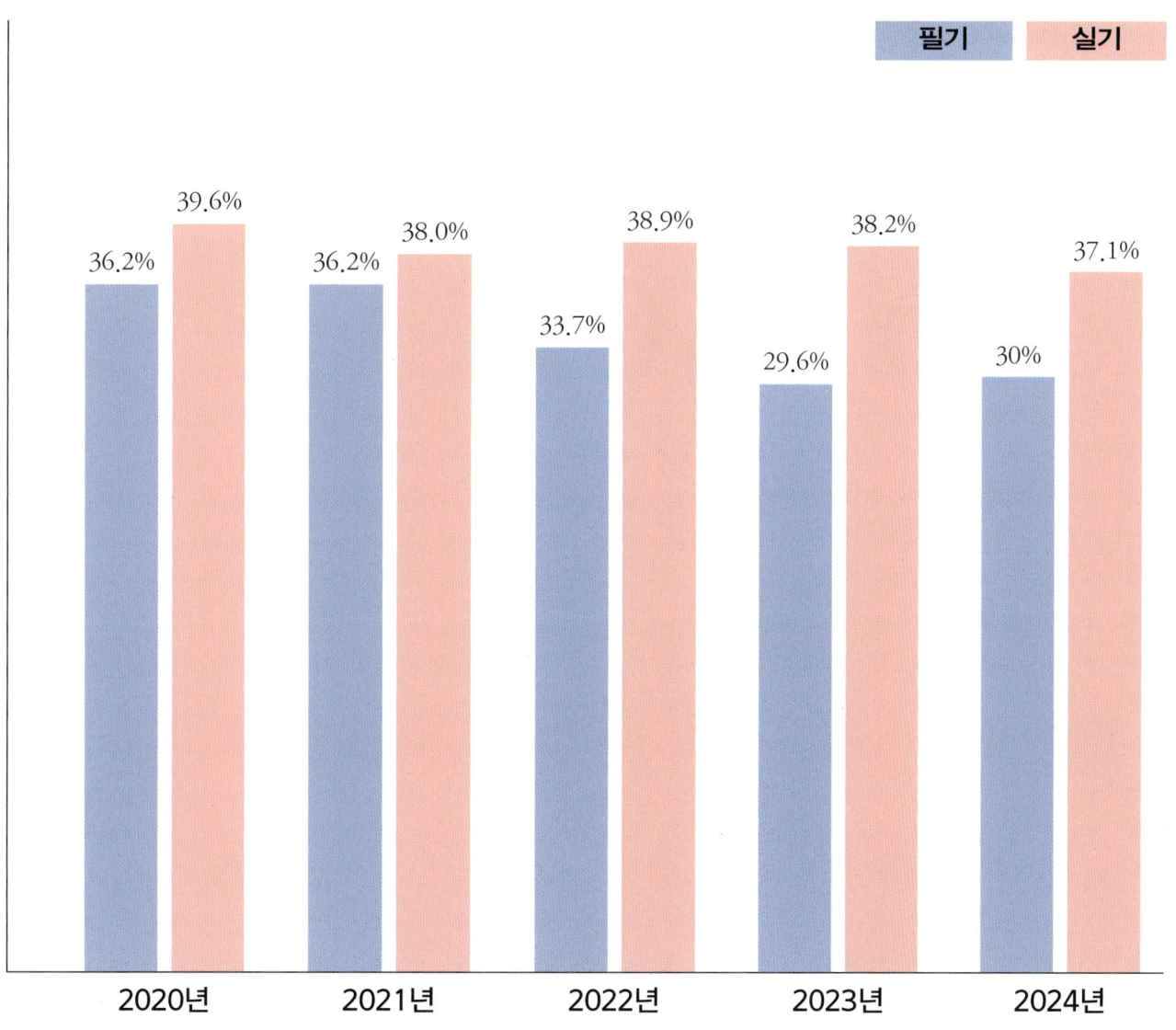

헤어 자격시험 혼공비법

실기편

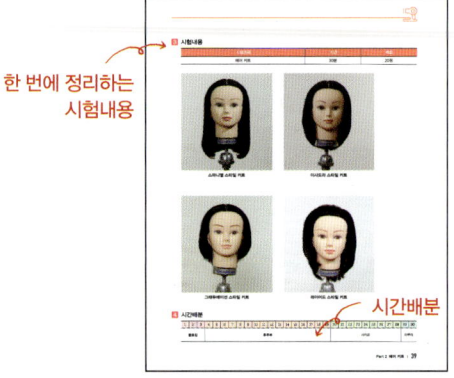
한 번에 정리하는 시험내용
시간배분

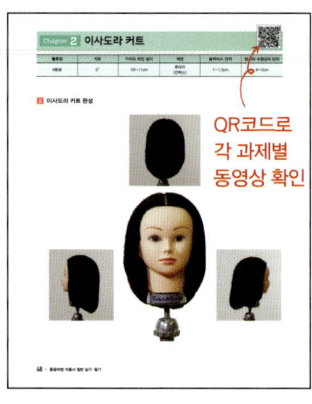
QR코드로 각 과제별 동영상 확인

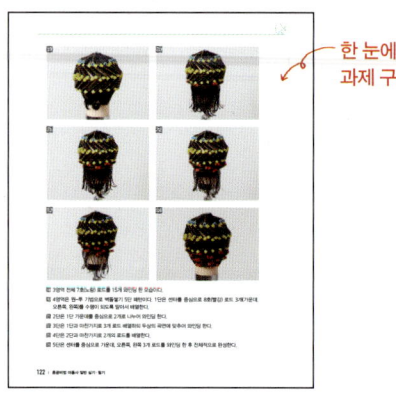
한 눈에 보는 과제 구성

저자의 노하우를 아낌없이 담아 기본에 충실하고 디테일에 강한 확실히 다른 실기

필기편

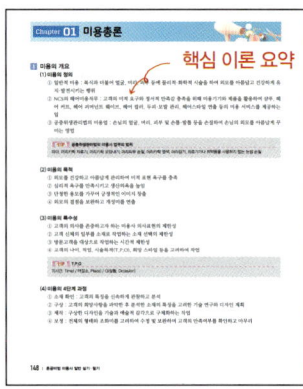
핵심 이론 요약

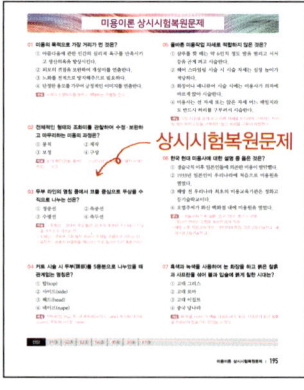
상시시험복원문제

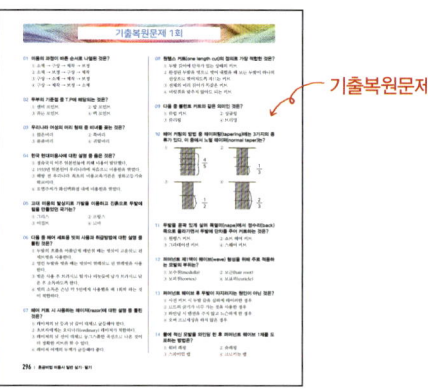
기출복원문제

상시시험 변경으로 더 어려워진 출제 내용을 복원하여 확실하게 정리한 필기

무료 동영상 강의

과제에 있는 QR코드를 통해 쉽고 빠르게 볼 수 있는 저자 직강 동영상 강의

1:1 학습답변 & 자료실

원큐패스카페
문의사항을 올리면 친절히 답해주는 1:1 학습답변
※ 원큐패스 카페(http://cafe.naver.com/1qpass)

I. 실기시험

시험 과제 유형	12
수험자 유의사항	12
수험자 및 모델의 복장	15
수험자 지참 재료목록	16
도구와 재료	18

Part 1 두피 스케일링 및 백(뒤) 샴푸 22

Part 2 헤어 커트 37

Chapter 1	스파니엘 커트	43
Chapter 2	이사도라 커트	48
Chapter 3	그래듀에이션 커트	53
Chapter 4	레이어드 커트	58

Part 3 블로 드라이 및 롤 세팅 64

Chapter 1	스파니엘 인컬 드라이	72
Chapter 2	이사도라 아웃컬 드라이	79
Chapter 3	그래듀에이션 인컬 드라이	86
Chapter 4	레이어드 롤컬 세팅	93

Part 4 재커트 100

Part 5 헤어 퍼머넌트 웨이브 104

Chapter 1	기본형	110
Chapter 2	혼합형	117

Part 6 헤어 컬러링 123

Chapter 1	주황	127
Chapter 2	보라	132
Chapter 3	초록	137

II 필기시험

Part 1 · 미용업 안전위생 관리 — 146

Chapter 1	미용의 이해	148
Chapter 2	피부의 이해	154
Chapter 3	화장품 분류	170
Chapter 4	미용사 위생 관리	182
Chapter 5	미용업소 위생 관리	183
Chapter 6	미용업 안전사고 예방	185
Chapter 7	고객응대 서비스	187
	상시시험복원문제	188

Part 2 · 미용이론 — 196

Chapter 1	헤어샴푸	198
Chapter 2	두피·모발관리	202
Chapter 3	원랭스 헤어커트	211
Chapter 4	그래쥬에이션 헤어커트	216
Chapter 5	레이어 헤어커트	217
Chapter 6	쇼트 헤어커트	218
Chapter 7	베이직 헤어펌	220
Chapter 8	매직스트레이트 헤어펌	228
Chapter 9	기초 드라이	230
Chapter 10	베이직 헤어컬러	234
Chapter 11	헤어미용 전문제품 사용	241
Chapter 12	베이직 업스타일	244
Chapter 13	가발 헤어스타일 연출	255
	상시시험복원문제	258

Part 3 · 공중위생관리 — 268

Chapter 1	공중보건학 총론	270
Chapter 2	질병관리	272
Chapter 3	가족 및 노인보건	280
Chapter 4	환경보건	283
Chapter 5	산업보건	290
Chapter 6	식품위생과 영양	292
Chapter 7	보건행정	294
Chapter 8	소독의 정의 및 분류	295
Chapter 9	미생물 총론	297
Chapter 10	병원성 미생물	298
Chapter 11	소독 방법	300
Chapter 12	분야별 위생·소독	303
Chapter 13	공중위생관리법의 목적 및 정의	304
Chapter 14	영업의 신고 및 폐업	305
Chapter 15	영업자 준수사항	307
Chapter 16	이·미용사의 면허	308
Chapter 17	이·미용사의 업무	310
Chapter 18	행정지도 감독	311
Chapter 19	업소 위생등급	314
Chapter 20	보수교육	316
Chapter 21	벌칙	318
	상시시험복원문제	321

Part 4 · 기출복원문제 — 336

기출복원문제 1회	338
기출복원문제 2회	344
기출복원문제 3회	350
기출복원문제 4회	356
기출복원문제 5회	362

Ⅰ 실기시험

- 시험 과제 유형
- 수험자 유의사항
- 수험자 및 모델의 복장
- 수험자 지참 재료목록
- 도구와 재료

Part 1
두피 스케일링 및 백(뒤) 샴푸

Part 2
헤어 커트
- Chapter 1 스파니엘 커트
- Chapter 2 이사도라 커트
- Chapter 3 그래듀에이션 커트
- Chapter 4 레이어드 커트

Part 3
블로 드라이 및 롤 세팅
- Chapter 1 스파니엘 인컬 드라이
- Chapter 2 이사도라 아웃컬 드라이
- Chapter 3 그래듀에이션 인컬 드라이
- Chapter 4 레이어드 롤컬 세팅

Part 4
재커트

Part 5
헤어 퍼머넌트 웨이브
- Chapter 1 기본형
- Chapter 2 혼합형

Part 6
헤어 컬러링
- Chapter 1 주황
- Chapter 2 보라
- Chapter 3 초록

실기시험 안내

01 시험 과제 유형 2시간 25분

	과제명	세부 과제	시간	배점
1	두피 스케일링 및 백 샴푸	두피 스케일링(브러싱 포함), 백 샴푸(back shampoo), 린스(트리트먼트), 마무리	25분	20점
2	헤어 커트	① 이사도라 ② 스파니엘 ③ 그래듀에이션 ④ 레이어드	30분	20점
3	블로 드라이 및 롤 세팅	① 인컬(스파니엘) ② 아웃컬(이사도라) ③ 인컬(그래듀에이션) ④ 롤컬(레이어드)	30분	20점
-	재커트	레이어드형은 재커트 없음	15분	-
4	헤어 퍼머넌트 웨이브	① 기본형(9등분) ② 혼합형	35분	20점
5	헤어 컬러링	① 주황 ② 초록 ③ 보라	25분	20점

※ 각 과제에서 유형별로 1과제가 선정됩니다.
※ 과제순서는 조별순환을 원칙으로 하며, 시험장의 샴푸대 개수에 따라 수용인원을 고려하여 과제를 수행합니다.

02 수험자 유의사항

다음 사항을 준수하여 실기시험에 임하여 주십시오.
만약 아래의 사항을 지키지 않을 경우,
시험장의 입실 및 수험에 제한을 받는 불이익이 발생할 수 있다는 점 인지하여 주시고,
시험위원의 지시가 있을 경우, 다소 불편함이 있더라도 적극 협조하여 주시기 바랍니다.

- **01** 수험자와 모델은 시험위원의 지시에 따라야 하며, 지정된 시간에 시험장에 입실해야 합니다.
- **02** 수험자는 수험표 및 신분증(본인임을 확인할 수 있는 사진이 부착된 증명서)을 지참해야 합니다.
- **03** 수험자는 반드시 반팔 또는 긴팔 흰색 위생복(일회용 가운 제외)을 착용하여야 하며 복장에 소속을 나타내거나 암시하는 표식이 없어야 합니다.
- **04** 수험자 또는 모델은 스톱워치나 핸드폰을 사용할 수 없습니다.
- **05** 수험자 및 모델은 눈에 보이는 표식(네일 컬러링, 디자인 등)이 없어야 하며, 표식이 될 수 있는 액세서리(반지, 시계, 팔찌, 발찌, 목걸이, 귀걸이 등)를 착용할 수 없습니다.

06 "두피 스케일링 및 백 샴푸" 과제 시 모든 수험자는 대동한 모델에 작업해야 하고 모델을 대동하지 않을 시에는 "두피 스케일링 및 백 샴푸" 과제를 응시할 수 없습니다.

> ※ 모델 기준 : 만 14세 이상의 신체 건강한 남, 여(년도기준)로 모발 길이가 귀 밑 5cm 이상, 네이프 라인 5cm 이상인 자
> ※ 수험자가 동반한 모델도 신분증을 지참하여야 하며, 공단에서 지정한 신분증을 지참하지 않은 경우, 모델로 시험에 참여가 불가능합니다.

07 매 과정별 요구사항에 여러 가지 과제 유형이 있는 경우에는 반드시 시험위원이 지정하는 과제형으로 작업해야 합니다.

08 매 작업과정 전에는 준비 작업시간을 부여하므로 시험위원의 지시에 따라 행동하고 각종 도구도 잘 정리 정돈 후 작업에 임하여야 합니다.

09 주어진 헤어 커트 과제에 따라 그 다음 작업(블로 드라이 및 롤 세팅)의 과제 형이 정해지며, 그 순서와 내용은 다음과 같습니다.

> ※ 이사도라 → 블로 드라이(아웃컬)
> ※ 스파니엘 → 블로 드라이(인컬)
> ※ 그래듀에이션 → 블로 드라이(인컬)
> ※ 레이어드 → 롤컬

10 블로 드라이 및 롤 세팅 과제 종료 후 헤어 퍼머넌트 와인딩 전에 무리 없는 작품의 연결을 위해 재커트를 15분 동안 실시해야 합니다(단, 레이어드 커트일 경우에는 롤세팅 작업을 위한 재커트는 일체 허용하지 않습니다).

11 시험 종료 후 헤어피스 이외에 지참한 모든 재료는 수험자가 가지고 가며, 작업대 및 주변을 깨끗이 정리하고 퇴실토록 합니다.

12 시험 종료 후 작업을 계속하거나 작품을 만지는 경우는 미완성으로 처리되며 해당 과제를 0점으로 처리합니다.

13 작업에 필요한 가위 등 각종 도구를 바닥에 떨어뜨리는 일이 없도록 하여야 하며, 특히 가위 등을 조심성 있게 다루어 안전사고가 발생되지 않도록 주의해야 합니다.

14 채점대상 제외 사항
① 마네킹 및 헤어피스를 사전 작업하여 시험에 임하는 경우
② 시험의 전체 과정을 응시하지 않은 경우
③ 시험도중 시험장을 무단으로 이탈하는 경우
④ 부정한 방법으로 타인의 도움을 받거나 타인의 시험을 방해하는 경우
⑤ 무단으로 모델을 수험자 간에 교환하는 경우
⑥ 국가기술자격법상 국가기술자격 검정에서의 부정행위 등을 하는 경우
⑦ 수험자가 위생복을 착용하지 않은 경우
⑧ 마네킹 또는 헤어피스를 지참하지 않은 경우

15 시험응시 제외 사항
모델을 데려오지 않은 경우

16 해당과제를 0점 처리 사항
① 수험자 유의사항 내의 모델 부적합 조건에 해당하는 모델일 경우
② 헤어 컬러링 작업 시 헤어피스를 2개 이상 사용할 경우
③ 열판이 부착된 롤브러시를 사용할 경우

17 득점 외 별도 감점 사항
① 복장상태, 사전 준비상태 중 어느 하나라도 미 준비하거나 준비 작업이 미흡한 경우
② 헤어 퍼머넌트 와인딩의 경우 사용한 로드가 55개 미만인 경우(단, 로드 개수가 틀린 것은 오작이 아님)
③ 롤 세팅 작업 시 사용한 롤러 개수가 31개 미만인 경우(단, 배열된 롤러 크기가 틀린 것은 오작이 아님)
④ 필요한 기구 및 재료 등을 시험 도중에 꺼내는 경우
⑤ 백 샴푸 및 린스(헤어 트리트먼트) 작업을 고객의 옆(사이드)에서 진행하는 경우
⑥ 헤어 컬러링 작업 시 도포된 염모제를 세척하지 못한 경우

★ 출처 : 한국산업인력공단(www.q-net.or.kr)

03 수험자 및 모델의 복장

수험자 복장 사진	모델 복장 사진
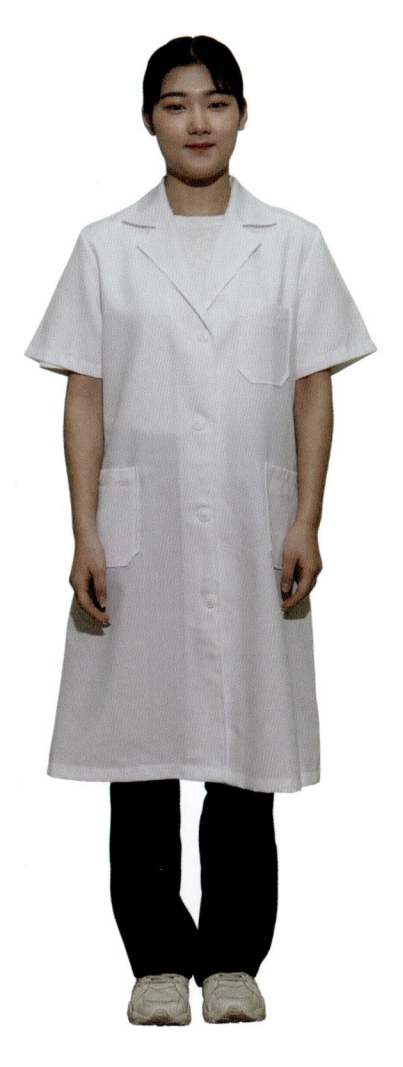	

-수험자 위생복
-검정 머리끈
-흰색 무지 상의
-바지(색상무관)
-목걸이, 귀걸이, 반지, 시계 등 액세서리 금지
-손톱 폴리시 매니큐어 금지

-깔끔한 복장
-목걸이, 귀걸이, 반지, 시계 등 액세서리 금지

※ 수험자는 반드시 반팔 또는 긴팔 흰색 위생복(일회용 가운 제외)을 착용하여야 하며 복장에 소속을 나타내거나 암시하는 표식이 없어야 합니다.
※ 수험자의 복장상태 중 위생복 속 반팔 또는 긴팔 티셔츠가 밖으로 나온 것도 감점사항에 해당됨을 양지바랍니다.

04 수험자 지참 재료목록

일련번호	지참 공구명	규격	단위	수량	비고
1	모델	모발 길이(귀 밑 5cm 이상, 네이프 라인 5cm 이상)의 만 14세 이상 모델	명	1	두피 스케일링 및 백 샴푸 시
2	위생복	-	벌	1	흰색, 수험자용 (1회용 가운 허용 불가)
3	마네킹(16인치 이상) 또는 덧가발(민두 포함)	모발이 달려있는 마네킹 (총 중량 160g 이상 정도)	세트	1	어깨 없는 스타일
4	홀더	미용작업용	세트	1	-
5	롤러	대, 중, 소 벨크로 타입 (일명 찍찍이 롤)	개	31개 이상	(총 31개 이상)
6	가위	헤어 커트용 미용가위	개	1	-
7	고무밴드	퍼머넌트 웨이브용	개	60개 이상	2중 대형 밴딩용, 노란색 (총 60개 이상)
8	굵은빗	미용작업용	개	1	-
9	꼬리빗	퍼머넌트 웨이브용	개	1	-
10	분무기	미용작업용	개	1	-
11	브러시	미용작업용	개	1	-
12	타월	미용작업용	장	6장 이상	작업과정에 지장이 없는 수량 및 크기
13	탈지면	두피 스케일링용 7×10cm 이상	개	2개 이상	-
14	로드	퍼머넌트 웨이브용	개	필요량	6~10호
15	엔드 페이퍼	퍼머넌트 웨이브용	장	60장 이상	-
16	대핀(핀셋)	대형(모발 고정용)	개	5개 이상	-
17	쿠션(던맨)브러시	두피용	개	1	브러싱용
18	커트빗	미용작업용	개	1	-
19	우드스틱	미용작업용	개	2개 이상	-
20	산성염모제 (빨강, 노랑, 파랑)	크림 타입, 색상별 각 1개	개	각 1개	덜어오거나 미리 섞어오는 것 제외
21	염색 볼	미용작업용	개	필요량	-

일련번호	지참 공구명	규격	단위	수량	비고
22	염색 브러시	미용작업용	개	필요량	–
23	아크릴 판	미용작업용	개	필요량	투명색
24	호일	미용작업용	개	필요량	–
25	일회용 장갑	미용작업용	개	1개 이상	–
26	티슈	–	개	필요량	–
27	신문지	–	장	필요량	–
28	투명 테이프	폭 2cm 이상	개	1	헤어피스 고정용
29	물통	–	개	필요량	헹굼용
30	헤어 드라이어	1.2KW 이상	개	1	–
31	샴푸제	두피·모발용	개	1	덜어오는 것 제외
32	린스제(트리트먼트제)	두피·모발용	개	1	덜어오는 것 제외
33	스케일링제	두피용	개	1	덜어오는 것 제외
34	위생봉지(투명비닐)	–	개	1	쓰레기처리용
35	스케일링 볼	두피·모발용	개	1	–
36	롤 브러시	블로 드라이용	개	필요량	열판부착제품 사용불가
37	헤어망	롤세팅용	–	1	그물망
38	헤어피스(시험용 웨프트)	7×15cm 이상 (15g 내외)	개	1	명도 7레벨, 15g 내외로 모량이 적당한 것

※ 마네킹은 사전에 물리·화학적 처리 불가, 구입상태 그대로(가공하지 않은 상태) 지참해야 합니다.
※ 공개문제 및 수험자 지참 준비물에 언급된 도구 및 재료 중 기타 실기시험에서 요구한 작업 내용에 영향을 주지 않는 범위 내에서 수험자가 헤어 미용 작업에 필요하다고 생각되는 재료 및 도구는 추가 지참할 수 있습니다.
※ 헤어 컬러링 시 호일은 사전에 수험자의 편의에 따라 알맞은 사이즈로 접어 오거나 잘라 준비 가능합니다.

05 도구와 재료

두피 스케일링 및 백(뒤) 샴푸

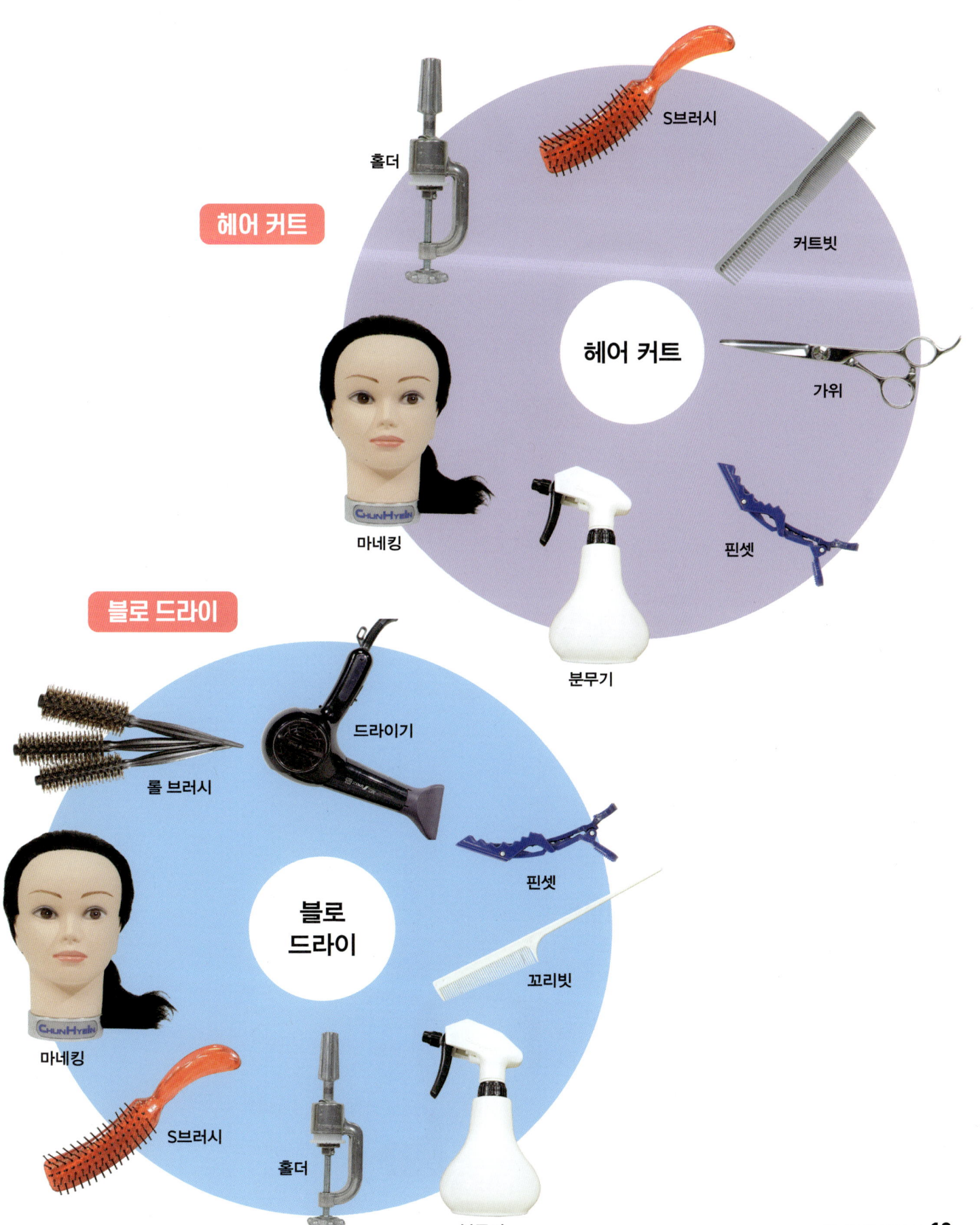

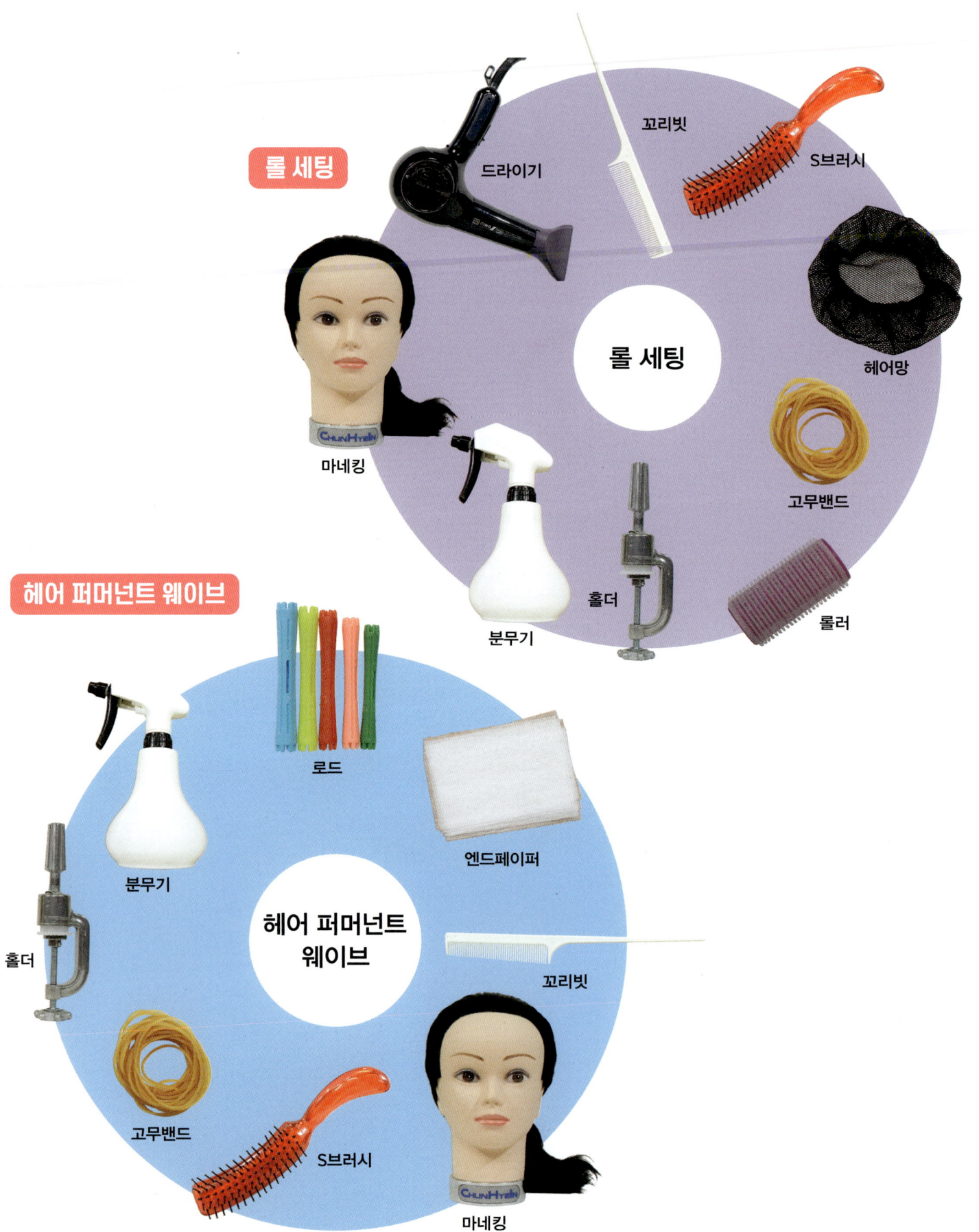

Part 1
두피 스케일링 및 백(뒤) 샴푸
시험시간 25분

Part 1 두피 스케일링 및 백(뒤) 샴푸

1 요구사항

지참 재료 및 도구를 사용하여 아래의 요구사항을 시험시간 내에 완성하시오.

1. 전체적인 순서는 도구 및 재료 준비 – 두피 스케일링(브러싱 포함) – 샴푸 – 린스(헤어 트리트먼트) – 마무리 등의 순으로 작업하시오.

2. 각 작업의 세부요구사항은 다음과 같습니다.

작업명	세부 요구사항	비고
두피 스케일링	• 모델의 어깨, 무릎, 얼굴을 덮을 수 있는 타월을 준비하시오. • 탈지면(가로 길이 7cm, 세로 길이 10cm 이상)을 우드스틱에 말아서 스케일링 면봉을 만드시오. • 두상을 좌우로 나눈 후 두피용 쿠션 브러시를 이용하여 G.P를 향하여 두상 전체를 브러싱 하시오. • 두상을 4등분으로 블로킹 한 후 두상 상단에서 하단을 향해 1~1.5cm 간격으로 스케일링 면봉을 사용하여 두상 전체를 스케일링 하시오.	
샴푸	• 모델의 목덜미를 한손으로 받치고 다른 한손으로 이마 윗부분을 받쳐서 샴푸대에 눕힌 후 타월을 삼각형으로 접어 얼굴을 가려주시오. • 손등 또는 손목 안쪽에 물의 온도가 적당한지 확인하시오. • 모델의 뒤에서 두피와 두발에 물을 충분히 적신 후 적당량의 샴푸제를 사용하여 샴푸하시오. • 두상 전체에 각각의 샴푸 테크닉(지그재그하기, 굴려주기, 튕겨주기, 양손 교차 사용하기)을 반드시 골고루 적용하시오. • 모델의 두피와 모발에 샴푸제가 남아 있지 않도록 깨끗하게 헹구시오. • 모델의 페이스 라인과 목 뒤, 귀 등에 샴푸제가 남아 있지 않도록 깨끗하게 헹구시오.	
린스 (헤어 트리트먼트)	• 모델의 뒤에서 적당량의 린스(헤어 트리트먼트)제를 사용하여 작업하시오. • 모델의 두피와 두발에 도포된 제품이 남아 있지 않도록 깨끗하게 헹구시오. • 모델의 페이스 라인과 목 뒤, 귀 등에 트리트먼트제가 남아 있지 않도록 깨끗하게 헹구어 내시오.	
마무리	• 타월을 사용하여 페이스 라인, 목 뒤, 귀 등의 물기를 깨끗하게 닦으시오. • 두피, 모발의 물기를 제거하기 위해 타월 드라이하시오. • 타월을 사용하여 모델의 모발을 감싸는 작업을 하시오. • 타월 감싸기 작업 이후 모델의 모발을 빗질하여 마무리하시오. • 샴푸·린스 작업을 마친 후 샴푸대 주변을 깨끗하게 정리하시오.	

2 수험자 유의사항

① 고객의 뒤에서 이루어지는 백 샴푸 및 린스(헤어 트리트먼트)로 시술되어야 하며 옆(사이드)에서 진행될 시 감점 처리 됩니다.
② 샴푸 시 두상 전체에 각각의 샴푸 테크닉(지그재그하기, 굴려주기, 튕겨주기, 양손 교차 사용하기)을 반드시 골고루 적용해야 합니다.
③ 수험자는 반지나 팔찌, 긴 목걸이 등을 착용한 경우 감점 처리됩니다.
④ 시험시간 종료 후에는 빗질 등을 하면서 작품 및 도구를 만져서는 안 됩니다.
⑤ 채점이 종료된 후 시험위원의 지시에 따라 다음 시술 준비를 해야 합니다.

3 시험내용

시험과제	시간	배점
두피 스케일링 및 백(뒤) 샴푸	25분	20점

두피 스케일링

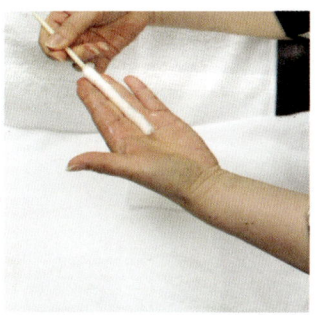  

샴푸 및 린스

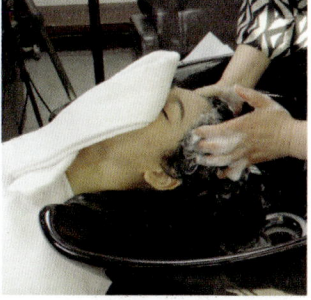 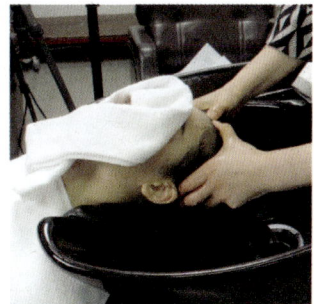 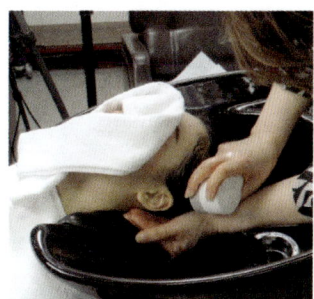

마무리

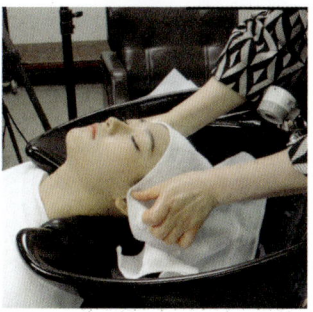 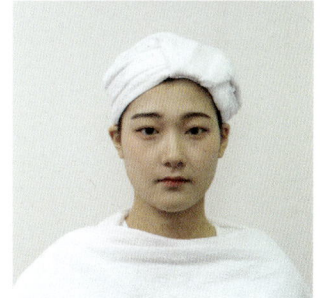 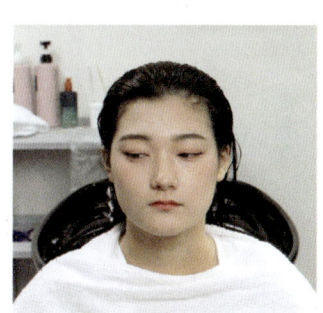

4 시간배분

1	2	3	4	5	6	7	8	9	10	11	12	13	14	15	16	17	18	19	20	21	22	23	24	25
준비		두피 스케일링								샴푸 및 린스										마무리				

5 두피 스케일링 및 샴푸 준비하기

Chapter 1 두피 스케일링 및 백(뒤) 샴푸

1 스케일링 면봉 만들기

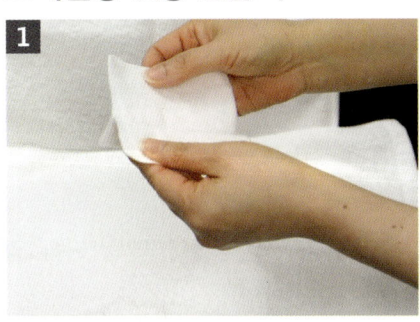
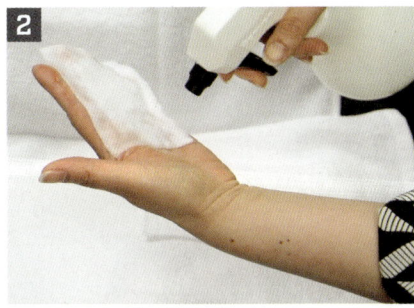

1. 탈지면(가로 7cm, 세로 10cm)을 준비해 1장을 반으로 갈라 떼어 낸다.
2. 반으로 떼어 낸 탈지면에 물을 분사한다.

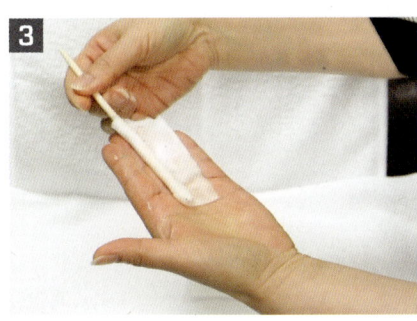
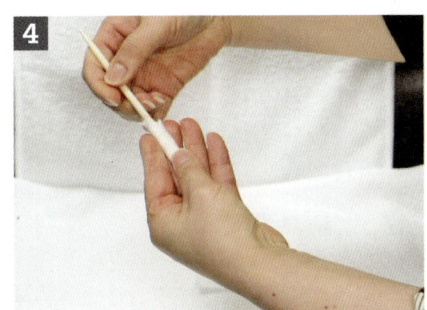

3. 엄지와 중지 사이에 탈지면과 우드스틱을 놓고 감는다.
4. 우드스틱에 탈지면을 감을 때 탈지면이 빠지지 않도록 텐션을 주면서 감는다.

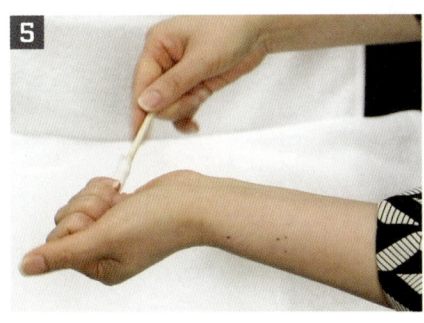
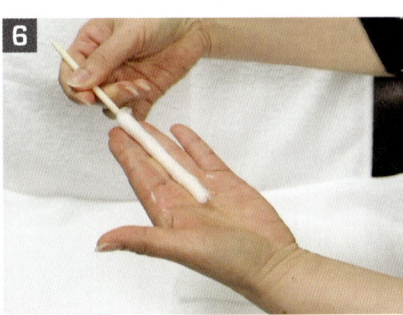

5. 우드스틱에 탈지면을 다 감은 후 여분의 수분을 제거하면서 균일하게 만든다.
6. 완성된 우드스틱의 모습이다.

2 두피 스케일링 및 헤어 샴푸 준비

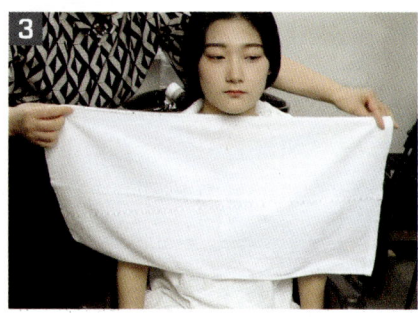
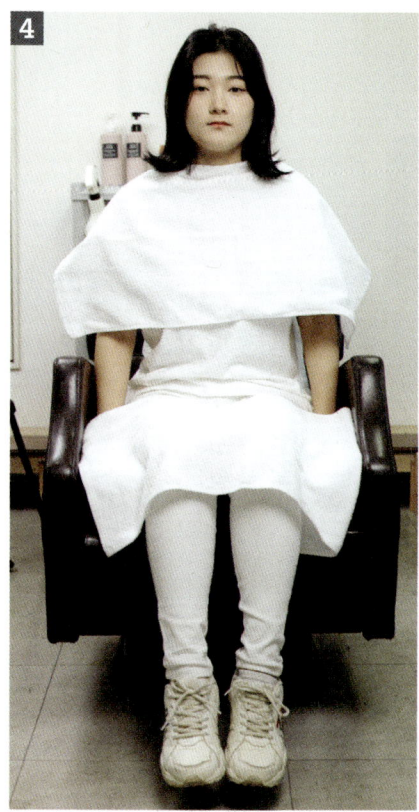

1. 흰색 타월로 모델의 다리를 덮는다.
2. 흰색 타월을 모델의 어깨 뒤에서 덮는다.
3. 흰색 타월을 모델의 어깨 앞에서 덮는다.
4. 두피 스케일링 및 헤어 샴푸 준비가 끝난 모델의 모습이다.

3 브러싱

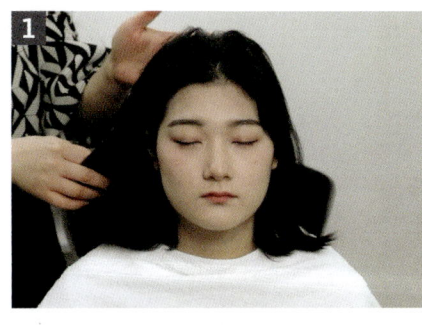

1 두상을 좌우로 나누고 G.P 부분에 머리카락을 잡는다.

2 쿠션 브러시를 이용하여 원 웨이로 G.P 중심으로 두상 전체를 브러싱 한다.

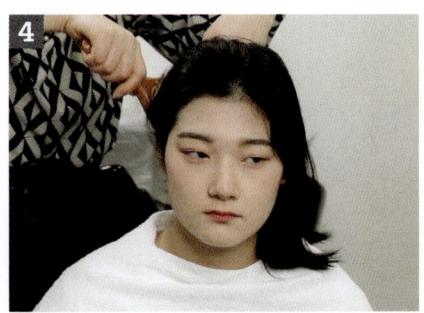

3 E.P에서 G.P를 향해 브러싱 한다.

4 N.P에서 G.P를 향해 브러싱 한다.

5 반대쪽도 동일하게 브러싱 한다.

6 브러싱이 완성된 모습이다.

4 블로킹

1. 블로킹 순서
① C.P에서 N.P까지 블로킹 한다.
② T.P에서 우측 E.P까지 블로킹 한다.
③ T.P에서 좌측 E.P까지 블로킹 한다.

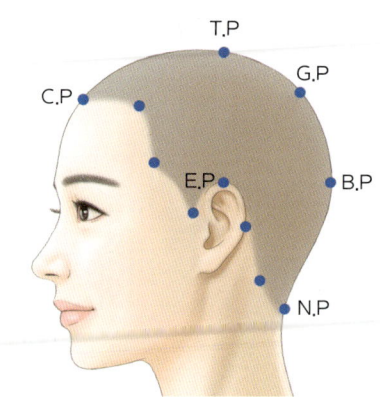

2. 블로킹 완성

5 두피 스케일링

1. 우측부터 측두부, 후두부로 이어서 위에서 아래로 시술한다. 우드스틱에 스케일링제를 묻히고 스케일링제가 흐르지 않게 양을 조절한다.

2. 파팅 선과 헤어 라인을 우드스틱으로 스케일링 한다.

3. 우드스틱의 각도는 10~20°로 우측에서 좌측으로 문지른다.

4. 우드스틱 꼬리 부분을 이용하여 수평하게 1~1.5cm 두께로 슬라이스 한다.

5. 검지와 중지에 머리카락을 고정한다.

6. 스케일링 한 측두부 머리카락을 가지런히 정리한다.

7. 후두부를 진행할 때 파팅 선 사이와 네이프 라인을 먼저 스케일링 한다.

8. 후두부는 1~1.5cm 두께로 두상곡면대로 후대각으로 슬라이스 하여 우드스틱에 스케일링제를 묻혀 동일한 방법으로 스케일링 한다.

9. 네이프와 헤어 라인에 스케일링을 한다.

10. 좌측도 동일하게 진행하며, 두피 스케일링이 끝나면 샴푸 준비를 한다.

6 샴푸

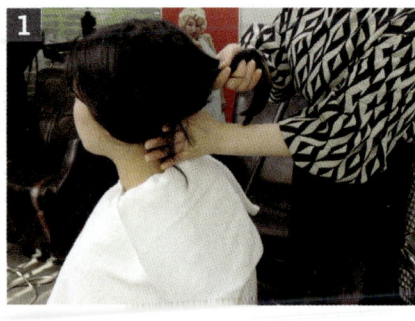 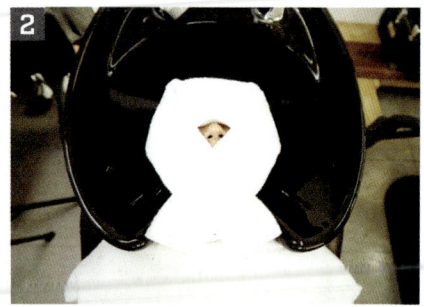

1. 모델의 목덜미를 한손으로 받치고 다른 한손으로는 이마 윗부분을 받쳐서 샴푸대에 눕힌다.
2. 타월을 세로로 접어 삼각형 형태로 얼굴을 가린다.

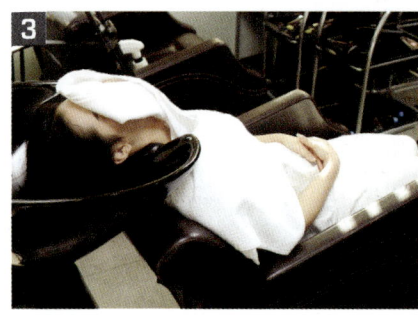 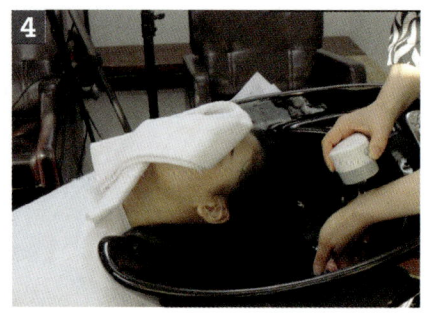

3. 모델을 안정적으로 샴푸대에 눕힌 후 반드시 백 샴푸를 한다.
4. 손등 또는 손목 안쪽에 물의 온도가 적당한지 확인한다.

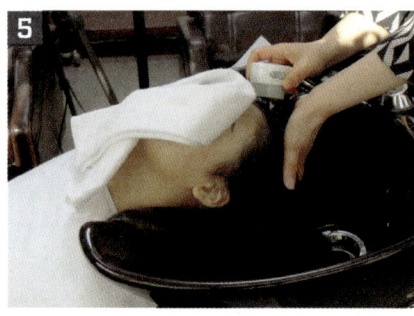 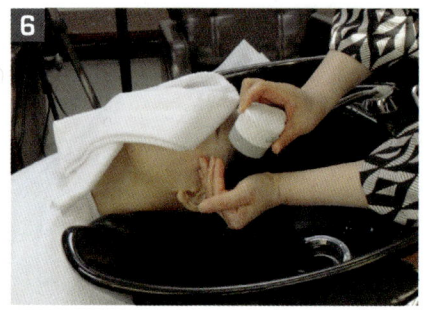

5. 두발과 두피의 전두부, 측두부, 후두부 순으로 물을 충분히 적셔 준다.
6. 귀와 목에 손을 대어 물이 얼굴과 목에 흐르지 않도록 한다.

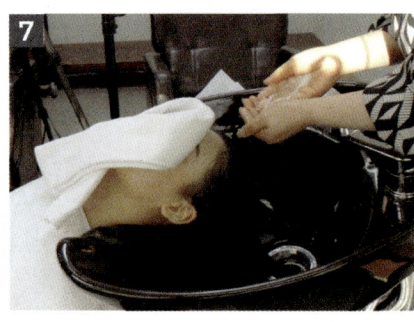 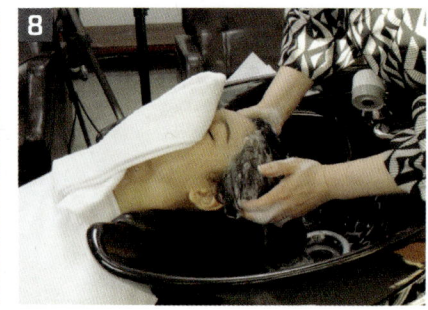

7. 샴푸제를 손바닥에 적당량 던 후 전두부, 측두부, 후두부 순으로 도포한다.
8. 손바닥을 잘 펴서 양손으로 거품이 생기도록 잘 문지른다.

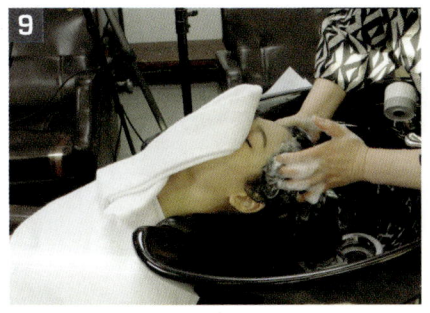
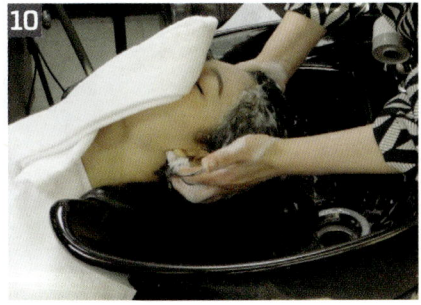

9 양손 검지, 중지의 양지를 이용하여 지그재그 테크닉을 헤어 라인 중심에서 양쪽 귀밑머리까지 한다.

10 귀 뒤쪽 헤어 라인을 따라 네이프에서 두정부를 향해 지그재그 테크닉을 한다.

지그재그하기

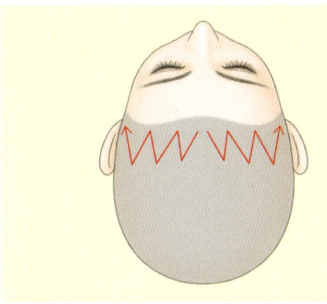
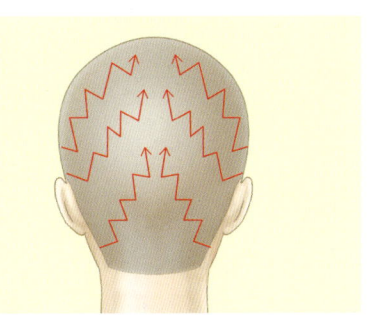

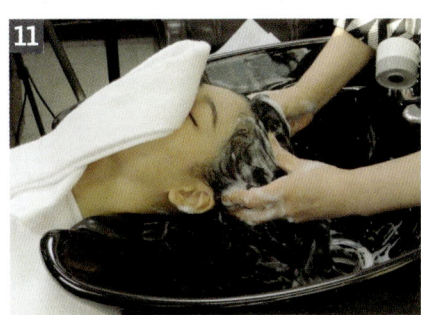
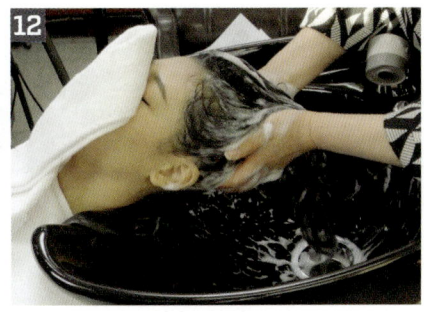

11 양손 검지를 이용하여 나선형을 그리며 굴려주기 테크닉을 한다.

12 네이프도 나선형을 그리며 굴려준다.

굴려주기

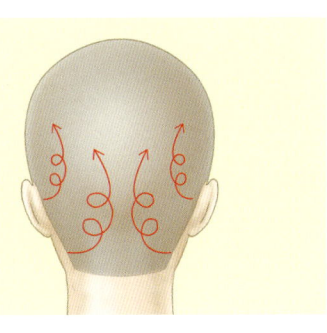

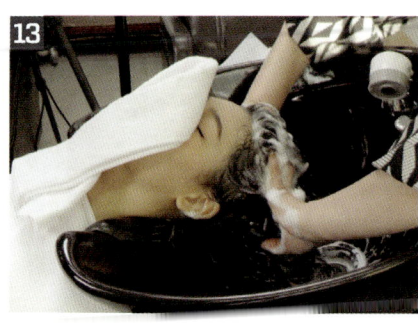 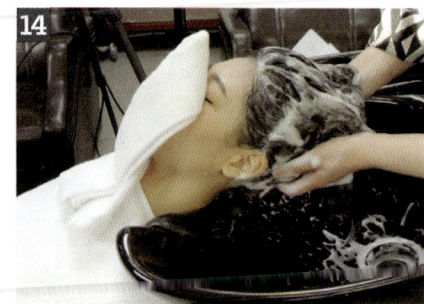

13 전두부에서 양손 교차 테크닉을 진행한다.

14 네이프도 양손 교차 테크닉을 진행한다.

양손 교차 사용하기

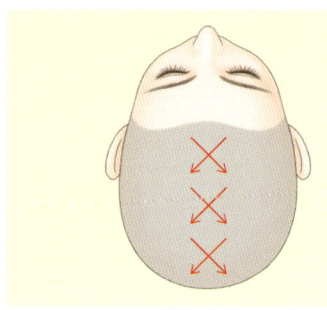 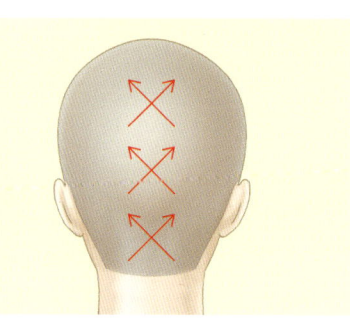

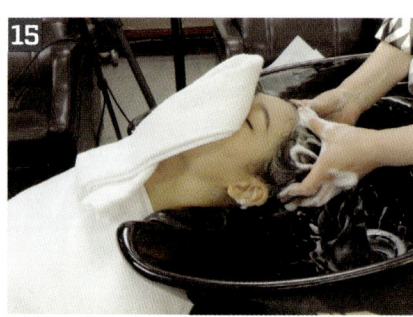 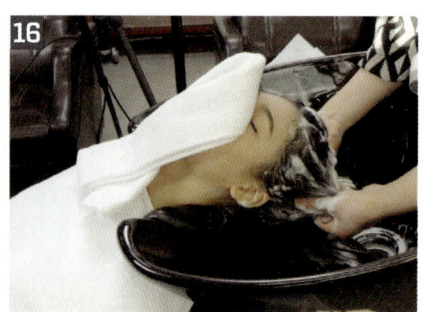

15 전두부, 측두부, 후두부를 양손으로 두피를 쥐었다 놨다 튕겨주기 테크닉을 진행한다.

16 반복적으로 튕겨주기 테크닉을 진행한다.

튕겨주기

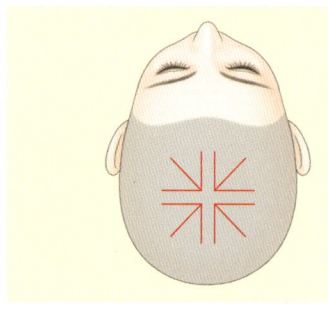 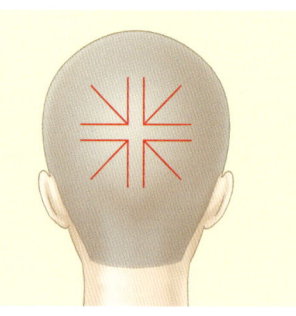

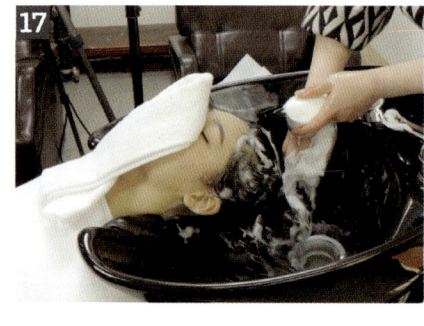 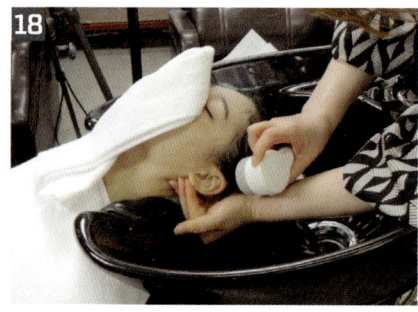

17 시술자 손에 거품을 씻어내고 물 온도를 조절한다.

18 모델의 두피와 모발, 페이스 라인과 목 뒤, 귀 등에 샴푸제가 남아있지 않도록 깨끗하게 헹군다.

7 린스(헤어 트리트먼트)

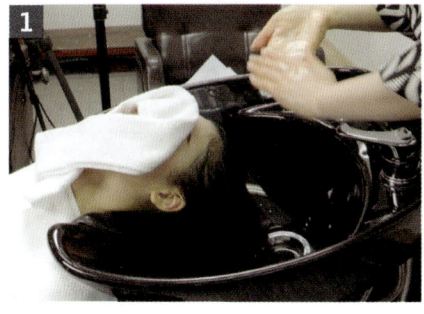
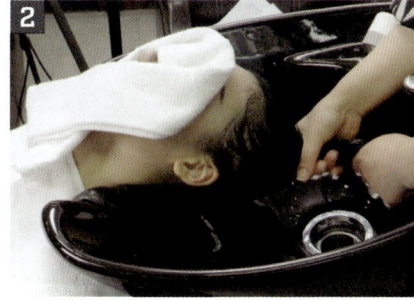

1 모발에 남은 물기를 제거하고 손바닥에 적당량 린스제를 던다.

2 린스제를 모발 끝부분부터 고르게 도포한다.

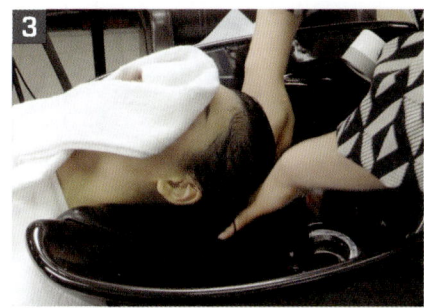
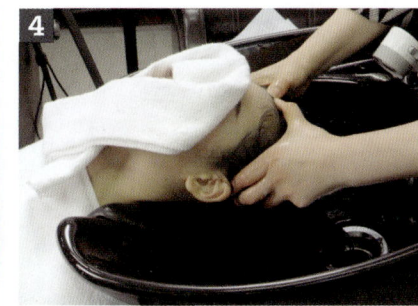

3 양손을 이용하여 두피 전체를 쓰다듬는다.

4 지압점 누르기 테크닉을 한다.

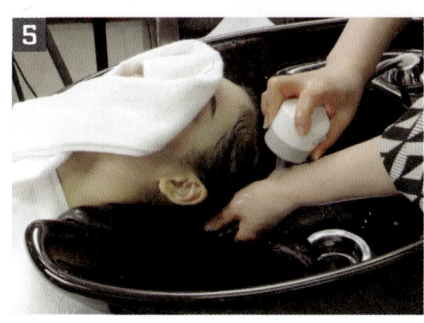
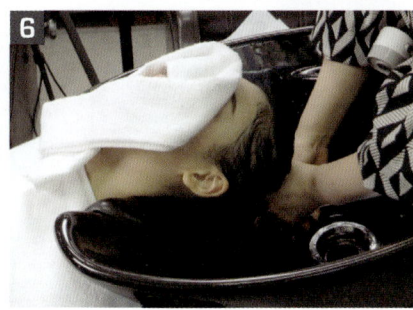

5 모델의 두피와 두발, 페이스 라인과 목 뒤, 귀 등에 린스제가 남아있지 않도록 깨끗하게 헹군다.

6 모발에 남은 수분을 손으로 제거한다.

8 마무리

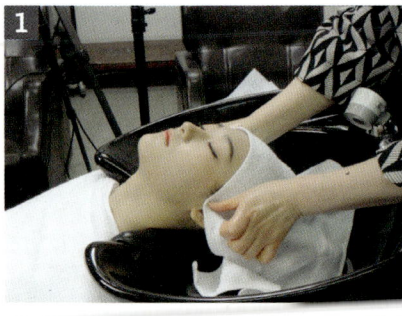
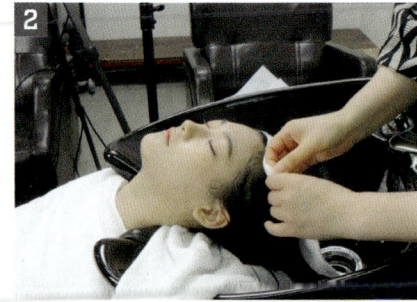

1. 모델의 얼굴을 덮었던 타월을 이용하여 페이스 라인, 목 뒤, 귀 등의 물기를 깨끗하게 닦는다.

2. 우측 손으로 타월 끝부분을 앞으로 잡아 당겨 헤어 라인을 따라 올려 놓는다.

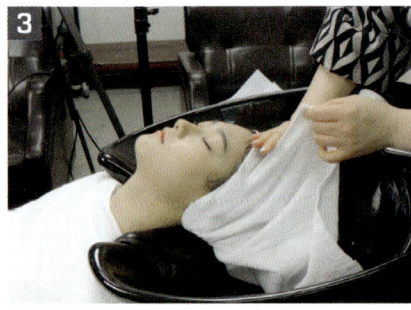
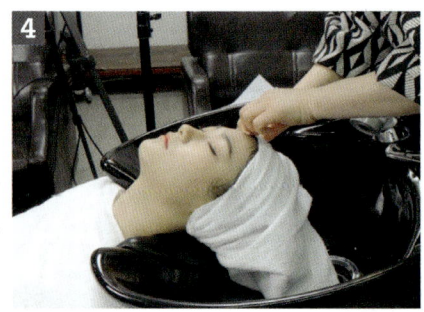

3. 좌측도 동일하게 한다.

4. 이마에 교차된 타월을 잡고 한 번 말아준다.

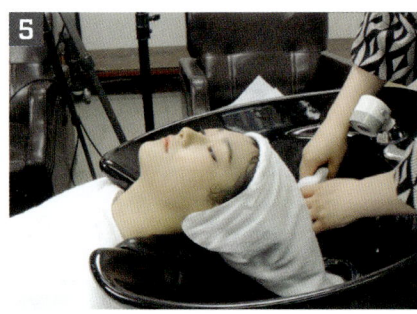
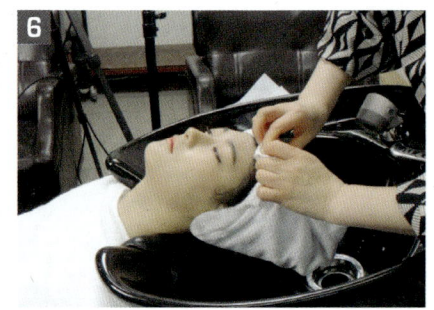

5. 머리카락을 타월 안쪽으로 넣는다.

6. 타월 끝부분을 잡고 말아 놓은 타월 부분에 다시 한 번 말아 넣어 준다.

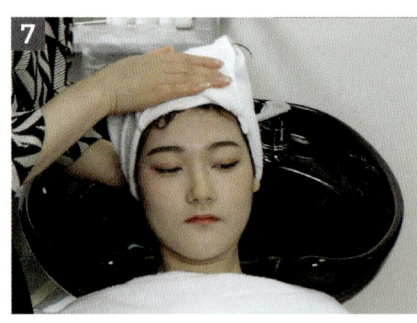

7. 네이프를 손으로 받치고 모델을 일으켜 준다.

8. 모델을 감싸고 있는 타월을 풀고 타월 드라이 후 빗이나 손을 이용하여 마무리 한다.

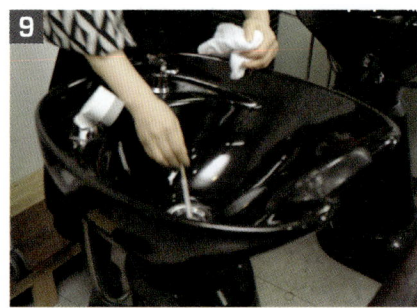
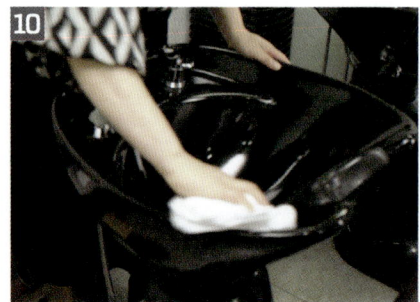

9. 스케일링에 사용한 우드스틱을 이용하여 샴푸대에 남은 머리카락을 제거한다.

10. 물기를 제거했던 타월로 샴푸볼을 닦고 주변을 깨끗이 정리한다.

Part 2
헤어 커트
시험시간 30분

Chapter 1　스파니엘 커트

Chapter 2　이사도라 커트

Chapter 3　그래듀에이션 커트

Chapter 4　레이어드 커트

Part 2 헤어 커트

1 요구사항

지참 재료 및 도구를 사용하여 아래의 요구사항대로 헤어 커트를 완성하시오.

1. 헤어 커트는 다음 형별 중 시험위원이 지정하는 형을 작업하시오.

형별	헤어 커트의 종류	요구 작업 내용	비 고
1	스파니엘 커트	가이드 라인은 네이프 포인트에서 10~11cm로 하고, 앞뒤의 수평상의 단차는 4~5cm로 하시오.	– 다음 과제에 지장이 없도록 작업하시오. – 블로킹 4등분
2	이사도라 커트	가이드 라인은 네이프 포인트에서 10~11cm로 하고, 앞뒤의 수평상의 단차는 4~5cm로 하시오.	– 다음 과제에 지장이 없도록 작업하시오. – 블로킹 4등분
3	그래듀에이션 커트	가이드 라인은 네이프 포인트에서 10~11cm로 하시오.	– 다음 과제에 지장이 없도록 작업하시오. – 블로킹 5등분
4	레이어드 커트	유니폼 레이어 커트로 하고 가이드 라인은 네이프 포인트에서 12~14cm로 하시오.	– 다음 과제에 지장이 없도록 작업하시오. – 블로킹 5등분

2. 준비요령

① 마네킹을 시험위원의 지시에 따라 작업에 편리하도록 홀더에 고정시키시오.
② 마네킹의 모발에 물을 적당히 분무하여 곱게 빗질한 다음 시험시작과 함께 작업을 시작하시오(건조한 모발 상태로 작업한 경우 감점됩니다).

2 수험자 유의사항

① 블로킹은 반드시 4~5등분(헤어 커트 스타일에 따라 구분)하고 블로킹 부위에 따라 시술순서를 정확히 지켜야 합니다.
② 바른 자세로 시술하여야 하며, 요구 작품 내용별 기본기법 및 작업순서를 정확히 지키고 도구 사용의 기법 및 손놀림 등이 자연스럽고 조화를 이루어야 합니다.
③ 시술순서 및 기법 상 한 번 커트한 모발에 재차 커트하는 것은 허용되나, 요구된 각도와 단차가 없거나 조화가 잘 맞지 아니하여 재커트하는 경우에는 감점됩니다.
④ 원랭스 커트일 경우에는 형태(외각)선의 흐름, 각도에 따른 단차 등이 정확하여야 합니다.
⑤ 시험시간 종료 후 가위질이나 빗질 등을 하면서 작품 및 도구를 만져서는 안 됩니다.
⑥ 채점이 종료된 후 시험위원의 지시에 따라 다음 시술준비를 해야 합니다.

3 시험내용

시험과제	시간	배점
헤어 커트	30분	20점

스파니엘 스타일 커트

이사도라 스타일 커트

그래듀에이션 스타일 커트

레이어드 스타일 커트

4 시간배분

1	2	3	4	5	6	7	8	9	10	11	12	13	14	15	16	17	18	19	20	21	22	23	24	25	26	27	28	29	30
블로킹			후두부																사이드									마무리	

5 헤어 커트 준비하기

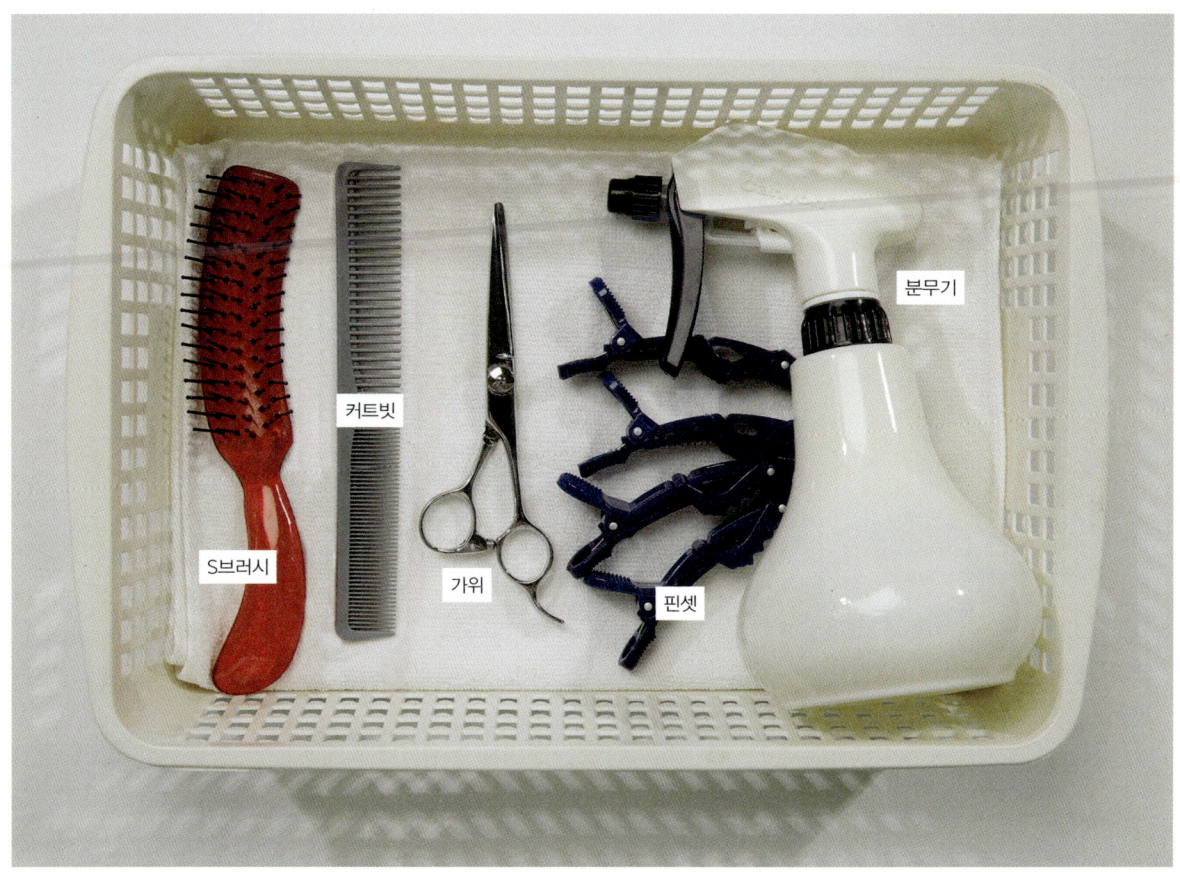

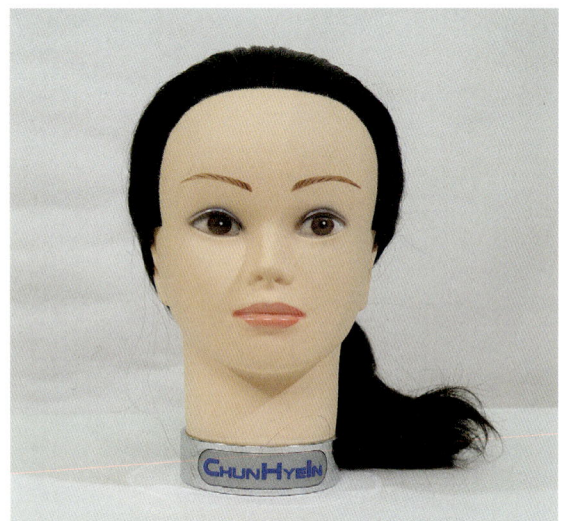

마네킹

홀더

헤어 커트 알아두기

 가위와 빗의 구조

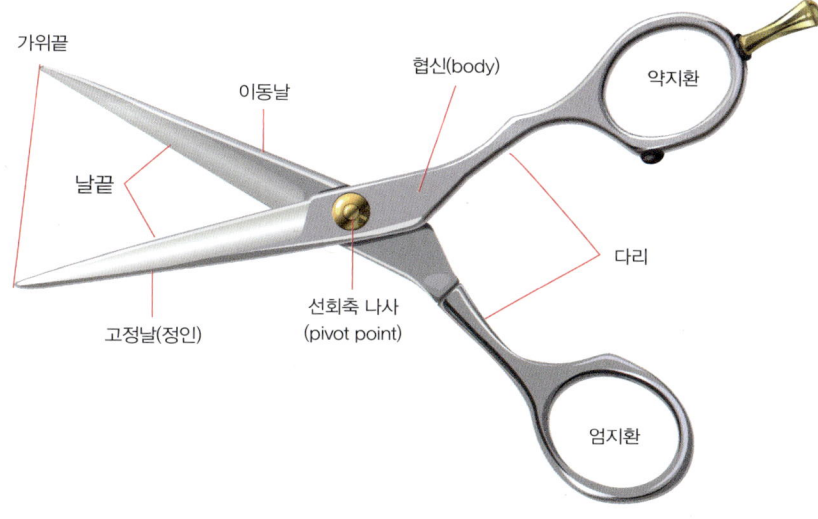

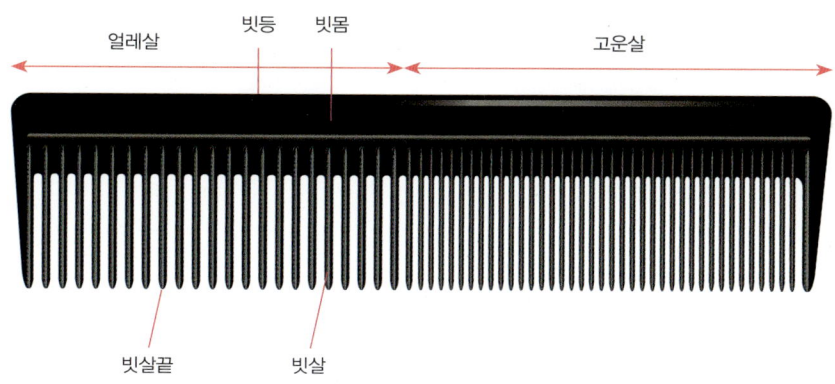

가위와 빗을 잡는 방법

1. 기본 가위 잡는 방법

① 손가락을 펴고 약지환을 약지 마디에 끼운다.

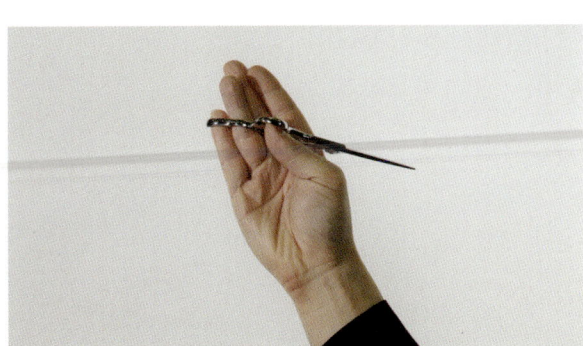

② 가위를 45°로 사선으로 엄지 중간에 걸친다.

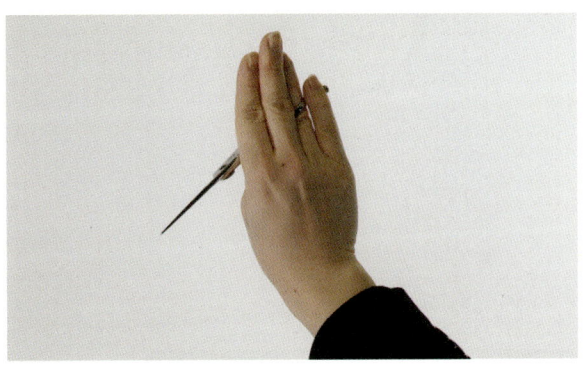

③ 2번에 잡은 자세 그대로 손등이 보이도록 손을 돌린다(손이 구부러지지 않게 한다).

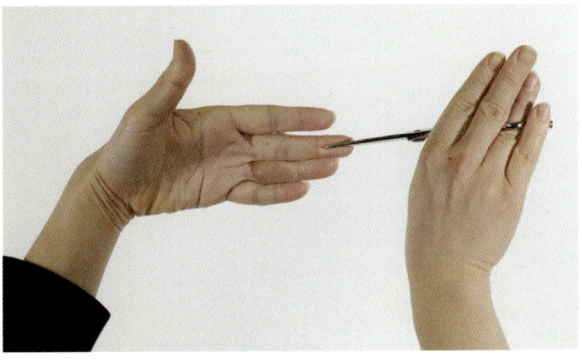

④ 엄지환에 엄지를 1/3 정도 넣고, 개폐를 시키면서 앞으로 밀면서 자른다.

2. 가위와 빗을 같이 잡는 방법

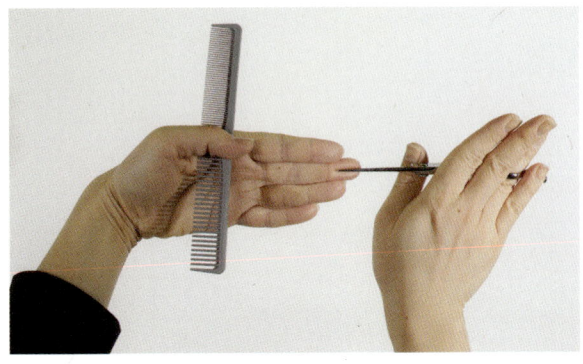

① 왼손 엄지에 빗을 고정시키고 오른손으로 가위 잡는 기본 동작으로 가위를 밀면서 개폐한다.

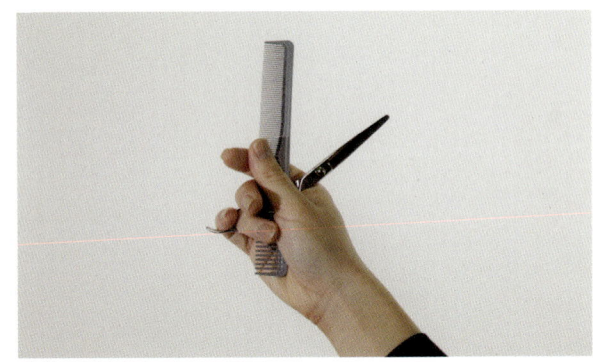

② 가위와 빗을 한손으로 같이 잡는다.

Chapter 1 스파니엘 커트

블로킹	각도	가이드 라인 길이	섹션	슬라이스 간격	앞뒤의 수평상의 단차
4등분	0°	10~11cm	전대각 (컨케이브)	1~1.5cm	4~5cm

1 스파니엘 커트 완성

2 스파니엘 커트 블로킹(4등분)

1. 블로킹 순서
① C.P에서 N.P까지 블로킹 한다.
② T.P에서 우측 E.B.P까지 블로킹 한다.
③ T.P에서 좌측 E.B.P까지 블로킹 한다.

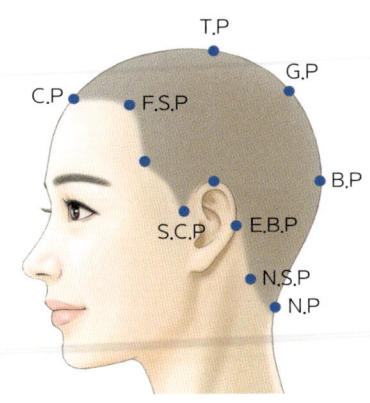

2. 블로킹 완성

3 스파니엘 커트 시술하기

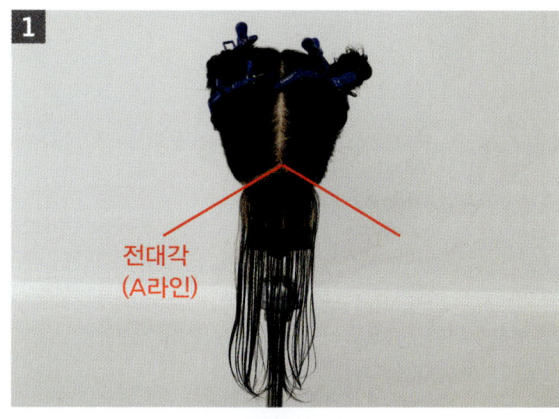
전대각
(A라인)

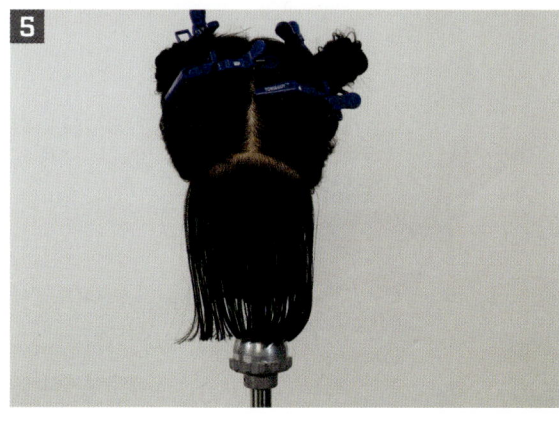

1. N.P에서 3cm, N.S.P에서 1cm로 1섹션을 나눈다(A라인).
2. N.P 중심으로 가이드 라인을 설정하고 10~11cm 길이로 0°로 커트 한다.
3. N.S.P 전대각 라인으로 손가락과 섹션이 평행이 되도록 0°로 커트 한다.
4. 2섹션은 1~1.5cm 폭으로 전대각 라인으로 나눈다.
5. 1섹션의 길이를 가이드로 하여 손가락과 섹션이 평행이 되도록 0° 전대각 라인으로 커트 한다.
6. 양쪽 길이를 체크 한다(밸런스 체크).

7 3섹션부터 마지막 섹션까지 2섹션과 동일한 방법으로 커트 한다.

8 백 부분을 전체적으로 빗질하여 커트 한다.

9 사이드 커트를 하기 전 양쪽 길이를 체크(밸런스 체크)하고 후두부를 완성한다.

10 E.B.P에서 3cm, S.C.P에서 1cm로 섹션을 나눈 후 손가락과 섹션이 평행이 되도록 0° 전대각 형태로 커트 한다.

11 2섹션에서부터 마지막 섹션까지 전대각 섹션을 나누어 진행한다.

12 이전 섹션의 길이를 가이드로 하여 자른다.

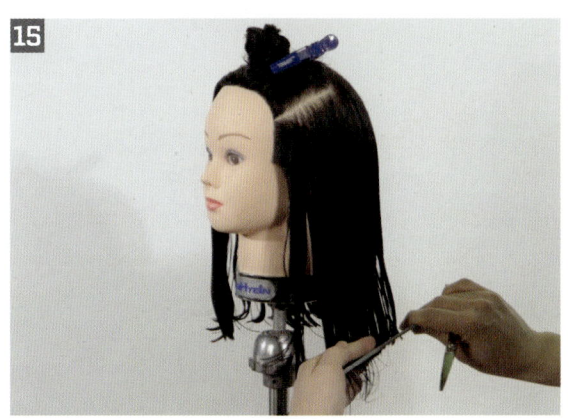
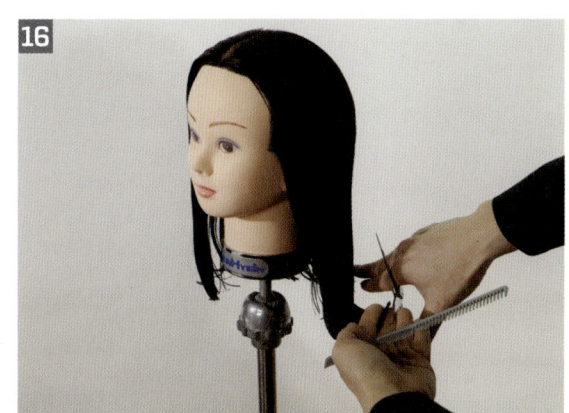
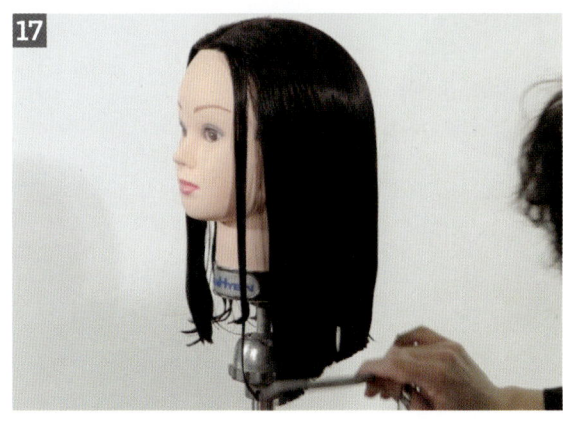

13 우측 사이드가 완성되어 전체적으로 앞뒤 단차는 4~5cm가 되게 한다.

14 좌측도 E.B.P에서 3cm, S.C.P에서 1cm로 섹션을 나눈다.

15 우측과 같은 방법으로 자른다.

16 우측 사이드가 완성되어 전체적으로 앞뒤 단차는 4~5cm가 되게 한다.

17 전대각 형태로 전체적인 길이를 체크 한다.

18 커트빗을 사용하여 전대각 라인으로 콤아웃하여 마무리한다.

Chapter 2 이사도라 커트

블로킹	각도	가이드 라인 길이	섹션	슬라이스 간격	앞뒤의 수평상의 단차
4등분	0°	10~11cm	후대각 (컨벡스)	1~1.5cm	4~5cm

1 이사도라 커트 완성

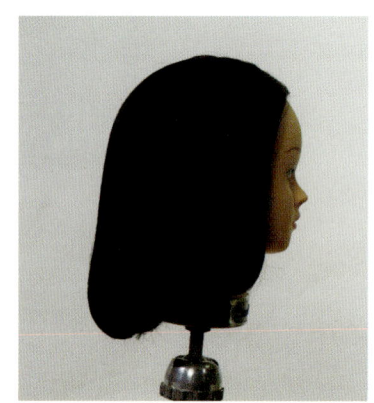

2 이사도라 커트 블로킹(4등분)

1. 블로킹 순서
① C.P에서 N.P까지 블로킹 한다.
② T.P에서 우측 E.B.P까지 블로킹 한다.
③ T.P에서 좌측 E.B.P까지 블로킹 한다.

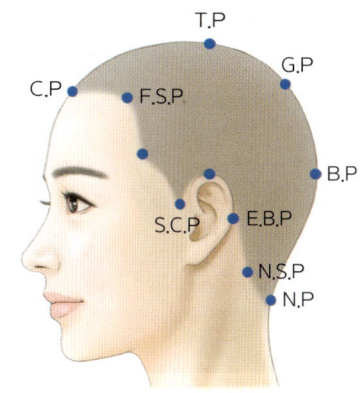

2. 블로킹 완성

3 이사도라 커트 시술하기

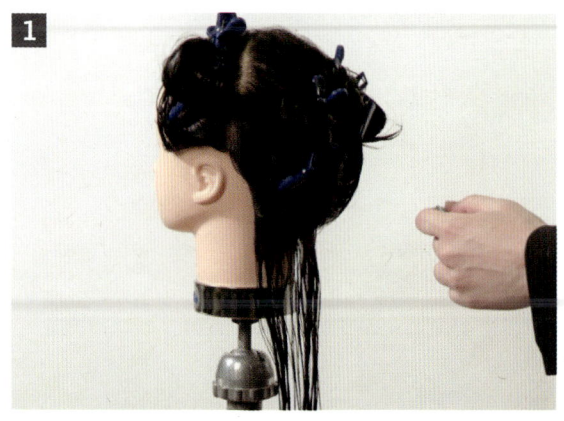

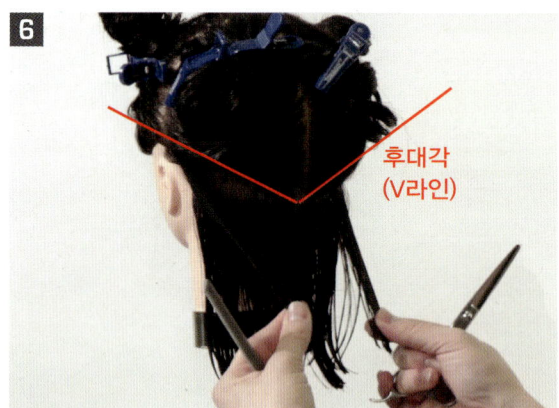

1. N.P에서 1cm, N.S.P에서 3cm로 1섹션을 나눈다(V라인).
2. N.P 중심으로 가이드 라인을 설정하고 10~11cm 길이로 0°로 커트 한다.
3. N.S.P 후대각 라인으로 손가락과 섹션이 평행이 되도록 0°로 커트 한다.
4. 2섹션은 1~1.5cm 폭으로 후대각 라인으로 나눈다.
5. 1섹션의 길이를 가이드로 하여 손가락과 섹션이 평행이 되도록 0° 후대각 라인으로 커트 한다.
6. 양쪽 길이를 체크 한다(밸런스 체크).

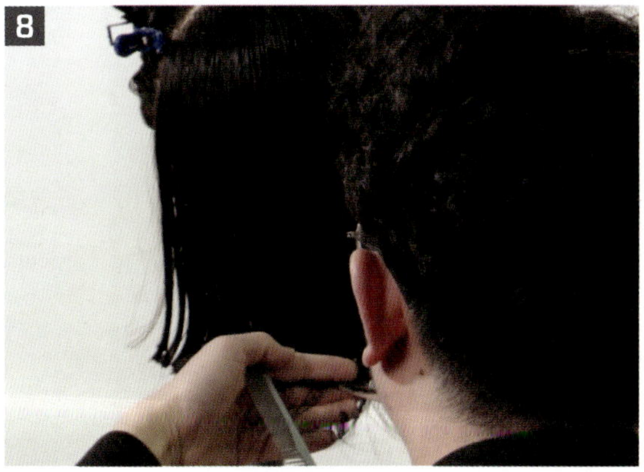

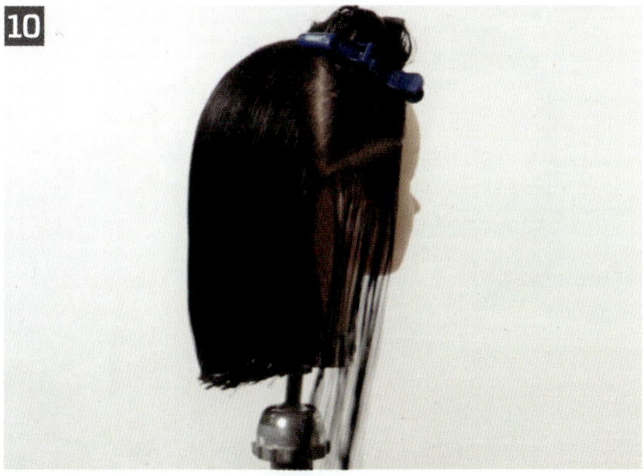

7 3섹션부터 마지막 섹션까지 2섹션과 동일한 방법으로 커트 한다.

8 백 부분을 전체적으로 빗질하여 커트 한다.

9 사이드 커트를 하기 전 양쪽 길이를 체크(밸런스 체크)하고 후두부를 완성한다.

10 E.B.P에서 1cm, S.C.P에서 3cm로 섹션을 나눈다.

11 손가락과 섹션이 평행이 되도록 0° 후대각 형태로 커트한다.

12 이전 섹션을 가이드로 정확하게 나눈다.

13 이전 섹션의 길이를 가이드로 하여 자른다.

14 우측 사이드가 완성되어 전체적으로 앞뒤 단차는 4~5cm가 되게 한다.

15 좌측도 E.B.P에서 1cm, S.C.P에서 3cm로 섹션을 나눈다.

16 우측과 같은 방법으로 잘라 좌측 사이드를 마무리한다.

17 후대각 형태로 전체적인 길이를 체크 한다.

18 커트빗을 사용하여 후대각 라인으로 콤아웃하여 마무리한다.

Chapter 3 그래듀에이션 커트

블로킹	각도	가이드 라인 길이	섹션	슬라이스 간격
5등분	0°~45°	10~11cm	라운드(U라인)	1~1.5cm

1 그래듀에이션 커트 완성

2 그래듀에이션 커트 블로킹(5등분)

1. 블로킹 순서

① C.P를 중심으로 우측, 좌측 F.S.P에서 T.P 라인까지 약 가로 7cm, 세로 7cm가 되도록 블로킹 한다.
② T.P 라인에서 우측 E.B.P까지 블로킹 한다.
③ T.P 라인에서 좌측 E.B.P까지 블로킹 한다.
④ T.P에서 N.P까지 블로킹 한다.

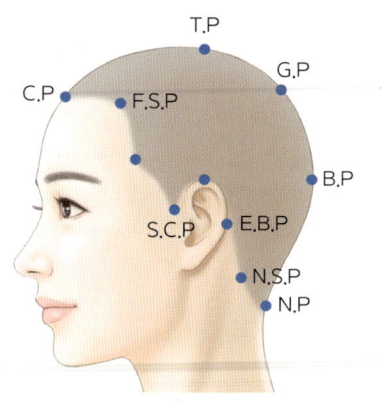

2. 블로킹 완성

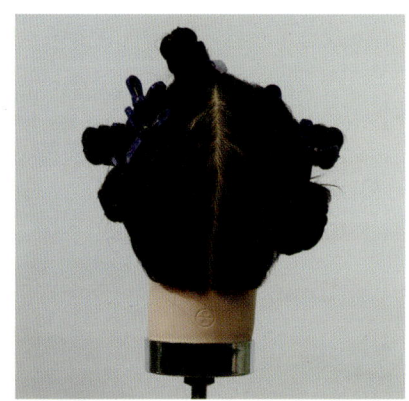

3 그래듀에이션 커트 시술하기

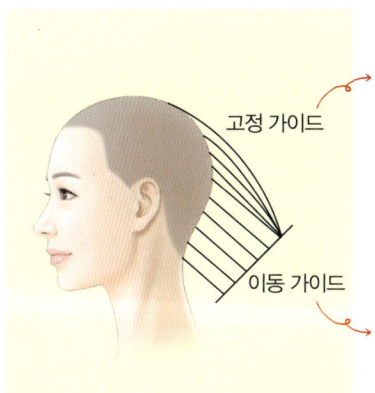

라운드 (U라인)

고정 가이드
이동 가이드

길이가 모여지는 고정된 가이드로서 반대쪽 길이가 점진적으로 길어지도록 커트를 원할 때 이용된다.

움직이는 가이드로서 다음 섹션들을 커트할 때 길이 가이드로 이용된다.

1 N.P에서 1cm, N.S.P에서 2cm로 1섹션을 나눈다(U라인).

2 N.P 중심으로 가이드 라인을 설정하고 10~11cm 길이로 0°로 커트 한다.

3 2섹션부터 B.P까지 1~1.5cm 폭으로 1섹션의 길이를 가이드로 하여 두상 곡면에 따라 45° 커트 한다.

4 양쪽 길이를 체크 한다(밸런스 체크).

5 B.P에서 마지막 섹션까지 두상 곡면에 따라 고정가이드 커트 한다.

6 백 부분을 커트 후 빗질하여 완성한다.

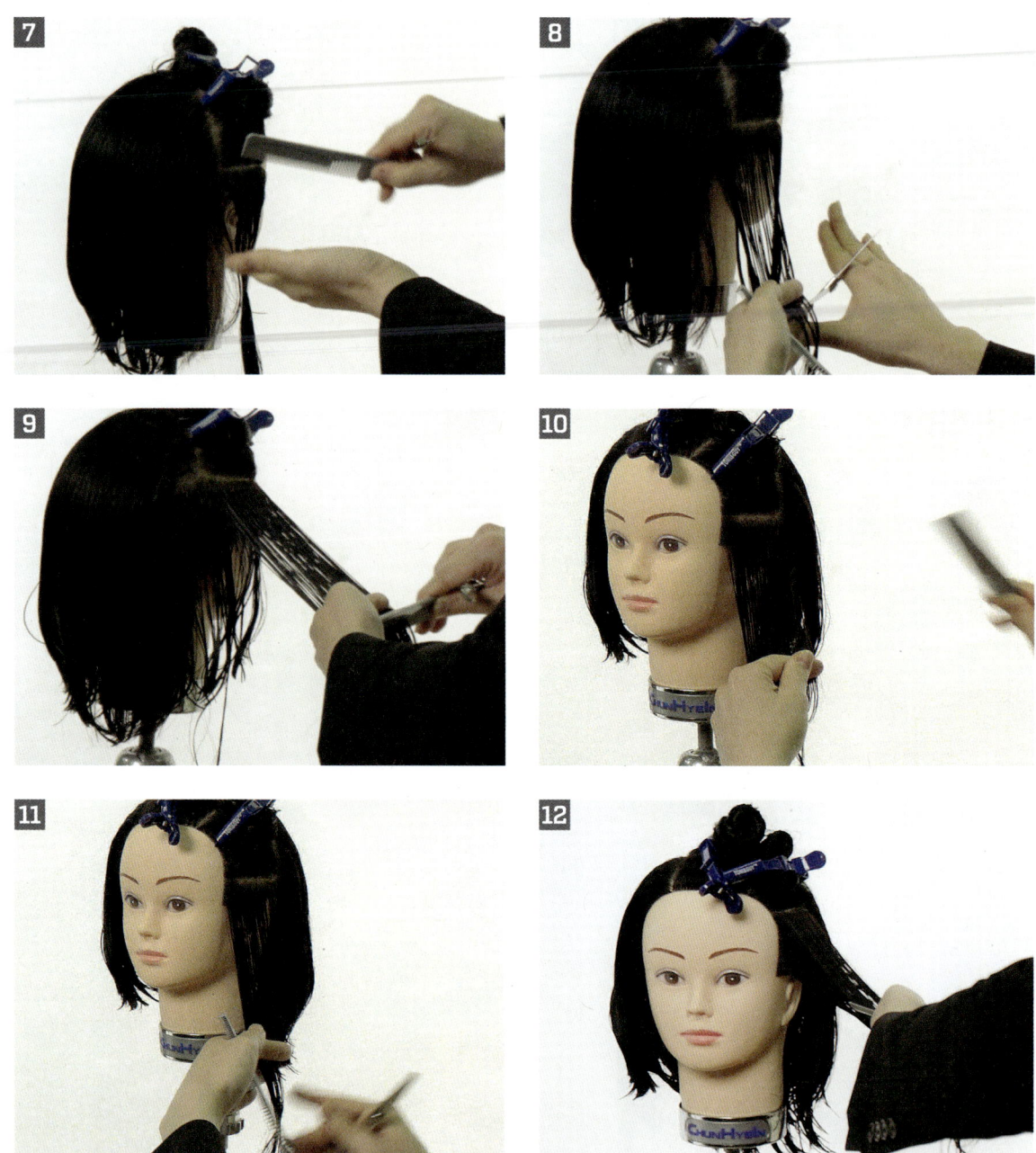

7 E.B.P에서 S.C.P를 두상 곡면에 따라 1~1.5cm로 섹션을 나눈다.

8 손가락과 섹션이 두상 곡면에 따라 0° 라운드 형태로 커트 한다.

9 2섹션에서부터 마지막 섹션까지 라운드 섹션을 나누어 45° 커트하여 우측 사이드를 마무리한다.

10 좌측도 E.B.P에서 S.C.P를 두상 곡면에 따라 1~1.5cm로 섹션을 나눈다.

11 우측과 같은 방법으로 자른다.

12 2섹션에서부터 마지막 섹션까지 라운드 섹션을 나누어 45° 커트하여 좌측 사이드를 마무리한다.

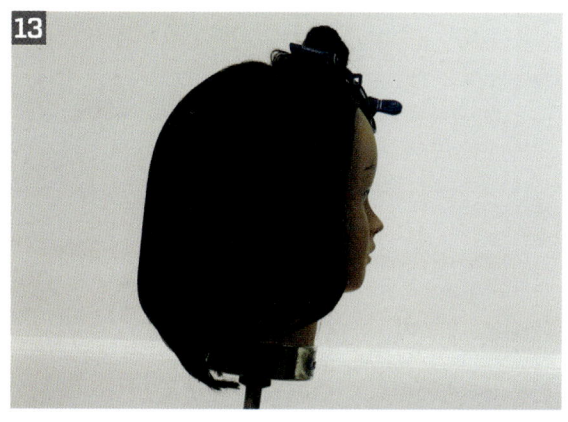
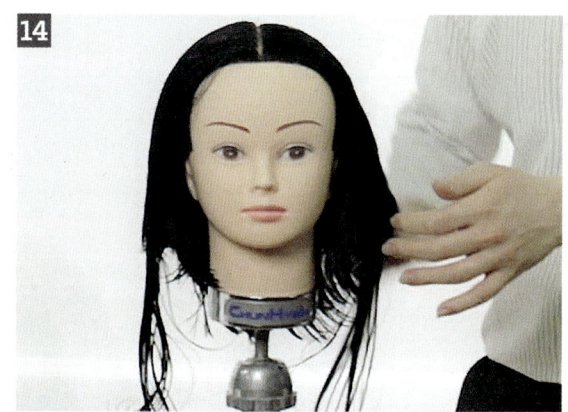

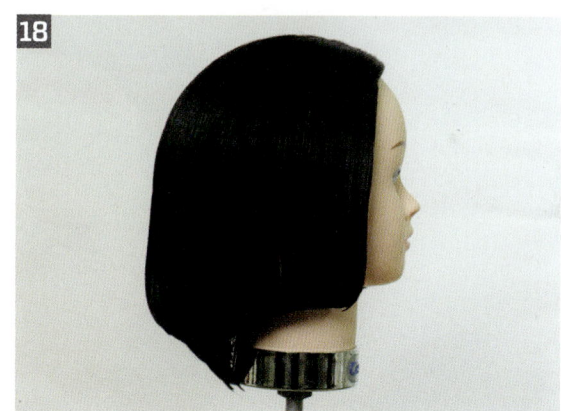

13 사이드가 완성된 모습이다.

14 전두부의 앞머리를 아래로 내려 사이드 가이드에 맞춰 0° 커트 한 후 전두부의 C.P를 중심으로 우측, 좌측으로 나눈다.

15 우측 파트의 섹션을 두상의 곡선에 따라 45° 커트 한다.

16 좌측 파트의 섹션을 두상의 곡선에 따라 45° 커트 한다.

17 빗질을 하면서 전체적인 길이를 체크 한다(밸런스 체크).

18 커트빗을 사용하여 라운드 라인으로 콤아웃하여 마무리한다.

Chapter 4 레이어드 커트

블로킹	각도	가이드 라인 길이	섹션	슬라이스 간격
5등분	90°	12~14cm	라운드, 방사선	1~1.5cm

1 레이어드 커트 완성

2 레이어드 커트 블로킹(5등분)

1. 블로킹 순서

① C.P를 중심으로 우측, 좌측 F.S.P에서 T.P 라인까지 약 가로 7cm, 세로 7cm가 되도록 블로킹 한다.
② T.P 라인에서 우측 E.B.P까지 블로킹 한다.
③ T.P 라인에서 좌측 E.B.P까지 블로킹 한다.
④ T.P에서 N.P까지 블로킹 한다.

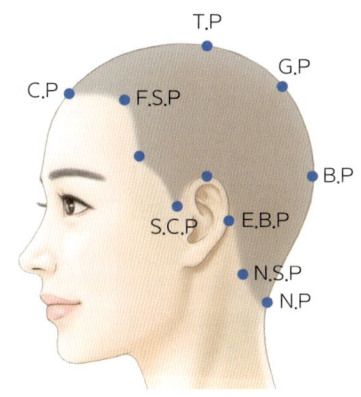

2. 블로킹 완성

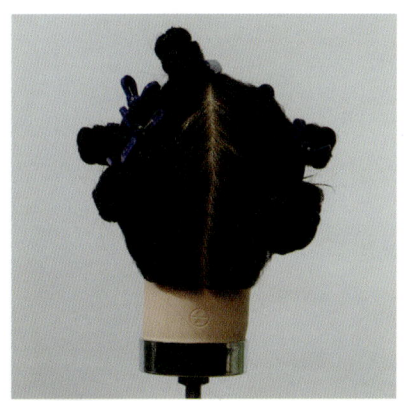

3 레이어드 커트 시술하기

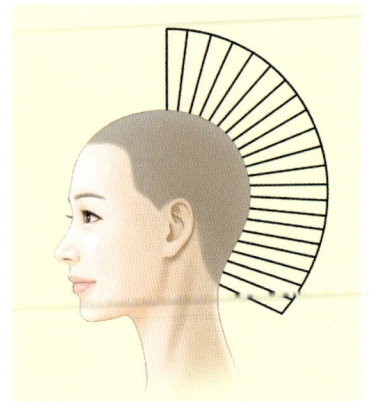
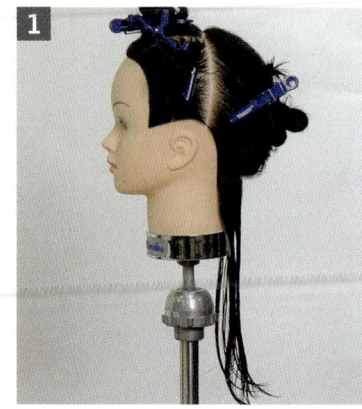

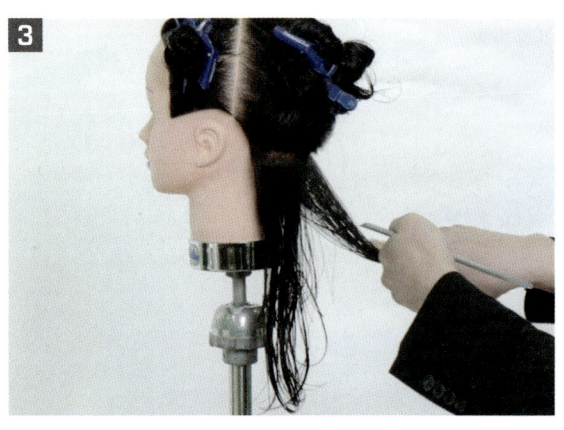
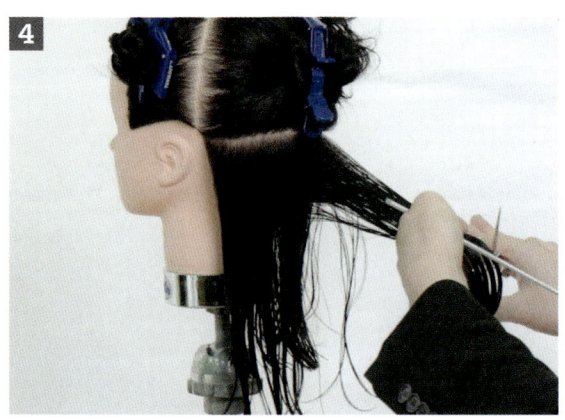

1 N.P 센터 1cm, N.S.P 2cm 라인으로 1섹션을 나눈다(U라인).

2 N.P 중심으로 가이드 라인을 설정하고 12~14cm 길이로 0°로 커트 한다.

3 2섹션은 1~1.5cm 폭으로 1섹션의 길이를 가이드로 하여 두상 곡면에 따라 90° 커트 한다.

4 3섹션부터 G.P까지 2섹션과 동일한 방법으로 커트 한 후 양쪽 길이를 체크 한다(밸런스 체크).

5 G.P까지 90° 커트를 완성한 모습이다.

6 T.P를 중심으로 방사선 섹션을 5구역으로 나눈다.

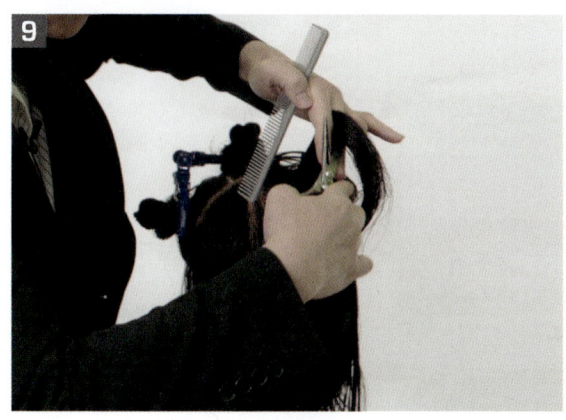

7 방사선 섹션을 직각분배 90°로 빗질한다.

8 두상에서 90° 각도를 유지하며 백부분을 커트 후 빗질하여 완성한다.

9 우측 E.B.P에서 S.C.P를 두상 곡면에 따라 1~1.5cm로 섹션을 나눈다.

10 손가락과 섹션이 두상 곡면에 따라 0° 라운드 형태로 커트 한다.

11 2섹션에서부터 마지막 섹션까지 라운드 섹션을 나누어 90° 커트하여 우측 사이드를 마무리한다.

12 좌측 E.B.P에서 S.C.P를 두상곡선에 따라 1~1.5cm로 섹션을 나눈다.

13 우측과 동일한 방법으로 자른 후 사이드가 레이어드 형태로 완성된 모습이다.

14 좌측, 우측 사이드 길이를 체크 한다(밸런스 체크).

15 전두부의 앞머리를 아래로 내려 사이드 가이드에 맞춰 0° 커트 한다.

16 C.P~T.P 섹션을 3등분하여 두상곡선에 따라 직각분배 90° 커트 한다.

17 이전 섹션의 길이를 가이드로 우측도 동일하게 직각분배 90° 커트 한다.

18 우측과 동일하게 두상 곡면에 따라 직각분배 90° 커트 한다.

 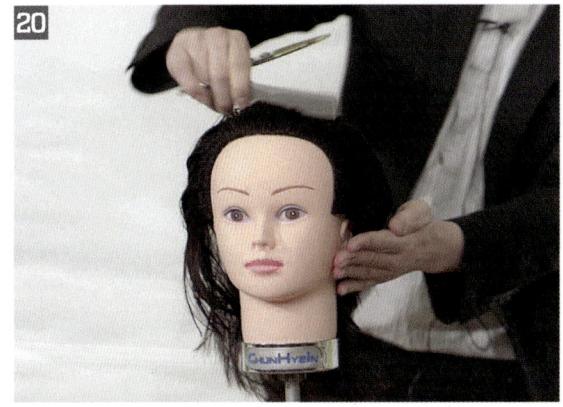

19 전체적으로 길이와 레이어드 형태가 되도록 최종 커트 한다.

20 커트빗을 사용하여 유니폼 레이어 형태로 콤아웃하여 마무리한다.

Part 3
블로 드라이 및 롤 세팅
시험시간 30분

Chapter 1　스파니엘 인컬

Chapter 2　이사도라 아웃컬

Chapter 3　그래듀에이션 인컬

Chapter 4　레이어드 롤컬

Part 3 블로 드라이 및 롤 세팅

1 요구사항
마네킹의 모발에 시술하기에 적합하도록 적당량의 수분을 도포한 후 주어진 도면을 보고 블로 드라이 헤어 스타일 및 롤 세팅을 완성하시오.

1. 블로 드라이 및 롤컬은 다음 형별 중 시험위원이 지정하는 형을 시술하시오.

형별	스타일	요구 작업 내용	비 고
1	인컬	스파니엘 스타일로 커트한 마네킹에 안말음(C컬)형이 되도록 블로 드라이하시오.	
2	아웃컬	이사도라 스타일로 커트한 마네킹에 바깥말음(CC컬)형이 되도록 블로 드라이하시오.	
3	인컬	그래듀에이션 스타일로 커트한 마네킹에 안말음(C컬)형이 되도록 블로 드라이하시오.	
4	롤컬	레이어드 스타일로 커트한 마네킹에 롤러를 사용하여 세팅하시오.	

2. 블로 드라이
① 수분이 도포된 모발에 프리 드라이된 상태에서 4~6등분 블로킹 후 블로 드라이어와 롤 브러시를 이용하여 다음과 같이 시험에 요구되는 스타일을 시술하시오(사이드 센터 파트, 이어 투 이어 파트 등).
- 섹션 시 베이스 크기는 사용되는 롤 브러시의 폭(지름)을 넘지 않게 하시오.
- 모발의 길이에 따라 롤 브러시를 선택하여 사용합니다.
- 모다발(판넬)은 모류 방향에 따라 시술해야 하며, 적합한 블로 드라이어와 롤 브러시 운행 각도에 따른 열처리가 적절하게 이루어져야 합니다.
- 모근에 볼륨감이 형성되어야 합니다.
- 모발은 윤기 있게 질감처리가 되어야 합니다.

② 마무리(리세트)는 빗이나 손을 이용하여 블로 드라이 헤어 스타일링 합니다.

3. 롤 세팅
① 적셔진 마네킹의 모발에 롤러를 이용하여 모다발에 빠져나오지 않도록 와인딩을 균형있게 세트하시오.
- 충분하게 적셔진 모발에 6등분 블로킹을 한 후 전두부 상단부터 와인딩 하시오.
- 파팅(베이스 크기)은 롤러의 폭(직경)을 넘지 않아야 합니다.
- 모발의 길이에 따라 롤러 크기는 선택하여 사용합니다.
- 모다발(판넬)은 모류 처리에 적합한 각도에 맞추어 롤러를 정확히 세트하여야 합니다.

② 모발을 롤러에 와인딩 한 상태에서 헤어망을 씌워 적절하게 열처리 하시오.
③ 롤러를 제거 후 마무리(리세트) 하시오.

2 수험자 유의사항

① 블로 드라이 작업 시 시술하기에 알맞게 적셔진 모발에 과정의 절차에 맞게 작업(모발에서 모근까지 골고루 수분 도포 - 타월 건조 - 프레 드라이 스타일 - 본 드라이 스타일 - 마무리)하시오.
② 롤 세팅 작업 시 롤러의 사용개수는 반드시 31개 이상으로 하되 크기(대, 중, 소)는 두상 부위에 따라 빈 공간 없이 고루 배열되게 하시오.
③ 롤 세팅 작업 시 와인딩은 블로킹 상단에서부터 하단으로 향하게 시술하시오.
④ 블로킹 및 파팅에 맞게 각각의 절차에 따라 정확히 시술하시오.
⑤ 블로 드라이어 및 롤러 이외에 요구사항에서 제시하지 않은 헤어스타일링 제품 및 기기를 사용할 수 없습니다.
⑥ 시험시간 종료 후 빗질 등을 하면서 작품 및 도구를 만져서는 안 됩니다.
⑦ 채점이 종료된 후 시험위원의 지시에 따라 다음 시술 준비를 해야 합니다.

3 시험내용

시험과제	시간	배점
블로 드라이 및 롤 세팅	30분	20점

안말음(스파니엘)

바깥말음(이사도라)

안말음(그래듀에이션)

롤컬(레이어드)

4 드라이 시간배분

1	2	3	4	5	6	7	8	9	10	11	12	13	14	15	16	17	18	19	20	21	22	23	24	25	26	27	28	29	30
프리드라이	블로킹		드라이 후두부																드라이 사이드									마무리	

5 드라이 준비하기

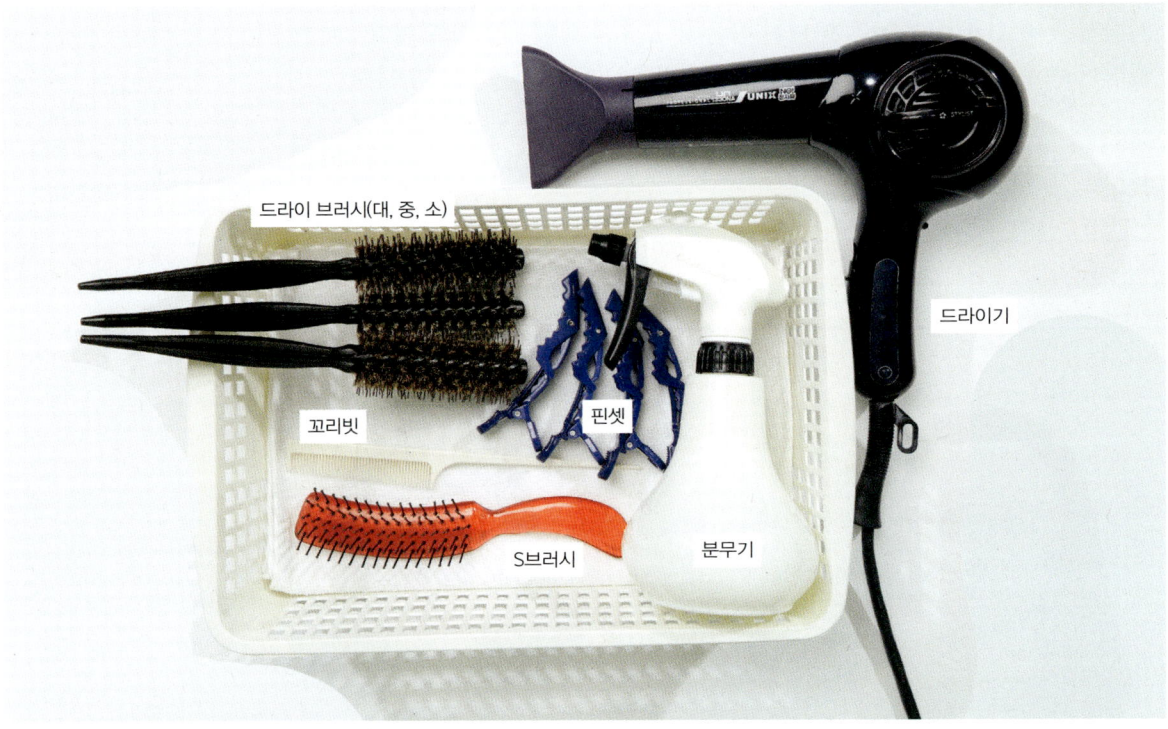

마네킹

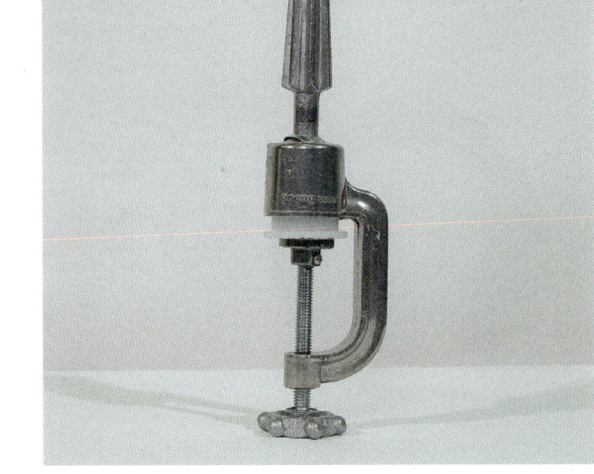

홀더

6 롤 세팅 시간배분

1	2	3	4	5	6	7	8	9	10	11	12	13	14	15	16	17	18	19	20	21	22	23	24	25	26	27	28	29	30
블로킹			헤어 롤 셋팅 말기												드라이 열처리												헤어롤 풀기 및 마무리		

7 롤 세팅 준비하기

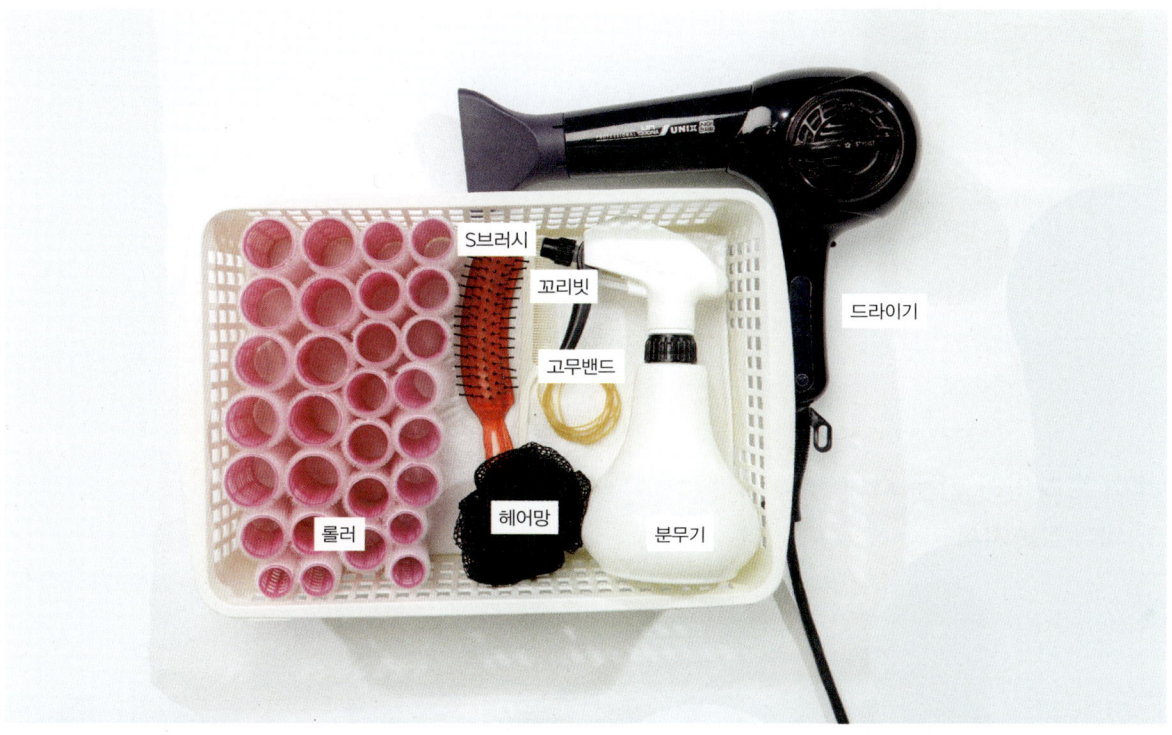

마네킹

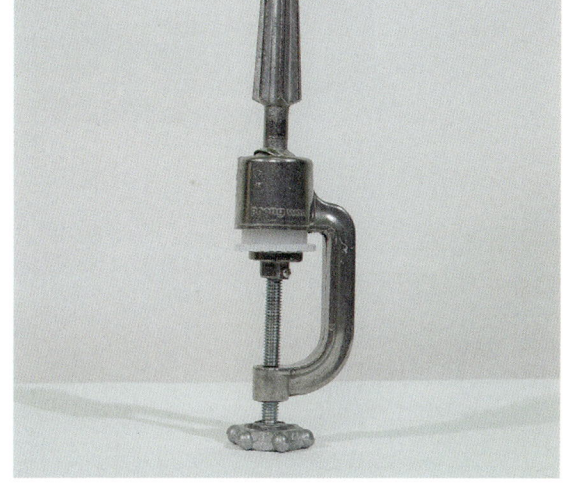

홀더

블로 드라이 알아두기

헤어 드라이어의 구조

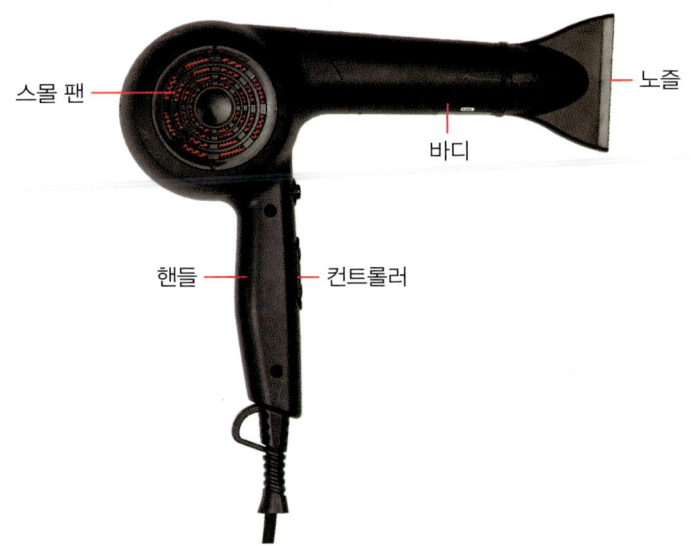

헤어 드라이어 잡는 자세

1. 바디 잡는 자세

2. 핸들 잡는 자세

롤 브러시 잡는 자세

1. 인컬 자세

2. 아웃컬 자세

Chapter 1 스파니엘 인컬 드라이

대상	블로킹	컬
스파니엘 스타일로 커트한 마네킹	4등분	안말음(C컬)

1 스파니엘 인컬 드라이 완성

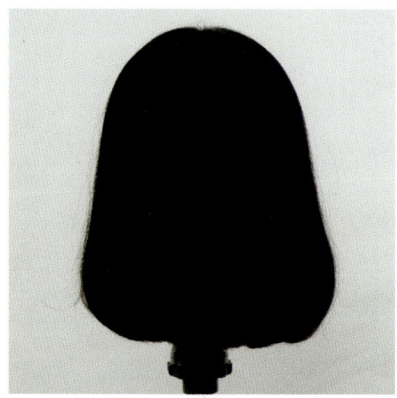

2 스파니엘 인컬 드라이 블로킹(4등분)

1. 블로킹 순서
① C.P에서 N.P까지 블로킹 한다.
② T.P에서 우측 E.B.P까지 블로킹 한다.
③ T.P에서 좌측 E.B.P까지 블로킹 한다.

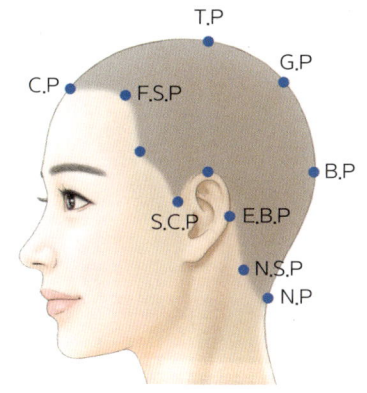

2. 블로킹 완성

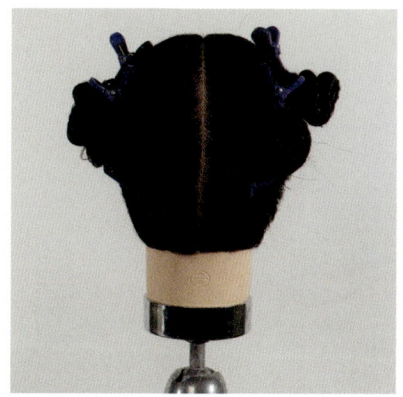

3 스파니엘 인컬 드라이 시술하기

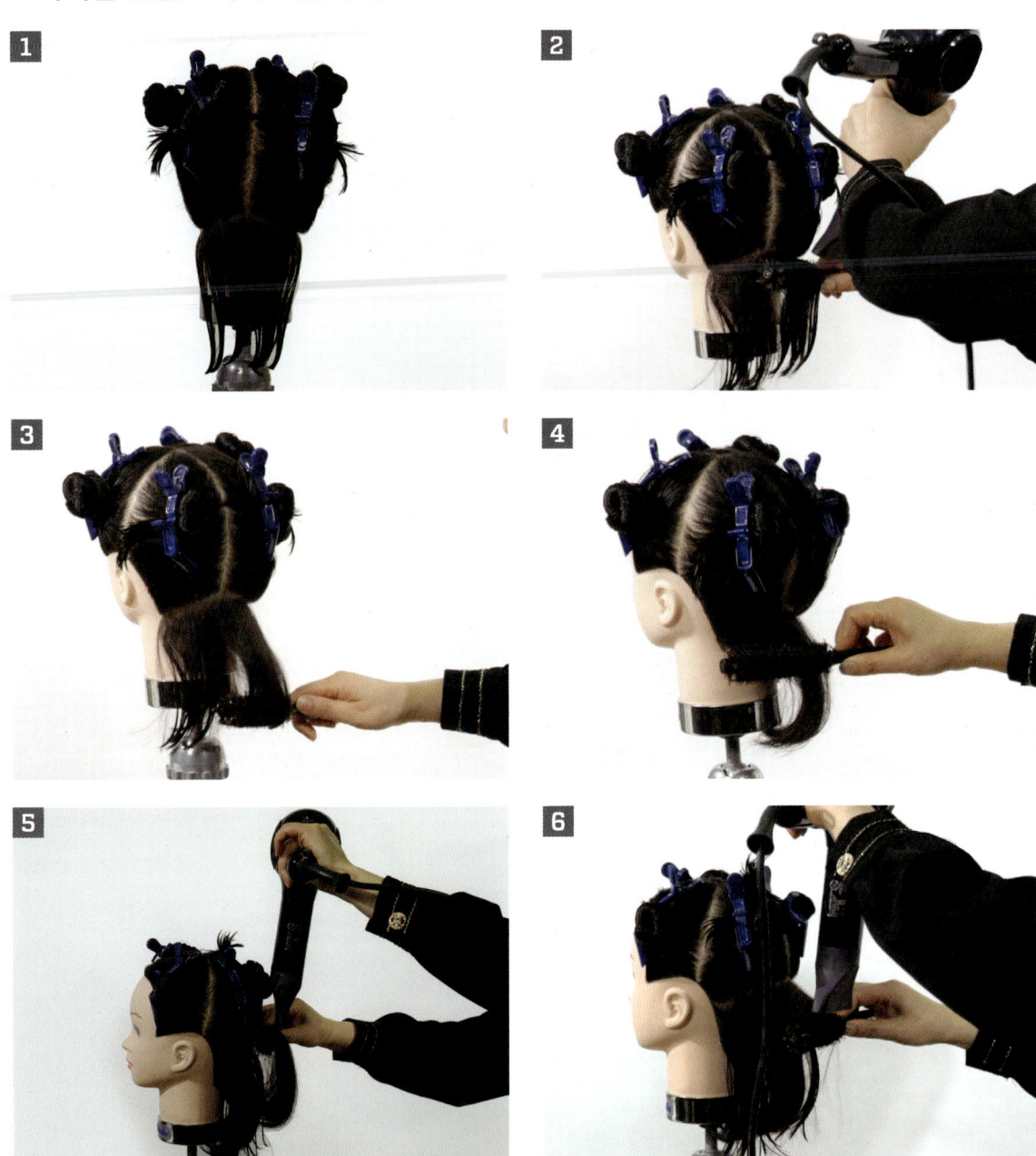

1. N.P에서 2~3cm 정도, 롤 브러시(소) 두께로 전대각 라인으로 1섹션을 나눈다.
2. 브러시를 모발 안에 넣고 뿌리 볼륨을 잡고 열처리한다.
3. 한 바퀴 반 정도 안으로 말고 뜸을 준 후 브러시를 돌리면서 뺀다.
4. 1섹션과 같은 전대각 라인으로 왼쪽, 오른쪽 밸런스가 동일한지 확인하며 드라이를 진행한다.
5. 2섹션은 2~3cm 폭으로 전대각 라인으로 나누고, 가운데 부분을 롤 브러시 넓이만큼 패널을 잡고 두피에서 90°로 뿌리 부분 먼저 뜸을 준다.
6. 모근부터 들어 올리면서 스트레이트 형태로 롤을 한 바퀴 반 정도 안으로 말고 뜸을 준 후 브러시를 돌리면서 뺀다.

7

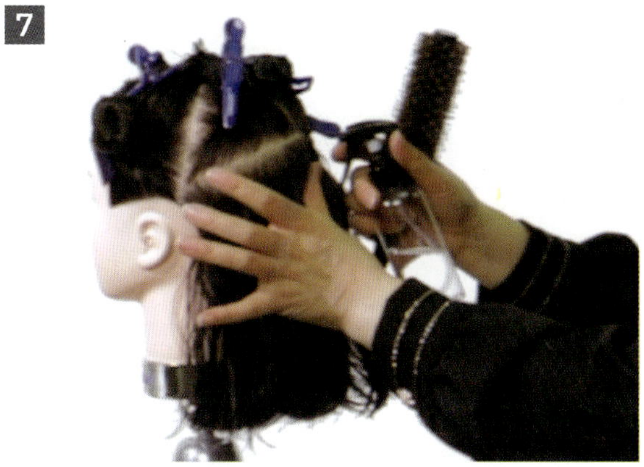

8

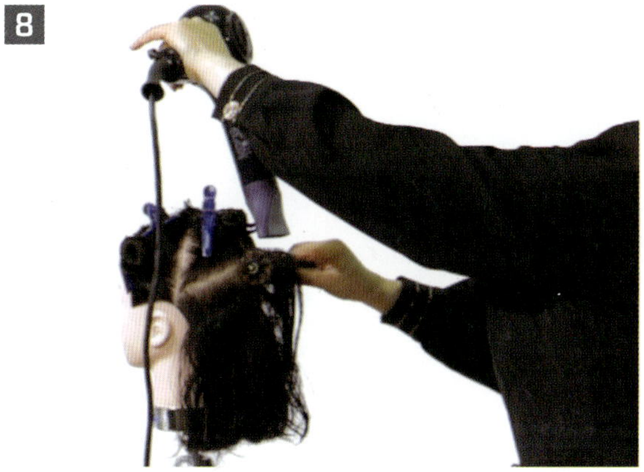

9

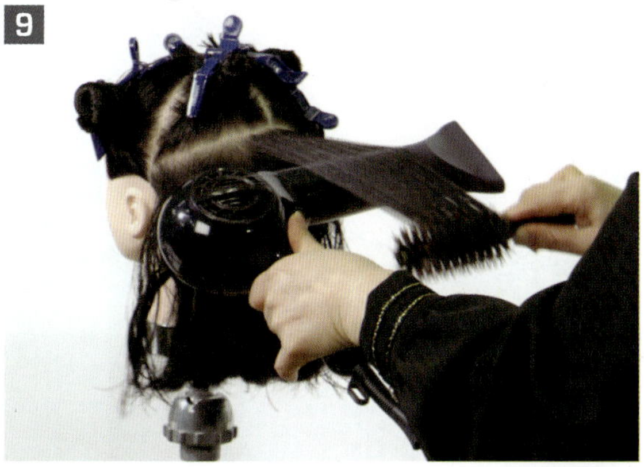

10

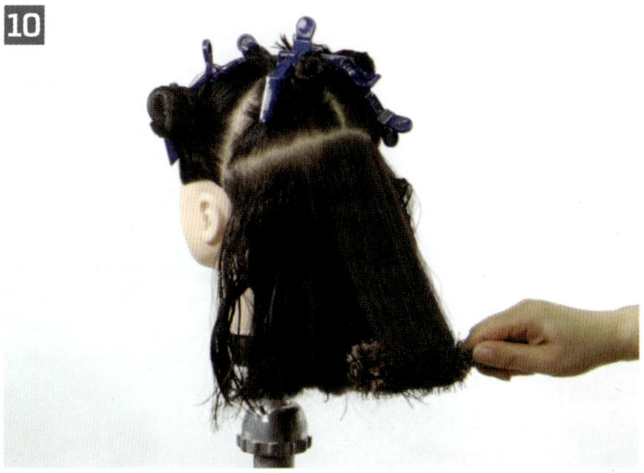

11

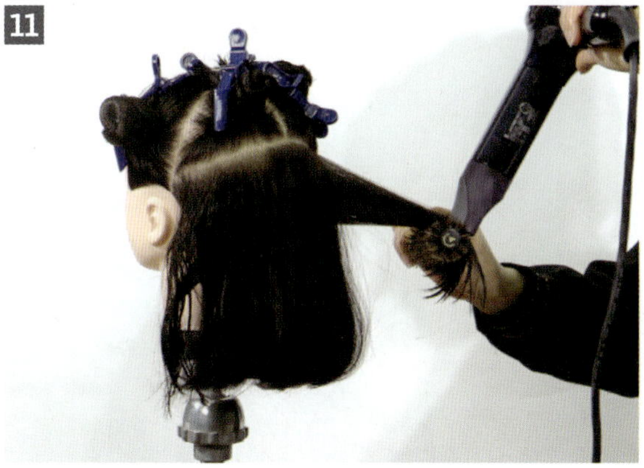

12

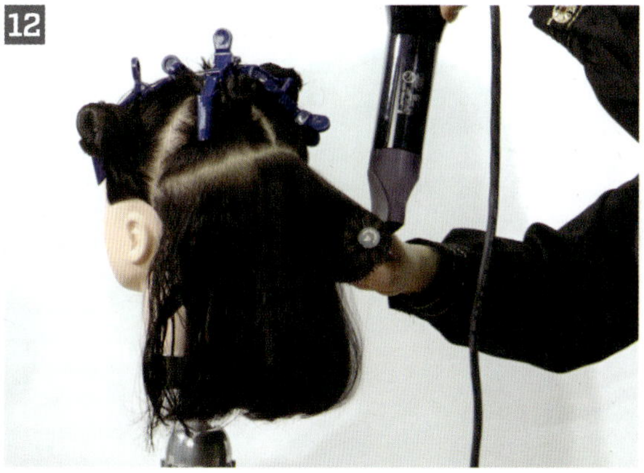

7 수분이 부족하면 분무기로 수분을 조절한다.

8 3섹션부터 마지막 섹션까지 롤 브러시(중) 사용하여 롤 브러시 넓이만큼 판넬을 잡고 두피에서 90°로 뿌리 볼륨을 잡는다.

9 전체적으로 2~3번 모발 결을 정리하며 드라이를 진행한다.

10 한 바퀴 반 정도 안으로 말고 뜸을 준 후 브러시를 돌리면서 빼준다.

11 모근부터 들어 올리면서 스트레이트 형태로 롤에 텐션을 유지한다.

12 한 바퀴 반 정도 인컬 드라이하고 뜸을 준다.

13 브러시를 돌리면서 뺀다.

14 T.P 부분은 두피에서 120°로 뿌리 볼륨을 만든다.

15 윤기있게 2~3번 모발 결을 정리한 뒤 큰 원을 그리면서 후두부를 완성한다.

16 우측 진행 전 수분이 부족한 부분에 물 분무를 한다.

17 우측 E.B.P에 전대각 라인으로 2~3cm 1섹션을 나눈다.

18 전체적으로 윤기 있게 2~3번 모발 결을 정리한다.

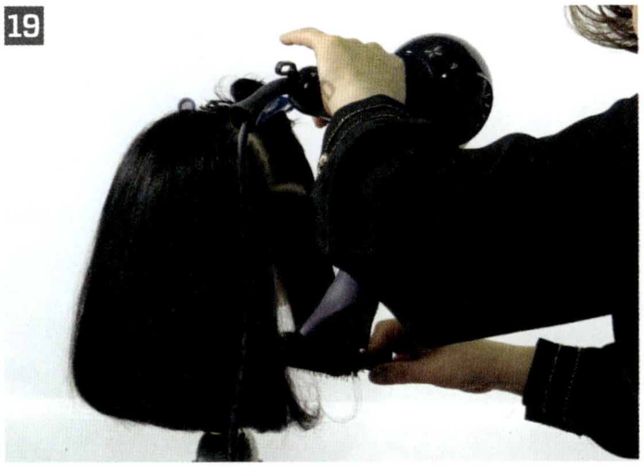

19 한 바퀴 반 정도 안으로 말고 뜸을 준다.

20 브러시를 돌리면서 뺀다.

21 우측 마지막 섹션은 두피에서 120°로 뿌리 볼륨을 만든다.

22 윤기 있게 2~3번 모발 결을 정리하면서 큰 원을 그린다.

23 자연스럽게 한 바퀴 반 정도 안으로 말고 뜸을 준 후 롤 브러시를 돌리면서 뺀다.

24 우측을 완성한 모습이다.

25 좌측도 우측과 동일한 방식으로 E.B.P부터 전대각 라인으로 2~3cm 섹션을 나눈다.

26 전체적으로 윤기 있게 2~3번 모발 결을 정리한다.

27 한 바퀴 반 정도 안으로 말고 뜸을 준 후 롤 브러시를 돌리면서 뺀다.

28 좌측을 완성 후 S브러시를 사용하여 전체적으로 인컬을 정리한다.

Chapter 2 이사도라 아웃컬 드라이

대상	블로킹	컬
이사도라 스타일로 커트한 마네킹	4등분	바깥말음(CC컬)

1 이사도라 아웃컬 드라이 완성

2 이사도라 아웃컬 드라이 블로킹(4등분)

1. 블로킹 순서

① C.P에서 N.P까지 블로킹 한다.
② T.P에서 우측 E.B.P까지 블로킹 한다.
③ T.P에서 좌측 E.B.P까지 블로킹 한다.

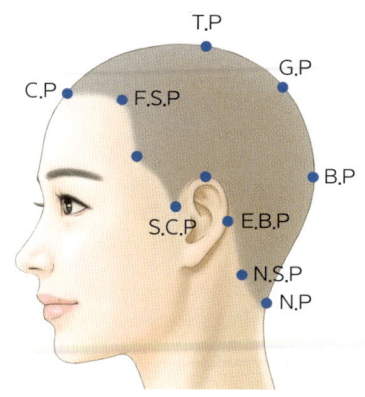

2. 블로킹 완성

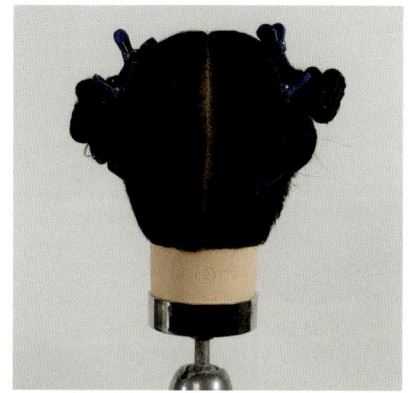

3 이사도라 아웃컬 드라이 시술하기

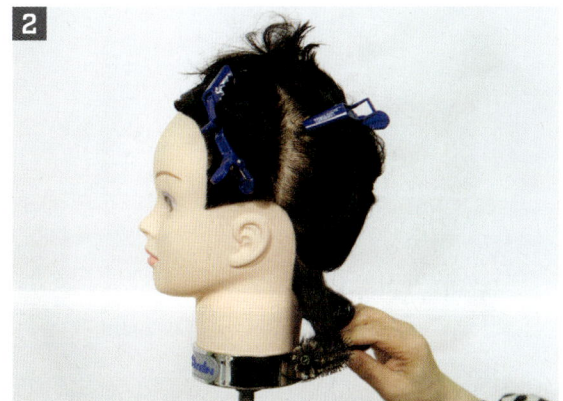
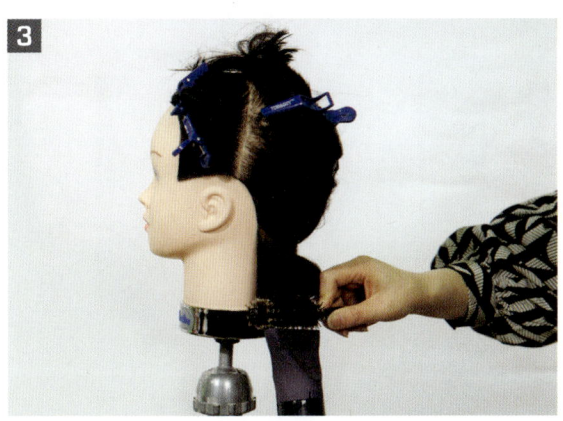
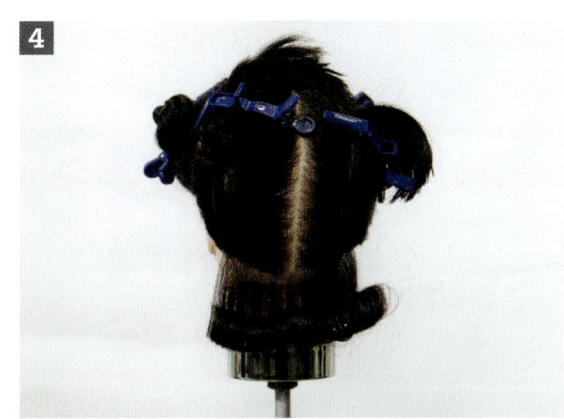
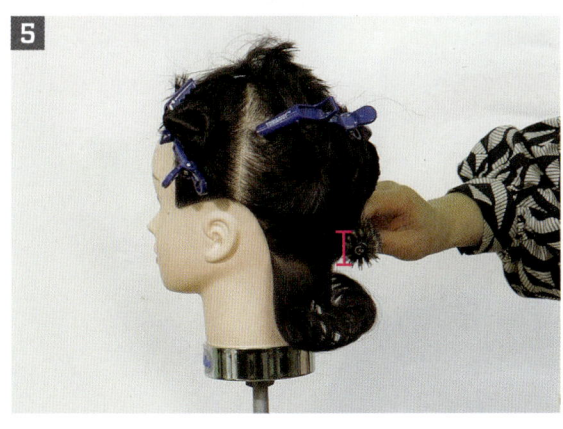

1. N.P에서 2~3cm 정도의 롤 브러시(소) 두께로 후대각 라인으로 1섹션을 나눈다.
2. 롤 브러시(소) 넓이만큼 판넬을 잡은 후 드라이기와 브러시를 같이 잡고 모발 결을 정리하면서 인컬 안 말음 한다.
3. 롤 브러시를 바깥으로 아웃컬로 만든 후 브러시를 들지 않고 그대로 아웃컬로 말고 아웃컬 부분에 열을 주면서 뜸을 준다.
4. 1섹션이 완성된 모습이다.
5. 2섹션도 롤 브러시의 두께와 동일하게 섹션을 나눈다.
6. 가운데 부분 먼저 롤 브러시 넓이만큼 판넬을 잡고 두피에서 90°로 볼륨을 만든다.

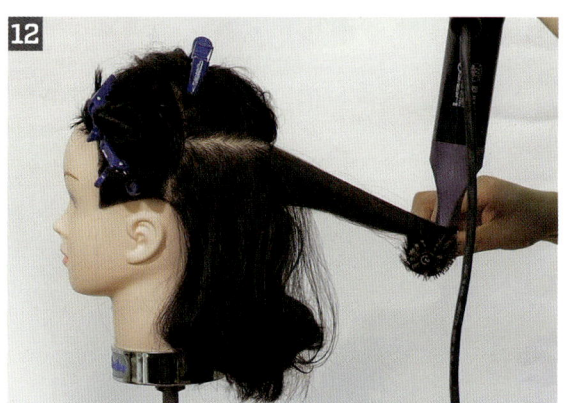

7 전체적으로 윤기 있게 2~3번 모발 결을 정리한 뒤 인컬 드라이를 한다.

8 판넬을 0°로 아웃컬로 두 바퀴를 말고 뜸을 준다.

9 손으로 잡고 롤 브러시를 위를 향하게 빠르게 뺀다.

10 우측, 좌측 동일한 후대각 라인으로 진행한다.

11 3섹션부터 마지막 섹션까지 동일하게 뿌리부분 먼저 뜸을 준다.

12 뿌리 볼륨을 만들고 전체적으로 윤기있게 2~3번 모발 결을 정리한 후 인컬 드라이한다.

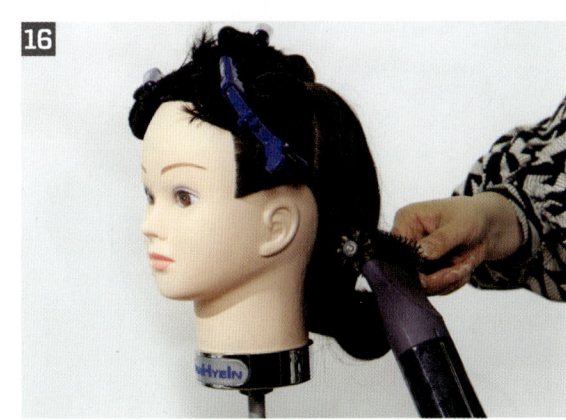

13 판넬을 0°로 아웃컬로 두 바퀴를 말고 뜸을 준다.

14 두피에서 120°로 뿌리 볼륨을 잡는다.

15 전체적으로 윤기있게 2~3번 모발 결을 정리하며 인컬 드라이한다.

16 판넬을 0°로 아웃컬로 두 바퀴를 말고 뜸을 준다.

17 후두부가 완성된 모습입니다.

18 우측 E.B.P에서 후대각 라인으로 2~3cm 섹션을 나눈다.

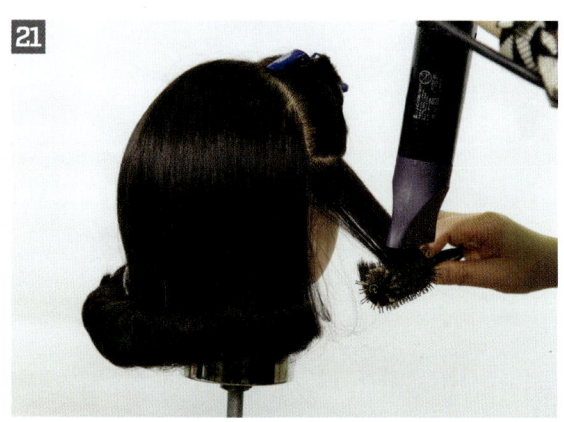

19 롤 브러시 넓이만큼 판넬을 잡고 두피에서 90°로 뿌리에 먼저 뜸을 준다.

20 전체적으로 윤기 있게 2~3번 모발 결을 정리한다.

21 인컬 드라이를 한다.

22 판넬을 0°로 아웃컬로 두 바퀴를 말고 뜸을 준다.

23 동일한 방법으로 우측을 완성한다.

24 좌측 역시 E.B.P에서 후대각 라인으로 2~3cm 섹션을 나눈다.

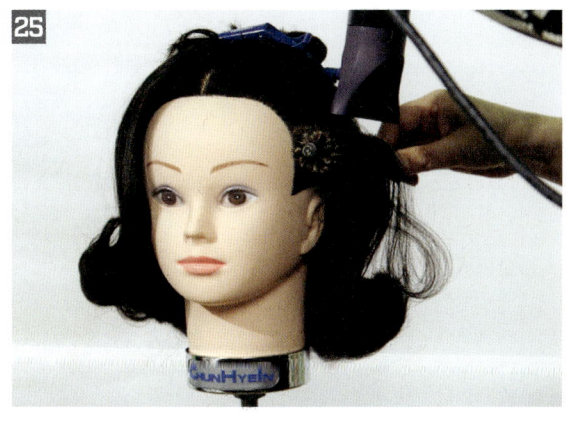

25 우측과 동일하게 롤 브러시 넓이만큼 판넬을 잡고 두피에서 90°로 뿌리에 먼저 뜸을 준다.

26 전체적으로 윤기있게 2~3번 모발 결을 정리한다.

27 인컬 드라이를 한다.

28 판넬을 0°로 아웃컬로 두 바퀴를 말고 뜸을 준다.

29 좌측 사이드가 완성된 모습이다.

30 S브러시를 사용하여 전체적으로 아웃컬을 정리한다.

Chapter 3 그래듀에이션 인컬 드라이

대상	블로킹	컬
그래듀에이션 스타일로 커트한 마네킹	4등분	안말음(CC컬)

1 그래듀에이션 인컬 드라이 완성

2 그래듀에이션 인컬 드라이 블로킹(4등분)

1. 블로킹 순서
① C.P에서 N.P까지 블로킹 한다.
② T.P에서 우측 E.B.P까지 블로킹 한다.
③ T.P에서 좌측 E.B.P까지 블로킹 한다.

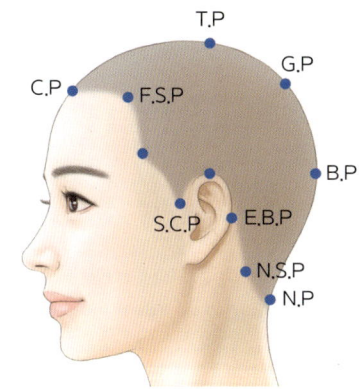

2. 블로킹 완성

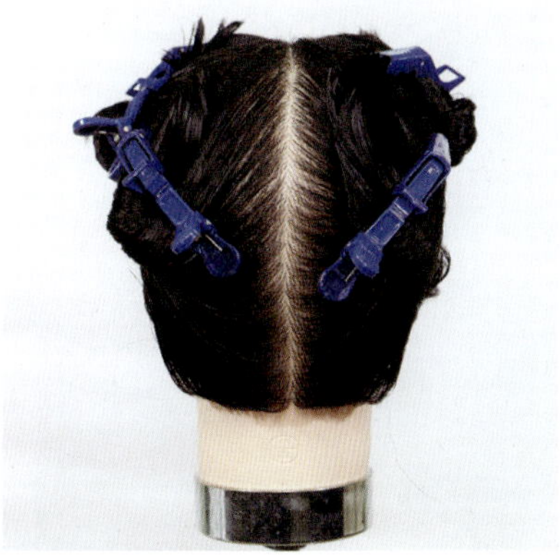

3 그래듀에이션 인컬 드라이 시술하기

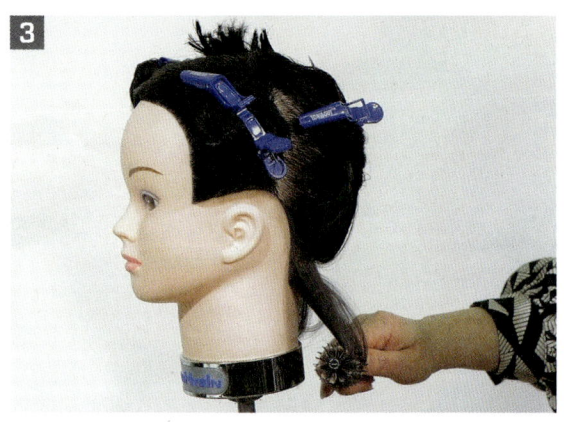

1. 1섹션은 롤 브러시(소) 두께 정도로 두상곡면에 따라 섹션을 나눈다.
2. 판넬을 롤 브러시 넓이 만큼 잡아서 드라이어와 롤 브러시를 같이 잡고 모발 결을 정리하며 드라이를 2~3회한다.
3. 인컬로 롤 브러시를 회전하면서 뺀다.
4. 2~3cm 폭으로 2섹션을 나눈 뒤 가운데 부분을 롤 브러시(중)를 사용하여 롤 브러시 넓이만큼 판넬을 잡고 두피에서 90°로 뿌리 볼륨을 잡는다.
5. 뿌리 볼륨을 살리면서 드라이로 열을 주고 롤 브러시를 회전하면서 뺀다.
6. 수분이 부족하면 분무기로 도포한다.

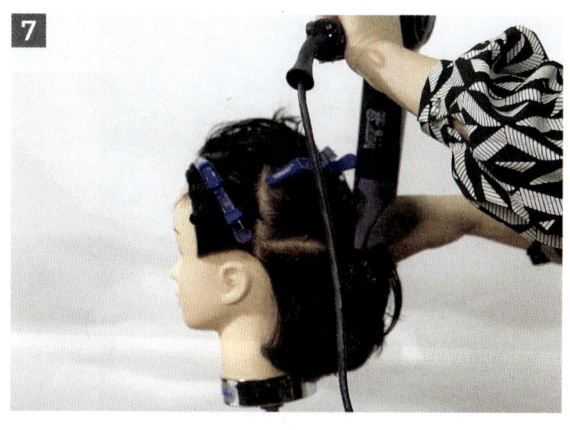

7 판넬을 두피에서 90°로 뿌리 볼륨을 만든다.

8 전체적으로 윤기 있게 2~3번 모발 결을 정리하면서 드라이 한다.

9 볼륨을 살리기 위해 원을 그리면서 내리고 롤 브러시를 돌리면서 뺀다.

10 3섹션부터 동일하게 진행한다.

11 좌측과 우측 밸런스가 동일한지 확인하며 드라이를 진행한다.

12 판넬을 두피에서 120°로 롤 브러시로 빗질한다.

13 뿌리 부분을 먼저 뜸 주고 큰 원을 그리듯이 드라이한다.

14 마지막 섹션도 두피에서 120°로 뿌리 볼륨을 잡는다.

15 전체적으로 윤기 있게 2~3번 모발 결을 정리하면서 드라이한다.

16 볼륨을 살리기 위해 큰 원을 그리면서 내리고 롤 브러시를 돌리면서 뺀다.

17 후두부를 완성한 모습이다.

18 우측 사이드는 E.B.P에서 두상곡면으로 2~3cm 섹션을 나눈다.

19

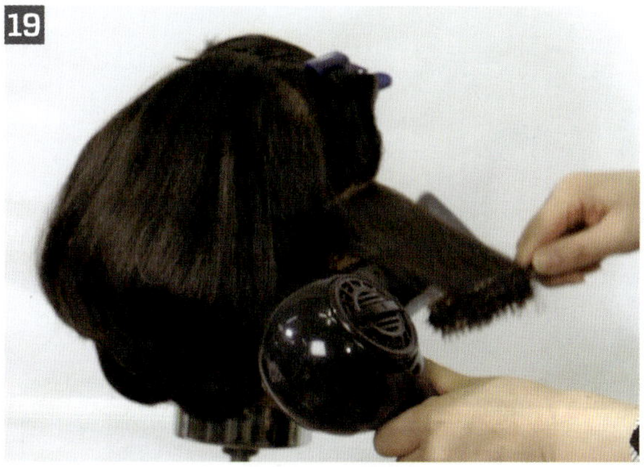

20

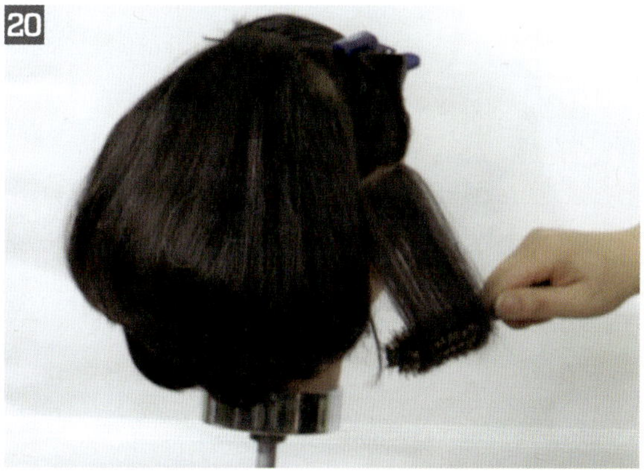

21

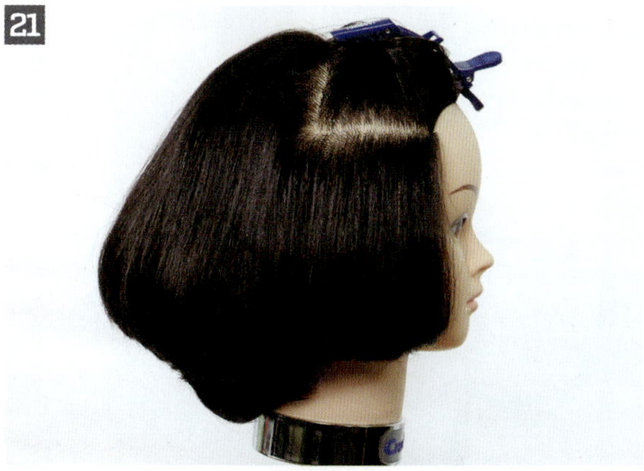

22

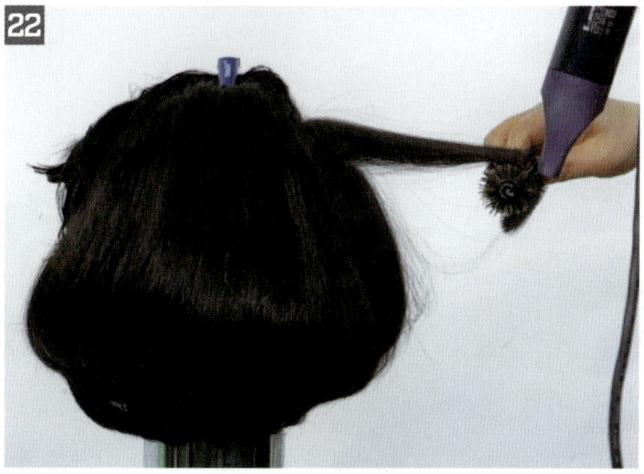

23

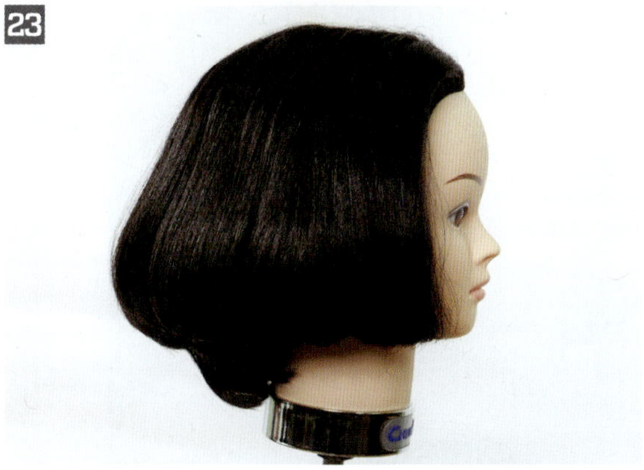

24

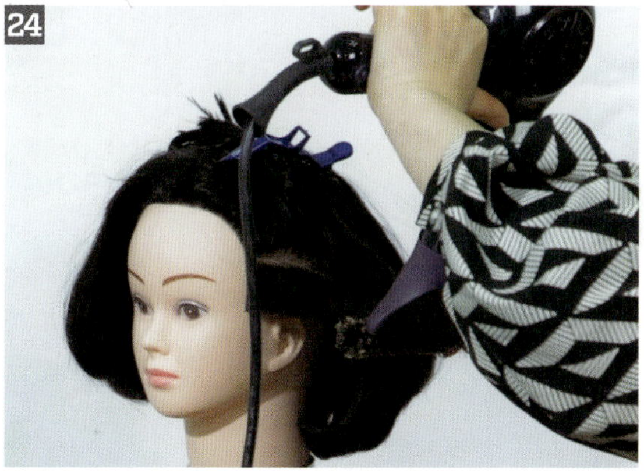

19 전체적으로 윤기있게 2~3번 모발 결을 정리하면서 드라이를 진행한다.

20 안으로 말고 뜸을 준 후 롤 브러시를 돌리면서 뺀다.

21 모근에 볼륨을 살리면서 인컬을 완성한다.

22 두피에서 90°로 뿌리 부분을 먼저 뜸 주고 롤 브러시와 드라이기로 원을 그려가면서 자연스럽게 아랫방향으로 내려 인컬을 만든다.

23 우측 사이드를 완성한 모습이다.

24 좌측도 우측과 동일하게 진행한다. E.B.P에서 두상곡면으로 2~3cm 섹션을 나눈 후 윤기 있게 2~3번 모발 결을 정리하면서 진행한다.

25 자연스럽게 안으로 말고 뜸을 준다.

26 롤 브러시를 돌리면서 뺀다.

27 두피에서 90°로 뿌리 부분을 먼저 뜸 준다.

28 뿌리 부분에 볼륨을 살리면서 인컬을 완성한다.

29 좌측 사이드를 완성한 모습이다.

30 굵은 빗이나 손으로 모발을 인컬 모양으로 정리한다.

Chapter 4 레이어드 롤컬 세팅

대상	블로킹	수분	헤어롤	드라이 열처리	마무리
레이어드 스타일로 커트한 마네킹	6등분	15~20%	대 10개, 중 15개, 소 6개	8분	스타일 작업

1 레이어드 롤컬 세팅 완성

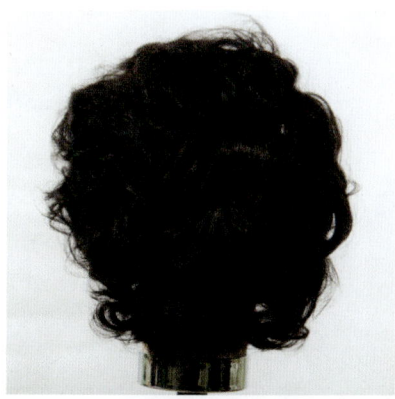

2 레이어드 롤컬 세팅 블로킹(6등분)

1. 블로킹 순서

① C.P를 중심으로 우측, 좌측 F.S.P에서 T.P 라인까지 가로 6cm, 세로 7cm가 되도록 블로킹 한다.
② T.P 라인에서 우측 E.B.P까지 블로킹 한다.
③ T.P 라인에서 좌측 E.B.P까지 블로킹 한다.
④ 두정부 블로킹을 기준으로 백 센터 부분을 블로킹 한다.
⑤ 우측 백 사이드를 블로킹 한다.
⑥ 좌측 백 사이드를 블로킹 한다.

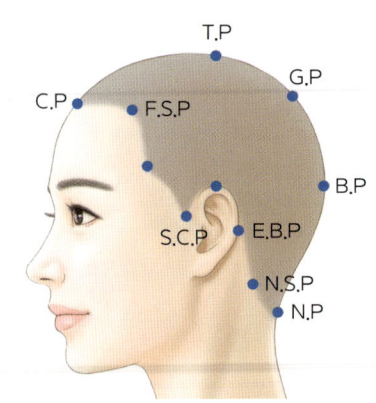

2. 블로킹 완성

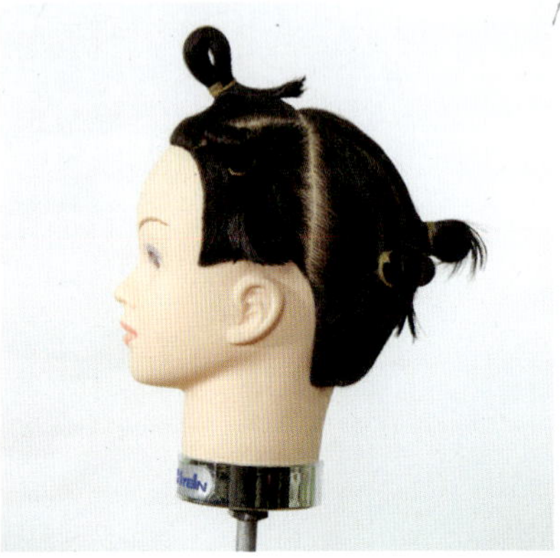

3 레이어드 롤컬 세팅 시술하기

1 전두부 센터 1섹션은 대 롤 크기만큼 판넬을 잡는다.

2 1번째 대 롤은 120°로 텐션을 주면서 만다.

3 2,3번째 대 롤은 1번째 롤 각도를 유지하면서 만다.

4 T.P의 4, 5, 6번째 판넬은 대 롤로 90°로 텐션을 주면서 만다.

5 7,8,9번째는 중 롤 크기만큼 판넬을 잡는다.

6 중 롤로 90°를 유지하면서 텐션을 주면서 만다.

7 10, 11번째는 소 롤 크기만큼 판넬을 잡은 후 45°로 텐션을 주면서 만다.

8 센터 부분의 1~6번째 대 롤 6개, 7~9번째 중 롤 3개, 10,11번째 소 롤 2개를 말은 모습이다.

9 우측 백사이드는 대 롤 크기만큼 판넬을 잡은 후 우측 가운데 대 롤 5~6번째를 기준으로 전대각 라인으로 120°로 텐션을 유지하면서 대 롤을 만다.

10 1번째 섹션을 완성하고 2~4번째는 중 롤 크기만큼 판넬을 잡는다.

11 전대각 라인으로 90°로 텐션을 유지하면서 중 롤을 만다.

12 1번째 대 롤 1개, 2~4번째 중 롤 3개를 말은 모습이다.

13 5, 6번째는 각도를 유지하면서 소 롤 2개를 만다.

14 우측 백사이드의 1번째 대 롤 1개, 2~4번째 중 롤 3개, 5,6번째 소 롤 2개를 말은 모습이다.

15 좌측 백사이드도 우측 백사이드와 동일하게 진행한다. 1번째는 센터 대 롤 5~6번째를 기준으로 전대각 라인으로 120°로 텐션을 유지하면서 대 롤을 만다.

16 2~4번째는 중 롤 넓이만큼 판넬을 잡고 전대각 라인으로 90°로 텐션을 유지하면서 중 롤 3개를 만다.

17 5, 6번째는 각도를 유지하면서 소 롤 2개를 만다.

18 우측 사이드는 1번째는 대 롤 크기만큼 잡은 판넬을 120°로 들고 꼬리빗으로 모발 끝까지 빗질해서 텐션을 유지하면서 대 롤을 만다.

Part 3 블로 드라이 및 롤 세팅 | **97**

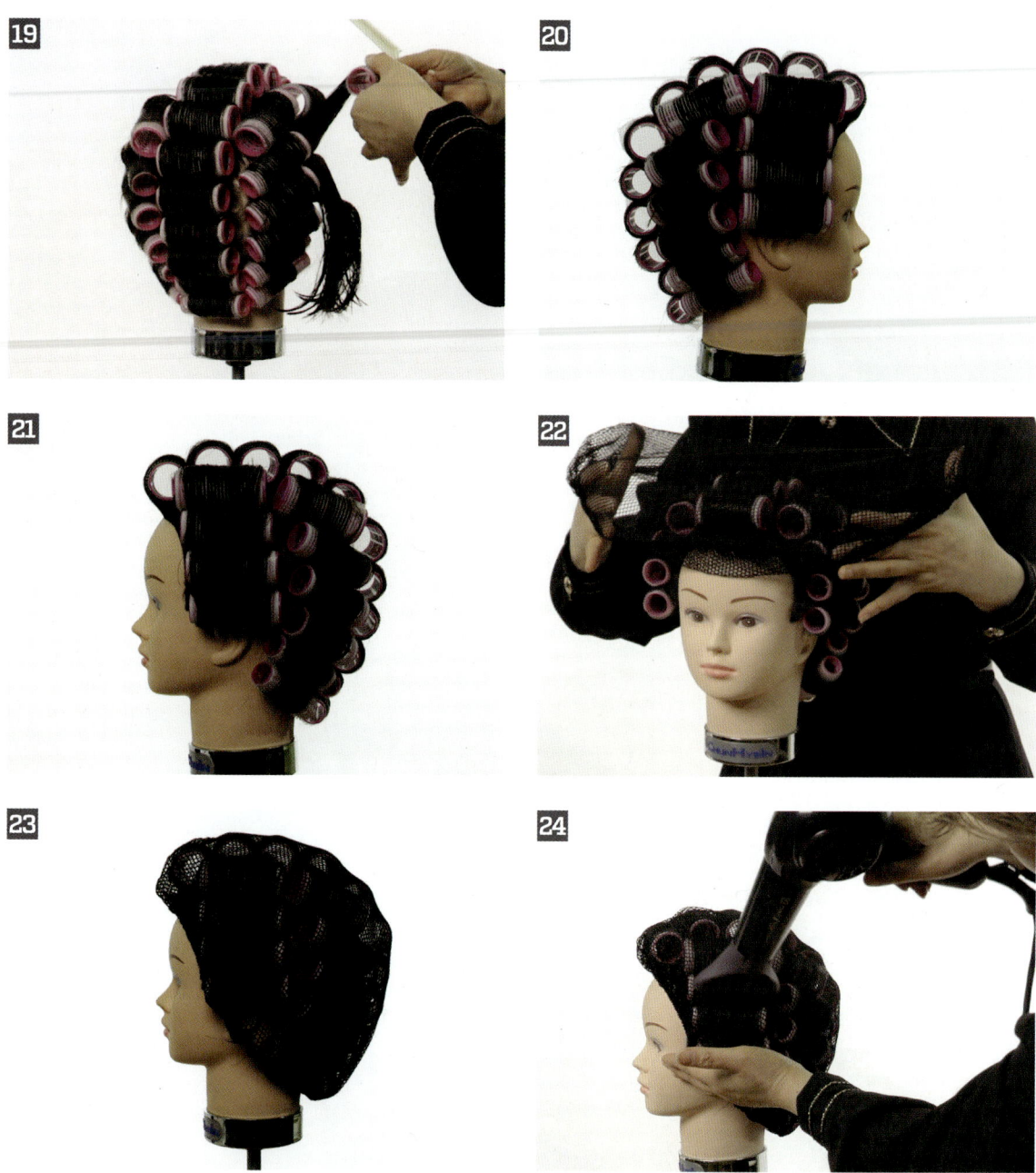

19 2~4번째는 중 롤 크기만큼 잡은 판넬을 90°로 들고 텐션을 유지하면서 만다.

20 우측 사이드 1번째 대 롤 1개, 2~4번째 중 롤 3개를 말은 모습이다.

21 좌측 사이드도 우측 사이드와 동일하게 1번째 대 롤 120°로 1개, 2~4번째 중 롤 90°로 3개를 만다.

22 탑 부분에 망을 걸고 손으로 최대한 망을 크게 펼친다.

23 롤이 다 들어갈 수 있도록 헤어망을 씌운다.

24 헤어롤에 수분이 있는지 확인하면서 드라이기를 이용하여 헤어롤 하나씩 총 5~8분 정도 드라이 열처리를 한다.

25

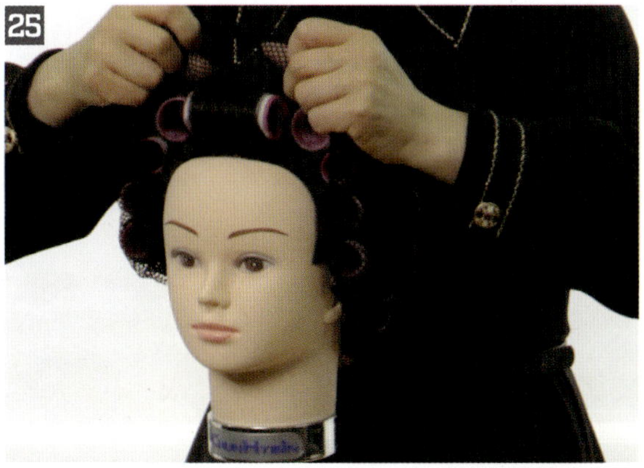

26

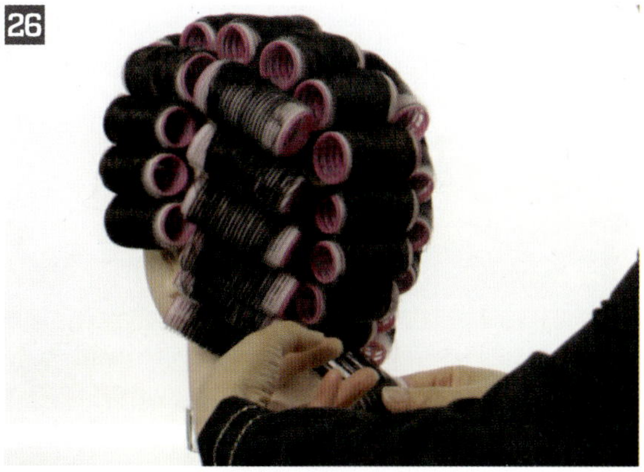

27

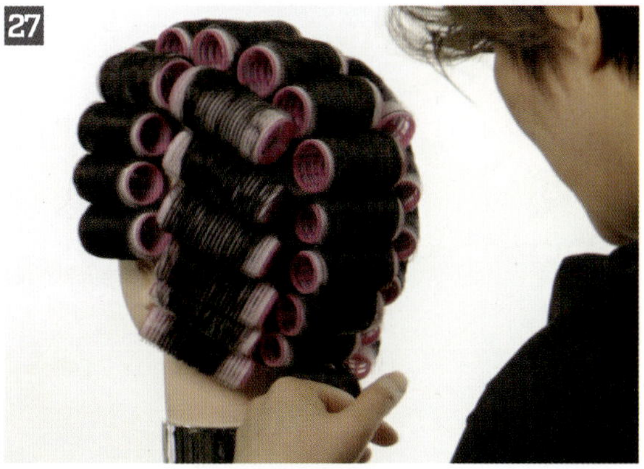

28

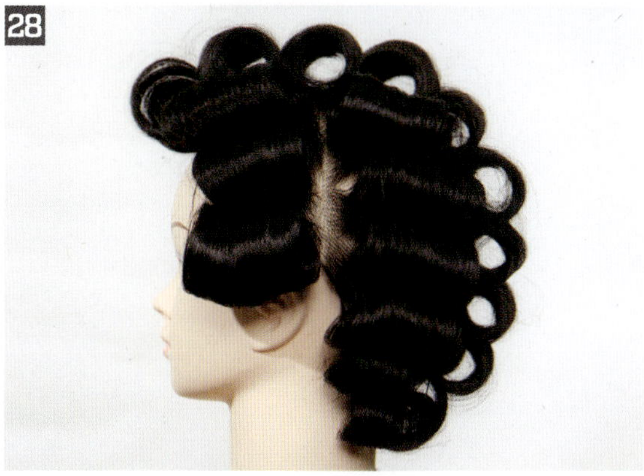

29

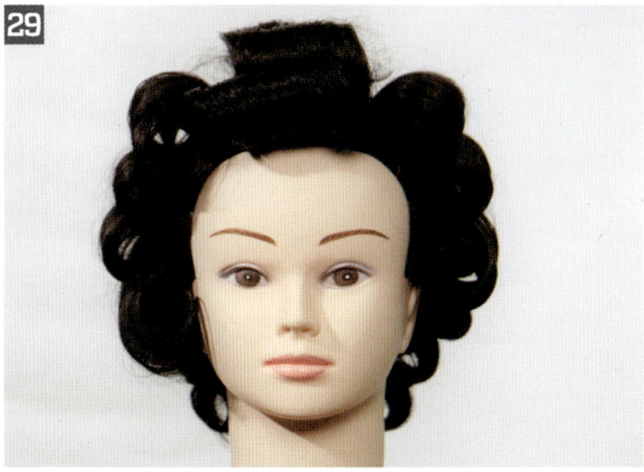

30

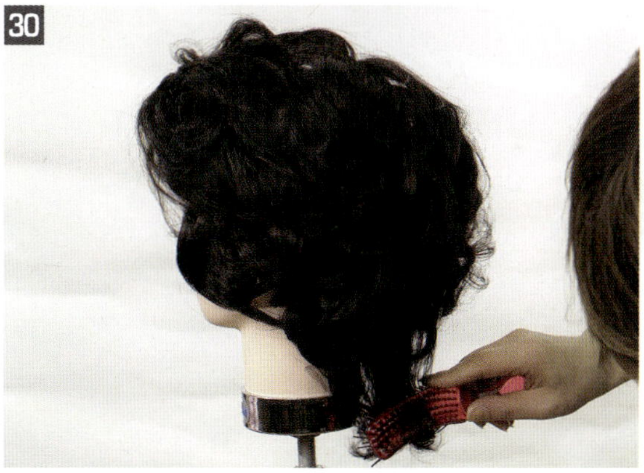

25 열풍이 끝나면 헤어망을 벗긴다.

26 가운데 중앙 네이프부터 찍찍이 롤을 손으로 잡고 롤 모양대로 롤을 풀어준다.

27 이때, 흐트러지지 않게 손으로 롤 모양을 만들면서 하나씩 롤을 풀어준다.

28 롤을 제거한 좌측 모습이다.

29 롤을 제거한 정면 모습이다.

30 S브러시를 이용하여 스타일링 작업을 한다.

Part 4
재커트
시험시간 15분

Part 4 재커트

1 시험내용

시험과제	시간
재커트	15분

블로 드라이 및 롤 세팅 과제 종료 후 헤어 퍼머넌트 와인딩 전에 무리 없는 작품의 연결을 위해 재커트를 15분 동안 실시해야 합니다. 단, 레이어드 커트일 경우에는 롤세팅 작업을 위한 재커트는 일체 허용하지 않습니다.

2 시간배분

1	2	3	4	5	6	7	8	9	10	11	12	13	14	15
전체 커트										체크 커트				

3 재커트 완성

4 재커트 시술하기

1. 충분한 분무를 해준다(웨트 커트).
2. 1섹션의 가이드 라인 10~11cm 길이를 기준으로 손가락과 섹션이 평행이 되도록 버티컬 섹션 90°로 커트 한다.

3. 2섹션부터 마지막 섹션까지 90°로 커트 한다.
4. 1섹션은 F.S.P를 기준으로 사이드를 블로킹 한 후 90°로 커트 한다.

5. 우측 파트의 섹션을 두상의 곡선에 따라 90°(직각분배) 커트 한 후 완성한다.
6. 좌측 파트는 우측과 같은 방법으로 자른다.

7. 좌측 F.S.P에서 우측 F.S.P를 두상의 곡선에 따라 90° 커트 한다.
8. 빗질을 하면서 유니폼 레이어가 되도록 전체적인 길이를 체크 한다(밸런스 체크).

※ 레이어트 커트와 작업순서 동일

Part 5
헤어 퍼머넌트 웨이브

시험시간 35분

Chapter 1 기본형

Chapter 2 혼합형

Part 5 헤어 퍼머넌트 웨이브

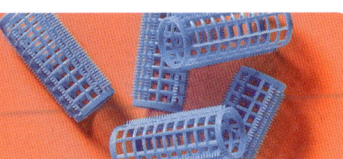

1 요구사항

지참 재료 및 도구를 사용하여 아래의 요구사항대로 헤어 퍼머넌트 웨이브를 완성하시오.

1. 다음 유형 중 시험위원이 지정하는 형을 시술하시오.

형별	스타일	요구 작업 내용	비 고
1	기본형	• 블로킹 9등분 (시험위원이 지정하는 등분으로 할 것) • 고무 밴딩 기법은 반드시 11자형으로 하여야 합니다. • 로드는 55개 이상을 사용하되, 두상 전체에 알맞은 규격의 로드를 각 부위에 따라 적당히 배치해야 합니다. • 와인딩된 로트는 두피와의 각도 및 텐션에 무리가 없도록 하여야 합니다.	• 한 번 와인딩한 로드는 다시 풀어서는 안 됩니다. • 전체적인 작업순서를 정확히 지키시오.
2	혼합형	• 블로킹은 4영역(1단-약 7.5cm, 2단-약 4.5cm, 3단-약 4.5cm, 4단-약 7.5cm 정도)으로 블록을 만드시오. • 1영역은 프론트 센터파트를 한 후 왼쪽에서 시작(마네킹 관점)하여 오른쪽 방향으로 와인딩 하시오. • 2영역은 1영역이 끝난 지점에 이어서 오른쪽에서 왼쪽 방향으로 두피 면에 대하여 45˚ 또는 그 이상의 각도로서 두상의 곡면에 따라 자연스럽게 와인딩 하시오. • 3영역은 2영역이 끝난 지점에 이어서 왼쪽에서 오른쪽 방향으로 오블롱 형태가 되도록 와인딩 하시오. • 4영역은 벽돌 쌓기(원-투 기법) 형태가 되도록 와인딩 하시오.	• 블로킹은 전두부에서 후두부로 가로 4개의 영역으로 구분하시오(단, 제 1영역은 센터파트가 끝난 지점에서 약 7.5cm 정도 폭을 갖도록 작업하시오). • 블로킹(영역) 순서와 같이 와인딩 하시오.

2 수험자 유의사항

① 블로킹 작업 시 시술하기에 알맞게 젖은 모발에 작업하시오.
② 유형(기본형, 혼합형)에 따라 와인딩 과정의 절차에 맞게 작업하시오.
③ 와인딩 작업 시 로드의 사용개수는 기본형의 경우 55개 이상, 혼합형의 경우 55개 이상으로 하되 로드 크기(호수)는 기본형의 경우 6호, 7호, 8호, 9호, 10호를, 혼합형의 경우 6호, 7호, 8호를 골고루 사용하여 영역 또는 블로킹이 도면과 같이 배열되게 하시오.
④ 블로킹(영역) 및 베이스 크기(직경)에 맞게 각각의 절차에 따라 정확히 작업하시오.
⑤ 요구사항에서 제시하지 않은 헤어스타일링 제품 및 도구를 사용할 수 없습니다.
⑥ 시험시간 종료 후에 빗질 등을 하면서 작품 및 도구를 만져서는 안 됩니다.
⑦ 채점이 종료된 후 시험위원의 지시에 따라 다음 작업준비를 해야 합니다.

3 와인딩 순서와 방향 도면

1. 제1형-기본형(9등분)

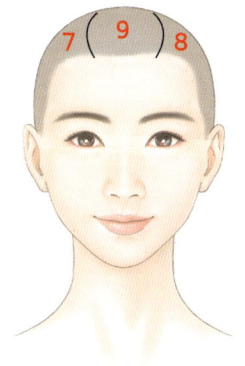
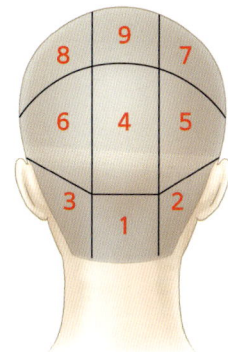
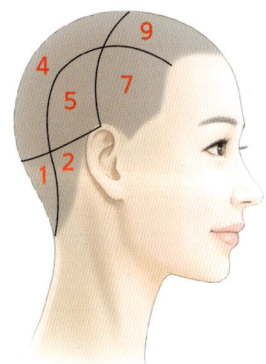
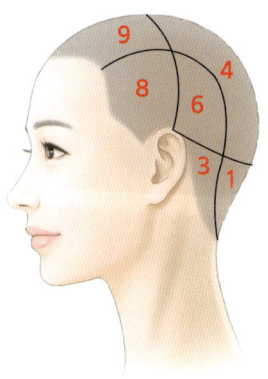

2. 제2형-혼합형

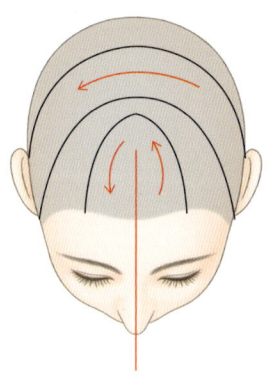
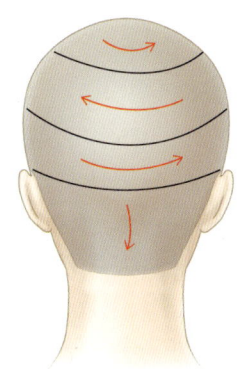
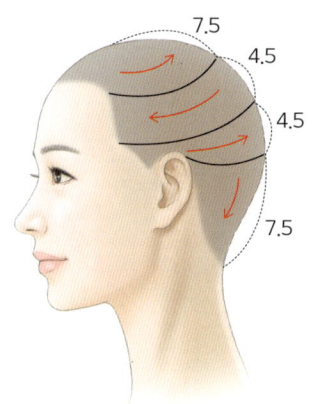

4 시험내용

시험과제	시간	배점
헤어 퍼머넌트 웨이브	35분	20점

기본형

혼합형

5 기본형 시간배분

1	2	3	4	5	6	7	8	9	10	11	12	13	14	15	16	17	18	19	20	21	22	23	24	25	26	27	28	29	30	31	32	33	34	35
블로킹				네이프					센터							오른쪽/왼쪽 백사이드							왼쪽/오른쪽 사이드							센터 탑				

6 혼합형 시간배분

1	2	3	4	5	6	7	8	9	10	11	12	13	14	15	16	17	18	19	20	21	22	23	24	25	26	27	28	29	30	31	32	33	34	35
블로킹				1영역								2영역								3영역								4영역						

7 헤어 퍼머넌트 웨이브 준비하기

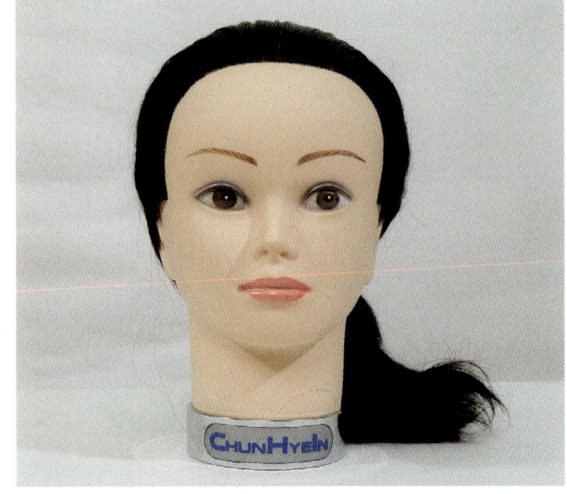

마네킹

홀더

헤어 퍼머넌트 웨이브 알아두기

고무밴드 11자 만드는 방법

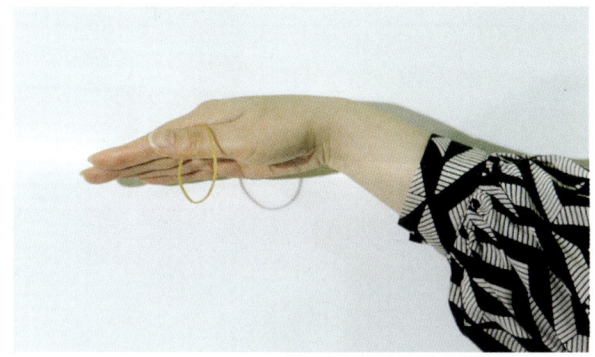

① 엄지손가락에 고무밴드를 걸어준다.

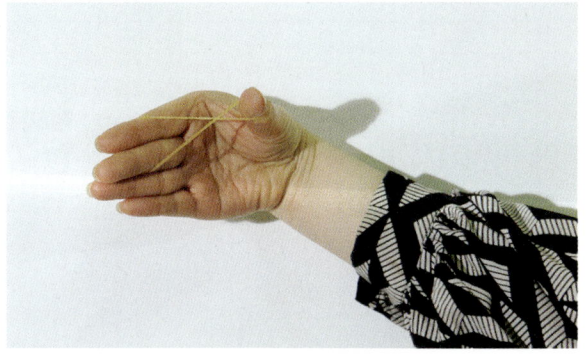

② 고무줄 안으로 검지와 중지를 넣어 X자 형태를 만든다.

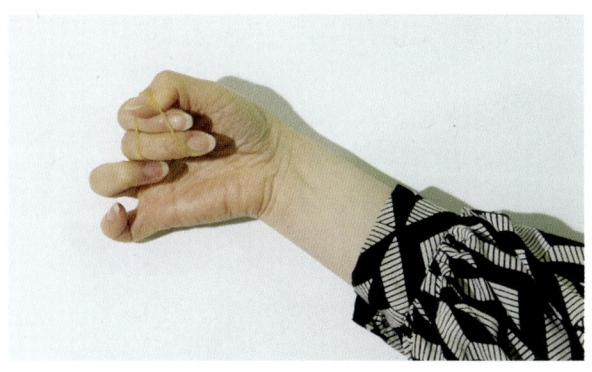

③ X자 형태에서 엄지가 걸려있는 고무줄 안쪽으로 검지와 중지를 넣어 준다.

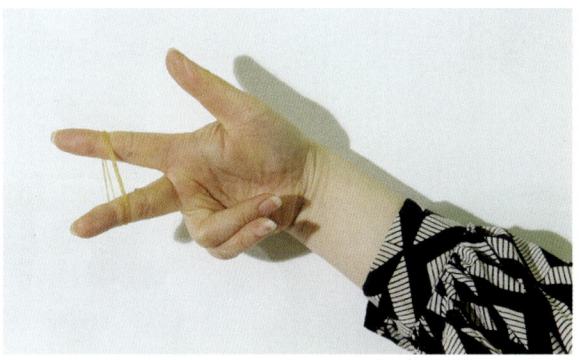

④ 엄지를 빼면 고무밴드가 검지와 중지에 11자 모양이 나온다.

Chapter 1 기본형

블로킹	고무 밴딩 기법	헤어 로드	로드 개수
9등분	11자형	6호, 7호, 8호, 9호, 10호	55개 이상

1 헤어 퍼머넌트 웨이브 기본형 완성

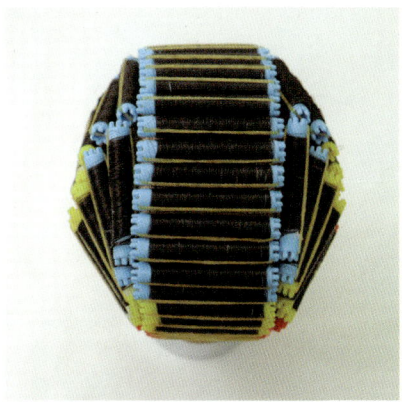
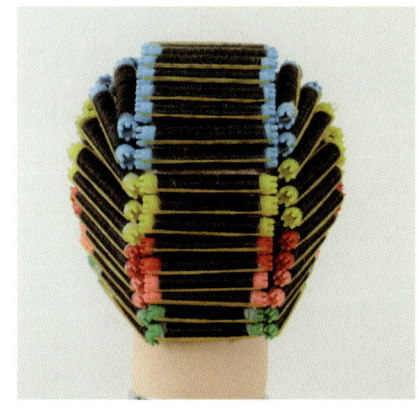

2 헤어 퍼머넌트 웨이브 기본형 블로킹(9등분)

1. 블로킹 순서

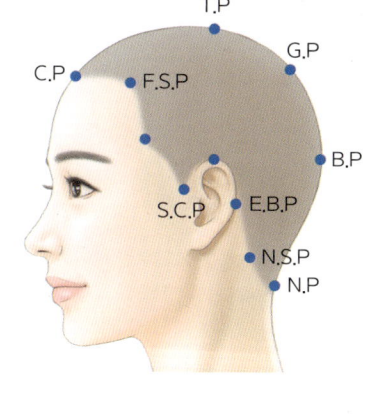

① C.P를 중심으로 우측, 좌측 F.S.P에서 T.P 라인까지 가로 약 7cm(6호 로드 길이 정도), 세로 약 7cm 정도의 사각형이 되도록 블로킹 한다.
② T.P 라인에서 우측 E.B.P까지 우측 사이드를 블로킹 한다.
③ T.P 라인에서 좌측 E.B.P까지 좌측 사이드를 블로킹 한다.
④ 전두부 블로킹을 기준으로 백 센터 부분을 세로로 긴 직사각형 형태로 블로킹 한다(N.P에서 약 5cm 위쪽 지점까지).
⑤ 우측 E.B.P와 N.P에서 약 5cm 위쪽 지점을 연결하여 우측 백 사이드를 블로킹 한다.
⑥ 좌측 E.B.P와 N.P에서 약 5cm 위쪽 지점을 연결하여 좌측 백 사이드를 블로킹 한다.
⑦ 네이프 폭이 약 5cm 정도 되도록 3등분하여, 네이프 중앙을 블로킹 한다.
⑧ 우측 네이프를 블로킹 한다.
⑨ 좌측 네이프를 블로킹 한다.

2. 블로킹 완성

3 헤어 퍼머넌트 웨이브 기본형 시술하기

1. 네이프 중앙부터 수평으로 슬라이스 하여 나눈 판넬을 90° 각도로 빗질하여 텐션을 주면서 9호(핑크) 로드를 와인딩 한다(11자 고무밴딩).

2. 네이프 중앙에 9호 로드를 2개 와인딩 한 후 동일한 방법으로 아래쪽에 10호(초록) 로드를 2개 와인딩 한다.

3. 네이프 우측은 네이프 중앙에 맞추어 위에서부터 대각선으로 슬라이스 하여 판넬을 나눈 후 빗질하고 텐션을 주면서 9호 2개, 10호 2개 로드를 와인딩 한다.

4. 네이프 좌측도 네이프 우측과 동일한 방법으로 네이프 중앙에 맞추어 위에서부터 대각선으로 슬라이스 하여 판넬을 나눈 후 빗질하고 텐션을 주면서 9호 2개, 10호 2개 로드를 와인딩 한다.

5 백 센터(크라운)는 위에서부터 수평으로 슬라이스 하여 나눈 판넬을 90° 각도로 빗질하여 텐션을 주면서 6호(파랑) 로드를 와인딩 한다(6호 로드 8개 와인딩).

6 6호 로드 8개를 와인딩 한 후 각도를 유지하면서 빗질을 정확히 하고 텐션을 주면서 7호(노랑) 로드 3개를 와인딩 한다.

7 동일한 방법으로 8호(빨강) 로드 2개를 와인딩 한다.

8 우측 백 사이드 1번째는 대각선으로 슬라이스 하여 삼각형 베이스를 나누어 두상의 120° 각도로 빗질을 하여 6호 로드를 와인딩 한다.

9 첫 번째 삼각형 베이스를 기준으로 평행이 되게 사선으로 슬라이스를 나누고, 두상의 곡면에 맞추어 6호 2개, 7호 3개, 8호 2개 로드를 와인딩 한다.

10 우측 백 사이드가 완성된 모습이다.

11 좌측 백 사이드도 우측 백 사이드와 동일한 방법으로 위에서부터 6호 로드 2개를 와인딩 한다.

12 6호 로드를 기준으로 사선으로 슬라이스를 나누고, 7호 3개, 8호 2개 로드를 와인딩 한다.

13 네이프, 백 센터, 백 사이드가 완성된 모습이다.

14 우측 사이드는 두상의 곡면에 따라 약간 사다리꼴 베이스가 되도록 슬라이스를 나누어 빗질하고 텐션을 주어 6호 로드 2개를 와인딩 한다.

15 6호 로드 아래로 두상의 곡면에 따라 7호 3개, 8호 2개 로드를 와인딩 한다.

16 우측 사이드가 완성된 모습이다.

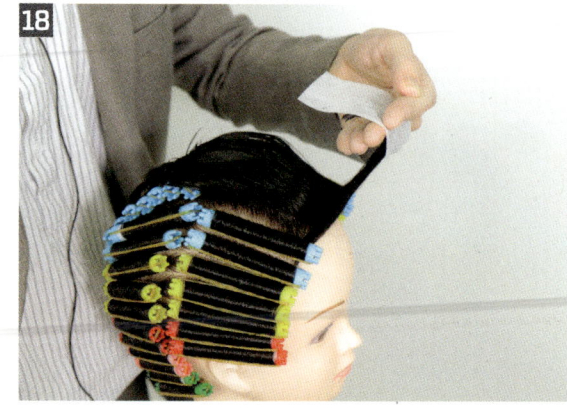

17 좌측 사이드도 우측 사이드와 동일한 방법으로 위에서부터 6호 2개, 7호 3개, 8호 2개 로드를 와인딩 한다.

18 프린지(전두부)는 페이스 라인에서부터 가로로 슬라이스를 나누어 두발을 90° 이상의 각도로 들어서 빗질을 하고 텐션을 주어 6호 로드를 와인딩 한다.

19 전두부는 6호 로드 6개를 와인딩 한다.

20 블로킹에 맞게 로드가 정확하게 배열되었는지 확인하면서 로드를 정렬한다.

Chapter 2 혼합형

블로킹	헤어 로드	로드 개수	특징
4영역(7등분)	6호, 7호, 8호	55개 이상	확장형, 오블롱(교대), 벽돌쌓기

1 헤어 퍼머넌트 웨이브 혼합형 완성

2 헤어 퍼머넌트 웨이브 혼합형 블로킹(4영역)

1. 블로킹 순서

① 센터 백 파트를 한 후, 1영역 우측 프린지를 C.P로부터 약 6cm 지점에서 G.P(센터 라인 상 C.P에서 약 15cm 지점)까지 곡선으로 블로킹 한다.
② 1영역 우측과 같은 방법으로 좌측도 C.P로부터 약 6cm 지점에서 G.P까지 곡선으로 블로킹 한다.
③ 2영역 우측 사이드는 약 3~3.5cm 지점과 G.P로부터 4.5cm 내려간 지점을 수평으로 연결하여 블로킹 한다.
④ 2영역 좌측 사이드도 우측과 같은 방법으로 블로킹 한다.
⑤ 3영역 우측 사이드 나머지 두발을 B.P로 연결하여 블로킹 한다.
⑥ 3영역 좌측 사이드도 우측과 같은 방법으로 블로킹 한다.
⑦ 나머지 부분은 4영역(네이프)으로 블로킹 한다.

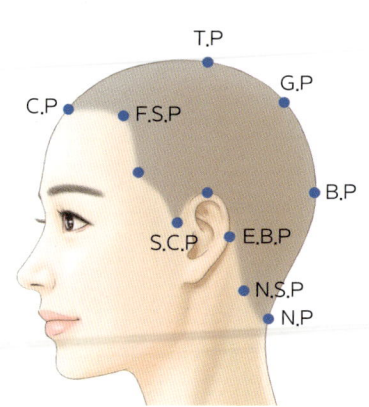

2. 블로킹 완성

3 헤어 퍼머넌트 웨이브 혼합형 시술하기

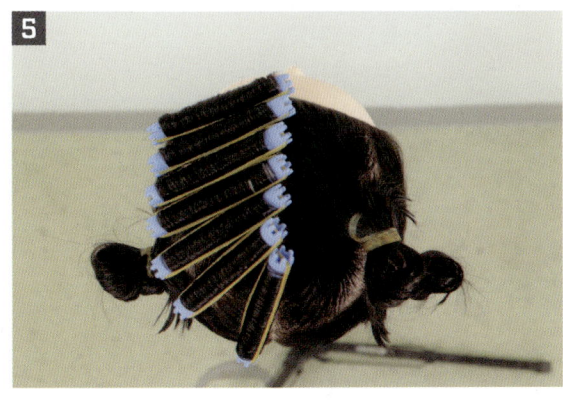

1. 1영역 좌측부터 대각선으로 슬라이스한 후 두상 곡면에서 90° 각도로 빗질한 후 텐션을 주면서 6호(파랑) 로드를 와인딩 한다.
2. 1영역 헤어라인 첫 번째 로드를 와인딩 한 모습이다.
3. 첫 번째 로드와 일정한 간격을 유지하면서 대각선으로 슬라이스 한 판넬을 잡고 두상의 곡면에 따라 빗질하고 텐션을 주면서 4번째 로드까지 와인딩 한다.
4. 5번째는 사다리꼴 베이스가 되게 슬라이스를 나눈 후 두상 곡면에 따라 빗질하여 6호 로드를 와인딩 한다.
5. 6번째, 7번째는 가운데를 중심으로 삼각 베이스를 반으로 나누고 두상 곡면 각도대로 빗질하고 텐션을 주면서 6호 로드를 와인딩 한다.
6. 오른쪽 블로킹을 풀고, 8번째는 삼각 베이스를 나눈 후 두상 곡면에서 90° 각도로 빗질하여 텐션을 주면서 6호 로드를 와인딩 한다.

7 5번째, 9번째 / 4번째, 10번째 / 3번째, 11번째 / 2번째, 12번째 / 1번째, 13번째 라인과 맞게 사선으로 슬라이스 하여 같은 라인에 들어갈 수 있도록 6호 로드를 와인딩 한다.

8 14번째 로드는 얼굴 앞쪽으로 빗질하여 텐션을 주면서 6호 로드를 와인딩 한다.

9 1영역 전체 6호(파랑) 로드 14개 와인딩 한 모습이다.

10 2영역 오른쪽 블로킹을 풀고, 첫 번째는 1영역 3번째 베이스와 연결되게 사선으로 슬라이스 하여 삼각 베이스를 만든 후 두상 곡면에서 90° 각도로 빗질하여 텐션을 주면서 7호(노랑) 로드를 와인딩 한다(얼굴쪽으로 로드가 나와도 됨).

11 1번째 로드에 맞추어 6개의 7호 로드를 사선으로 빗질하여 와인딩 한다.

12 2영역 왼쪽 블로킹을 풀고, 7,8,9번째 로드는 사선으로 판넬을 잡고 왼쪽으로 가도록 두상의 곡면에 맞추어 와인딩 한다(로드의 간격 주의).

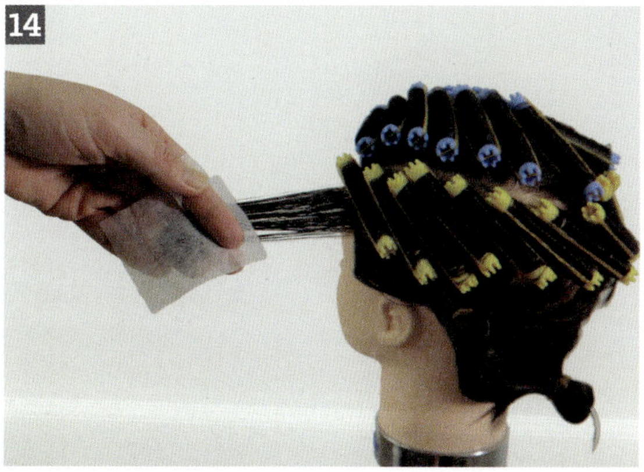

13. 10,11,12,13,14번째 로드는 사선으로 슬라이스를 나누고 하나씩 왼쪽으로 이동하면서 두상의 곡면에 맞추어 와인딩 한다.

14. 15번째는 삼각베이스로 페이스라인에 약간 돌출되게 판넬 각도를 낮게 하여 로드를 와인딩 한다.

15. 2영역 전체 7호(노랑) 로드를 15개 와인딩 한 모습이다.

16. 3영역 왼쪽 블로킹을 풀고, 16번째는 삼각베이스로 나누어 빗질, 텐션을 주면서 7호 로드로 와인딩 한다.

17. 17번째부터 2영역 로드에 맞추어 사선 슬라이스로 두상의 곡면에 따라 빗질하고 텐션을 주면서 7호 로드로 와인딩 한다(로드의 간격 주의).

18. 3영역 오른쪽 블로킹을 풀고, 2영역 로드에 맞추어 7호(노랑) 로드를 와인딩 한다.

19 3영역 전체 7호(노랑) 로드를 15개 와인딩 한 모습이다.

20 4영역은 원-투 기법으로 벽돌쌓기 5단 패턴이다. 1단은 센터를 중심으로 8호(빨강) 로드 3개(가운데, 오른쪽, 왼쪽)를 수평이 되도록 말아서 배열한다.

21 2단은 1단 가운데를 중심으로 2개로 나누어 와인딩 한다.

22 3단은 1단과 마찬가지로 3개 로드 배열하되 두상의 곡면에 맞추어 와인딩 한다.

23 4단은 2단과 마찬가지로 2개의 로드를 배열한다.

24 5단은 센터를 중심으로 가운데, 오른쪽, 왼쪽 3개 로드를 와인딩 한 후 전체적으로 완성한다.

Part 6
헤어 컬러링
시험시간 25분

Chapter 1 주황

Chapter 2 보라

Chapter 3 초록

Part 6 헤어 컬러링

1 요구사항

지참 재료 및 도구를 사용하여 아래의 요구사항대로 헤어 컬러링을 완성하시오.

1. **다음 유형 중 시험위원이 지정하는 과제형을 시술하되, 지참 재료 및 도구를 사용하여 아래의 요구사항대로 헤어 컬러링을 완성하시오.**

2. 요구 작업 내용에 부합하는 내용 및 컬러를 표현하시오.

형별	헤어 컬러링의 종류	요구 작업 내용	비 고
1	헤어 컬러링 (주황)	헤어피스(weft)의 바탕색을 상단으로부터 약 5cm 정도 남긴 후 그 하단 나머지 부분(약 10cm)을 주황색으로 염색하시오.	
2	헤어 컬러링 (보라)	헤어피스(weft)의 바탕색을 상단으로부터 약 5cm 정도 남긴 후 그 하단 나머지 부분(약 10cm)을 보라색으로 염색하시오.	
3	헤어 컬러링 (초록)	헤어피스(weft)의 바탕색을 상단으로부터 약 5cm 정도 남긴 후 그 하단 나머지 부분(약 10cm)을 초록색으로 염색하시오.	

3. 작업 요령
   ① 과제에서 제시된 색상으로 염색하기 위해 색상에 따라 적합한 양의 염모제(단, 지참 재료 목록상의 빨강, 파랑, 노랑 산성 염모제만 허용됨)를 선정 및 조절 배합하여 도포해야 합니다.
   ② 바른 자세로 시술하여야 하며, 요구 작업 내용의 기본기법 및 작업순서를 정확히 지키고 도구 사용의 기법 및 손놀림 등이 자연스럽고 조화를 이루어야 합니다.
   ③ 과제에서 제시된 색상으로 염색하기 위해 적당한 방치시간을 준수해야 합니다.

2 수험자 유의사항

① 제시된 색상 이외의 헤어 컬러링 등 요구사항과 상이한 작업을 하여서는 안 됩니다.
② 시험시간 종료 후에는 도구 및 작품을 만져서는 안 됩니다.
③ 사전에 헤어 컬러링 작업된 헤어피스를 사용해서는 안 됩니다.
④ 헤어 컬러링 작업 종료 후 반드시 완성된 과제를 투명 테이프로 지급된 작업 결과지에 고정한 후 제출해야 합니다.
⑤ 헤어피스는 반드시 1개만 준비하여 사용해야 합니다.

3 시험내용

시험과제	시간	배점
헤어 컬러링	25분	20점

주황

보라

초록

4 시간배분

1	2	3	4	5	6	7	8	9	10	11	12	13	14	15	16	17	18	19	20	21	22	23	24	25
준비		색 만들기			헤어피스 도포									드라이 열 주기				샴푸/린스			말리기 마무리			

5 헤어 컬러링 준비하기

[준비물 & 호일 접는 법]
동영상 QR코드

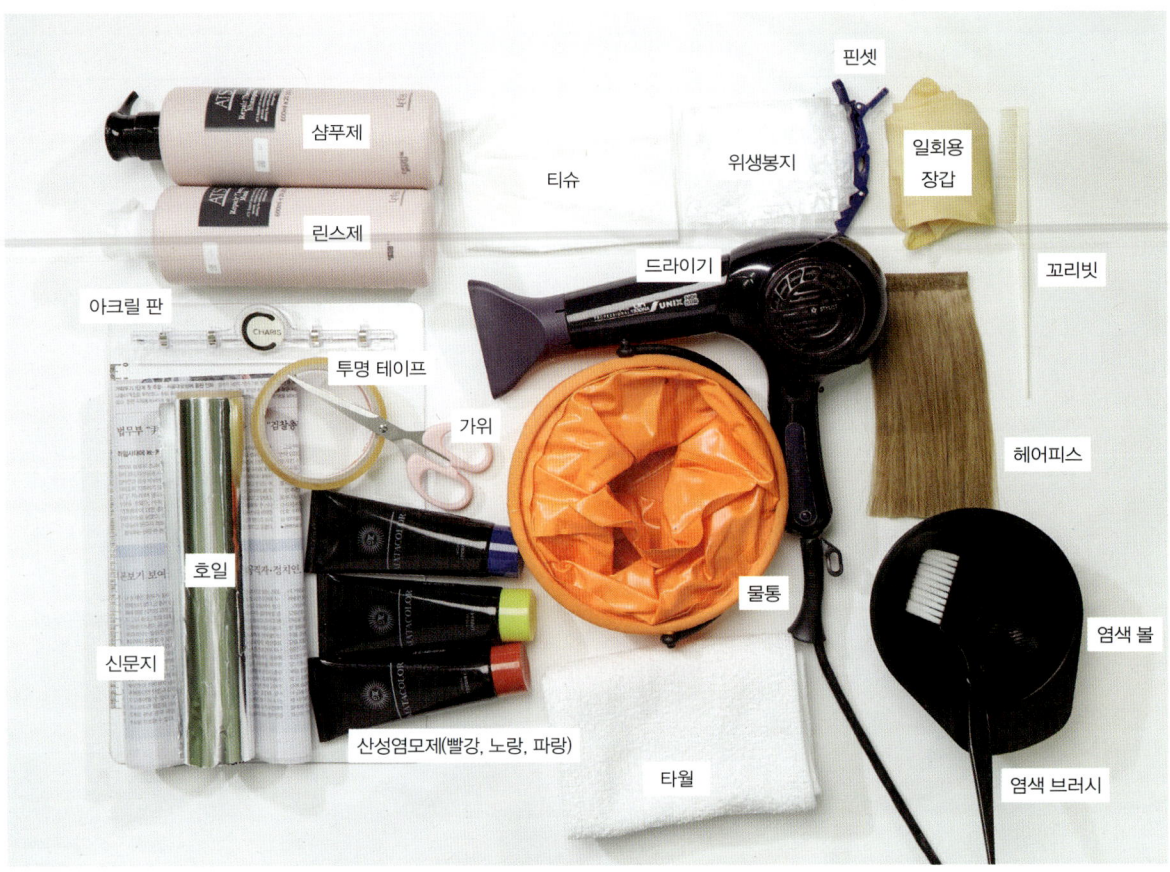

Chapter 1 주황

색상	섹션	열처리
노랑 + 빨강	3 나누기	3~5분

1 주황 완성

바탕색
웨프트 상단으로부터
약 5cm

결과 색상(주황색)
웨프트 하단
나머지 길이 전체
약 10cm

2 헤어 컬러링 주황 시술하기

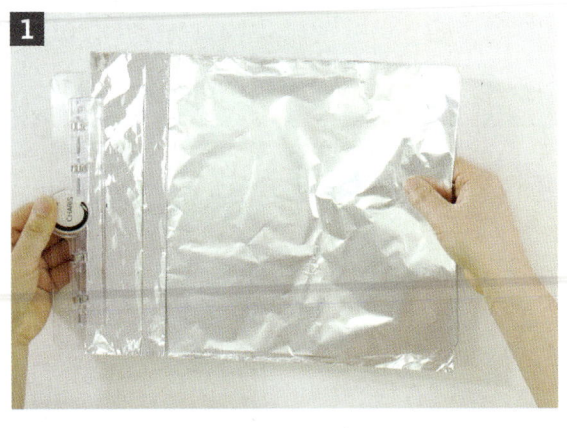
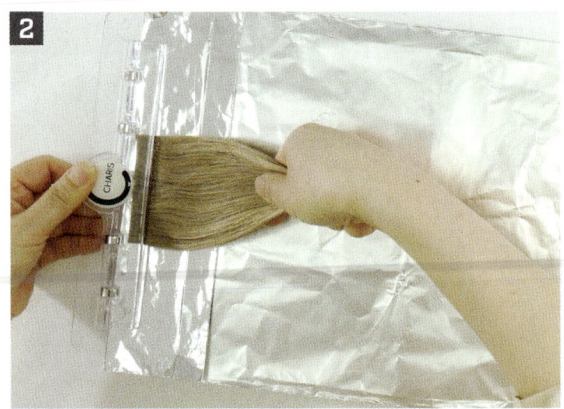
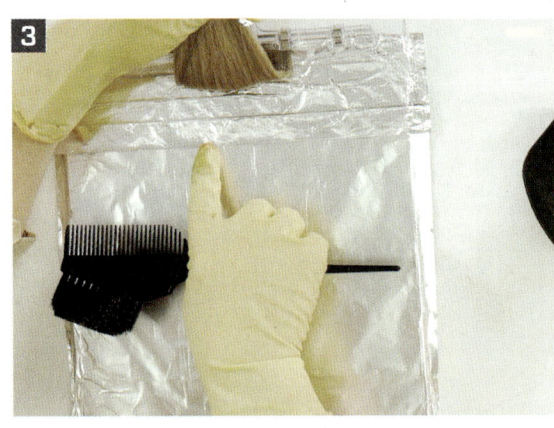

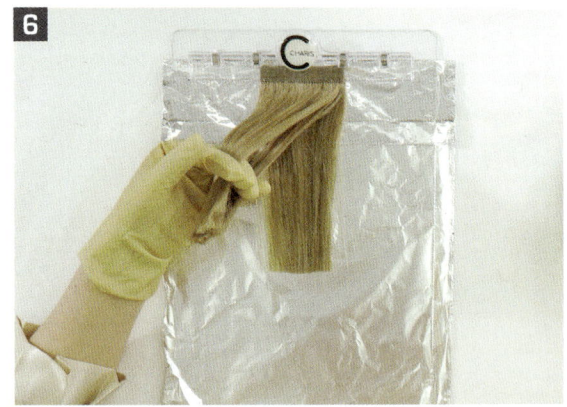

1 호일을 아크릴 판 위에 올려 고정한다.

2 헤어피스(위프트)를 아크릴 판에 고정한다.

3 호일 접은 부분이 잘 보이는지 확인한다.

4 염색 볼에 노란색과 빨강색을 혼합한다.

5 주황색이 잘 나왔는지 흰 종이에 테스트 한다.

6 헤어피스를 꼬리빗을 이용하여 3등분하고 하나씩 손에 끼워서 미리 등분을 나눠 잡는다.

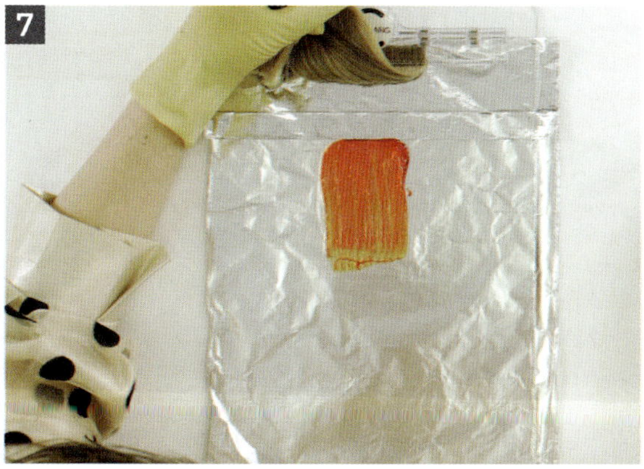

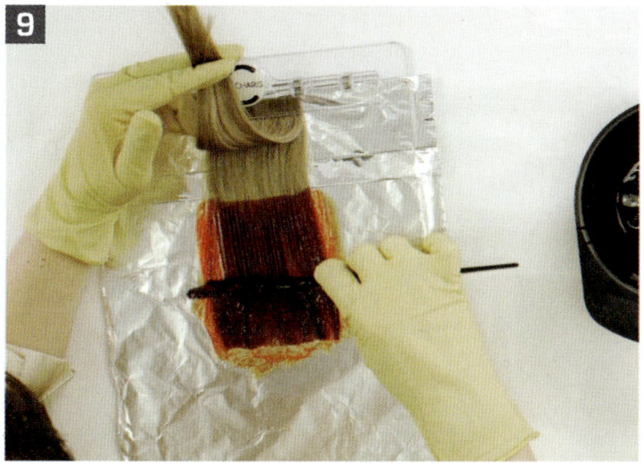

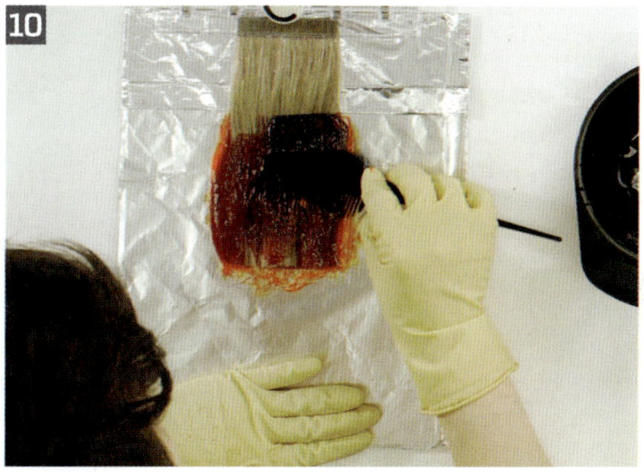

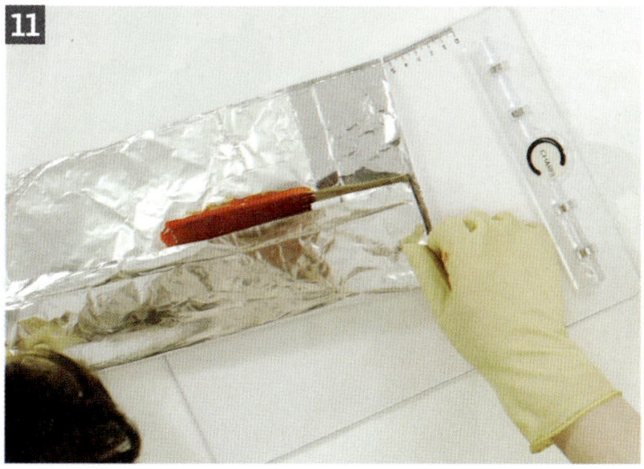

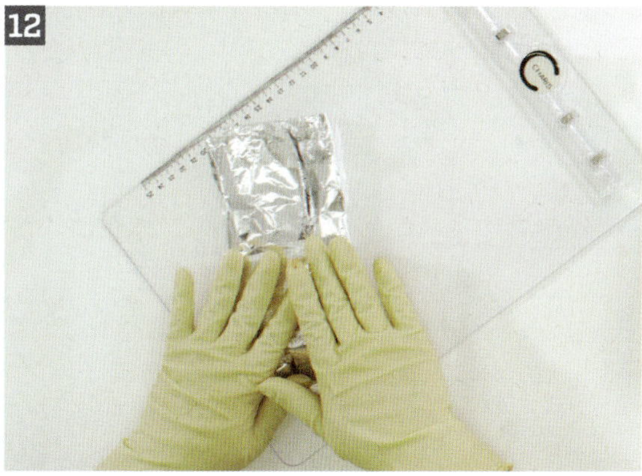

7. 뒷면에 색이 들 수 있도록 염모제를 브러시에 묻혀 호일에 고르게 도포한다.
8. 하나의 등분을 내려, 헤어피스 중간부터 끝부분에 먼저 색을 도포한다. 이때, 5cm 라인에 색이 타고 올라가지 않게 라인에 맞춰서 도포한다.
9. 같은 방법으로 나머지 헤어피스도 내려서 중간부터 끝부분을 도포한다.
10. 마지막 헤어피스에 5cm 라인을 띄운 지점까지 선이 수평이 되도록 하고, 염모제가 타고 올라가지 않도록 라인을 잡고 염모제를 도포한다.
11. 우측과 좌측의 호일을 접는다.
12. 호일의 아랫부분을 접는다.

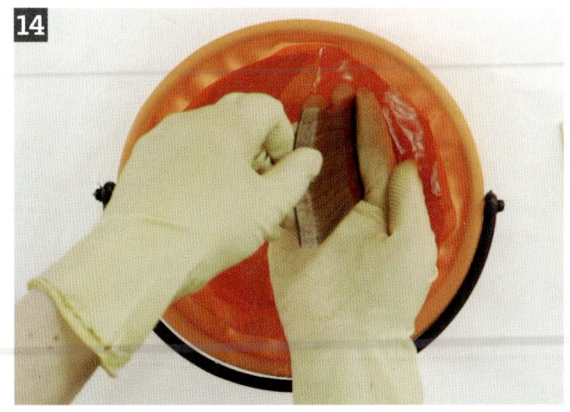
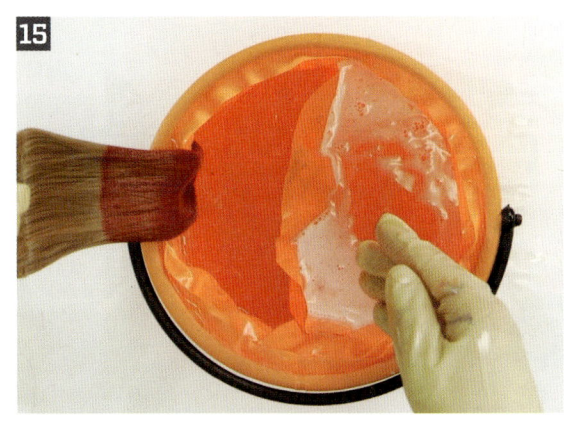

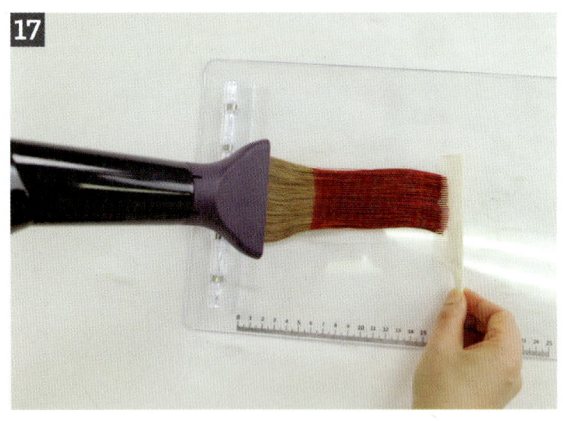

13 온풍으로 5분, 냉풍으로 3분 드라이 한 후 자연방치한다.

14 10분 후 호일을 열고 헤어피스를 잡고 헹군다.

15 헤어피스에 샴푸와 린스를 한다.

16 헤어피스 물기를 타월로 제거한다.

17 아크릴 판에 헤어피스를 고정한 후 드라이기를 이용하여 건조한다.

18 헤어피스를 빗질한 후 제출지에 투명테이프로 고정시켜 제출한다.

국가기술자격 실기시험문제			
자격종목	미용사(일반)	과제명	헤어 컬러링

Chapter 2 보라

색상	섹션	열처리
빨강 + 파랑	3 나누기	3~5분

1 보라 완성

바탕색
웨프트 상단으로부터
약 5cm

결과 색상(보라색)
웨프트 하단
나머지 길이 전체
약 10cm

2 헤어 컬러링 보라 시술하기

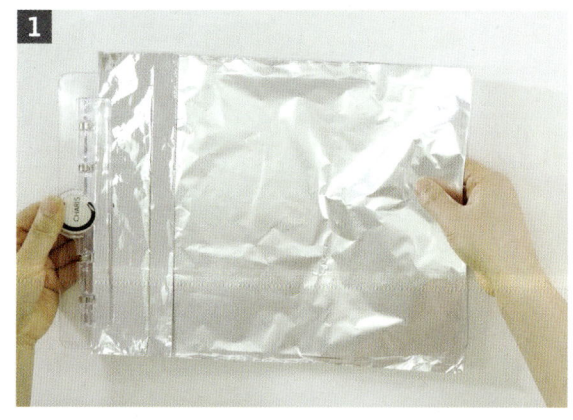

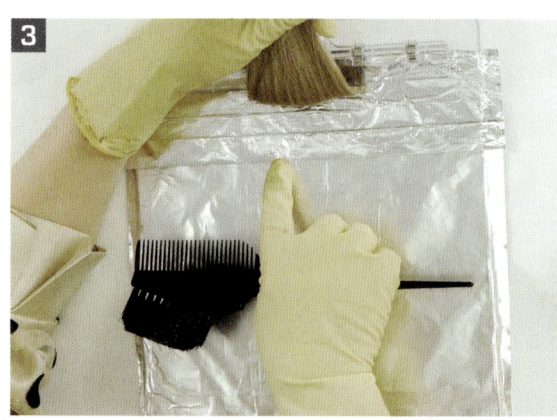
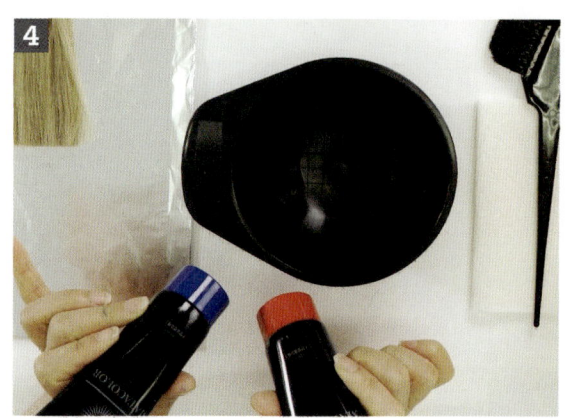
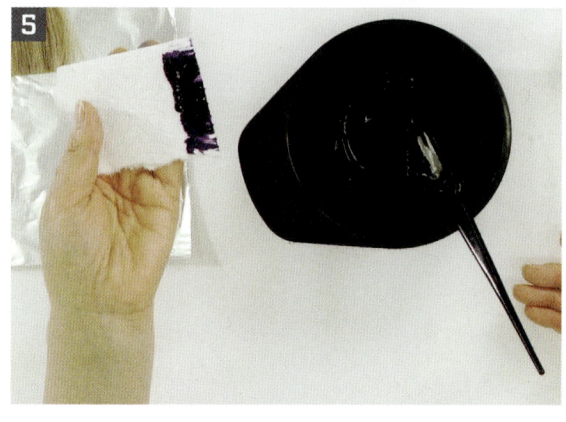

1 호일을 아크릴 판 위에 올려 고정한다.

2 헤어피스(위프트)를 아크릴 판에 고정한다.

3 호일 접은 부분이 잘 보이는지 확인한다.

4 염색 볼에 빨강색과 파란색을 혼합한다.

5 보라색이 잘 나왔는지 흰 종이에 테스트 한다.

6 헤어피스를 꼬리빗을 이용하여 3등분하고 하나씩 손에 끼워서 미리 등분을 나눠 잡는다.

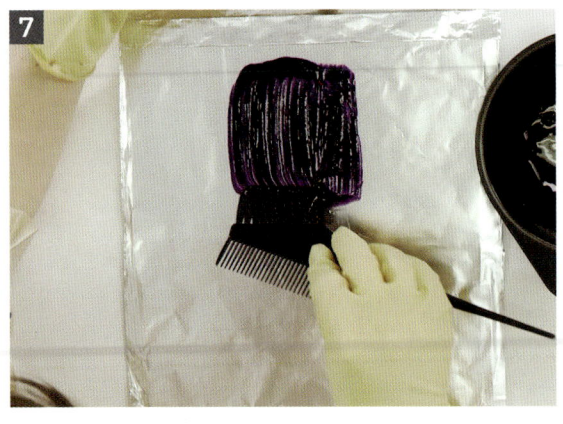 
 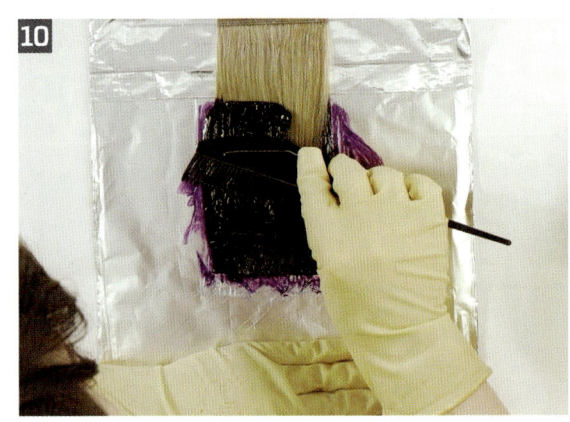
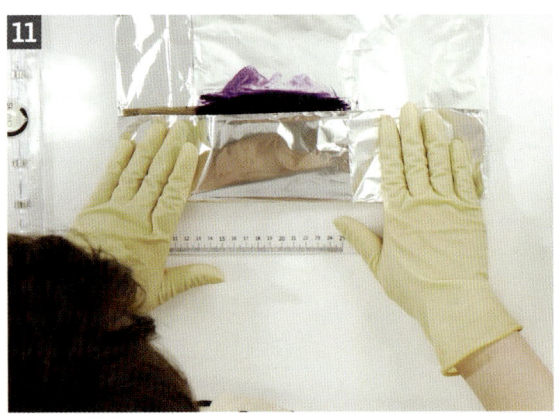 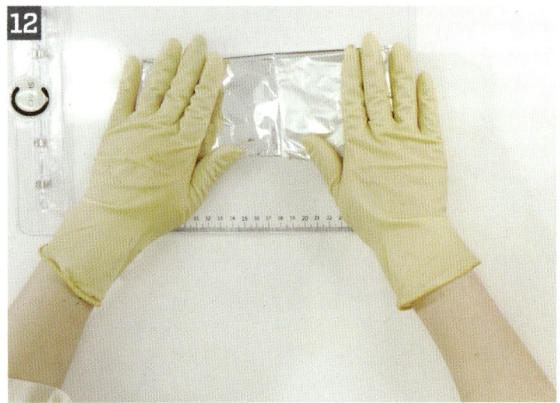

7 뒷면에 색이 들 수 있도록 염모제를 브러시에 묻혀 호일에 고르게 도포한다.

8 하나의 등분을 내려, 헤어피스 중간부터 끝부분에 먼저 색을 도포한다. 이때 5cm 라인에 색이 타고 올라가지 않게 라인에 맞춰서 도포한다.

9 같은 방법으로 나머지 헤어피스도 내려서 중간부터 끝부분을 도포한다.

10 하나의 등분을 내려, 헤어피스 중간부터 끝부분에 먼저 색을 도포하고 5cm 라인에 색이 타고 올라가지 않게 라인에 맞춰서 도포한다.

11 우측과 좌측의 호일을 접는다.

12 호일의 아랫부분을 접는다.

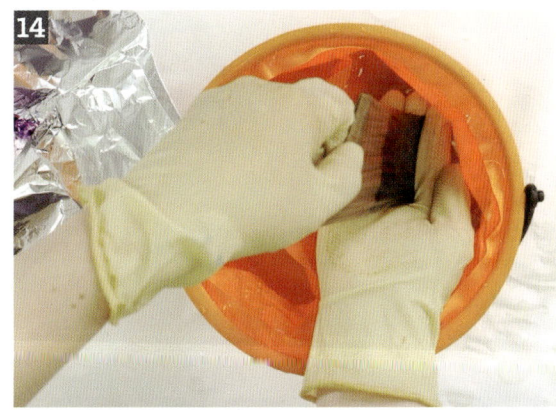
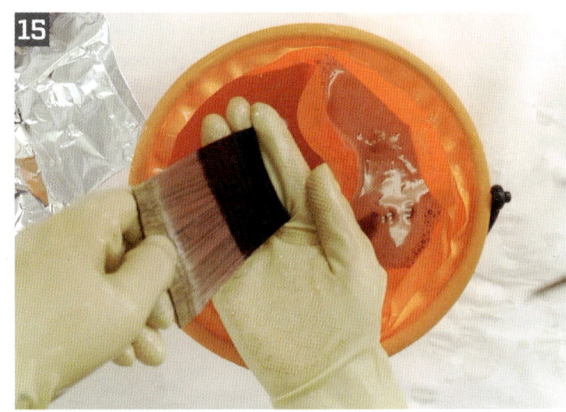
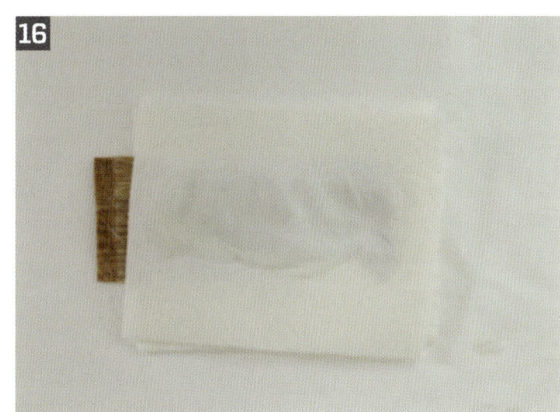

13 온풍으로 5분, 냉풍으로 3분 드라이 한 후 자연방치한다.

14 10분 후 호일을 열고 헤어피스를 잡고 헹군다.

15 헤어피스에 샴푸와 린스를 한다.

16 헤어피스 물기를 타월로 제거한다.

17 아크릴 판에 헤어피스를 고정한 후, 드라이기를 이용하여 건조한다.

18 헤어피스를 빗질한 후 제출지에 투명테이프로 고정시켜 제출한다.

국가기술자격 실기시험문제			
자격종목	미용사(일반)	과제명	헤어 컬러링

Chapter 3 초록

색상	섹션	열처리
노랑 + 파랑	3 나누기	3~5분

1 초록 완성

바탕색
웨프트 상단으로부터
약 5cm

결과 색상(초록색)
웨프트 하단
나머지 길이 전체
약 10cm

2 헤어 컬러링 초록 시술하기

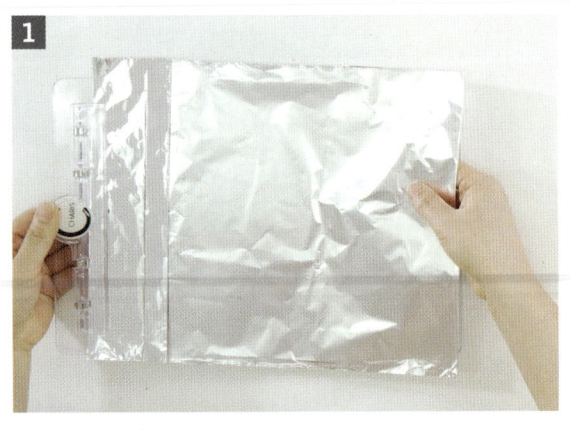
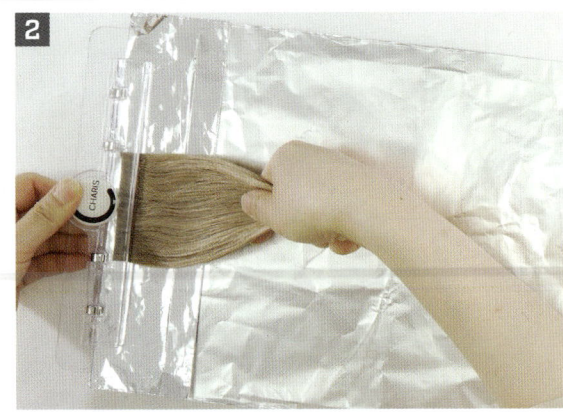
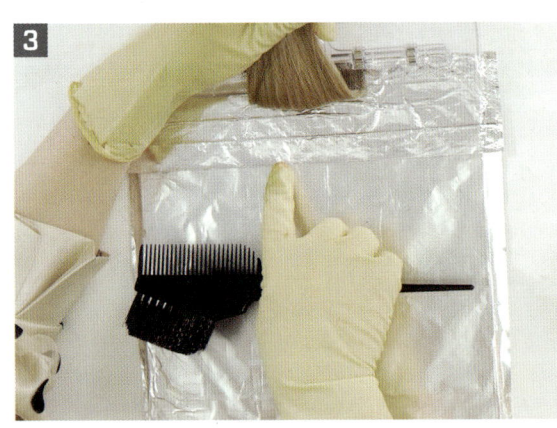

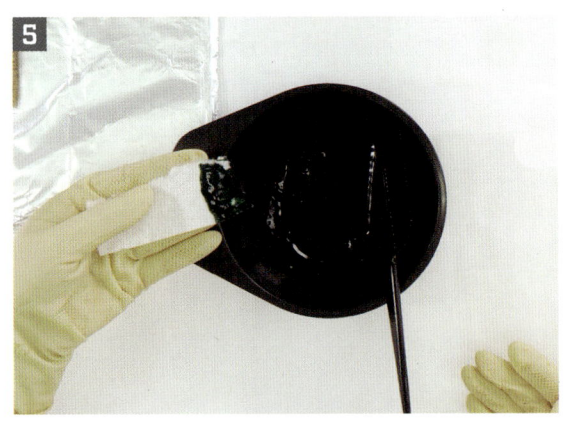
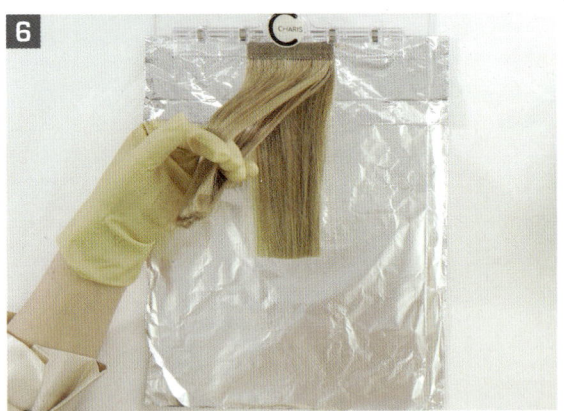

1. 호일을 아크릴 판 위에 올려 고정한다.
2. 헤어피스(위프트)를 아크릴 판에 고정한다.
3. 호일 접은 부분이 잘 보이는지 확인한다.
4. 염색 볼에 노란색과 파란색을 혼합한다.
5. 초록색이 잘 나왔는지 흰 종이에 테스트 한다.
6. 헤어피스를 꼬리빗을 이용하여 3등분하고 하나씩 손에 끼워서 미리 등분을 나눠 잡는다.

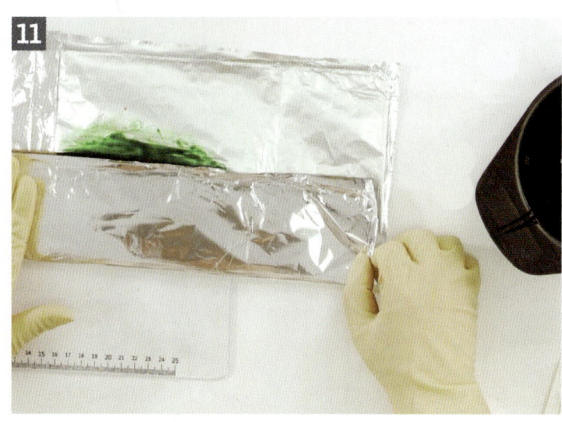
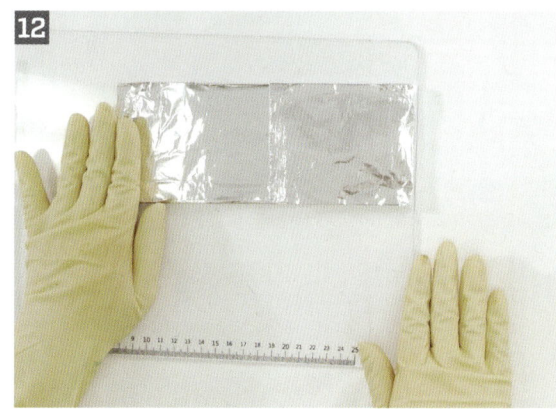

7 뒷면에 색이 들 수 있도록 염모제를 브러시에 묻혀 호일에 고르게 도포한다.

8 하나의 등분을 내려, 헤어피스 중간부터 끝부분에 먼저 색을 도포한다. 이때 5cm 라인에 색이 타고 올라가지 않게 라인에 맞춰서 도포한다.

9 같은 방법으로 나머지 헤어피스도 내려서 중간부터 끝부분을 도포한다.

10 하나의 등분을 내려, 헤어피스 중간부터 끝부분에 먼저 색을 도포하고 5cm 라인에 색이 타고 올라가지 않게 라인에 맞춰서 도포한다.

11 우측과 좌측의 호일을 접는다.

12 호일의 아랫부분을 접는다.

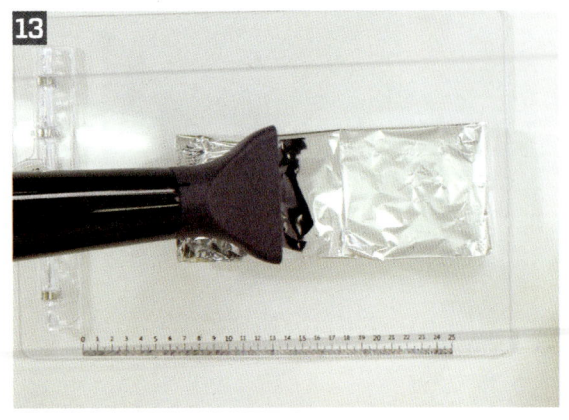
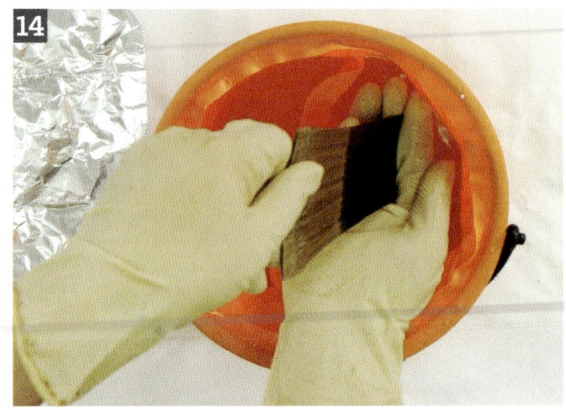
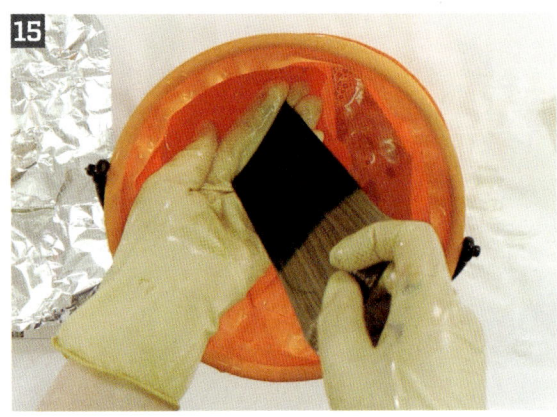

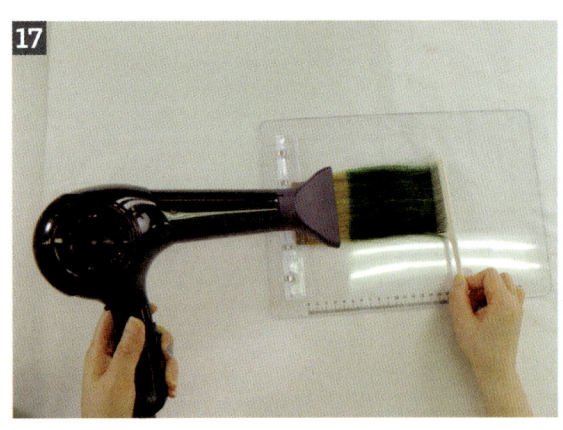

13 온풍으로 5분, 냉풍으로 3분 드라이 한 후 자연방치한다.

14 10분 후 호일을 열고 헤어피스를 잡고 헹군다.

15 헤어피스에 샴푸와 린스를 한다.

16 헤어피스 물기를 타월로 제거한다.

17 아크릴 판에 헤어피스를 고정한 후 드라이기를 이용하여 건조한다.

18 헤어피스를 빗질한 후 제출지에 투명테이프로 고정시켜 제출한다.

국가기술자격 실기시험문제			
자격종목	미용사(일반)	과제명	헤어 컬러링

Part 6 헤어 컬러링

1Q PASS
미용사 일반
실기

실기 무료 동영상 강의
QR 코드

실기

탑클래스 전문가가 알려주는 합격 비법과 꿀팁 대방출
혼공을 위한 디테일한 사진과 일러스트
복잡한 사전 이론 없이도 실전 가능한 구성

(주)다락원 경기도 파주시 문발로 211
(02)736-2031 (내용문의: 내선 291~296 / 구입문의: 내선 250~252)
(02)732-2037
www.darakwon.co.kr
http://cafe.naver.com/1qpass
출판등록 1977년 9월 16일 제406-2008-000007호
출판사의 허락 없이 이 책의 일부 또는 전부를 무단 복제·전재·발췌할 수 없습니다.

정가 26,000원

ISBN 978-89-277-7519-5

원큐패스는 수험생들이 **한번에 합격**하기를 응원합니다.

미용사 일반 필기

혼공 비법

헤어미용 분야별 전문가가
헤어 미용인의 실력향상을 위해 뭉쳤다!
요점만 간단히 한눈에 이해하는 실전내용
**헤어 미용인
기본 지침서**

다락원

II 필기시험

Part 1
미용업 안전위생 관리

Part 2
미용이론

Part 3
공중위생관리

Part 4
기출복원문제

Part 1
미용업 안전위생 관리

Chapter 1   미용의 이해

Chapter 2   피부의 이해

Chapter 3   화장품 분류

Chapter 4   미용사 위생 관리

Chapter 5   미용업소 위생 관리

Chapter 6   미용업 안전사고 예방

Chapter 7   고객응대 서비스

Chapter 01 미용의 이해

1 미용의 개요

(1) 미용의 정의

일반적 미용	복식을 제외하고 얼굴, 머리, 피부 등에 물리적·화학적 시술을 하여 외모를 아름답고 건강하게 유지·발전시키는 행위
NCS의 헤어미용직무	고객의 미적 요구와 정서적 만족감 충족을 위해 미용기기와 제품을 활용하여 샴푸, 헤어커트, 헤어퍼머넌트 웨이브, 헤어컬러, 두피·모발관리, 헤어스타일 연출 등의 미용 서비스를 제공하는 일
공중위생관리법의 미용업	손님의 얼굴, 머리, 피부 및 손톱·발톱 등을 손질하여 손님의 외모를 아름답게 꾸미는 영업

> **TIP** 공중위생관리법의 미용사 업무의 범위
> 파마, 머리카락 자르기, 머리카락 모양내기, 머리피부 손질, 머리카락 염색, 머리감기, 의료기기나 의약품을 사용하지 않는 눈썹 손질

(2) 미용의 의의
① 시대의 문화, 풍속을 구성하는 중요한 요소로 시대의 요구에 맞춰 새롭게 개발된다.
② 유행을 보급시키기 위해 미용의 건전한 발달이 요구된다.
③ 개인의 보건위생과 직접적인 관계가 있기 때문에 공중위생관리법에 규정된 사항을 준수한다.

(3) 미용의 목적
① 외모를 건강하고 아름답게 관리하여 미적 표현 욕구를 충족
② 심리적 욕구를 만족시키고 생산의욕을 높임
③ 단정한 용모를 가꾸어 긍정적인 이미지를 창출
④ 외모의 결점을 보완하고 개성미를 연출

(4) 미용의 특수성
① 고객의 의사를 존중하고자 하는 미용사 의사표현의 제한성
② 고객의 신체 일부를 소재로 작업하는 소재 선택의 제한성
③ 방문고객을 대상으로 작업하는 시간적 제한성
④ 고객의 나이, 직업, 시술목적(T.P.O), 희망 스타일 등을 고려하여 작업

> **TIP** T.P.O
> T(시간, Time) / P(장소, Place) / O(상황, Occasion)

(5) 미용의 4단계 과정
① 소재 확인 : 고객의 특징을 신속하게 관찰하고 분석
② 구상 : 고객의 희망사항을 파악한 후 분석한 소재의 특징을 고려한 기술 연구와 디자인 계획
③ 제작 : 구상한 디자인을 기술과 예술적 감각으로 구체화하는 작업
④ 보정 : 전체의 형태와 조화미를 고려하여 수정 및 보완하며 고객의 만족여부를 확인하고 마무리

2 미용 기본용어
(1) 두상의 지점

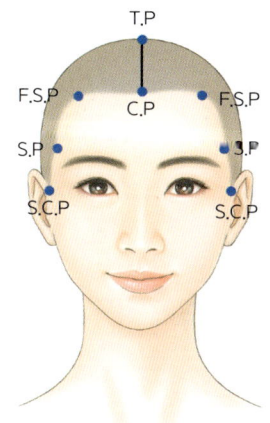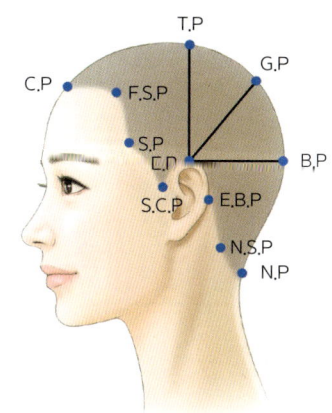

C.P	센터 포인트(Center Point)	S.P	사이드 포인트(Side Point)
T.P	탑 포인트(Top Point)	S.C.P	사이드 코너 포인트(Side Corner Point)
G.P	골든 포인트(Golden Point)	E.P	이어 포인트(Ear Point)
B.P	백 포인트(Back Point)	E.B.P	이어 백 포인트(Ear Back Point)
N.P	네이프 포인트(Nape Point)	N.S.P	네이프 사이드 포인트(Nape Side Point)
F.S.P	프론트 사이드 포인트(Front Side Point)		

TIP 두부의 구분

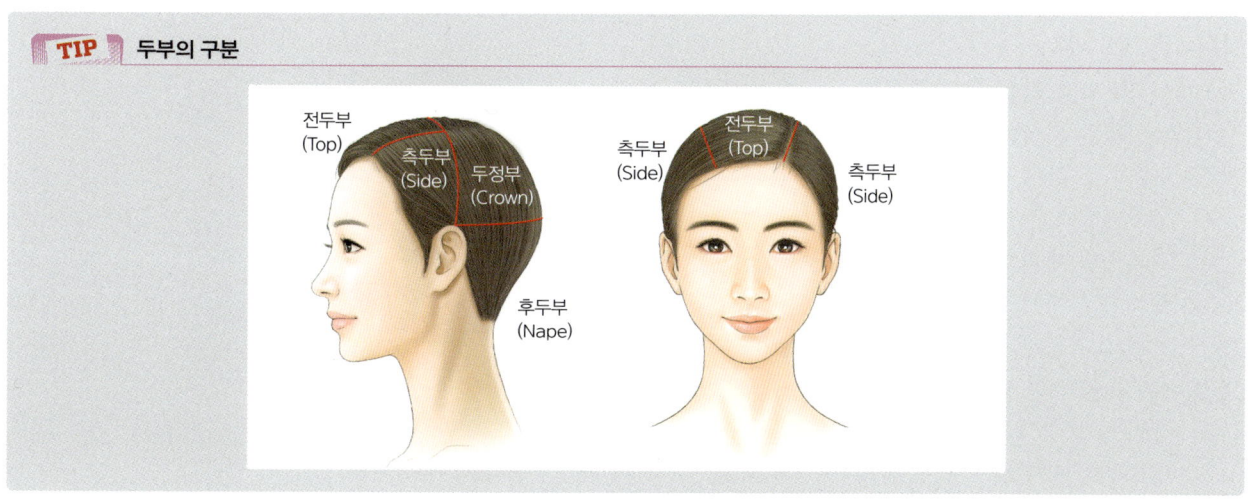

(2) 두상의 구획과 명칭

정확하고 편리한 헤어 디자인을 완성하기 위해 두상을 구획으로 나누는 것을 블로킹(blocking)이라 함

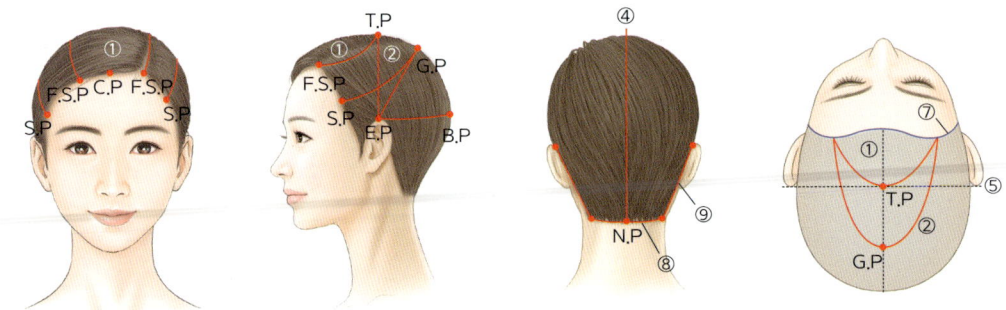

1	앞머리 영역	F.S.P~T.P~F.S.P
2	U라인 영역(말발굽형 블로킹)	F.S.P~G.P~ F.S.P
3	리세션 블로킹(recession blocking)	두상의 가장 넓은 부위를 연결하는 선
4	센터라인(정중선, Center Line) 두상의 좌우가 대칭되는 지점의 연결선	C.P~T.P~ N.P
5	이어 투 이어라인(측중선, Ear to Ear Line) 좌우 이어 포인트를 연결한 선	E.P~T.P~E.P
6	헴라인(hemline) 피부와 두피의 경계선이며 머리카락이 나기 시작한 선	
7	페이스라인 얼굴면의 머리카락이 나기 시작한 라인	S.C.P~C.P~S.C.P
8	네이프 라인(목뒤선, Nape Line)	N.S.P~N.P~N.S.P
9	이어 백 라인(목옆선, Ear Back Line)	E.P~E.B.P~N.S.P

3 미용작업의 자세

(1) 미용사의 사명(역할)과 고객응대
① 미용전문 지식을 습득하여 고객이 만족하는 개성을 살린 미(아름다움)를 연출
② 시대의 문화를 반영한 건전한 유행 유도
③ 공중위생과 안전에 주의
④ 고객응대 예절과 친절한 서비스 제공
⑤ 정돈되고 매력적인 모습으로 작업준비

(2) 올바른 미용작업 자세
① 다리를 어깨 너비 정도로 벌려 안정된 자세로 피로감을 줄이도록 한다.
② 힘을 배분하여 균일한 동작을 하도록 한다.
③ 심장의 높이와 평행한 정도로 고객의 위치를 조절한다.

④ 정상 시력일 경우 안구에서 약 25cm 정도의 작업거리를 유지한다.
⑤ 실내조도는 75Lux 이상이 되도록 한다.
⑥ 샴푸를 할 때는 약 15cm(6인치) 정도 양발을 벌리고 서서 등을 곧게 펴고 시술한다.
⑦ 구부리는 동작을 할 때는 허리를 구부리고 고객 위로 너무 가까이 가지 않는다.

4 미용의 역사

(1) 한국의 미용

① 삼한시대(고대)
- 수장급은 관모를 착용하고 전쟁포로와 노예는 머리카락을 깎아서 표시함
- 마한의 남성은 결혼 후 상투를 틀어 올림
- 진한 사람들은 머리카락을 뽑아 이마를 넓히고 짙은 눈썹을 그림
- 문신을 하여 장식적, 주술적 효과와 신분의 차이를 나타냄

② 국가시대(고대)

고구려	• 고분벽화를 통해 다양한 머리모양을 확인할 수 있음 • 남성은 채머리, 묶은머리를 하거나 상투(외상투, 쌍상투)를 틀고, 신분에 따라 비단, 금, 천으로 제작한 관모를 착용 • 여성은 얹은머리, 푼기명식머리, 중발머리, 쪽머리, 환계머리 등 다양한 형태의 머리모양
백제	• 남성은 상투를 틈 • 미혼 여성은 땋은 댕기머리, 기혼 여성은 쌍계머리 • 화장과 화장품 제조 기술을 일본에 전파
신라	• 머리 형태로 신분과 지위를 표시함 • 가체를 제작하는 장발처리 기술이 발달함 • 향수와 향료를 제조
통일신라	• 화려한 머리빗(소, 梳)과 비녀(채, 釵)로 장식함 • 사치적 요소가 강해 계급에 따라 규제함 • 미혼 여성은 땋은 댕기머리, 기혼 여성은 쌍계머리

> **TIP 관모(冠帽)**
> 머리 보호, 미적 장식, 계급 표시를 하는 것으로서 실용적인 기능으로 건(巾)을 착용하였으나 이후 장식적·사회적인 요소가 첨가되어 의례, 계급, 상징을 표시했다. 남성은 절풍, 조우관, 조미관, 금관, 책, 갓(입), 건 등을 썼고 여성은 건, 건귁 등을 착용하였다.

③ 고려시대(중세)

화장법	• 분대화장 : 백분과 눈썹먹을 사용한 기생들의 짙은 화장 • 비분대화장 : 여염집(일반) 여성들의 옅은 화장
머리형태	• 모발을 염색하고 머릿기름을 사용함 • 통일신라에 비해 소박한 형태 • 미혼 여성은 길게 뒤로 늘어뜨려 묶은 채머리, 땋은머리(붉은 상홍색 댕기), 기혼 여성은 쪽머리나 얹은머리 • 남성은 채머리, 땋은머리(검은 댕기), 상투, 원나라 침략 이후 개체변발

④ 조선시대(근세~근대)

화장법	조선 초기	• 유교사상과 가부장적 사회의 영향으로 내면의 아름다움을 중시 • 양반가의 부녀자들은 청결하고 단정한 연한 화장
	조선 중엽	• 상류사회 밑화장으로 참기름을 사용 • 신부화장으로 분화장을 하고 연지(양쪽 볼), 곤지(이마)를 찍음 • 궁녀와 기생은 눈화장, 색조화장 • 화장품 판매상인 매분구 등장
	조선 후기	• 일본과 서양의 영향으로 새로운 화장품과 화장법 도입
머리형태		• 여성은 큰머리(어여머리), 얹은머리, 쪽머리(일반 부녀자), 둘레머리, 조짐머리 등 • 화관, 족두리, 떨잠, 뒤꽂이, 비녀, 댕기 등의 장식품을 사용 • 남성은 상투, 민상투

⑤ 현대(20세기)

1910년대	일제강점(경술국치)에 의한 한일합병 이후 일본, 중국, 미국, 영국의 영향이 반영됨
1920년대	신여성 스타일 유행 : 이숙종(높은머리), 김활란(단발머리)
1930년대	최초의 미용실 개원 : 오엽주(화신백화점 내 화신미용원)
1945년 이후	김상진(현대미용학원), 권정희(정화고등기술학교), 임형선(예림미용고등기술학교)

(2) 중국의 미용

① 고대 하(夏)나라(2,070~1,600 B.C.) 시대 : 분을 사용함
② 고대 은(殷)나라(1,600~1,046 B.C.) 시대
  • 주왕(紂王) 때 꽃잎의 액을 얼굴에 바르는 화장법 사용(연지, 燕脂)
  • 아방궁 3천명의 미희들에게 백분과 연지를 바르게 하고 눈썹을 그리게 함
③ 당(唐)나라(618~907년) 시대
  • 수하미인도(樹下美人圖, 나무 아래에 여성을 배치한 그림)가 유행함
  • 눈썹화장을 중시하고 현종(玄宗) 때 십미도(十眉圖)를 완성
  • 양귀비의 홍분 화장법(홍장, 얼굴 전체를 붉게 함)과 목욕법이 성행함
④ 당나라의 화장법

연분	분을 바름
연지	붉은색의 연지를 바름
대미	검은색 광물로 눈썹을 그림
액황, 화전	이마에 꽃문양을 그리거나 붙임, 입체감을 줌
면엽	입술 양쪽에 보조개를 찍음
사홍	관자놀이에 초승달 문양을 그림
순지	중앙이 동그란 앵두모양 입술

(3) 서양의 미용

① 고대

이집트 (3,000~322 B.C.)	• 고대 미용의 발상지 • 모발을 짧게 자르거나 밀고 가발을 착용 • 흑색(콜, kohl), 녹색을 사용한 눈화장 • 사프란과 붉은 찰흙을 섞어 입술연지 • 퍼머넌트의 기원 : 알칼리 성분의 진흙을 모발에 발라 나무막대에 감고 태양열로 건조 • 헤나를 사용하여 붉은 갈색으로 모발을 염색
그리스 (1,100~146 B.C.)	• 비너스 조각상에 나타난 키프로스(cyprus)풍의 머리 형태 : 나선형 컬을 겹쳐 쌓은 모발을 링렛트(머리끈, ringlet)로 장식하여 후두부 목선에 묶어 틀어 올린(시뇽, chignons) 형태
로마 (753 B.C.~ 476년)	• 그리스와 유사한 머리 형태 • 향유, 향장품, 머리분을 사용(귀족 '후란기파니'가 향수 제조) • 금발로 탈색과 염색

② 중세(476~1453년)

비잔틴	• 동로마 스타일에 동양적 특색이 가미된 화려한 스타일
로마네스크	• 비잔틴 영향을 받은 서유럽 스타일
고딕	• 프랑스, 영국 중심의 수직적, 직선적 건축양식 • 원추형 모자(에넹)

③ 근세(1,500~1,800년)

르네상스	• 인간 중심의 고전문화의 부활
바로크	• 자유분방함 • 전문 미용사 배출
로코코	• 프랑스 귀족 중심의 사치스러운 머리장식 • 섬세함과 화려함

④ 현대

무슈 끄로샤트	1830년 프랑스, 일류 미용사
마셀 그라또우	1875년 아이론을 사용한 마셀 웨이브 개발
찰스 네슬러	1905년 영국, 퍼머넌트 웨이브(스파이럴 와인딩)
조셉 메이어	1925년 독일, 머신 히팅 퍼머넌트 웨이브(크로키놀식 와인딩)
J.B. 스피크먼	1936년 영국, 콜드 퍼머넌트 웨이브

(4) 퍼머넌트 웨이브 역사

B.C. 3,000년경, 고대 이집트	모발을 막대기로 말아서 진흙(알칼리성 토양)을 모발에 바르고, 햇볕에 건조시킨 후 웨이브를 만듦
1,905년, 찰스 네슬러(Charles Nessler)	붕사와 같은 알칼리 수용액으로 적신 긴 모발을 막대에 나선형으로 감아(스파이럴 와인딩) 열을 가하여 지속성 있는 웨이브를 만듦
1,925년, 조셉 메이어(Joseph Mayer)	모발 끝에서 모근 쪽으로 말아가는 크로키놀식 와인딩(croquignole winding) 방법을 고안하여 짧은 머리에도 시술함
1,936년, J. B. 스피크먼(J.B. Speakman)	열을 가하지 않고 아황산수소나트륨을 이용하여 40℃ 정도의 실온에서 콜드 퍼머넌트 웨이브(cold permanent wave)를 고안하여 퍼머넌트 웨이브의 대중화에 기여함

Chapter 02 피부의 이해

1 피부와 피부 부속 기관

(1) 피부의 기능

보호 기능	• 피부의 각질층과 피부지질은 외부의 물리적인 자극이나 다양한 유해물질에 대한 방어막 역할 • 열, 추위, 화학적 자극, 자외선, 세균 및 미생물로부터 보호 • 복원 능력이 있어 외부 화학적 자극으로부터 피부 산성도를 유지
체온조절 기능	• 체내에서 열 생산, 혈관의 수축과 이완, 한선을 통해 체온 조절 • 체온 상승 → 한선과 혈관이 확장되어 열 발산 → 체온 하강 • 체온 하강 → 혈관이 수축하여 열 발산 억제 → 체온 상승
감각·지각 기능	• 인체의 가장 중요한 감각기관으로, 통각, 촉각, 냉각, 압각, 온각이 있어 외부 자극에 대한 감각을 느낌 • 통각 : 통증이 느껴지는 감각으로, 가장 예민하고 피부에 존재하는 감각기관 중 가장 많이 분포 • 온각 : 따뜻함을 느끼는 감각으로, 가장 둔함 • 냉각 : 차가움을 느끼는 감각 • 압각 : 눌렸을 때 압력을 느끼는 감각 • 촉각 : 피부에 닿아서 느껴지는 감각
분비·배설 기능	• 피지와 땀을 분비하여 인체의 노폐물을 배출 • 한선(땀샘) : 땀을 분비하여 체온조절 및 노폐물 배출과 수분 유지에 관여 • 피지선 : 피지를 분비하여 피부 건조 방지 및 유해물질 침투 방지
호흡 기능	• 피부 표면을 통해 산소 흡수, 이산화탄소 방출
흡수 기능	• 외부의 온도 흡수, 감지 • 모낭, 피지선을 통해 제한적으로 흡수(친유성 물질과 소분자에 한함)
비타민 D 합성 기능	• 자외선의 자극에 의해 비타민 D 합성 • 비타민 D는 칼슘과 인의 대사에 관여, 뼈의 생성과 발육을 도와주는 역할(구루병, 골다공증, 골연화증 등 예방)
저장 기능	• 피부는 영양물질과 수분을 보유 • 피하조직은 지방을 저장
재생 기능	• 상처가 생기면 원래의 상태로 돌아가려는 피부의 재생 기능 • 켈로이드 : 진피의 결합조직의 과도한 증식력에 의해 흉터부분이 융기되어 비대해지는 피부질환
면역 기능	• 표피에 면역 반응에 관련된 세포(랑게르한스 세포)가 존재하여 피부의 면역에 관여

(2) 피부의 구조

피부	표피	각질층
		투명층
		과립층
		유극층
		기저층
	진피	유두층
		망상층
	피하조직	피하지방
	피부 부속기관	피지선, 한선, 모발, 손·발톱

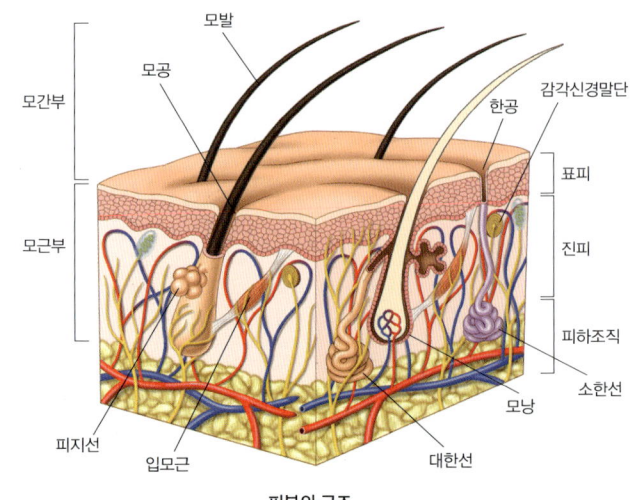

피부의 구조

(3) 표피

① 표피의 구조 및 기능

각질층	• 표피의 최상층으로 외부 자극으로부터 피부 보호 및 이물질 침투 방지 • 무핵층, 죽은 각질세포가 쌓여 계속적인 박리 현상을 일으킴 • 각질세포 사이는 세포 간 지질로 형성된 라멜라 구조(널판지 모양)로 되어 있음 • 10~20%의 수분을 함유(10% 이하가 되면 피부가 거칠어짐) • 친수성 성분의 천연보습인자로 수분 조절 및 보습막 형성 　(천연보습인자(NMF) 성분 : 아미노산, 젖산염, 암모니아, 요소) • 각화 주기 : 기저층에서 생성되어 각질층까지 올라와 박리될 때까지 기간(약 28일)
투명층	• 손바닥과 발바닥 등에 주로 분포, 투명하게 보이는 층 • 생명력이 없는 상태의 무색, 무핵층 • 세포 내의 반유동성 물질로 피부 윤기를 담당하는 엘라이딘 함유 • 세포 내에 빛을 굴절, 반사시켜 자외선의 80%를 흡수하고 피부염 방지
과립층	• 각화유리질 과립이 존재하는 층 • 무핵층, 본격적으로 각질화 과정이 시작되는 층 • 수분 저지막(레인방어막)이 수분 증발을 방지하고 외부로부터 피부를 보호
유극층	• 유핵층, 표피의 대부분을 구성하는 가장 두꺼운 층 • 세포의 표면에 돌기가 존재 • 세포 간의 물질과 노폐물 교환이 이루어짐 • 피부면역에 중요한 역할을 하는 랑게르한스세포 존재
기저층	• 유핵층, 표피의 가장 아래층으로 진피와 경계를 이루며, 진피의 유두층으로부터 영양분을 공급 받아 피부의 새 세포를 형성 • 원추형의 세포가 단층으로 이어져 각질형성세포(기저세포)와 색소형성세포(멜라닌 색소 형성), 머켈세포(촉각)가 분포

> **TIP 표피의 각화현상**
> 표피의 기저층에서 발생한 각질형성세포가 기저층 → 유극층 → 과립층 → 투명층 → 각질층으로 이동하여 각질로 탈락되는 현상, 약 28일 소요

② 표피의 구성세포

랑게르한스세포	• 피부의 면역기능 담당 • 돌기를 가지고 있으며 대부분 표피의 유극층에 존재 • 외부로부터 침입한 이물질을 림프구로 전달
색소형성세포 (멜라닌세포)	• 표피의 기저층에 존재 • 피부 색상을 결정짓는 색소제조세포 • 멜라닌 색소의 주기능 : 자외선을 받으면 왕성하게 활동하여 자외선을 흡수·산란시켜 피부손상 방지 • 멜라닌 세포 수 : 인종과 피부색에 관계없이 일정 • 멜라닌, 헤모글로빈, 카로틴의 분포 : 피부색 결정 • 멜라닌 : 흑색소, 헤모글로빈 : 적색소, 카로틴 : 황색소
각질형성세포 (케라티노사이트)	• 기저층에서 세포분열에 의해 새 세포를 생성 • 피부의 각질을 형성하는 세포
머켈세포 (촉각세포)	• 기저층에 존재, 촉각감지 세포 • 불규칙한 모양의 핵 존재, 신경자극을 뇌에 전달

(4) 진피

① 진피의 구조

유두층	• 진피의 상단 부분으로 10~20%를 차지 • 표피의 기저층과 결합되어 물결 모양을 이루고 있는 층 • 교원섬유와 탄력섬유가 느슨하게 구성되어 있음 • 모세혈관과 신경말단이 표피 가까이 풍부하게 분포되어 표피에 산소와 영양분 공급 • 혈관과 신경이 존재
망상층	• 유두층 아래에 위치하고 있으며, 진피의 80~90% 차지 • 섬세한 그물 모양의 층 • 교원섬유(콜라겐)와 탄력섬유(엘라스틴)의 단단한 결합조직 • 피부의 탄력 및 팽창에 관여 • 감각기관이 분포되어 있고 혈관, 신경관, 림프관, 한선, 피지선, 입모근, 모발 등의 부속기관 존재

② 진피의 구성세포

섬유아세포	• 진피를 구성하는 주된 세포 • 콜라겐, 엘라스틴 등의 조직성분 생성
대식세포	• 선천적 면역 세포 • 외부로부터 이물질을 걸러내는 역할 • 대식세포의 세포질에는 가수분해효소가 축적된 리소좀이 많음 • 백혈구를 탐식하여 소화하고 이물질을 제거 및 분해하는 식균 작용
비만세포 (마스트세포)	• 알레르기의 주요인이 되는 면역세포 • 히스타민과 세로토닌, 헤파린이 함유되어 있어, 세포붕괴로 세포 안의 물질 방출 시 조직에 과민반응이 일어남

③ 진피의 구성물질

교원섬유 (콜라겐)	• 섬유아세포에서 생성 • 진피의 70~80%를 차지하는 단백질 • 콜라겐으로 구성되어 피부주름 담당 • 탄력섬유(엘라스틴)와 그물 모양으로 짜여 있어 피부에 탄력과 신축성 부여, 상처 치유 • 콜라겐은 보습능력을 가지고 있어 노화될수록 콜라겐의 함량이 낮아짐 • 콜라겐의 양이 감소하면 피부의 탄력감소 및 주름형성의 원인이 됨
탄력섬유 (엘라스틴)	• 섬유아세포에서 생성 • 신축성이 강한 섬유단백질로 피부탄력에 관여 • 화학물질에 대한 저항력이 강해 피부 파열을 방지
기질	• 세포와 섬유성분 사이를 채우고 있는 물질 • 피부의 수분 보유력을 높임 • 히알루론산(40% 이상), 헤파란황산 등으로 이루어진 무코다당류

(5) 피하조직

① 피부의 가장 아래에 위치하며 진피에서 연결되어 섬유의 불규칙한 결합으로 수많은 지방세포로 구성
② 체온 조절 및 탄력 유지와 외부 충격으로부터 신체를 보호하고 영양분을 저장
③ 피하지방의 축적은 주변의 결합조직과 림프관에 압박을 주어 체내의 노폐물이 배출되지 못하고 쌓여 순환장애와 탄력저하로 울퉁불퉁하게 보이는 셀룰라이트 현상을 일으킴

2 피부 부속기관의 구조 및 기능

(1) 한선(땀샘)

① 한선의 특징
- 한선은 진피와 피하조직의 경계에 위치하며 입술, 음부를 제외한 전신에 존재
- 성인은 하루에 약 700~900cc의 땀을 분비하며, 열, 운동, 정신적 흥분 등은 한선의 활동을 증가시킴
- 기능 : 땀 분비, 체온조절, 체내 노폐물 등 분비물 배출, 피부습도 유지 및 피지막(산성막) 형성

② 한선(땀샘)의 분류

구분	아포크린 한선(대한선)	에크린 한선(소한선)
분포	• 특정 부위에 분포 • 겨드랑이, 배꼽, 유두, 생식기, 항문 주변	• 전신에 분포(입술, 생식기 제외) • 손바닥, 발바닥, 이마, 겨드랑이에 많이 분포
분비	• 털과 함께 존재 • 모낭에 부착되어 모공을 통해 분비 • 성별, 인종별 분비량이 차이 남(여성>남성, 흑인>백인>동양인 순으로 분비) • 사춘기 이후 주로 분비(성호르몬의 영향)	• 털과 관계없이 한공을 통하여 분비 • 99% 수분의 맑은 액체를 분비
냄새	• 냄새가 남 • 남성보다 여성 생리 중에 냄새가 강함	• 무색, 무취(냄새의 원인이 아님)

③ 땀의 분비현상

다한증	• 땀이 과다하게 분비되는 증상 • 원인 : 자율신경계의 이상
소한증	• 비정상적으로 땀의 분비가 감소하는 증상 • 원인 : 갑상선 기능의 저하, 신경계 질환
무한증	• 땀이 분비되지 않는 증상 • 원인 : 중추신경장애, 말초신경장애
액취증	• 대한선 분비물이 세균에 의해 부패되어 악취가 나는 증상 • 원인 : 대한선(아포크린 한선)의 기능 항진
땀띠(한진)	• 땀의 분비통로가 막혀 땀이 쌓여 발생하는 증상

(2) 피지선

① 진피 망상층에 위치, 모낭에 연결되어 모공을 통해 피지를 분비
② 피지를 분비하는 선(코 주위에 발달), 손바닥과 발바닥에는 피지선이 없음
③ 성인은 하루에 약 1~2g의 피지를 분비
④ 안드로겐, 테스토스테론의 남성호르몬이 증가하는 사춘기 남성에게 집중적으로 분비
⑤ 피지선의 노화현상 : 피지 분비 감소, 피부의 중화능력 하락, 피부의 산성도 약해짐

(3) 입모근

① 추위에 피부가 노출되거나 공포를 느끼면 입모근이 수축하여 모근을 닫아 체온손실을 막음(체온조절 역할)
② 모낭의 측면에 위치하며 모근부 아래의 1/3 지점에 비스듬히 붙어 있는 근육
③ 속눈썹, 눈썹, 코털, 겨드랑이를 제외하고 전신에 분포

(4) 모발

① 모발의 성분 : 70~80%의 케라틴(단백질), 10~15%의 수분, 1~8%의 지질, 그 외 미량 원소, 멜라닌
② 모발의 성장 : 1일 평균 약 0.34~0.35mm 정도, 1달에 약 1~1.5cm 정도 자람
③ 모발의 구조

모간	• 피부 밖으로 나와 있는 모발의 부분 • 모수질, 모피질, 모표피로 구성	
	모수질	모발의 안쪽 부분, 모발에 따라 수질의 크기가 다름
	모피질	모발의 85~90% 이상, 멜라닌색소와 섬유질을 함유
	모표피	모발의 바깥 부분, 비늘처럼 겹쳐 있는 각질세포로 구성(큐티클층)
모근	• 피부 안에 들어가 있는 모발의 부분 • 모낭, 모구, 모유두, 모모세포, 피지선으로 구성	
	모낭	모근을 감싸고 있는 부분이며, 피지선과 대한선, 입모근이 부착되어 있음
	모구	모근의 아래쪽으로 모발이 성장하는 부분
	모유두	모근의 가장 아래쪽 중심 부분, 모모세포와 모세혈관이 있어 산소와 영양공급이 이루어지며, 신경이 존재
	모모세포	모발의 기원이 되는 곳으로 세포의 분열증식으로 모발이 만들어지며, 모유두와 연결되어 모발 성장을 담당
	피지선	피지를 분비하여 모발에 윤기와 부드러움을 주며 두피에 얇은 피지막을 형성하여 두피를 보호

> **TIP 멜라닌색소**
> • 피부와 모발의 색상 결정
> • 페오멜라닌 : 노란색과 빨간색 모발(서양인)
> • 유멜라닌 : 흑갈색과 검정색 모발(동양인)

④ 모발의 성장 주기

성장기 → 퇴행기(퇴화기) → 휴지기 → 발생기의 단계를 반복한다.

성장기	• 모유두의 모세혈관에서 공급되는 영양분으로 성장하는 단계 • 전체 모발의 88% 정도 • 여성은 4~6년 유지, 남성은 4~5년 유지
퇴행기 (퇴화기)	• 모구부의 수축이 일어나면서 모발의 성장이 멈추게 되는 단계 • 전체 모발의 1% 정도 • 30~45일 정도 유지됨
휴지기	• 분리된 모유두가 위축되고 모낭은 줄어들며 모근도 위쪽으로 밀려 올라가서 모낭의 깊이도 1/3 정도로 줄어드는 단계 • 다음 성장기가 시작될 때까지 약 3~4개월 유지되며 전체 모발의 약 14~15%가 휴지기이며 빗질에 의해서도 모발이 쉽게 빠짐
발생기	• 한 모낭 안에 서로 다른 모주기의 모발이 함께 존재하여 모구가 팽창되면서 새로운 모발이 성장하는 단계 • 휴지기의 모발은 새로 발생하는 모발에 의해 자연 탈모됨

(5) 손톱과 발톱
① 경단백질인 케라틴과 아미노산으로 이루어진 피부 부속기관
② 손끝과 발끝을 보호하며, 물건을 잡을 때 받침대 역할, 장식의 기능
③ 손·발톱의 경도는 수분의 함량이나 각질 조성에 따라 달라짐
④ 개인에 따라 성장속도는 차이가 있지만 매일 0.1mm 가량 성장
⑤ 정상적인 손·발톱의 교체는 대략 6개월 가량

3 피부 유형 분석

(1) 피부 유형의 구분
피부 유형은 정상, 지성, 건성, 복합성, 민감성, 노화 피부 등으로 구분된다.

구분	특징
정상 피부	• 피부 표면이 매끄럽고 탄력 있으며 촉촉함 • 모공이 섬세하고, 세안 후 피부 당김이 거의 느껴지지 않음 • 전반적으로 주름, 여드름, 색소침착이 없고 저항력이 좋음
건성 피부	• 피부결이 얇고 섬세하며 탄력 저하와 주름이 쉽게 형성 • 모공이 작고 피지와 땀의 분비 저하로 유·수분이 불균형 • 보습능력 저하로 각질이 보이고 피부가 당기며 화장이 잘 받지 않음
지성 피부	• 피부의 결이 거칠며, 피지 분비량이 많고 모공이 커 화장이 잘 지워짐 • 색소침착과 트러블, 지루성 피부염이 발생하기 쉬움 • 남성 호르몬이나 여성 호르몬 작용이 활발해져서 생김

(2) 문제성 피부 유형의 성상 및 특징

구분	특징
민감성 피부 (예민성 피부)	• 피부결이 섬세하지만 피부가 얇고 붉은색이 많음 • 피부홍반, 염증, 혈관 확장과 발열감이 있음 • 면역기능 저하로 색소침착이 발생하기 쉬움
복합성 피부	• 중성, 건성, 지성 피부 중 현저하게 다른 두 가지 이상의 현상 • T존은 대체로 지성 피부로 피부결이 거칠고 모공이 크며 기름기가 많음 • U존은 대체로 건성이지만 예민한 피부로 피부결이 얇고 모공이 작고 섬세함
색소침착 피부	• 기미, 주근깨 등의 색소가 침착되어 칙칙하고 어두운 피부 상태 • 스트레스 등의 내적 요인, 자외선 등의 외적 요인으로 칙칙하고 어두운 피부 • 색깔이 균일하지 않으며 임신 중에 두드러짐
모세혈관 확장 피부	• 모세혈관이 약화되어 피부 표면에 실핏줄이 보임 • 모세혈관이 확장되어 피부 상부층에 머무르게 됨

(3) 노화 피부의 성상 및 특징

내인성 노화 (생리적 노화)	• 생리적 노화현상, 나이에 따른 자연스러운 노화의 과정 • 표피와 진피의 구조적 변화로 피부가 얇아짐 • 피지선과 한선이 퇴화되어 피부의 윤기가 떨어짐 • 랑게르한스세포의 감소로 면역력 저하, 신진대사 기능 저하 • 세포재생주기 지연으로 인한 상처회복 둔화 • 콜라겐섬유의 구조 변화로 탄력 저하, 피부가 늘어지고 깊은 주름 발생
외인성 노화, 광노화 (환경적 노화)	• 환경적 노화현상, 바람, 자외선 등의 외부 환경으로 일어나는 과정 • 표피 두께가 두꺼워지고 피부가 건조하며 거칠어짐 • 모세혈관이 확장되며 자외선 방어능력 저하로 과색소 침착증 발생

(4) 노화 피부의 원인
① 노화유전자와 세포의 노화
② 아미노산 라세미화
③ 텔로미어 단축
④ 활성산소 라디칼
⑤ 피부 구조의 기능 저하
⑥ 자외선, 열, 흡연 등 외부적 요인

> **TIP** 건강한 피부를 유지하기 위한 방법
> • 적당한 수분을 항상 유지
> • 두꺼운 각질층 제거
> • 충분한 수면과 영양 공급
> • 일광욕을 많이 하면 환경적 노화현상이 일어남

4 피부와 영양
(1) 영양소
① 영양소의 작용 및 종류

구분	작용	종류
열량소	열량공급 작용(에너지원)	탄수화물, 지방, 단백질
구성소	인체 조직 구성 작용, 혈액 및 골격 형성	탄수화물, 지방, 단백질, 무기질, 물
조절소	인체 생리적 기능 조절 작용	단백질, 무기질, 물, 비타민

② 영양소의 분류

3대영양소	탄수화물, 지방, 단백질
5대영양소	탄수화물, 지방, 단백질, 무기질, 비타민
6대영양소	탄수화물, 지방, 단백질, 무기질, 비타민, 물
7대영양소	탄수화물, 지방, 단백질, 무기질, 비타민, 물, 식이섬유

③ 영양소의 기능
- 에너지 보급과 신체의 체온을 유지하여 신체 조직의 형성과 보수에 관여
- 혈액 및 골격 형성과 체력 유지에 관여
- 생리 기능의 조절 작용을 하여 피부의 건강 유지를 도움

(2) 피부와 영양

① 3대 영양소와 피부

탄수화물	• 1g당 4kcal의 에너지 공급, 75%가 에너지원으로 쓰임, 혈당 유지 • 탄수화물은 세포를 활성화하여 건강한 피부로 유지시켜 줌 • 최소 단위 : 포도당(장에서 포도당, 과당, 갈락토오스로 흡수) • 결핍 시 : 기력 부족, 체중 감소, 신진 대사의 저하로 피부의 기능이 떨어짐 • 과잉 시 : 피부의 산성화로 지성 피부, 접촉성 피부염이나 부종을 일으킴
단백질	• 에너지원으로 1g당 4kcal의 에너지 공급, pH 조절, 면역세포와 항체 형성 역할 • 주요 생체 기능을 수행하고 피부, 손발톱, 골격, 근육 등의 체조직 구성 • 체내의 수분 조절과 pH 평형을 유지하고 질병에 대한 저항력 강화 • 최소 단위 : 아미노산(소장에서 아미노산으로 흡수) • 급원식품 : 소고기, 돼지고기, 달걀 등 • 결핍 시 : 빈혈, 발육저하, 조직노화, 피지분비 감소 • 과잉 시 : 신경과민, 혈압상승, 불면증 유발 → 피부에 악영향
지방(지질)	• 1g당 9kcal의 에너지 공급, 체지방의 형태로 에너지 저장 • 체조직 구성, 피부의 건강 유지, 피부 탄력과 저항력 증진 • 최소 단위 : 지방산과 글리세린(소장에서 글리세린으로 흡수) • 결핍 시 : 체중 감소, 신진대사 저하, 세포의 활약 감소로 피부가 거칠어짐 • 과잉 시 : 콜레스테롤이 모세혈관을 촉진시켜 피부 탄력 저하 • 포화지방산 : 상온에서 고체 또는 반고체 상태 유지 • 불포화지방산(필수지방산) : 상온에서 액체 상태 유지(리놀산, 리놀렌산, 아라키돈산)

② 무기질(미네랄)과 피부

다량 무기질	• 칼슘(Ca) : 뼈와 치아 형성, 결핍 시 혈액의 응고 현상이 나타남 • 인(P) : 세포의 핵산, 세포막 구성, 골격과 치아 형성 • 마그네슘(Mg) : 체내의 산과 알칼리의 평형유지, 신경전달과 근육이완, 탄수화물·지방·단백질의 대사에 관여 • 나트륨(Na) : 수분 균형 유지, 삼투압 조절, 근육의 탄력 유지 • 칼륨(K) : pH 균형과 삼투압 조절, 신경과 근육 활동 • 황(S) : 케라틴 합성에 관여, 아미노산 중 시스테인, 시스틴에 함유
미량 무기질	• 철분(Fe) : 헤모글로빈의 구성 요소, 면역기능 유지, 피부의 혈색 유지 • 요오드(I) : 갑상선 호르몬 구성 요소, 모세혈관의 기능을 정상화시킴 • 구리(Cu) : 효소의 성분 및 효소 반응의 촉진 • 아연(Zn) : 생체막 구조 기능의 정상유지 도움 • 셀레늄(Se) : 항산화작용, 노화억제, 면역기능, 셀레노메티오닌과 셀레노시스테인의 형태

③ 지용성 비타민 A, D, E, K와 피부

구분	기능	결핍 시 증상
비타민 A (레티노이드)	피부각화 정상화, 피지 분비 억제, 노화방지, 멜라닌 색소 합성 억제 효과, 피부재생, 여드름 완화, 항산화 작용, 점막 손상 방지	피부건조, 세균 감염, 야맹증, 색소침착, 모발 퇴색, 손톱 균열
비타민 D (칼시페롤)	골격발육 촉진, 칼슘 흡수 촉진, 자외선에 의해 피부 합성, 골다공증 예방	구루병, 골다공증
비타민 E (토코페롤)	혈액순환 촉진과 피부 청정 효과, 호르몬 생성과 항산화 작용으로 노화 방지	피부 건조, 노화, 혈색 약화, 불임증, 신경체계 손상, 손톱 윤기 부족
비타민 K (필로키논)	출혈 발생 시 혈액 응고 촉진	혈액응고 저하로 과다 출혈 발생과 피부염 발생, 모세 혈관 약화

④ 수용성 비타민 B, C, H, P와 피부

구분	기능	결핍 시 증상
비타민 B_1 (티아민)	피부 면역력에 관여	각기병, 피부윤기 저하, 붓는 현상, 발진, 홍반, 수포 형성
비타민 B_2 (리보플라빈)	피부미용에 중요, 피부염증 예방, 피부보습 유지	구순염, 습진, 부스럼, 피부염, 과민피부, 피로감
비타민 B_3 (나이아신)	염증 완화, 피부탄력	피부병, 현기증, 설사, 우울증
비타민 B_5 (판토텐산)	수분 유지, 피부 탄력, 감염방지, 조직기능 유지, 피부와 손톱 각질화	성장 장애, 각질경화, 피부변색
비타민 B_6 (피리독신)	피부염에 중요한 항피부염 비타민	구각염, 구토, 접촉성 피부염, 지루성 피부염
비타민 B_{12} (시아노코발라민)	조혈 작용에 관여	악성빈혈, 아토피, 지루성 피부염, 신경계 이상, 세포 조직 변형
비타민 C (아스코르빈산)	노화예방, 멜라닌 색소 형성 억제, 미백효과, 교원질 형성, 항산화 작용, 모세혈관 강화	괴혈병 유발, 빈혈, 피부를 창백하게 함
비타민 H (바이오틴)	신진대사 왕성, 피부탄력에 관여, 효과적 염증 치유	피부색 퇴색, 피부염, 피지 저하, 피부 건조, 혈액순환 악화
비타민 P (바이오플라보노이드)	모세혈관 강화, 부종 정상화, 노화 방지, 알레르기 예방, 피부병 호전	만성부종, 모세혈관 약화, 출혈

5 체형과 영양

(1) 체형의 변화 요인
① 경제발전, 소득 증가로 인한 식생활 환경(고열량, 간편식 제품)의 변화
② 바쁜 일상으로 인한 불규칙한 식사, 간식과 야식, 과식과 폭식 등의 식습관 고착화
③ 편리한 생활 환경, 운동량 감소에 따른 미소진된 에너지의 과도한 체내 저장(비만)

(2) 체형의 분류

내배엽형(비만형)	키가 작고 어깨 폭이 좁은 데 비하여 몸통이 굵고, 특히 하복부가 크고 복부와 옆구리에 지방이 많으며 엉덩이가 처져 둥근 체형
중배엽형(투사형)	어깨 폭이 넓고 근골이 건장한 근육형으로 팔다리의 근육이 매우 발달되어 있으며 다른 체형에 비해 같은 자극에도 근육이 쉽게 발달이 되는 체형
외배엽형(세장형)	키가 크고 뼈나 근육의 발달이 나빠 근육이 잘 붙지 않는 체형

(3) 비만

① 비만의 원인 : 잘못된 식습관으로 음식의 섭취량과 소비열량 간의 불균형으로 인해 나타나며 운동량 부족과 유전적 요인 및 스트레스로 인한 내분비계 이상이나 호르몬 기능 저하 등의 원인도 있음
② 비만의 유형

셀룰라이트 비만	• 우리 몸의 대사 과정에서 배출되는 노폐물, 독소 등이 배출되지 못하고 피부조직에 정체되어 있어 비만으로 보이며 림프 순환이 원인 • 소성결합조직이 경화되어 뭉치고 피하지방이 비대해져 피부 위로 울퉁불퉁한 살이 도드라져 보이며 여성에게 많이 나타남 • 임신, 폐경, 피임약 복용 등으로 인한 여성 호르몬 이상으로 발생하며 식이조절과 운동만으로는 제거하기 어려움
피하지방 비만	• 물렁물렁하며 번들거리는 지방으로 신체 전반적으로 발생 • 과도한 열량섭취와 운동부족으로 발생 • 식이요법과 운동으로 개선 가능
내장지방 비만	• 내장의 체지방층과 다른 내장의 막 사이에 체지방이 과잉 축적된 형태 • 윗배만 불룩 튀어나온 형태의 복부비만이 대표적이며 식이요법과 운동으로 개선 가능

③ 비만으로 인한 성인병
• 복부지방 : 고혈압, 당뇨병, 고지혈증
• 팔, 다리 지방 : 정맥류, 관절염
• 기타 : 만성피로, 호흡곤란, 편두통, 우울증

6 피부와 광선

(1) 자외선의 종류

구분	파장	기능 및 역할
자외선A (UV-A)	320~400nm (장파장)	• 진피층까지 침투하여 주름 생성 • 색소침착, 피부의 탄력 감소와 건조화, 인공선탠
자외선B (UV-B)	290~320nm (중파장)	• 표피 기저층, 진피 상부까지 침투 • 기미, 주근깨, 수포, 일광화상, 피부홍반을 유발 • 각질세포 변형 • 유리에 의하여 차단 가능
자외선C (UV-C)	200~290nm (단파장)	• 가장 강한 자외선 • 오존층에 의해 차단되나 최근 오존층 파괴로 인체와 생태계에 많은 영향을 끼침 • 살균작용 및 피부암의 원인

(2) 자외선이 피부에 미치는 영향

긍정적인 영향	부정적인 영향
• 비타민 D 합성(구루병 예방) • 소독 및 살균효과 • 혈액순환 촉진 • 식욕과 수면의 증진, 내분비선 활성화 등의 강장효과	• 홍반 반응 • 과도하게 노출될 경우 일광화상 • 멜라닌의 과다 증식(색소침착, 피부건조, 수포생성) • 광노화 • 피부암 유발

(3) 적외선이 피부에 미치는 효과

① 피부에 열을 가하여 피부를 이완시키는 역할
② 피부 깊숙이 침투하여 생성물이 흡수되도록 돕는 역할
③ 온열작용으로 혈류 증가를 촉진
④ 신경말단 및 근조직에 영향(근육이완, 통증, 긴장감 완화)

(4) 적외선등의 이용

① 온열작용을 통해 화장품의 흡수를 도움
② 건성 피부, 주름 피부, 비듬성 피부 등에 효과적
③ 과량 조사 시 두통, 현기증, 일사병 등 유발

7 피부면역

(1) 면역의 종류

면역이란 외부의 미생물(세균, 바이러스)이나 화학물질로부터 생체를 방어하는 기능으로 특정 병원체나 독소에 대한 저항력을 가지는 상태이다.

① 선천적 면역 : 태어날 때부터 가지고 있는 면역체계로 인종, 종족에 따른 차이가 있다.
② 후천적 면역 : 후천적으로 형성된 면역

능동면역	자연 능동면역	전염병 감염에 의해 형성된 면역
	인공 능동면역	예방접종의 결과로 획득된 면역
수동면역	자연 수동면역	모체로부터 생성된 면역
	인공 수동면역	면역 혈청주사에 의해 획득된 면역

(2) 피부와 면역

표피	랑게르한스세포, 각질형성세포(사이토카인 생성) 면역반응
진피	대식세포, 비만세포가 피부면역의 중요한 역할
각질층	라멜라 구조로 외부로부터 보호
피지막	박테리아 성장을 억제(땀과 피지가 피부표면에 막을 형성)

(3) 면역 반응(면역 매커니즘)

B 림프구	• 특정 항원에만 반응하는 체액성 면역 • 특정 면역체에 대해 면역글로불린이라는 항체를 생성하여 면역 역할 수행
T 림프구	• 직접 항원을 파괴하는 세포성 면역 • 피부 및 장기 이식 시 거부반응에 관여 • 세포 대 세포의 접촉을 통해 직접 항원을 공격

8 피부노화

(1) 피부노화의 정의

나이가 들어서 신체의 전반적인 활력이 떨어지고 모든 생리적인 기능이 저하되는 과정을 말한다.

(2) 피부노화의 원인

① 노화유전자와 세포의 노화
② 활성산소 라디칼
③ 신경세포의 피로
④ 신진대사 과정에서 발생하는 독소
⑤ 텔로미어 단축
⑥ 아미노산 라세미화

(3) 피부노화 현상

내인성 노화 (생리적 노화)	• 나이가 들면서 피부가 노화되는 자연스러운 현상 • 표피와 진피의 두께가 얇아지고, 각질층의 두께가 두꺼워짐 • 피하지방세포 감소로 유분이 부족 • 세포와 조직의 탈수현상으로 피부가 건조해지고 잔주름 증가 • 면역(랑게르한스세포 감소), 신진대사 기능 저하 • 멜라닌 색소 감소로 피부색이 변함 • 탄력섬유와 교원섬유의 감소와 변성으로 탄력성 저하, 피부 처짐 및 주름 발생
광노화 (환경적 노화)	• 생활환경, 외부환경 등 외부 인자에 의해 피부가 노화되는 현상 • 표피와 진피의 두께가 두꺼워짐 • 탄력성 감소로 인한 피부 늘어짐, 피부 건조 • 색소의 불균형으로 과색소침착 • 면역성 감소(랑게르한스세포 수 감소) • 진피 내의 모세혈관 확장 • 콜라겐의 변성과 파괴가 일어남

9 피부장애와 질환

(1) 원발진과 속발진

① 원발진

정상피부에서 발생하는 초기증상으로 피부의 병변이다.

반점	• 피부 표면에 융기나 함몰 없이 피부의 색만 변화한 상태로 크기나 형태가 다양 • 주근깨, 기미, 자반, 노인성 반점, 오타모반, 백반 등
홍반	• 모세혈관의 충혈과 확장으로 피부가 붉게 변하는 상태
팽진	• 피부 상층부의 부분적인 부종으로 인해 국소적으로 부풀어 오르는 일시적 발진으로 가려움 동반 • 두드러기, 알레르기 등
수포	• 소수포 : 1cm 미만의 액체를 포함한 물집 상태(화상, 포진) • 대수포 : 1cm 이상의 액체와 혈액을 포함한 물집 상태
면포	• 피지덩어리가 막혀 좁쌀 크기로 튀어나와 있는 상태 • 비염증성 여드름
구진	• 1cm 미만으로 표피에 형성되는 붉은 융기, 상처 없이 치유 • 피지샘 주위, 땀샘, 모공의 입구에 생김
결절	• 구진과 비슷하나 1cm 이상으로 경계가 명확한 단단한 융기 • 진피나 피하지방까지 침범하여 통증 동반
농포	• 표피 부위에 고름(농)이 차있는 작은 융기, 염증을 동반 • 주변조직이 파괴되지 않도록 빨리 짜주어야 함
낭종	• 액체나 반고형 물질이 표피, 진피, 피하지방층까지 침범하여 피부 표면이 융기된 상태 • 여드름 4단계로 통증을 유발하고, 흉터가 남는 상태
종양	• 직경 2cm 이상, 과잉 증식되는 세포의 집합조직에 고름과 피지가 축적된 상태 • 여러 가지 모양과 크기가 있으며, 양성과 악성이 있음

② 속발진

원발진 후 진행된 질병이나 외적 요인에 의해 발생되는 피부질환의 후기 단계이다.

인설 (비듬)	• 죽은 표피세포인 각질이 가루형태로 떨어져 나가는 것 • 표피성 진균증, 건선 등
위축	• 진피세포나 성분의 감소로 인하여 피부가 얇아지고 탄력을 잃은 상태 • 화상
균열	• 심한 건조증이나 질병, 외상에 의해 표피가 갈라진 상태 • 발뒤꿈치 갈라짐 현상
가피	• 표피층의 소실 부위에 혈청과 고름, 분비물이 딱딱하게 말라 굳은 상태 • 딱지
찰상	• 기계적 외상, 지속적 마찰로 생기는 표피의 박리 상태 • 흉터 없이 치유됨
미란	• 수포가 터진 후 표피가 벗겨진 표피의 결손 상태 • 짓무름, 흉터 없이 치유됨
궤양	• 진피와 피하지방층까지의 조직 결손으로 깊숙이 상처가 생긴 상태 • 치료 후 흉터가 남음
켈로이드	• 피부 손상 후 상처가 치유되면서 결합조직이 과다 증식되어 흉터가 표면 위로 굵게 융기된 상태
반흔 (흉터)	• 세포재생이 더 이상 되지 않음 • 피지선과 한선이 없고 피부에 상처의 흔적이 남은 상태
태선화	• 장기간에 걸쳐 긁어서 표피가 건조하고, 가죽처럼 두꺼워지고 딱딱한 상태 • 만성 소양성 질환에 흔함

(2) 여드름

① 여드름의 원인
- 유전적 영향, 모낭 내 이상 각화, 피지의 분비
- 여드름 균의 군락 형성, 염증반응
- 열과 습기에 의한 자극, 물리적·기계적 자극, 압력과 마찰
- 남성호르몬인 테스토스테론과 여성호르몬인 황체호르몬(프로게스테론)의 분비 증가로 발생
  (사춘기 여드름의 근본 원인)
- 잘못된 식습관과 스트레스, 위장장애, 변비, 수면부족, 음주 등
- 화장품이나 의약품의 부적절한 사용

② 비염증성 여드름(면포성 여드름)

백면포	모공이 막혀 피지와 각질이 뒤엉킨 피부 위 좁쌀 형태의 흰색 여드름
흑면포	모공이 열려 있으며 단단하게 굳어진 피지가 산화되어 검게 보이는 여드름

③ 염증성 여드름

구진	1단계	1cm 미만, 모낭 내에 축적된 피지에 여드름 균이 번식하면서 혈액이 몰려 붉게 부어오르며 약간의 통증이 동반되는 여드름
농포	2단계	염증 반응이 진전되면서 박테리아로 인하여 악화되어 고름이 생기고 피부 표면에 농이 보이는 형태의 여드름
결절	3단계	1cm 이상, 딱딱한 응어리가 피부 위로 돌출되어 통증이 동반되는 검붉은색의 염증이 진피까지 깊숙이 위치한 여드름
낭종	4단계	피부가 융기된 상태로 진피에 자리잡고 있으며 심한 통증이 동반되고 치료 후 흉터가 남는 여드름

> **TIP 여드름 발생 과정**
> 면포 → 구진 → 농포 → 결절 → 낭종

(3) 색소질환
① 과색소 질환 : 멜라닌 색소 증가로 인해 발생되는 색소 질환으로 기미, 주근깨, 노인성 반점 등이 있다.
② 저색소 질환 : 멜라닌 색소 감소로 인해 발생되는 색소 질환으로 백반증, 백피증 등이 있다.

> **TIP 색소침착의 원인**
> • 자외선, 내분비 기능장애, 임신, 갱년기 장애, 유전적 요인
> • 정신적 불안과 스트레스, 질이 좋지 않은 화장품의 사용, 선탠기

(4) 감염성 피부질환
① 바이러스성

대상포진	• 바이러스성 피부질환으로 심한 통증 동반 • 잠복해 있던 수두 바이러스의 재활성화에 의해 발생 • 발진이 신경띠를 따라 길게 나타나는 군집 수포성 증상
단순포진 (헤르페스)	• 바이러스성 피부질환으로 헤르페스 바이러스의 급성감염으로 발생 • 한 곳에 국한하여 물집이 발생하는 수포성 증상 • 입술주위, 성기에 주로 나타나고 같은 부위에 재발 가능
수두	• 대상포진 바이러스 1차 감염으로 발생 • 주로 소아에게 발병되며 전염력이 매우 강함 • 피부 전체가 가렵고 수포성 발진이 생김
홍역	• 홍역 바이러스 감염으로 발생 • 발열과 발진을 주 증상으로 하는 급성발진성 질환 • 주로 소아에게 발병되며 전염성이 강하여 감수성 있는 접촉자의 90% 이상이 발병
사마귀	• 유두종 바이러스(HPV)에 의한 감염으로 발생 • 표피의 과다한 증식이 일어나 구진 형태로 나타남 • 전염성이 강하여 타인 및 자신의 신체 부위에 다발적으로 감염시킴
풍진	• 풍진 바이러스에 의한 감염으로 발생 • 귀 뒤, 목 뒤의 림프절 비대와 통증으로 얼굴, 몸에 발진

② 세균성

농가진	• 화농성 연쇄상구균에 의해 발생하며, 전염성이 높은 표재성 농피 증상
모낭염	• 모낭이 박테리아에 감염되어 발생하여 고름이 형성되는 증상
옹종	• 황색 포도상구균에 의해 발생하여 모낭에서 나타나는 급성 화농성 염증의 증상
봉소염	• 용혈성 연쇄구균에 급성 박테리아 감염으로 발생하여 홍반과 통증을 동반하는 증상

③ 진균성

백선(무좀)	• 사상균(곰팡이균)에 의해 발생, 피부껍질이 벗겨지고 가려움을 동반, 주로 손과 발에서 번식
칸디다증	• 진균의 일종인 칸디다균으로 인해 감염 • 붉은 반점과 가려움을 동반하는 염증성 질환 증상 • 손톱, 피부, 구강, 질, 소화관 등에 발생
완선	• 사타구니에 나타나는 진균성 질환

(5) 안검 주위 및 기타 피부질환

비립종	• 모래알 크기의 각질 세포로, 직경 1~2mm의 둥근 백색 구진 형태 • 신진대사의 저조가 원인으로 주로 눈 밑 얇은 부위에 위치
한관종 (물사마귀)	• 눈 주위와 볼, 이마 부위에 1~3mm의 피부색 구진 형태 • 황색 또는 분홍색의 반투명성 구진으로 피부 양성 종양이며 작은 물방울 모양으로 오돌오돌하게 솟아나 보임
화상	• 제1도 화상 : 피부가 붉어지고, 열감과 동통 수반 • 제2도 화상 : 진피층까지 손상되어 수포가 형성되고 홍반, 부종, 통증 동반 • 제3도 화상 : 피부 전층과 신경이 손상된 상태로 흉터가 남음
주사	• 코를 중심으로 양볼에 나비 형태로 붉게 발생하는 만성, 충혈성 질환 • 피지선의 염증과 깊은 관련이 있음 • 안면홍조 발생, 모세혈관 확장

Chapter 03 화장품 분류

1 화장품 기초

(1) 화장품의 정의(화장품법)
① 인체를 청결·미화하여 매력을 더하고 용모를 밝게 변화시키기 위해 사용하는 물품
② 피부·모발의 건강을 유지 또는 증진시키기 위하여 인체에 바르고 뿌리는 등의 방법으로 사용되는 물품
③ 인체에 대한 작용이 경미한 물품
④ 어떤 질병을 진단하거나 치료 또는 예방을 목적으로 하는 특정한 물질인 의약품(약사법)에 해당하지 않는 것

(2) 화장품의 사용목적
① 인체를 청결·미화하기 위함
② 인체의 매력을 더하여 용모를 밝게 변화시키기 위함
③ 피부·모발의 건강을 유지 또는 증진하기 위함
④ 외부 환경으로부터 피부 및 모발 등 인체를 보호하기 위함

(3) 화장품의 4대 요건

안전성	피부에 대한 자극, 알레르기, 독성이 없어야 함
안정성	사용기간 및 보관에 따른 변질, 변색, 변취, 미생물의 오염이 없어야 함
사용성	흡수성, 발림성 등 피부에 사용감이 좋아야 함
유효성	세정효과, 적절한 보습효과, 자외선 차단, 미백효과, 주름개선, 피지 분비 조절, 색채 효과 등의 유효한 효능을 나타내야 함

(4) 화장품, 의약외품, 의약품의 구분
안정성과 유효성에 따라 화장품, 의약외품, 의약품 등으로 구분

구분	화장품	의약외품	의약품
사용대상	정상인	정상인 및 환자	환자
사용목적	미화, 청결	미화, 위생	질병 치료 및 진단, 예방
사용기간	장기간, 지속적	장기간, 지속적	일정기간
사용범위	전신	특정 부위	특정 부위
부작용	없어야 함	없어야 함	어느 정도는 무방

(5) 화장품 사용 시 주의사항
① 제조 연월일 및 사용 기간을 확인 후 반드시 표시 기간 내 사용
② 상처 부위나 피부질환 등의 이상이 있는 부위에는 사용하지 말 것
③ 사용 중 피부에 붉은 반점, 가려움증 등의 이상 증상 발생 시 사용을 중지하고 의사에게 상담
④ 고온 또는 저온의 장소 및 직사광선을 피하고 서늘한 곳에 보관할 것
⑤ 사용 후 반드시 뚜껑을 닫아 보관할 것
⑥ 유·소아의 손이 닿지 않는 곳에 보관할 것

(6) 화장품 용기 기재 사항(화장품법)
① 화장품의 명칭
② 영업자의 상호 및 주소
③ 해당 화장품 제조에 사용된 모든 성분
④ 내용물의 용량 또는 중량
⑤ 제조번호
⑥ 사용기한 또는 개봉 후 사용기한
⑦ 가격
⑧ 사용할 때의 주의사항

2 화장품 제조
(1) 화장품의 원료
화장품은 수성원료, 유성원료, 계면활성제, 보습제, 방부제, 폴리머, 산화방지제, 착색료, 향료, 기타 성분 등으로 구성되어 있다.

① 수성원료

정제수	• 화장품의 주원료로서 성분함량이 가장 많음 • 모든 화장품의 기초 성분으로 사용되며, 수분공급 기능으로 피부 보습 작용 • 물의 세균과 금속이온, 불순물이 제거된 정제수 사용
에탄올	• 무색, 무취의 휘발성을 지닌 투명 액체로서 물 또는 유기용매와 잘 희석됨 • 청량감과 휘발성이 있음, 수렴효과, 소독작용 • 함량이 많으면 피부에 자극(10% 전후가 일반적 함량)

② 유성원료

		• 피부에 유연성, 윤활성 부여 • 피부표면에 친유성 막을 형성하여 피부를 보호하며 수분 증발 저지
오일	식물성 오일	식물의 열매, 종자, 꽃 등에서 추출(호호바 오일, 올리브 오일 등)
	동물성 오일	동물의 피하조직 및 장기에서 추출(라놀린, 밍크 오일, 스쿠알렌 등)
	광물성 오일	석유 등에서 추출(바셀린, 유동파라핀 등)
	천연 오일	천연물에서 추출하여 가수분해, 수소화 등의 공정을 거쳐 유도체로 이용
	합성 오일	실리콘 오일, 미리스틴산이소프로필 등
왁스		• 실온에서 고형화제인 유성성분이며, 제품의 변질이 적음 • 화장품의 굳기를 조절, 광택을 부여하는 역할 • 기초화장품, 메이크업 화장품에 사용되는 고형의 유성성분
	식물성 왁스	호호바유, 카르나우바 왁스(야자나무의 잎), 칸데릴라 왁스(칸데릴라 식물) 등
	동물성 왁스	라놀린(양털), 밀랍(꿀벌), 경납(향유고래), 망치고래유 등
고급 지방산		• 천연 유지와 밀랍 등에 포함되어 있는 에스테르 화합물을 분해하여 얻음 • 비누, 각종 계면활성제, 첨가제 등의 원료로 사용 • 스테아린산, 올레산, 팔미트산, 미리스틱산 등

③ 계면활성제

종류	기능	주요 용도
양이온 계면활성제	• 살균, 소독작용 우수 • 정전기 발생 억제	• 헤어린스, 헤어 트리트먼트 • 유연제, 정전기 방지제
음이온 계면활성제	• 세정 작용, 기포형성 작용 우수	• 비누, 샴푸, 클렌징폼 • 치약
양쪽성 계면활성제	• 세정 작용, 기포형성 작용 약함 • 살균력, 유연효과 • 피부 저자극, 피부 안정성	• 베이비 샴푸, 저자극 샴푸 • 유아용 제품
비이온 계면활성제	• 피부 자극이 적어 기초화장품에 주로 사용 • 유화력, 습윤력, 가용화력, 분산력 우수	• 기초화장품류 • 헤어 크림, 헤어 트리트먼트 • 가용제, 유화제, 세정제

> **TIP 계면활성제의 피부 자극 및 세정력 세기**
> • 피부 자극의 세기 : 양이온성 > 음이온성 > 양쪽성 > 비이온성
> • 세정력 세기 : 음이온성 > 양이온성 > 양쪽성 > 비이온성

④ 보습제

에몰리엔트		• 피부표면에 얇은 막을 형성하여 수분 증발 방지 및 촉촉함 부여 • 오일 및 왁스 등
폴리올		• 공기 중의 수분을 끌어당겨 보습 효과를 줌 • 글리세린, 디프로필렌글리콜, 솔비톨 등
모이스처 라이저	천연보습인자 (NMF)	• 수용성 보습제로서 각질층에 존재 • 피부의 수분이 외부로 증발되는 것을 막아줌 • 아미노산(40%), 젖산(12%), 요소(7%) 등으로 구성
	콜라겐	• 탁월한 보습 효과를 지님 • 분자량이 커서 피부에 흡수되지 않는 고분자 형태의 보습제 • 빛이나 열에 쉽게 파괴
	히알루론산	• 인체의 결합조직 내에 존재하는 보습제 • 보습작용, 유연작용

> **TIP 보습제가 갖추어야 할 조건**
> • 적절한 보습능력이 있을 것
> • 피부 친화성이 좋을 것
> • 다른 성분과의 혼용성이 좋을 것
> • 보습력이 환경의 변화에 쉽게 영향을 받지 않을 것
> • 응고점이 낮고, 휘발성이 없을 것

⑤ 방부제
- 미생물 증가 억제를 통한 혼탁, 분리, 변색, 악취 등의 예방으로 화장품의 변질 방지 및 살균 작용
- 일정 기간 보존을 위한 보존제 역할(박테리아, 곰팡이 성장 억제)
- 종류 : 파라벤류, 이미다졸리디닐 우레아, 페녹시에탄올 등

⑥ 폴리머

점도증가제	• 화장품의 점도를 유지하거나 제품의 안정성을 유지하기 위한 성분 • 제품의 질감, 사용성, 안전성에 중요한 영향을 미침
피막형성제	• 도포 후 시간이 경과되면 굳게 되는 성질을 가짐 • 팩, 마스카라, 아이라이너, 네일 에나멜, 헤어 스타일링 제품 등에 사용

⑦ 산화방지제
- 화장품의 성분이 공기와 닿아 산화되는 것을 억제하여 제품의 산패를 방지·지연시키는 성분
- 화장품의 품질, 보존 및 안전성 유지에 중요한 역할을 함
- 종류 : 토코페롤, 레시틴, 비타민 C, 부틸히드록시툴루엔 등

⑧ 착색료

염료	• 화장품의 색상 효과 • 물과 오일에 잘 녹음(수용성 염료, 유용성 염료) • 화장수, 크림, 샴푸, 헤어오일 등에 색상을 부여
안료	• 빛 반사 및 차단의 역할 • 물과 오일에 녹지 않음(메이크업 제품에 사용) • 무기안료 : 빛, 산, 알칼리에 강하고 내광성·내열성이 좋으며 커버력이 우수함 • 유기안료 : 유기용매에 녹아 색이 번짐, 색 선명, 착색력이 좋음

⑨ 향료
- 원료 냄새를 중화하여 좋은 향이 나도록 하며 휘발성이 필요
- 종류 : 천연향료, 합성향료, 조합향료 등

⑩ 기타 성분

아줄렌	• 피부진정 작용, 염증 및 상처 치료에 효과
아미노산	• 수분 함량이 많고 피부 침투력이 우수
알부틴	• 티로시나아제 효소의 작용을 억제
AHA	• 각질 제거, 유연기능 및 보습기능 • 피부와 점막에 약간의 자극이 있음
레시틴	• 항산화작용, 유연작용

(2) 화장품의 제조 기술

가용화	• 계면활성제에 의해 물에 오일이 용해되어 투명하게 보이는 상태 • 계면활성제에 의해 오일성분 주위에 가시광선 파장보다 작은 집합체를 형성하는 미셀 형성 작용으로 빛이 투과되어 투명하게 보임 • 종류 : 화장수, 향수, 투명 에센스, 헤어 토닉 등
분산	• 계면활성제에 의해 물 또는 오일에 미세한 고체입자가 균일하게 혼합된 상태 • 종류 : 립스틱, 아이섀도, 마스카라, 파운데이션 등의 메이크업 화장품
유화	• 계면활성제에 의해 물에 다량의 오일이 균일하게 혼합되어 우윳빛으로 섞여있는 상태 • 서로 섞이지 않는 액체에 계면활성제 등을 넣어 한쪽의 액체를 다른 쪽의 액체 가운데로 미세하게 분산시켜 안정된 에멀전을 만드는 기술 • 종류 : 로션류, 크림류

> **TIP 유화 타입에 따른 종류**
>
> | O/W수중유형 | • 물에 오일이 분산되어 있는 형태
• 수분감이 많고 피부 흡수율이 높으며, 산뜻하고 가벼움
• 에센스, 로션(에멀전), 핸드 로션 등 |
> |---|---|
> | W/O유중수형 | • 오일에 물이 분산되어 있는 형태
• 유분감이 많아 피부 흡수율이 낮으며, 사용감이 무거움
• 영양 크림, 클렌징 크림, 자외선 차단 크림 등 |
> | 다상 에멀전 | • O/W/O, W/O/W
• 분산되어 있는 입자 자체가 에멀전을 형성하고 있는 상태 |

3 화장품의 종류와 기능

(1) 기초화장품

① 기초화장품의 사용목적

피부 세정	피부의 노폐물 및 화장품 잔여물 제거	클렌징 폼, 클렌징 워터, 클렌징 젤, 클렌징 로션, 클렌징 크림, 클렌징 오일 등
피부 정돈	피부에 수분 공급, pH 조절, 피부 진정	화장수, 스킨 로션, 스킨 토너, 토닝 로션 등
피부 보호	피부에 유·수분과 영양 공급	로션, 크림, 에센스 등

② 기초화장품의 종류

클렌징	• 피부의 청결 유지와 피지, 화장품 잔여물, 노폐물의 제거(각질 제거) • 제품 흡수의 효율과 피부 호흡을 원활히 하는 데 도움(피부정돈) • 종류 : 비누, 클렌징 폼, 클렌징 워터, 클렌징 젤, 클렌징 로션, 클렌징 크림, 클렌징 오일 등
딥 클렌징	• 클렌징으로 제거되지 않은 노폐물이나 묵은 각질 제거 기능 • 종류 : 스크럽, 효소, 고마쥐, AHA 등
화장수(스킨)	• 피부의 잔여물 제거, 정상적인 pH 밸런스를 맞추어 피부 정돈 • 피부에 청량감 부여, 피부 진정, 쿨링 작용 • 종류 : 유연화장수(보습효과), 수렴화장수(모공수축, 알코올 성분이 많음)

에멀전(로션)	• 유·수분 공급, 유분막 형성으로 보호작용 • 발림성이 좋고 피부에 빨리 흡수되며 사용감이 산뜻함 • 종류 : W/O형(탁월한 보습 효과), O/W형(사용감이 가볍고 산뜻함)
에센스	• 다양한 기능에 따라 고농축 보습성분과 특정한 유효성분을 포함한 제품 • 피부 보습 및 노화 억제 성분 등을 농축해 만든 것으로 피부에 수분과 영양분 공급
팩	• 피부에 보호막 형성, 보습과 영양 공급 • 유효성분 침투율을 높임 • 피부의 노폐물 및 노화된 각질 제거 • 종류 : 워시오프 타입, 티슈오프 타입, 필오프 타입, 패치 타입, 시트 타입 등

(2) 메이크업 화장품

① 메이크업 화장품의 사용목적
- 피부의 결점을 보완해 주고 피부색을 균일하게 표현하여 건강하고 아름다운 피부를 표현
- 피부에 색조 효과를 부여하고 음영 효과를 주어 입체감을 연출
- 자외선, 먼지, 유해물질 등 외부의 환경오염 물질로부터 피부 보호
- 자신감과 심리적 만족감 부여

② 베이스 메이크업 화장품

메이크업 베이스	• 피부 톤을 정리하고 화장의 지속성을 높이는 역할 • 파운데이션의 밀착성을 높여줌 • 인공 보호막의 형성으로 피부 보호 • 색소침착 방지
파운데이션	• 피부색을 기호에 맞게 바꿔주고 잡티나 결점을 보완 • 피부에 광택과 투명감 부여 • 리퀴드, 크림, 스틱의 제형 등이 있음
페이스 파우더	• 화장의 지속성을 높여주고 파운데이션의 유분기를 잡아줌 • 피부색 정돈 및 화사한 피부 표현 • 콤팩트 파우더, 루스 파우더 등

③ 포인트 메이크업 화장품

아이섀도	• 눈과 눈썹 부위에 색채와 음영을 주어 입체감을 표현 • 케이크 타입, 크림 타입, 펜슬 타입 등
블러셔	• 볼에 색상을 넣어 얼굴색을 밝고 건강하게 보이게 하고 입체감 연출 • 케이크 타입, 크림 타입 등
아이브로우	• 비어있는 눈썹을 채워주고, 눈썹 모양을 연출 • 펜슬 타입, 케이크 타입 등
마스카라	• 속눈썹의 숱을 풍성하게 하거나 길고 짙어 보이게 하여 눈매를 아름답게 표현 • 볼륨마스카라, 컬링마스카라, 롱래쉬마스카라, 워터프루프마스카라 등
아이라이너	• 눈의 윤곽이나 눈 모양을 조정하여 눈매를 수정하고 뚜렷한 눈매를 연출 • 리퀴드 타입, 펜슬 타입, 케이크 타입, 젤 타입 등
립스틱	• 입술에 색채와 윤기를 부여하고 수분 증발 방지 • 모이스처 타입, 매트 타입, 롱라스팅 타입, 립글로즈 등

(3) 기능성 화장품

① 기능성 화장품의 개념 (화장품법 제2조 2항)

기능성 화장품이란 화장품 중에서 다음의 어느 하나에 해당되는 것으로서 총리령으로 정하는 화장품을 말한다.
- 피부의 미백에 도움을 주는 제품
- 피부의 주름개선에 도움을 주는 제품
- 피부를 곱게 태워주거나 자외선으로부터 피부를 보호하는 데에 도움을 주는 제품
- 모발의 색상 변화·제거 또는 영양공급에 도움을 주는 제품
- 피부나 모발의 기능 약화로 인한 건조함, 갈라짐, 빠짐, 각질화 등을 방지하거나 개선하는 데에 도움을 주는 제품

② 기능성 화장품의 분류

구분		내용
미백 제품		• 멜라닌 색소침착 방지, 티로시나아제 활성을 억제하여 피부에 미백 효과, 기미·주근깨 생성을 억제하여 피부 미백에 도움을 주는 화장품 • 성분 : 비타민 C(미백 효과, 멜라닌 생성 억제), 알부틴, 하이드로퀴논, 레몬, 구연산, 감초
주름 개선 제품		• 피부 섬유아세포의 활성을 유도하여 콜라겐과 엘라스틴 합성을 촉진시켜 피부 탄력 강화 및 주름 개선 • 성분 : 레티놀(콜라겐 생성 촉진, 피부주름 개선 및 탄력 증대), 아하(AHA)(미백 작용, 주름 감소), 항산화제(카로틴, 녹차추출물, 비타민 E, 비타민 C)
피부 태닝 제품		• 피부 손상을 최소화하고 자외선에 천천히 그을리도록 도움 • 성분 : DHA(피부손상을 최소화하고 자외선에 천천히 그을리도록 도움을 줌)
자외선 차단 제품		• 자외선으로부터 피부를 보호하기 위해 사용 • 일광 노출 전 발라야 효과가 좋으며 시간이 지나면 덧바르는 것이 좋음
	자외선 흡수제	• 화학적으로 자외선을 피부에 흡수하여 피부 침투 차단 • 화장이 밀리지 않고 투명하게 표현되나 피부트러블 가능성 높음 • 성분 : 파라아미노 안식향산, 옥틸디메칠파바, 옥틸메톡시신나메이트, 벤조페논, 옥시벤존
	자외선 산란제	• 피부 표면에서 물리적으로 자외선을 산란 또는 반사 • 차단 효과는 우수하나 화장이 밀림 • 성분 : 산화아연(징크옥사이드), 이산화티탄(티타늄디옥사이드)
모발 제품		• 모발의 색상 변화·제거 또는 영양공급에 도움을 주는 재품 • 일시적으로 색상을 변화하는 제품을 제외 • 종류 : 염모제, 탈색제, 모발 염모성분을 빼주는 탈염제 등
체모 제거 제품		• 털의 구성성분인 케라틴을 변성시켜 몸의 과다한 털이나 원치 않는 털을 없애는데 도움을 주는 제품 • 물리적으로 제거하는 제품은 제외
여드름성 피부 완화 제품		• 각질, 피지 등을 씻어내어 여드름성 피부관리에 도움을 주는 제품 • 종류 : 인체세정용 제품류
탈모 증상 완화 제품		• 모발 및 두피에 영양을 주어 모발이 빠짐을 막아주는데 도움을 주는 제품 • 피부나 모발의 기능 약화로 인한 건조함, 갈라짐, 빠짐, 각질화 등을 방지하거나 개선하는데 도움 • 코팅 등 물리적으로 모발을 굵게 보이는 제품은 제외

> **TIP** 자외선 차단지수 SPF(Sun Protection Factor)
> - UV-B 방어 효과를 나타내는 지수
> - 수치가 높을수록 자외선 차단지수가 높음
> - 피부의 멜라닌 양과 자외선에 대한 민감도에 따라 효과가 달라질 수 있음
>
> $$SPF = \frac{\text{자외선 차단제품을 바른 피부의 최소홍반량}}{\text{자외선 차단제품을 바르지 않은 피부의 최소홍반량}}$$

(4) 바디 관리 화장품

얼굴과 모발을 제외한 모든 신체부위에 세정, 트리트먼트, 체취 억제, 신체보호, 자외선 차단 등의 바디 관리에 도움을 주는 화장품이다.

구분	기능	제품
세정 제품	· 피부 노폐물 제거 · 전신을 세정하여 청결함을 유지 · 치밀한 기포 지속성과 부드러운 세정성 · 세균의 증식을 억제하고 피부 각질층의 세포 간 지질을 보호	비누, 바디 클렌저, 입욕제
각질 제거 제품	· 피부의 노화된 각질 제거	바디 스크럽, 바디 솔트
바디 트리트먼트	· 피부에 유·수분 및 영양 공급 · 피부의 보습과 건조함을 방지	바디 로션, 바디 오일, 바디 크림
체취방지 제품	· 신체의 냄새를 억제하는 기능 · 땀의 분비로 인한 냄새와 세균의 증식을 억제하기 위해 주로 겨드랑이 부위에 사용	데오도란트 (스프레이, 로션, 파우더, 스틱 제형)
일소용 제품 (태닝 제품)	· 피부를 균일하게 그을려 건강한 피부 표현	선탠용 제품
일소 방지용 제품 (자외선 차단 제품)	· 햇볕에 타는 것을 방지하고 자외선으로부터 피부를 보호	선스크린 제품
슬리밍 제품	· 노폐물을 배출하고 지방을 분해 효과 · 혈액순환 촉진, 노폐물 배출, 셀룰라이트 예방	지방 분해 크림, 슬리밍 젤

(5) 모발 화장품

모발 및 두피를 청결히 유지하고 모발의 스타일을 연출하기 위하여 사용하는 화장품이다.

구분		기능
세정제	샴푸	· 모발과 두피의 오염물질 제거
트리트먼트제	린스	· 정전기 방지, 모발의 표면을 부드럽게 하면서 광택을 줌
	헤어 트리트먼트	· 모발과 두피 손상 예방, 영양공급
	헤어 팩	· 손상된 모발 회복

정발제	헤어 오일	• 모발에 유분 공급, 광택 부여 • 모발 보호 및 정돈
	헤어 로션	• 모발의 수분공급, 보습효과
	헤어 무스	• 에어졸 타입으로 모발에 헤어스타일 연출
	헤어 스프레이	• 헤어스타일을 고정시켜주는 역할
	헤어 젤	• 투명한 젤 타입으로 모발에 헤어스타일 연출
	헤어 리퀴드	• 산뜻하고 가벼운 정발제 • 모발을 보호하기 위한 제품으로 젖은 모발에 사용
	포마드	• 남성용 정발제로서 헤어스타일 연출 • 모발에 광택 부여
육모제	헤어 토닉	• 모발과 두피에 영양을 주면서 두피의 혈액순환을 좋게 함 • 모발 촉진, 탈모 방지, 가려움증 예방

(6) 향수

① 향수의 특징
   • 동물이나 식물을 추출하여 얻어지는 향기를 가진 액체 형태의 화장품
   • 사용자의 매력을 돋보이게 하거나 심리적 안정감과 기분전환을 위해 사용

② 향수의 조건
   • 향이 강하지 않고 지속성이 있어야 함
   • 향의 퍼짐성과 확산성이 좋아야 함
   • 향이 조화를 잘 이루어야 함
   • 향의 개성과 특징이 있어야 하고, 시대성에 부합되어야 함

③ 농도 단계에 따른 분류

구분	퍼퓸	오데퍼퓸	오데토일렛	오데코롱	샤워코롱
함유량	15~30%	9~12%	6~8%	3~5%	1~3% 함유
지속성	약 6~7시간	약 5~6시간	약 3~5시간	약 1~2시간	약 1시간

④ 향의 휘발속도에 따른 분류

탑 노트	• 향수 용기를 열거나 뿌렸을 때 느껴지는 향수의 첫 느낌 • 휘발성이 강한 향료로 꽃, 잎, 과일에서 추출
미들 노트	• 휘발성이 중간 정도인 향료로 향수가 가진 본연의 향 • 줄기, 잎, 꽃에서 추출
베이스 노트	• 마지막까지 남아 있는 잔향 • 휘발성이 낮은 향료로 나무껍질, 진액, 뿌리에서 추출

(7) 에센셜 오일, 캐리어 오일

① 에센셜 오일의 특징
- 식물의 꽃이나 줄기, 뿌리 등 다양한 부위에서 추출한 휘발성 있는 오일
- 분자량이 작아 침투력이 강함, 면역 기능 향상, 감기에 효과적
- 피지·지방 물질에 용해되어 피부 관리, 여드름과 염증 치유에 사용

② 에센셜 오일의 효능
피부미용, 내분비계 정상화, 면역강화, 항염작용, 항균작용, 피부진정작용, 혈액순환 촉진 등

③ 에센셜 오일의 종류

꽃	라벤더	심리적 안정, 근육 이완 작용, 상처와 화상 치유 등의 재생 작용
	카모마일	진정작용으로 소양증, 민감성 알러지 피부에 효과가 있음
	자스민	호르몬 균형의 조절로 정서적 안정과 긴장을 완화하는 효과가 있음
	아줄렌	카모마일에서 추출한 오일, 진정작용, 살균·소독·항염 작용, 여드름 피부에 효과적
	베르가못	진정작용과 신경 안정에 효과
허브	페퍼민트	혈액순환 촉진(멘톨), 피로회복, 졸음방지에 효과, 통증완화
	로즈마리	기억력 증진과 두통의 완화효과가 있음, 배뇨를 촉진하는 작용을 함
	티트리	피지조절, 방부작용, 살균·소독작용, 여드름 피부에 효과적
수목	유칼립투스	근육통 치유 효과, 염증 치유 효과, 호흡기 질환에 효과적

④ 에센셜 오일의 사용법
- 캐리어 오일에 희석해서 적정 용량을 사용
- 점막이나 점액 부위에 직접 사용 자제
- 안전성 확보를 위하여 사전에 패치 테스트를 실시
- 임산부, 고혈압 환자, 심장병 환자, 과민한 사람은 사용 자제 권장
- 산소, 빛 등에 의해 변질될 수 있으므로 자외선이 차단되는 갈색병에 보관

⑤ 에센셜 오일의 활용법

흡입법	• 기체 상태의 에센셜 오일을 코를 통해 흡수하는 방법 • 건식 흡입법 : 티슈나 수건 등에 에센셜 오일을 1~2방울 떨어뜨려 흡입 • 증기 흡입법 : 끓인 물에 에센셜 오일을 떨어뜨려 흡입 • 감기, 기침, 천식 등 호흡기계 질환에 좋음
확산법	• 아로마 램프, 스프레이를 이용하여 분자 상태로 확산시키는 방법 • 감기, 기침, 천식 등 호흡기계 질환에 좋음
입욕법	• 코 흡입과 피부 흡입 두 가지의 효과를 볼 수 있는 방법 • 욕조에 온수를 채운 후 에센셜 오일 10~15방울 떨어뜨려 반신욕 및 전신욕 진행 • 혈액순환 촉진, 긴장 이완
마사지법	• 에센셜 오일을 캐리어 오일에 희석하여 피부에 도포 후 마사지로 혈액순환, 정서적 안정을 주는 방법 • 근육이완 및 심신안정 효과
습포법	• 수건 등을 이용하여 냉습포, 온습포로 찜질하는 방법 • 염증 및 통증 완화

⑥ 에센셜 오일의 추출법

수증기 증류법	• 식물을 물에 담가 가온하면 증발되는 향기물질을 분리하여 냉각시킨 후 액체 상태의 천연향을 얻는 방법 • 아로마테라피에서 가장 많이 사용 • 천연향을 대량으로 얻을 수 있으나 고온에서 일부 향기성분이 파괴될 수도 있음
압착법	• 과일즙 만드는 방법과 같이 압착하여 향을 추출하는 방법 • 냉압착법 : 정유 성분이 파괴되는 것을 막기 위해 저온 상태에서 추출
용매 추출법 - 휘발성	• 식물의 꽃을 이용하여 향기성분을 녹여내는 방법
용매 추출법 - 비휘발성	• 동식물의 지방유를 이용한 추출법으로 냉침법과 온침법이 있음
이산화탄소 추출법	• 이산화탄소 가스를 이용하여 추출 • 고순도의 질 좋은 아로마 오일 추출 시 사용
침윤법	• 온침법 : 따뜻한 식물유에 꽃이나 잎을 넣어 식물에 정유가 흡수되게 한 후 추출 • 냉침법 : 동물성 기름을 바른 종이 사이사이에 꽃잎을 넣어 추출 • 담금법 : 알코올에 정유를 함유하고 있는 식물 부위를 담가 추출

(8) 캐리어 오일(베이스 오일)

① 캐리어 오일의 특징
- 에센셜 오일을 피부에 효과적으로 침투시키기 위해 사용하는 식물성 오일
- 에센셜 오일은 원액을 사용할 수 없기 때문에 캐리어 오일과 섞어 사용
- 에센셜 오일의 향을 방해하지 않도록 향이 없어야 하고 피부 흡수력이 좋아야 함

② 캐리어 오일의 종류

호호바 오일	• 모든 피부 타입에 적합 • 피부 친화력이 좋으며, 쉽게 산화되지 않아 안정성이 높음 • 침투력 및 보습력이 우수 • 여드름, 습진, 건선 피부에 사용
맥아 오일	• 토코페롤이 풍부하여 강력한 항산화 작용 • 건성, 손상 피부에 효과
살구씨 오일	• 끈적임이 적고 흡수가 빠르며, 피부 윤기와 탄력성에 효과 • 비타민 A와 E, 무기질 함유 • 건조 피부와 민감성 피부에 적합 • 습진, 가려움증에 효과
아보카도 오일	• 모든 피부 타입에 적합 • 비타민 E 풍부 • 비만관리용으로 많이 사용
아몬드 오일	• 모든 피부 타입에 적합 • 비타민 A와 E 풍부 • 피부 보습력이 좋아 가려움증, 건성 피부에 효과적
포도씨 오일	• 비타민 E 풍부 • 여드름 피부에 효과 • 피부재생에 효과적이며 황산화 작용

코코넛 오일	• 피부노화, 목주름 등에 효과적 • 선탠오일로 사용
로즈힙 오일	• 레티놀, 비타민 C 함유 • 세포재생, 화상치유

(9) 네일 화장품
손·발톱에 색상과 광택을 부여하거나 유분과 수분을 공급하여 손·발톱을 보호하는 화장품

네일 에나멜	손·발톱에 색상을 주는 제품, 네일 폴리시 또는 래커라고도 함
베이스 코트	손·발톱에 바르는 투명한 액체, 손톱 변색과 오염 방지 및 에나멜 밀착력을 높임
탑 코트	에나멜 위에 도포하여 에나멜의 광택이 지속적으로 유지되도록 하는 역할
프라이머	손·발톱 표면의 pH 밸런스를 조절하여 아크릴의 접착력을 높이는 역할
에나멜 리무버	손·발톱의 에나멜을 제거할 때 사용, 폴리시 리무버라고도 함
큐티클 오일	손·발톱 주변의 큐티클을 부드럽게 제거하기 위하여 사용

Chapter 04 미용사 위생 관리

1 개인 건강 및 위생 관리

(1) 미용사 위생관리의 필요성
① 불특정 다수의 출입이 허용된 개방된 공간에서 고객과 가까운 거리에서 업무 수행
② 고객 신체의 일부인 두피·모발을 중심으로 손, 피부 등에 접촉하고 대화하며 업무 수행
③ 감염을 비롯한 질병에 노출되어 있는 작업 환경

(2) 미용사 손 위생 관리
① 미용 업무의 대부분은 고객의 모발 및 두피에 화학 약품이나 제품을 사용하며 이루어지므로 위생적인 손 관리가 필요하다(약제 사용 시 반드시 미용 장갑 착용).
② 업무 전후, 화장실 전후, 식사 전후에는 손 씻기, 손 소독 등의 손 위생관리를 습관화 할 필요가 있다.
③ 손 씻기 후 건조한 다음 보습 효과가 탁월한 핸드 로션 등을 발라 손이 거칠어지지 않도록 관리한다.

손 소독	소독제(소독제 비누, 알코올 세제 등)를 이용하여 미생물 수를 감소시키거나 성장을 억제하도록 하는 것
손 씻기	세정제와 물을 이용하여 손을 청결하게 하는 것
손 위생	손 소독과 손 씻기 모두 포함한 것

(3) 미용사 체취 관리
① 청결한 위생 상태 유지 : 직무 수행 시 입었던 옷은 매일 세탁
② 통풍이 잘되고 활동하기 편한 천연 섬유 소재의 옷 착용
③ 청결한 발의 위생 상태 유지
④ 업무 중 통풍이 잘 되고, 발 모양 및 사이즈에 맞는 편한 신발 착용

Chapter 05 미용업소 위생 관리

1 미용업소 환경 위생 관리

(1) 미용업소의 기온 및 습도
① 최적의 온도는 18℃ 정도이며, 15.6~20℃ 정도에서 쾌적함을 느낄 수 있다.
② 습도는 40~70% 정도면 대체로 쾌적함을 느낄 수 있다.
③ 실제로 쾌적함을 주는 습도는 온도에 따라 달라지는데, 15℃에서는 70% 정도, 18~20℃에서는 60%, 21~23℃에서는 50%, 24℃ 이상에서는 40%가 적당한 습도이다.
④ 펌제 및 염모제가 활발하게 작용할 수 있는 적당한 온도는 15~25℃ 정도이다.

(2) 환기
① 환기는 실내의 오염된 공기와 실외의 깨끗한 공기를 인위적으로 교환하는 것이다.
② 자연 환기 : 환기구 또는 창문이나 출입문 등을 개방하는 환기 방법
③ 기계 환기(강제 환기) : 송풍기나 환풍기, 후드, 공기 청정기 등을 사용하는 환기 방법
④ 자연 환기는 창문이나 문을 통해 새로운 공기가 들어오고 실내의 더워진 공기는 가벼워져 위로 올라가 외부로 배출되는 원리를 이용한 환기로 실내외의 온도차가 5℃ 이상이고 창문이 상하로 위치해 있을 때 효과가 매우 크다.
⑤ 좁은 실내에서 장시간 환기를 하지 않으면 불쾌감, 현기증, 권태 및 식욕 저하를 일으킬 수 있으므로 고객과 미용사의 건강을 위해 1~2시간에 한 번씩 주기적인 환기를 실시한다.
⑥ 미용업소의 구조상 출입문이나 창문을 통한 환기가 어려울 때에는 환기 팬이나 환기 시스템 등 적극적인 환기 설비를 갖추도록 한다.

(3) 미용업소 위생 관리
① 미용업소의 청결 상태와 사용하는 도구의 위생 수준 및 종사자의 위생에 대한 인식 정도는 미용업 유지에 필수적인 요소이다.
② 미용업소가 제공하는 서비스 품질에도 영향을 미치는 요소이다.
③ 미용업소를 항상 청결하고 깨끗한 상태로 유지하기 위해서 공간별, 기기 및 도구별, 청소 및 소독 방법별, 시기별, 주기별 등 업소 상황에 맞게 분류하고 담당자를 정해 청소 점검표를 준비하여 관리한다.

(4) 방법 및 시기별 위생 관리

구분	시기	내용
점검	매일	청소 상태, 제품 진열 상태, 고객에게 제공하는 서비스 음료 및 잡지 등의 청결 상태, 탕비실, 샴푸실의 냉·온수 상태, 수건 및 가운의 수량 및 위생 상태, 자외선 소독기 점검 등
	월 1회	환풍기, 유리창
	연 1회	간판, 조명, 냉·난방기 등 전반적인 환경 상태 등
청소	매일	영업 전 청소, 시술 직후 청소, 영업 마무리 청소 등
	주 1회	안내 데스크, 직원 휴게실, 탕비실(매일 청소도 진행하고 주 1회 대청소와 같은 청소 실시)
	월 1회	바닥 청소, 천장의 구석 등 청소, 벽 및 계단 청소 등
소독	사용 직후	빗, 컵, 브러시 등

2 미용업소 도구 및 기기 관리

(1) 미용업소 도구 관리

미용업소의 도구는 가위, 빗, 핀셋, 브러시, 펌 롯드, 핀 등이며, 미용 시술 중 고객의 머리카락이나 두피에 직접 닿았던 도구는 세균 감염의 우려가 있으므로 사용 후 각각 도구의 재질에 맞게 소독하여 정해 놓은 위치에 보관

(2) 미용도구의 살균과 소독 방법

① 물리적 방법
- 습열 : 100℃ 물에 20분간 끓여 살균하는 방법
- 건열 : 수건, 거즈, 면직물, 등을 살균에 사용하는 방법
- 자외선 : 전기 위생기의 자외선은 미용업소에서 위생 처리된 기구들을 위생적으로 보관하는 데 사용

② 화학적 방법
- 결과를 가장 확실하게 기대할 수 있는 살균 소독 방법
- 미용업소에서 박테리아 제거 및 번식 방지용으로 사용
- 일부 화학제는 농도에 따라 살균제와 소독제로 분류되며, 높은 농도의 화학제는 살균제로 사용되며 강한 소독력이 있으나 부작용이 심해 사용 시 주의해야 하며, 낮은 농도의 화학제는 안전성이 높아 일반 소독약으로 사용된다.

Chapter 06 미용업 안전사고 예방

1 미용업소 안전사고 예방 및 응급 조치

(1) 합선 및 누전 예방
① 미용업소에서 사용하는 전기 기기는 용량에 적합한 기기를 사용해야 한다.
② 전선의 피복이 벗겨지지 않았는지 수시로 확인한다.
③ 천장 등 보이지 않는 장소에 설치된 전선도 정기 점검을 통하여 이상 유무를 확인한다.
④ 회로별 누전 차단기를 설치한다.
⑤ 미용업소 바닥이나 문틀을 지나는 전선이 손상되지 않도록 보호관을 설치하고 열이나 외부 충격 등에 노출되지 않도록 한다.

(2) 과열 및 과부하 예방
① 한 개의 콘센트에 문어발식으로 드라이어, 매직기, 열기구 등 여러 전기 기기의 플러그를 꽂아 사용하지 않는다.
② 미용 전기 기기의 전기 용량 및 전압에 적합한 규격 전선을 사용한다.
③ 전기 기기 사용 후에는 플러그를 콘센트에서 분리시켜 놓는다.

(3) 감전 사고 예방
① 젖은 손으로 전기 기구를 만지지 않는다.
② 물기 있는 전기 기구는 만지지 않는다.
③ 플러그를 뽑을 때 전선을 잡아당겨 뽑지 않는다.
④ 콘센트에 이물질이 들어가지 않도록 한다.
⑤ 고장 난 전기 기구를 직접 고치지 않는다.
⑥ 전기 기기와 연결된 전선의 상태를 수시로 확인한다.
⑦ 전기 기기를 사용하기 전 고장 여부를 확인한다.

(4) 화재 시 대피 방법
① 화재가 나면 가장 먼저 발견한 사람이 "불이야!"라고 큰소리로 외쳐 다른 사람들에게 화재 발생을 알려 대피할 수 있도록 한다.
② 화재 경보 비상벨을 누른 후 119에 신고한다.
③ 화재 시에는 반드시 계단을 이용하여 대피하고 엘리베이터 사용은 피한다.
④ 대피 시에는 낮은 자세를 유지하고 물에 적신 담요나 수건 등으로 몸을 감싼다.
⑤ 아래층으로 대피할 수 없을 때에는 옥상으로 대피하여 바람이 불어오는 쪽에서 구조를 기다린다.

(5) 소화기 관리 및 사용
① 미용업소에서 소화기를 비치할 때에는 눈에 잘 띄고 통행에 지장을 주지 않는 곳에 한다.
② 소화기는 온도가 높거나 습기가 많은 곳, 직사광선을 피해 화재 시 대피를 고려하여 비상구 근처에 받침대를 사용하여 비치한다.
③ 소화기를 화재 발생 시 적시에 사용하기 위해 정기적으로 점검하여 사용 가능 여부를 확인한다.

(6) 기타 안전사고 관련 지식

구분	원인	유형	방지행동
도구 사용	• 가위 및 레이저 사용 미숙, 부주의 • 가위 등 나쁜 자세	창상	가위 및 레이저 사용법 숙지, 사용법 훈련
		어깨, 손목 등 시림	가위 사용 시 바른 자세 유지
전기 기기 사용	• 아이론기 조작 미숙 • 드라이어 조작 미숙	화상	기기 사용법 숙지, 사용법 훈련
		감전	콘센트, 전선 등 젖은 손으로 만지지 않기
약제 사용	• 펌1, 2제, 염모제 등의 피부 접촉	접촉성 피부염	철저한 손 씻기, 업무 시 미용 장갑 착용
기기 이동	• 가온기 및 미용실에서 사용하는 물품 이동	충돌	이동 시 시야 확보, 모서리 보호대 부착
바닥	• 바닥의 물기 • 전기 기기의 노즐	미끄러짐	수시로 바닥 청소 및 점검 전기 기기 노즐 정리
사다리 사용	• 높은 곳에 물건 정리	추락	2인 1조로 사용, 사다리를 안전 지대에 설치

Chapter 07 고객응대 서비스

1 고객 안내 업무

(1) 고객 접점
① 고객과 만나는 모든 순간
② 진실의 순간(MOT: moment of truth)이라고도 표현
③ 직원이 고객과 접하는 최초 15초
④ 고객과 접점에 있는 직원의 응대 서비스가 얼마나 중요한지를 의미
⑤ 고객 접점의 요소

Humanware	표정/대화, 용모/복장, 전화응대, 태도 등
Software	미용서비스의 기술력 및 가격, 정보제공, 대기시간 등
Hardware	건물·내부 실내 환경, 홈페이지 등

(2) 고객 접점에서의 서비스 매너
① 고객에게 호감을 줄 수 있는 표정을 지음
② 고객에게 신뢰감을 줄 수 있는 바른 자세와 동작을 취함
③ 단정한 용모와 복장을 갖춤
④ 호감을 줄 수 있는 말씨와 의사소통 능력을 갖춤
⑤ 고객의 입장을 충분히 이해하는 역지사지(易地思之)의 자세를 취함
⑥ 고객을 이해하는 마음을 표현하는 공감 능력을 갖춤
⑦ 고객과의 상호 신뢰할 수 있도록 노력

미용업 안전위생 관리 상시시험복원문제

01 미용의 목적으로 가장 거리가 먼 것은?
① 아름다움에 관한 인간의 심리적 욕구를 만족시키고 생산의욕을 향상시킨다.
② 외모의 결점을 보완하여 개성미를 연출한다.
③ 노화를 전적으로 방지해주므로 필요하다.
④ 단정한 용모를 가꾸어 긍정적인 이미지를 연출한다.

[해설] 노화의 진행속도를 늦추고 예방하는 역할을 한다.

02 전체적인 형태와 조화미를 관찰하여 수정·보완하고 마무리하는 미용의 과정은?
① 통칙　　② 제작
③ 보정　　④ 구상

[해설] 소재확인(관찰, 분석) → 구상(디자인 계획) → 제작(구체적 작업) → 보정

03 두부 라인의 명칭 중에서 코를 중심으로 두상을 수직으로 나누는 선은?
① 정중선　　② 측중선
③ 수평선　　④ 측두선

[해설]
- 측중선 : 귓바퀴 가장 높은 곳(귀의 뒷뿌리, E.P.)에서 두상을 수직으로 가르는 선
- 수평선 : 귓바퀴 가장 높은 곳에서 두상을 수평으로 가르는 선
- 측두선 : 눈동자 바깥쪽을 헤어라인으로 올려(F.S.P.) 측중선까지

04 올바른 미용 작업자세로 적합하지 않은 것은?
① 샴푸를 할 때는 약 6인치 정도 발을 벌리고 서서 등을 곧게 펴고 시술한다.
② 헤어스타일링 시술 시 시술 자세는 심장높이가 적당하다.
③ 화장이나 매니큐어 시술 시에는 미용사가 의자에 바르게 앉아 시술한다.
④ 미용사는 선 자세 또는 앉은 자세 어느 때 일지라도 반드시 허리를 구부려서 시술한다.

[해설] 작업 시 등을 곧게 펴고 바른 자세를 유지하며, 구부리는 자세에는 목이나 등을 구부리지 않고 허리를 구부려 작업한다.

05 한국 현대 미용사에 대한 설명 중 옳은 것은?
① 경술국치 이후 일본인들에 의존한 미용이 발달했다.
② 1933년 일본인이 우리나라에 처음으로 미용원을 열었다.
③ 해방 전 우리나라 최초의 미용교육기관은 정화고등기술학교이다.
④ 오엽주씨가 화신 백화점 내에 미용원을 열었다.

[해설]
- 경술국치 이후 일본, 중국, 미국, 영국의 영향
- 1933년 한국인 오엽주 화신미용원 개원
- 해방 이후 미용교육기관 : 현대미용학원, 정화고등기술학교, 예림미용고등기술학교

06 조선시대에 사람 머리카락으로 만든 가채를 얹은 머리형은?
① 큰머리　　② 쪽진머리
③ 귀밑머리　　④ 조짐머리

[해설] 가채는 어여머리 위에 얹던 가발로 다리로 땋아 크게 틀어 올렸다.

07 다음 중 연결이 바른 것은?
① 콜드 퍼머넌트 웨이브 – 1936년 영국 J.B. 스피크먼
② 아이론 마셀 웨이브 – 1925년 독일 조셉 메이어
③ 크로키놀식 와인딩 – 1875년 프랑스 마셀 그라또우
④ 스파이럴식 와인딩 – 1830년 프랑스 무슈 끄로샤트

해설
- 무슈 끄로샤트 : 1830년 프랑스, 일류 미용사
- 마셀 그라또우 : 1875년 아이론을 사용한 마셀 웨이브 개발
- 찰스 네슬러 : 1905년 영국, 퍼머넌트 웨이브(스파이럴 와인딩)
- 조셉 메이어 : 1925년 독일, 머신 히팅 퍼머넌트 웨이브(크로키놀식 와인딩)

08 다음 중 흑색과 녹색을 사용하여 눈화장을 하고 붉은 찰흙과 샤프란을 섞어 볼과 입술에 붉게 칠한 시대는?
① 고대 그리스   ② 고대 로마
③ 고대 이집트   ④ 중국 당나라

해설 고대 이집트시대에는 흑색(콜, kohl), 녹색을 사용하여 눈화장, 샤프란과 붉은 찰흙을 사용하여 입술연지 화장을 하였다.

09 다음 중 피부 구조에 대한 설명으로 틀린 것은?
① 피부는 표피, 진피, 피하조직으로 나누어진다.
② 표피의 가장 아래쪽은 기저층이다.
③ 진피는 유두층과 망상층으로 구성된다.
④ 피하조직은 피지선을 의미한다.

해설 피하조직은 진피층 아래 피하지방층을 의미한다.

10 피부색상을 결정짓는 데 주요한 요인이 되는 멜라닌 색소를 만들어 내는 피부층은?
① 과립층   ② 유극층
③ 기저층   ④ 유두층

해설 기저층은 표피의 가장 아래층에 있으며, 새로운 세포를 형성하는 층으로 멜라닌을 형성하는 색소형성 세포를 가지고 있다.

11 피부의 각화과정(keratinization)이란?
① 피부가 손톱과 발톱으로 딱딱하게 변하는 것을 말한다.
② 피부세포가 기저층에서 각질층까지 분열되어 올라가 죽은 각질세포로 되는 현상을 말한다.
③ 기저세포 중의 멜라닌 세포가 많아져서 피부가 검게 되는 것을 말한다.
④ 피부가 거칠어져서 주름이 생겨 늙는 것을 말한다.

해설 각화과정이란 기저층에서 세포분열한 각질형성세포가 각질층으로 이동하여 피부의 각질로 탈락되는 과정으로 약 28일 소요된다.

12 다음 세포층 가운데 손바닥과 발바닥에서만 볼 수 있는 것은?
① 과립층   ② 유극층
③ 각질층   ④ 투명층

해설 투명층은 표피에 위치하고 있으며 손바닥과 발바닥에 주로 분포하며 엘라이딘을 함유하고 있다.

13 다음 중 표피에 존재하며, 면역과 가장 관계가 깊은 세포는?
① 멜라닌세포   ② 랑게르한스세포
③ 머켈세포   ④ 섬유아세포

해설 랑게르한스세포는 표피의 유극층에 위치하며 피부면역에 관여한다.

정답 01 ③ 02 ③ 03 ① 04 ④ 05 ④ 06 ① 07 ① 08 ③ 09 ④ 10 ③ 11 ② 12 ④ 13 ②

14 소한선(에크린선)에 대한 설명 중 틀린 것은?
① 에크린선은 혈관계와 더불어 신체의 2대 체온조절 기관이다.
② 에크린선의 한선체는 진피 내에 있다.
③ 무색, 무취로서 99%가 수분으로 땀을 구성한다.
④ 겨드랑이, 유두 등의 몇몇 부위에만 분포되어 있다.

해설 소한선은 입술과 생식기를 제외한 전신에 분포한다.

15 피부 유형에 대한 설명으로 틀린 것은?
① 복합성 피부 : 얼굴에 두 가지 이상의 피부 유형이 있다.
② 노화 피부 : 잔주름과 색소침착이 일어난다.
③ 민감성 피부 : 피부의 각질층이 두껍다.
④ 지성 피부 : 모공이 크며 번들거린다.

해설 민감성 피부는 각질층이 얇아 수분의 양이 부족하고 가벼운 자극에도 예민하게 반응한다.

16 지성 피부의 특징이 아닌 것은?
① 여드름이 잘 발생한다.
② 남성 피부에 많다.
③ 모공이 매우 크며 반들거린다.
④ 피부결이 섬세하고 곱다.

해설 지성 피부는 피부의 결이 거칠며, 피지 분비량이 많고 모공이 커 화장이 잘 지워지고 색소침착과 트러블, 지루성 피부염이 발생하기 쉽다. 남성호르몬이나 여성호르몬 작용과 관계가 있다.

17 다음 중 3가지 기초식품군이 아닌 것은?
① 비타민　　　② 탄수화물
③ 지방　　　　④ 단백질

해설 3대 영양소 : 탄수화물, 단백질, 지방
6대 영양소 : 탄수화물, 단백질, 지방, 비타민, 무기질, 물

18 다음 중 무기질에 대한 설명으로 틀린 것은?
① 조절작용을 한다.
② 수분과 산, 염기의 평형 조절을 한다.
③ 뼈와 치아를 형성한다.
④ 에너지 공급원으로 이용된다.

해설 에너지 공급원은 탄수화물, 단백질, 지방이다.

19 자외선을 통해 피부에서 합성되는 것은?
① 비타민 K　　② 비타민 C
③ 비타민 D　　④ 비타민 A

해설 피부에 존재하는 비타민 D 전구체는 태양광선을 통해 비타민 D로 합성된다.

20 다음 중 광노화 현상을 발생시키는 광선은?
① 가시광선　　② 적외선
③ 자외선　　　④ 원적외선

해설 광노화 현상 : 자외선에 과다 노출될 경우 피부를 보호하기 위해 기저층의 각질형성세포 증식이 빨라져 피부가 두꺼워지는 현상

21 피부 깊숙이 침투하여 온열작용으로 혈류 증가를 촉진하고 근육이완, 통증완화의 효과를 주는 광선은?
① 자외선　　　② 적외선
③ 가시광선　　④ 감마선

해설 적외선의 온열작용은 물질의 흡수를 돕고 근육이완 및 통증완화 효과를 준다.

22 면역의 종류와 작용에 대하여 잘못된 기술은?
① 선천적 면역은 태어날 때부터 가지고 있는 면역체계이다.
② 후천적으로 형성된 면역에는 능동면역과 수동면역이 있다.
③ 면역은 특정 병원체나 독소에 대한 저항력을 가지는 상태이다.
④ 후천적 면역은 자연면역이라고도 한다.

해설 면역이란 생체를 방어하는 기능으로 태어날 때부터 가지고 있는 선천적 면역과 후천적으로 형성된 면역으로 구분한다.

23 피부의 노화 원인과 가장 관련이 없는 것은?
① 노화 유전자와 세포 노화
② 항산화제
③ 아미노산 라세미화
④ 텔로미어 단축

해설 항산화제는 산화로 인한 피부노화를 방지하는 물질이다.

24 노화가 되면서 나타나는 일반적인 얼굴 변화에 대한 설명으로 틀린 것은?
① 얼굴의 피부색이 변한다.
② 눈 아래 주름이 생긴다.
③ 볼우물이 생긴다.
④ 피부가 이완되고 근육이 처진다.

해설 볼우물(보조개)은 표정근의 움직임에 따라 발생한다.

25 다음 중 원발진이 아닌 것은?
① 면포   ② 결절
③ 종양   ④ 태선화

해설 원발진 : 피부질환의 초기 증상으로 반점, 구진, 결절, 종양, 팽진, 소수포, 농포 등이 있다.
속발진 : 2차적 피부질환으로 미란, 찰상, 인설, 가피, 태선화, 반흔 등이 있다.

26 속발진에 해당하는 피부질환에 대한 설명이 틀린 것은?
① 미란은 수포가 터진 후 표피가 벗겨진 상태로 흉터 없이 치유된다.
② 균열은 심한 건조증이나 외상에 의해 표피가 갈라진 것이다.
③ 켈로이드는 결합조직이 과다 증식되어 흉터가 표면 위로 굵게 융기된 것이다.
④ 홍반은 모세혈관의 충혈과 확장으로 피부가 붉게 변한 상태이다.

해설 홍반은 원발진에 속한다.

27 다음 중 여드름의 발생 순서로 옳은 것은?
① 면포 → 구진 → 농포 → 결절 → 낭종
② 낭종 → 구진 → 농포 → 결절 → 면포
③ 구진 → 면포 → 농포 → 결절 → 낭종
④ 면포 → 구진 → 결절 → 농포 → 낭종

해설 여드름의 발생 과정 : 면포 → 구진 → 농포 → 결절 → 낭종

정답 14 ④ 15 ③ 16 ④ 17 ① 18 ④ 19 ③ 20 ③ 21 ② 22 ④ 23 ② 24 ③ 25 ④ 26 ④ 27 ①

28 다음 중 화장품의 사용 목적과 가장 거리가 먼 것은?
① 인체를 청결·미화하여 매력을 더하기 위해 사용한다.
② 용모를 밝게 변화시키기 위해 사용한다.
③ 피부·모발을 건강하게 유지 또는 증진시키기 위하여 사용한다.
④ 인체에 대한 약리적인 효과를 주기 위해 사용한다.

해설 화장품의 사용 목적
- 인체를 청결·미화하여 매력을 더하고 용모를 밝게 변화시키기 위해 사용
- 피부 혹은 모발을 건강하게 유지 또는 증진시키기 위하여 인체에 바르고 뿌리는 등의 방법으로 사용되는 물품
- 인체에 사용되는 물품으로 인체에 대한 작용이 경미해야 함
- 의약품에 해당하는 물품은 제외

29 화장품과 의약품의 차이를 바르게 정의한 것은?
① 화장품은 특정 부위만 사용 가능하다.
② 화장품의 사용 목적은 질병의 치료 및 진단이다.
③ 의약품의 사용 대상은 정상적인 상태인 자로 한정되어 있다.
④ 의약품의 부작용은 어느 정도까지는 인정된다.

해설
- 화장품 : 정상인 대상, 청결·미화 목적, 장기간 사용, 부작용 없어야 함, 스킨, 로션, 크림 등
- 의약외품 : 정상인 대상, 위생·미화 목적, 장기간 사용, 부작용 없어야 함, 탈모제, 염모제 등
- 의약품 : 환자 대상, 질병의 진단 및 치료 목적, 단기간 사용, 부작용 있을 수도 있음, 항생제, 스테로이드 연고 등

30 화장품 품질의 4대 조건은?
① 발림성, 안정성, 방부성, 사용성
② 안전성, 방부성, 방향성, 유효성
③ 안전성, 안정성, 사용성, 유효성
④ 방향성, 안정성, 발림성, 유효성

해설 화장품 품질의 4대 조건 : 안전성, 안정성, 사용성, 유효성

31 다음 중 계면활성제에 대한 설명으로 옳은 것은?
① 계면활성제는 일반적으로 둥근 머리 모양의 소수성기와 막대꼬리 모양의 친수성기를 가진다.
② 계면활성제의 피부에 대한 자극은 양쪽성, 양이온성, 음이온성, 비이온성의 순으로 감소한다.
③ 비이온성 계면활성제는 피부 자극이 적어 화장수의 가용화제, 크림의 유화제, 클렌징 크림의 세정제 등에 사용된다.
④ 양이온성 계면활성제는 세정 작용이 우수하며 비누, 샴푸 등에 사용된다.

해설
- 양이온성 : 살균·소독 작용 우수, 헤어린스, 헤어 트리트먼트 등
- 음이온성 : 세정 작용, 기포 형성 작용 우수, 비누, 샴푸, 클렌징 폼 등
- 비이온성 : 피부 자극이 적어 기초화장품에 사용, 화장수의 가용화제, 크림의 유화제 등
- 양쪽성 : 세정 작용, 피부 자극이 적음, 베이비 샴푸, 저자극 샴푸 등

32 다음 중 물에 오일 성분이 혼합되어 있는 유화 상태는?
① O/W 에멀션
② W/O 에멀션
③ W/S 에멀션
④ W/O/W 에멀션

해설 유화 : 계면활성제에 의해 물에 다량의 오일이 균일하게 혼합되어 우윳빛으로 섞여 있는 상태
- O/W수중유형 : 물에 오일이 분산되어 있는 형태로 수분감이 많고 촉촉함
- W/O유중수형 : 오일에 물이 분산되어 있는 형태로 기름기가 많고 사용감이 무거움

33 화장품 제조의 3가지 주요기술이 아닌 것은?
① 가용화 기술
② 유화 기술
③ 분산 기술
④ 용융 기술

해설 화장품 제조의 3가지 주요기술 : 가용화, 유화, 분산

34 여드름 피부용 화장품에 사용되는 성분과 가장 거리가 먼 것은?

① 살리실산
② 글리실리진산
③ 아줄렌
④ 알부틴

해설 알부틴은 피부의 멜라닌 색소의 생성을 억제하며 피부를 깨끗하고 하얗게 유지해주는 기능이 있어 미백화장품의 성분으로 사용된다.

35 다음 중 기초화장품의 주된 사용 목적에 해당되지 않는 것은?

① 세정
② 피부 채색
③ 피부 정돈
④ 피부 보호

해설 기초화장품의 기능 : 세정(세안), 피부 정돈, 피부 보호

36 화장수의 설명 중 잘못된 것은?

① 피부의 각질층에 수분을 공급한다.
② 피부에 청량감을 준다.
③ 피부에 남아있는 잔여물을 닦아준다.
④ 피부의 각질을 제거한다.

해설 화장수의 기능 : 피부의 각질층에 수분 공급, 피부에 남아있는 잔여물 제거, 정상적인 pH 밸런스를 맞추어 피부 정돈, 피부 진정, 쿨링 작용

37 팩의 분류에 속하지 않는 것은?

① 필오프 타입
② 워시오프 타입
③ 패치 타입
④ 워터 타입

해설 팩은 피부에 보호막을 형성하고, 보습과 영양 공급을 한다. 팩의 종류에는 워시오프 타입, 티슈오프 타입, 필오프 타입, 패치 타입, 시트 타입 등이 있다.

38 다음 중 기능성 화장품의 종류와 그 범위에 대한 설명으로 틀린 것은?

① 주름 개선 제품 : 피부 탄력 강화와 표피의 신진대사를 촉진시킨다.
② 미백 제품 : 피부 색소침착을 방지하고 멜라닌 생성 및 산화를 방지한다.
③ 자외선 차단 제품 : 자외선을 차단 및 산란시켜 피부를 보호한다.
④ 보습 제품 : 피부에 유수분을 공급하여 피부 탄력을 강화한다.

해설 보습 제품은 기초화장품에 포함된다.

39 다음 중 기능성 화장품의 범위에 해당하지 않는 것은?

① 미백 크림
② 주름개선 크림
③ 바디 오일
④ 자외선 차단 크림

해설 기능성 화장품의 범위
- 피부 미백에 도움을 주는 제품
- 피부 주름개선에 도움을 주는 제품
- 피부를 곱게 태워주거나 자외선으로부터 피부를 보호하는 데 도움을 주는 제품
- 모발의 색상 변화·제거 또는 영양공급에 도움을 주는 제품
- 피부나 모발의 기능 약화로 인한 건조함, 갈라짐, 빠짐, 각질화 등을 방지하거나 개선하는 데에 도움을 주는 제품

정답 28 ④ 29 ④ 30 ③ 31 ③ 32 ① 33 ④ 34 ④ 35 ② 36 ④ 37 ④ 38 ④ 39 ③

40 자외선 차단제에 대한 설명으로 틀린 것은?
① 자외선 차단제는 SPF(Sun protection factor) 지수가 매겨져 있다.
② SPF가 낮을수록 자외선 차단 능력이 높다.
③ 자외선 차단제의 효과는 멜라닌 색소의 양과 자외선에 대한 민감도에 따라 달라질 수 있다.
④ 자외선 차단지수는 제품을 사용했을 때 홍반을 일으키는 자외선의 양을 제품을 사용하지 않았을 때 홍반을 일으키는 자외선의 양으로 나눈 값이다.

해설 SPF가 높을수록 자외선 차단 능력이 높다.

41 다음 중 향수의 부향률이 높은 것부터 순서대로 나열된 것은?
① 퍼퓸 > 오데퍼퓸 > 오데코롱 > 오데토일렛
② 퍼퓸 > 오데토일렛 > 오데코롱 > 오데퍼퓸
③ 퍼퓸 > 오데퍼퓸 > 오데토일렛 > 오데코롱
④ 퍼퓸 > 오데코롱 > 오데퍼퓸 > 오데토일렛

해설 향수의 부향률 순서 : 퍼퓸 > 오데퍼퓸 > 오데토일렛 > 오데코롱 > 샤워코롱

42 아로마 오일을 피부에 효과적으로 침투하기 위해 사용하는 식물성 오일은?
① 에센셜 오일 ② 캐리어 오일
③ 트랜스 오일 ④ 미네랄 오일

해설 캐리어 오일은 에센셜 오일을 피부에 효과적으로 침투시키기 위해 사용하는 식물성 오일로서 에센셜 오일의 향을 방해하지 않도록 향이 없어야 하고 피부 흡수력이 좋아야 한다.

43 다음 중 미용사 위생관리의 필요성에 관한 내용으로 가장 거리가 먼 것은?
① 불특정 다수의 출입이 허용된 개방된 공간에서 고객과 가까운 거리에서 업무를 수행하므로
② 고객 신체의 일부인 두피·모발을 중심으로 손, 피부 등에 접촉하고 대화하며 업무를 수행하므로
③ 감염을 비롯한 질병에 노출되어 있는 작업 환경이므로
④ 미용사 개인의 건강 및 용모 관리를 위하여

해설 미용사 위생관리는 미용사 개인과 고객의 위생을 위해 필요하다.

44 다음 중 손 위생 관리 내용으로 적절하지 않은 것은?
① 펌제나 염모제 등의 약제 사용 시 반드시 미용 장갑 착용
② 업무 전후, 화장실 전후, 식사 전후에는 손 씻기, 손 소독 등의 손 위생관리를 습관화
③ 손 씻기의 경우 세정제를 사용하지 않고 물로만 청결하게 세척하여 관리
④ 손 씻기 후 건조한 다음 보습 효과가 탁월한 핸드로션 등을 발라 손이 거칠어지지 않도록 관리

해설 손 씻기의 경우 세정제를 사용하여 세척한다.

45 다음 중 미용사 위생관리의 내용과 거리가 먼 것은?
① 미용사 체력 관리
② 미용사 체취 관리
③ 미용사 구취 관리
④ 미용사 손 위생 관리

해설 미용사 위생관리
· 미용사 손 위생 관리
· 미용사 체취 및 구취 관리
· 미용사 용모 및 복장 관리

46 미용사 위생관리 내용 중 체취 관리 방법과 관련이 없는 내용은?

① 땀 냄새 관리를 위하여 통풍이 잘 되는 천연 섬유 소재의 옷을 착용한다.
② 청결한 위생 상태 유지를 위하여 직무 수행 시 입었던 옷은 매일 세탁한다.
③ 발 냄새 관리를 위하여 항상 청결한 발의 위생 상태에 유의한다.
④ 미용사의 용모를 돋보이게 하기 위해 신발은 가능한 굽이 있는 구두를 착용한다.

해설 업무 중에는 통풍이 잘 되고, 발 모양 및 사이즈에 맞는 편한 신발을 착용하는 것이 좋다.

47 일반적으로 이·미용업소의 실내 쾌적 온도와 습도의 범위로 가장 알맞은 것은?

① 온도 : 10~12℃, 습도 : 20%
② 온도 : 12~15℃, 습도 : 40%
③ 온도 : 18~20℃, 습도 : 60%
④ 온도 : 24~26℃, 습도 : 80%

해설 이·미용업소의 실내 적정 온도는 18±2℃이고, 적정 습도는 40~70%이다(쾌적 습도 60%).

48 다음 중 미용업소의 환기에 대한 내용으로 적절하지 못한 것은?

① 환기는 실내의 오염된 공기와 실외의 깨끗한 공기를 인위적으로 교환하는 것이다.
② 자연 환기란 환기구 또는 창문이나 출입문 등을 개방하여 환기하는 방법이다.
③ 지나치게 잦은 환기는 업무의 방해가 되므로 1일 1회 10분 정도로 제한하는 것이 좋다.
④ 미용업소의 구조상 자연환기가 어려울 때에는 환기 설비를 갖추도록 한다.

해설 좁은 실내에서 장시간 환기를 하지 않으면 불쾌감, 현기증, 권태 및 식욕 저하를 일으킬 수 있으므로 고객과 미용사의 건강을 위해 1~2시간에 한 번씩 주기적인 환기를 실시한다.

49 다음 중 미용업소 위생관리에 대한 내용으로 적절하지 못한 것은?

① 미용업소 위생관리는 미용업소가 제공하는 서비스 품질에 영향을 미치는 요소이다.
② 미용업소 종사자의 위생에 대한 인식 정도는 미용업 유지에 필수적인 요소이다.
③ 미용업소 위생관리를 위한 담당자 지정이나 청소 점검표 등의 방법은 효율적이지 못하다.
④ 공간별, 기기 및 도구별, 청소 및 소독 방법별, 시기별, 주기별 등 업소 상황에 맞게 분류하여 관리하는 것이 좋다.

해설 미용업소를 항상 청결하고 깨끗한 상태로 유지하기 위해서 공간별, 기기 및 도구별, 청소 및 소독 방법별, 시기별, 주기별 등 업소 상황에 맞게 분류하고 담당자를 정해 청소 점검표를 준비하여 관리한다.

50 다음 중 미용업소 전기 안전 지식에 대한 내용과 가장 거리가 먼 것은?

① 전기 기기 사용 후에는 플러그를 콘센트에서 분리시켜 놓는다.
② 미용업소에서 사용하는 전기 기기는 용량에 적합한 기기를 사용해야 한다.
③ 천장 등 보이지 않는 장소에 설치된 전선도 정기 점검을 통하여 이상 유무를 확인한다.
④ 한 개의 콘센트에 드라이어, 매직기, 열기구 등 여러 전기 기기의 플러그를 꽂아 사용하도록 한다.

해설 과열 및 과부하 예방 : 한 개의 콘센트에 문어발식으로 드라이어, 매직기, 열기구 등 여러 전기 기기의 플러그를 꽂아 사용하지 않는다.

정답 | 40 ② | 41 ③ | 42 ② | 43 ④ | 44 ③ | 45 ① | 46 ④ | 47 ③ | 48 ③ | 49 ③ | 50 ④

Part 2
미용이론

Chapter 1	헤어샴푸
Chapter 2	두피·모발관리
Chapter 3	원랭스 헤어커트
Chapter 4	그래쥬에이션 헤어커트
Chapter 5	레이어 헤어커트
Chapter 6	쇼트 헤어커트
Chapter 7	베이직 헤어펌
Chapter 8	매직스트레이트 헤어펌
Chapter 9	기초 드라이
Chapter 10	베이직 헤어컬러
Chapter 11	헤어미용 전문제품 사용
Chapter 12	베이직 업스타일
Chapter 13	가발 헤어스타일 연출

Chapter 01 헤어샴푸

1 샴푸제의 종류

(1) 헤어샴푸
헤어샴푸(hair shampoo)는 두피와 모발을 동시에 세정하는 과정

(2) 샴푸의 목적과 효과
① 두피와 모발에 쌓인 기름때(피지, 땀, 비듬, 먼지, 스타일링 제품 등)를 세정하여 청결하게 함
② 모근부의 혈액순환을 촉진하여 건강한 두피와 모발을 유지시킴
③ 정확한 두피와 모발 진단에 도움이 되며 시술을 용이하게 함
④ 화학 시술을 할 경우의 모발의 약액침투가 쉽게 이루어짐

(3) 샴푸제의 종류

일반 샴푸	• 두피와 모발의 세정을 목적으로 사용하는 샴푸 • 거품을 만들어내기가 쉬움
산성 샴푸	• 약산성(pH 4.5~6.5)의 샴푸 • 알칼리성 약제를 사용한 퍼머넌트나 염색 후의 모발을 중화하는 기능을 함
알칼리성 샴푸	• 약알칼리성(pH 7.5~8.5)의 샴푸 • 세정력이 좋으나 샴푸 후 산성린스를 사용하여 알칼리 성분을 중화하는 것이 바람직함
기능성 샴푸	• 두피와 모발의 약화된 기능을 개선하는데 도움을 주는 샴푸 • 모발의 색상변화와 영양을 공급하는 샴푸 • 두피와 모발의 상태에 따라 구분하여 사용함 • 댄드러프 샴푸(비듬방지, 약용샴푸) • 논스트리핑 샴푸(염색모발, pH가 낮아 두피자극 적음) • 프로테인 샴푸(단백질 성분 함유, 다공성 모발, 탄력) • 데오드란트 샴푸(냄새 제거) • 저미사이드 샴푸(소독, 살균) • 프리벤션 샴푸(탈모예방) • 리컨디셔닝 샴푸(손상회복) • 뉴티리티브 샴푸(영양공급) • 샴푸 시 핫오일(따뜻하게 데운 식물성 오일), 에그(흰자: 피지 및 이물질제거, 노른자: 영양과 윤기), 프로테인(누에고치, 노른자 단백질) 등의 재료를 사용하기도 함
저자극성 샴푸	• 양쪽성 계면활성제 사용 • 자극을 최소화한 샴푸(유아용)

(4) 샴푸제의 성분

세정 성분	계면활성제	거품의 형성과 세정 작용
	기포증진제	거품의 생성을 돕고 유지
	침투제	모발의 노폐물 흡착
	분산제	모발의 잔여 침전물 방지
컨디셔닝 성분	보습제	모발의 건조 방지와 보습
	유성성분	피지의 제거로 인한 두피 건조 방지
	조정제	모발의 윤기와 탄력
	컨디셔닝제	모발 표면 보호와 모발의 부드러움
	형광제	모발의 광택
	정전기방지제	모발의 정전기 방지
기타첨가제	방부제, 점증제, pH 조절제, 금속이온봉쇄제, 산화방지제, 색재, 향료	

(5) 계면활성제의 종류

종류	특징	주 사용제품
음이온성 계면활성제	세정작용 거품 형성	샴푸 비누 클렌징품 보디클렌저
양이온성 계면활성제	정전기 방지 살균작용 소독작용	헤어린스 트리트먼트 정전기 방지제
양쪽이온성 계면활성제	약한 세정작용 약한 피부자극	유아용 샴푸
비이온성 계면활성제	약한 피부자극 보습 효과 가용화/유화 능력	기초화장품류

2 샴푸 방법

(1) 플레인(plain) 샴푸
① 두피와 모발의 세정을 목적으로 진행하는 일반적인 샴푸 방법
② 프리(pre) 샴푸 : 미용시술하기 전 두피의 자극이 적고 가볍게 세정하는 샴푸로 두피와 모발의 오염물을 제거하여 모류와 모질을 종류를 정확하게 구분할 수 있음
③ 세컨드 샴푸 : 두피와 모발의 세정 목적 외에 두피 매니플레이션을 진행하여 혈액순환을 높여 두피의 생리기능을 활성화함
④ 애프터(after) 샴푸 : 미용시술 후 세정하는 샴푸로 시술 종류에 따라 샴푸제를 구분하여 사용하며 산성 샴푸가 적당함

(2) 스페셜 샴푸
두피와 모발의 건강유지, 모발의 일시적 컬러 착색 및 염색 후 모발의 색상 유지력 향상 등의 특수한 목적으로 사용하는 샴푸 방법

(3) 드라이(dry) 샴푸
① 물을 사용하지 않는 샴푸 방법
② 리퀴드(liquid) 드라이 샴푸 : 벤젠, 알콜 등의 휘발성 용제를 사용하여 주로 헤어피스나 가발을 세정할 때 사용
③ 파우더(powder) 드라이 샴푸 : 백토, 붕사, 탄산마그네슘 등이 혼합된 분말이 피지와 노폐물을 흡착하는 원리로 모발을 빗질하여 분말을 제거하여 세정함

(4) 좌식 샴푸
고객이 미용의자에 앉아 있는 상태로 샴푸를 진행한 후 샴푸대로 이동하여 헹구는 샴푸 방법

(5) 와식 샴푸
샴푸대에서 샴푸 동작과 헹굼을 진행하는 가장 일반적인 샴푸 방법

3 헤어트리트먼트제의 종류

(1) 헤어트리트먼트
① 일반적으로 샴푸의 다음 단계에 사용하는 모발용 제품
② 린스, 컨디셔너, 트리트먼트 등의 제품명으로 분류

> **TIP 헤어트리트먼트의 원리**
> - 컨디셔너의 pH는 3~5 정도의 약산성
> - 이온 결합의 원리로 모발의 등전점을 유지해 주는 역할
> - 샴푸 후의 젖은 모발의 (−)이온과 컨디셔너의 양이온 계면활성제의 (+)이온이 흡착하여 모발 표면이 보호되는 막이 형성되어 정전기가 방지되며 모발이 엉키지 않게 됨

(2) 헤어트리트먼트의 목적 및 효과
① 샴푸의 알칼리 성분을 중화
② 모발을 윤기 있고 부드럽게 하여 정전기를 방지
③ 모발의 엉킴을 방지하고 빗질이 쉬움

(3) 헤어트리트먼트제의 종류
① 린스, 컨디셔너, 트리트먼트

린스, 컨디셔너	• 보호막 형성 • 정전기 억제 • 자연스러운 광택 • 엉킴 방지
트리트먼트	• 모발 손상의 진행 억제·방지 • 손상 부위의 보수 및 복구

② 저분자, 고분자

저분자 트리트먼트(LPP)	• 모발 내부로 침투하기 용이한 제품 • 방치 시간 필요 • 열처리를 하면 침투 속도와 사용 효과가 높아짐
고분자 트리트먼트(PPT)	• 모발 표면에 흡착하여 작용 • 방치 시간 짧음

(4) 헤어트리트먼트제의 성분

성분		작용
영양성분	아미노산	손상된 모발을 보수 및 복구
정전기방지 성분	양이온 계면활성제	정전기를 방지
컨디셔닝 성분	보습제	모발의 수분
	유성성분	모발의 윤기와 광택
	막형성제	모발의 손상방지
기타첨가제	방부제, pH 조절제, 산화방지제, 금속이온봉쇄제, 색재, 향료	

4 헤어트리트먼트 방법

(1) 린스의 종류

플레인 린스	• 제품을 사용하지 않고 물로 모발을 헹굼 • 퍼머넌트웨이브의 1제를 씻어내는 중간린스 방법
산성 린스	• 경수를 사용하거나 알칼리 비누로 샴푸한 후 모발의 알칼리 성분 중화 • 미온수에 산성성분(레몬, 구연산, 식초 등)을 희석하여 사용 • 금속성 피막, 화학시술 후 잔존한 불용성 알칼리 성분 제거
유성 린스 (건성 모발)	• 오일린스 : 미온수에 올리브유, 라놀린 등을 희석하여 사용 • 크림린스 : 가장 일반적인 형태로 오일류, 헤어크림 등의 화장재료 포함

(2) 헤어트리트먼트 방법

헤어 리컨디셔닝 (Hair Reconditioning)	손상된 모발을 정상적인 상태로 회복시키는 것
클리핑 (Clipping)	가위로 모표피가 벗겨졌거나 끝이 갈라진 부분을 제거하는 것
헤어 팩 (Hair Pack)	제품을 충분히 도포하고 스팀을 한 후 물로만 헹굼(플레인 린스)
신징 (Singeing)	신징왁스나 전기 신징기를 사용하여 상한 모발을 그슬리거나 태움

Chapter 02 두피·모발관리

1 두피

두피는 두개골을 덮고 있는 평균 두께 1.5mm 정도의 얇은 피부 조직으로 개인의 특성에 따라 두피의 색상·두께·각질의 상태가 다르다.

(1) 두피의 구조

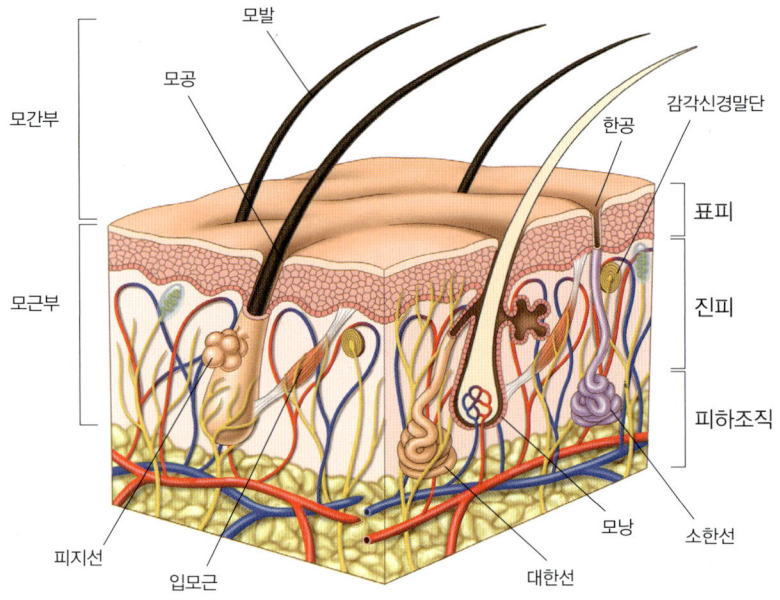

① 세 개의 층으로 구성 : 표피, 진피, 피하지방
② 표면 : 모발, 한공, 모공
③ 내부 : 모낭, 피지선, 한선, 모세혈관, 입모근, 감각신경 말단 등

(2) 두피의 기능

보호기능	• 두개골 내부의 모든 기관을 외부의 충격, 자외선, 더위 및 추위로부터 보호 • 표면의 pH 4.5~5.5의 약산성을 유지하여 세균증식 및 외부물질의 침투를 방지
배출기능	• 체온이 상승하면 한공에서 땀을 배출하거나 모공의 피지분비를 통한 체내의 이물질 및 노폐물 배출
흡수기능	• 한공, 모공, 두피의 각질 사이의 지질조직을 통한 외부물질 흡수
호흡기능	• 두피를 포함한 피부조직이 전체 호흡의 약 1%를 담당
비타민 D 합성기능	• 내부에 존재하는 비타민 D 전구체가 햇빛을 받으면 비타민 D로 합성
감각기능	• 감각신경의 말단이 존재하여 냉각, 온각, 통각, 압각 등의 자극에 반응

2 모발

모발은 머리카락을 포함한 신체에 있는 모든 털을 총칭하며 털이 난 부위에 따라 두발, 수염, 체모 등으로 구분한다. 모발은 손바닥·발바닥·입술 등을 제외한 온몸에 분포한다.

(1) 모발의 구성 성분

단백질 (케라틴, keratin)	• 전체 모발 구성 성분의 약 80~90% 정도 • 18종류의 아미노산으로 구성되어 있으며, 시스틴(systine) 함유량이 높음
수분	• 약 10~20%의 수분 함유 • 샴푸 후 타월드라이 시 약 30~35%의 수분 함유
지질	• 약 1~8% 정도 • 땀과 섞여 두피와 모발표면에 피지막을 형성
미량원소	• 모발에는 철, 구리, 요오드, 아연 등 약 30여종이 포함 • 함유한 미량 원소의 종류는 모발의 색상에 영향을 줌
멜라닌	• 색소를 만드는 색소형성 세포는 모유두에 위치함 • 만들어진 색소는 모피질 내의 분산되어 모발의 색상을 결정 • 멜라닌 색소는 멜라닌 생성경로에 따라 유멜라닌과 페오멜라닌으로 구분(유멜라닌은 흑갈색이나 적갈색의 색소, 색소의 입자가 유멜라닌보다 작은 페오멜라닌은 황색의 색소)

> **TIP 케라틴(keratin)**
> 모발, 손톱, 발톱, 각질 등을 구성하는 단백질로 점성이 높고 탄성이 좋으며 물에 잘 녹지 않는 성질을 갖고 있다. 특히 황 함유 아미노산인 시스테인(cysteine)을 함유하고 있어서 다른 단백질에 비해서 단단하다.

(2) 모발의 구조

모간부	모표피 (cuticle)	• 모발의 가장 바깥쪽으로 전체의 10~15% 정도를 차지하며 5~15층의 얇고 투명한 조직이 물고기 비늘 모양으로 겹쳐져 있음 • 친유성 조직으로 외부의 물리적·화학적 자극으로부터 모발을 보호 • 모표피는 최외표피(epicuticle), 외표피(endocuticle), 내표피(endocuticle)로 구성 • 세포막복합체(CMC : cell membrane complex)는 모표피 조직들, 모표피와 모피질 사이, 모피질 조직들을 서로 연결하고 수분과 화학물질의 이동통로 역할을 함
	모피질 (cortex)	• 모발의 가운데 부분으로 모발 전체의 85~90%를 차지하며 멜라닌 색소가 존재하여 모발의 색을 결정함 • 친수성 조직으로 펌이나 염색 시술이 이루어지는 부분 • 모피질은 결정성 영역인 피질세포, 비결정성 영역인 세포간충물질, 멜라닌 색소로 구성
	모수질 (medulla)	• 모발의 중심부 조직으로 연모 등 얇은 모발에는 존재하지 않는 경우가 많으며 벌집 형태로 공기를 함유하여 보온 역할을 담당

모근부	모낭	• 모발을 둘러싼 주머니로 태아기 때 생성되며 모낭의 모양에 따라 직모(straight hair, 황인종), 파상모(curly hair, 백인종), 축모(kinky hair, 흑인종) 등 모발의 형태가 결정됨
	모구	• 모낭의 아래 부분으로 둥근 전구의 형태 • 모유두를 통해 모기질세포에 산소와 영양분이 전달되는 주요한 부분으로 모발의 성장이 저하되며 모구가 축소되고 모유두로부터 분리
	모유두	• 모낭의 아래쪽에 볼록하게 융기되어 있는 부분 • 표피의 기저층과 경계로 모기질 세포와 색소 생성 세포가 자리 잡고 있음
	모기질세포 (모모세포)	• 모유두를 통해 모세혈관으로 부터 영양과 산소를 공급받아 세포 분열과 증식을 반복하며 모표피, 모피질, 모수질로 분화되어 모발을 형성
	색소형성세포	• 모기질 세포 사이에 존재하며 멜라닌 소체를 분비하여 모피질 세포 내에 분산되어 모발의 색을 결정함
	입모근 (기모근)	• 불수의 근육으로 추위나 공포감을 느낄 때 수축하여 털을 세우거나 수축과 이완을 반복하여 피지를 배출
	피지샘 (피지선)	• 피지를 만드는 곳으로 입모근의 불수의적 운동에 의해 피지가 배출되어 두피와 모발의 표면에 약산성 피지막을 형성함 • pH 4.5~5.5의 약산성인 피지막은 두피의 세균번식을 방지하고 모발에 윤기를 부여함

(3) 모발의 기능

보호 기능	외부의 물리·화학적 자극으로부터 두피를 보호, 보온으로 인한 체온유지
배출 기능	피지 및 체내 중금속을 배출
감각 기능	외부자극이 모근부의 신경에 전달되어 반응
장식 기능	아름다움과 개성을 표현

(4) 모발의 성장

성장기 (anagen)	• 세포 분열이 가장 왕성하여 모발의 성장이 빠른 시기 • 전체 모발의 80~90%를 차지 • 성장기 기간은 약 3~6년
퇴화기/퇴행기 (catagen)	• 모발이 모낭의 모유두에서 분리되기 시작하여 모기질 세포의 대사가 느려지는 시기 • 모구부가 수축하며 모발의 성장이 멈춤 • 전체 모발의 1~2%를 차지 • 퇴행기 기간은 3~4주
휴지기 (telogen)	• 모낭에서 모유두가 완전히 분리되어 모낭의 길이가 1/3로 줄어듦 • 전체 모발의 약 10~15%를 차지 • 휴지기 기간은 약 3~4개월 • 브러싱이나 샴푸 등으로 모발이 쉽게 빠짐
발생기 (return to anagen)	• 한 모낭 안에 휴지기의 모발과 발생기의 모발이 함께 존재 • 모구가 팽창되면서 새로운 모발이 성장하며 휴지기의 모발은 자연적으로 밀려서 빠지게 됨

(5) 모발의 화학적 결합

주쇄결합 (세로)		• 단백질을 구성하는 아미노산들의 아미노기(-NH)와 카르복실기(-COOH)가 반응하여 탈수가 일어나고 서로 축합되는 것을 펩타이드 결합(peptide bond)이라고 함 • 모발 단백질은 구성하는 약 18종의 아미노산들의 펩타이드 결합이 연속적으로 긴 사슬의 형태로 반복된 폴리펩타이드(polypeptide) 형성 • 강한 결합으로 화학적인 처리에도 영향을 적게 받음
측쇄결합 (가로)	시스틴 결합 (disulfide bond)	• 모발 아미노산의 일종인 시스테인(cystein)은 불안정한 화합물로 쉽게 산화환원 작용으로 시스틴과 상호 전환함 • 시스테인 두 분자 사이의 티올기(-SH)가 산화되어 생성하는 -S-S- 형태의 황 원소 사이의 공유 결합으로 SS결합(SS-bond) 또는 이황화결합(disulfide bond)을 함 • 시스틴 결합을 절단하고 연결하는 과정을 이용하여 퍼머넌트 웨이브를 형성
	수소 결합 (hydrogen bond)	• O·N·F 등 전기음성도가 강한 2개의 원자 사이에 수소원자가 들어감으로써 생기는 결합 • 수분에 쉽게 절단되었다가 건조하면 재결합되는 성질을 이용하여 일시적인 웨이브(드라이, 세팅롤 등)를 형성
	이온 결합 (염결합, ionic bond)	• 전하를 띤 양이온과 음이온 사이의 정전기적 인력에 의한 결합 • 모발 단백질은 최대 결합을 이루는 pH 4.5~5.5 사이에서 가장 안정적으로 모발의 건강한 상태를 유지

(6) 모발의 특성

탄성	• 섬유상 단백질인 모발 케라틴을 잡아당겼다가 놓았을 때 원래의 자리로 돌아가려는 성질 • 모발을 당기면 모발이 늘어나면서 굵기가 가늘어지다가 끊어지게 되는데, 이때 모발이 늘어난 비율을 신장률(%, 신도)이라고 하며, 끊어질 때 가해진 힘을 인장강도(g)라고 함
흡습성 & 흡수성	• 흡습성이란 공기 중에서 기체 상태인 수분을 흡수하고 방출하는 것 • 흡수성은 액체 상태인 수분을 흡수하는 것 • 건강한 모발의 수분량은 약 10~15%이며, 세정 직후 약 30%, 드라이를 사용한 건조 후에도 약 10%의 수분을 보유함
팽윤	• 모발의 간층과 결합구조 사이로 수분 등의 액체를 흡수하여 부피가 늘어나 부푸는 현상으로 구조의 결합이 무너지고 용해되기 전 단계
열변성	• 가열에 의한 구조변화가 발생 • 120℃에서 수분의 증발이 급격히 일어나서 다공질구조로 팽화되고 130~150℃에서는 변색되며, 270~300℃에서는 타서 분해됨
광변성	• 태양광선의 적외선과 자외선의 영향으로 모발의 탈색과 탈모가 발생
대전성	• 모발은 양극성 아미노산인 대전체로 마찰로 인해 양이온(+)전기를 띠고 정전기를 발생 • 정전기는 습도와 온도의 영향을 받기 때문에 실내온도를 낮추거나 수분을 보충하여 정전기를 방지

3 두피 분석

(1) 두피 관리
① 두피 환경을 개선하여 건강하고 아름다운 모발을 유지하기 위하여 시술하는 것
② 두피의 상태에 따라 다양한 프로그램을 구성할 수 있음
③ 탈모, 지루성 피부염 등 두피 질환의 경우 전문의의 치료를 받도록 안내

(2) 분석 방법

문진	• 고객과 상담을 통해 고객관리차트에 기록 • 고객의 대화를 경청하며 고객의 습관과 요구를 파악할 수 있는 구체적인 정보를 확인하는 방법
시진	• 두피와 모발의 상태를 육안으로 확인하는 방법 • 피지와 땀의 분비량, 각질 및 비듬 상태, 두피 색상, 탈모 부위, 염증 유무 등 • 모발의 윤기, 모발 끝의 갈라짐, 모발의 굵기와 양 등
촉진	• 손의 촉각으로 두피와 모발의 상태를 확인하는 방법 • 두피를 눌러서 탄력, 발열 상태 등을 확인 • 모발을 만지거나 당겨 수분 및 유분의 상태, 탄력 및 신장율 등을 확인
검진	• 두피·모발 진단기를 사용하여 확인하는 방법 • 각질 상태, 두피의 색상, 모발의 밀도, 모발의 굵기와 손상 상태 등의 정확한 진단 가능 • 인장 강도기, 피지 측정기, 원심 분리기 등의 기기를 사용할 수도 있음

(3) 기기와 도구

두피·모발 진단기	• 두피 및 모발의 상태를 정확하게 진단 • 내장 설치되어 있는 분석 프로그램으로 관리 전후를 비교하고 지속적인 관리 상태를 저장 • 렌즈의 배율은 목적 및 진단부위에 따라 1배율·50배율·250배율·500배율 등을 구분 • 관리 기간 중 두상의 일정한 부위를 측정하도록 유의 • 일반적인 두피의 피지 분비를 고려하면 세정 후 2~4시간 후가 진단하기에 적절함
스팀기(미스트기)	• 두피의 각질, 노폐물 등을 불려 제거를 돕고, 두피와 모발에 수분을 공급 • 두피와 모발의 상태에 따라 사용시간을 조절(건성 두피는 10분 정도, 비듬 두피는 15분 정도, 민감 두피는 7분 정도)
스캘프 펀치	• 워터펀치라고도 하며 샴푸대와 연결하여 사용 • 분당 1,000~2,400회의 파동으로 발생하는 수압과 물살로 두피나 모공의 각질 및 노폐물을 효과적으로 제거
기타	• 적외선램프(온열 작용으로 제품의 흡수를 높임) • pH측정기 • 고주파기 등

(4) 두피의 유형별 특징 및 관리방법

정상 두피	• 두피 관리의 기준이 되는 유형 • 표면의 색은 맑은 우유 빛깔 또는 연한 청색으로 촉촉하게 투명감을 보임 • 전체 모공의 50% 이상에서 한 개의 모공에 2~3개의 모발이 관찰됨 • 세포 각화 주기가 28일로 노화 각질이나 피지 산화물이거의 없이 모공 주변이 깨끗하며 모공이 열려 있음	• 규칙적인 스케일링과 유·수분을 공급하여 정상적인 두피의 상태가 유지되도록 관리함
건성 두피	• 피지의 분비가 적고 수분이 부족한 상태 • 표면이 건조하고 윤기가 없이 탁한 빛을 띠며, 모공 주변은 얇고 하얗게 각질이 일어난 형태를 보임 • 2~3일정도 샴푸하지 않아도 두피와 모발이 기름지지 않으며 모발의 굵기가 얇고 윤기가 없어 보임	• 묵은 각질을 제거한 후, 두피를 마사지하여 피지선이 활성화되도록 자극 • 부족한 지질과 유실된 수분을 공급하여 피지막을 보충함
지성 두피	• 피지선의 기능이 활성화되어 피지 분비량이 많음 • 표면이 축축하고 번들거려 보이고 모공 주변에 과다 분비된 피지와 각질 및 이물질 등이 엉겨붙음 • 과다한 피지로 모발도 기름지고 가라앉는 현상을 보임 • 오염과 세균 번식으로 염증을 유발하기 쉬움	• 스케일링제를 사용하여 두피의 각질을 제거하고 모공을 청결히 함 • 두피의 피지선이 자극되는 강한 마사지 동작은 피함

민감성 두피	• 유전적이거나 스트레스 및 잦은 화학시술 등이 발생 원인으로 각질층이 얇고 피지 분비량이 적은 두피 • 모세 혈관이 확장되어 표면에 옅게 붉은 색은 띠는 부분이 많으며 가벼운 자극에도 염증이나 감염이 유발됨 • 따가움·가려움·발열감 등의 현상이 자주 발생	• 외부 자극을 줄이고 스트레스를 완화하여 신체의 면역 기능을 회복함 • 진정 및 수분공급 제품을 사용
지루성 두피	• 과도하게 분비된 피지와 각질 및 노폐물들이 쌓여서 막힌 모낭에서 여드름균, 모낭충, 비듬균의 증식으로 홍반, 염증, 가려움증 발생 • 두피가 탁한 빛을 띠고 홍반과 확장된 모세혈관 또는 농포성 염증으로 탈모 촉진	• 모공을 청결히 하고, 염증을 살균하고 자극이 적은 제품을 사용 • 심한 경우에는 전문의의 치료를 받도록 권유 • 피지 조절을 위해 B_2, B_6 등이 풍부한 식품을 섭취
비듬성 두피	• 비듬(dandruff)이란 작은 조각 모양으로 표피가 탈락되어 각질이 눈에 띄게 나타나는 현상 • 피지선의 과다 분비, 각질세포의 세포의 이상증식, 말라세시아(malassezia) 효모균(비듬균)의 과다 증식 등이 원인 • 홍반, 염증, 가려움증을 동반함	• 입자가 작고 가벼운 건성비듬과 과도한 피지로 모공이 막혀 있고 입자가 큰 형태인 지성비듬으로 분류 • 두피를 청결하게 하고 항진균제 등이 포함된 약용 샴푸를 사용
탈모성 두피	• 탈모란 성모가 빠져나가서 모발이 있어야 할 부위에 모발이 없는 상태 • 성장기 모발이 줄어들고 휴지기 모발의 비율이 증가하여 하루 100개 이상의 모발이 빠짐 • 호르몬, 유전, 스트레스, 영양 장애, 질병, 노화, 출산, 물리적·화학적 자극 등이 원인 • 남성형 탈모는 유전적이거나 남성 호르몬 안드로겐의 원인으로 두상의 양쪽 측두부로 M자 모양의 이마가 넓어지며 정수리부터 탈모가 진행함 • 여성형 탈모는 두정부 중심의 모발이 가늘어지고 머리숱이 적어지는 특징을 보임	• 스트레스를 줄이고 조기 예방 관리가 중요함 • 두피 토닉과 영양제를 도포 • 현재 탈모치료 방법으로 스테로이드 연고, 미녹시딜 등의 약물 처방, 모발이식 수술 등이 있음

4 두피 관리의 이해

(1) 두피 관리의 일반적인 순서

상담 → 진단 → 관리방법 선택 → 릴렉싱마사지 → 브러싱 → 스케일링(스티머) → 두피세정 → 영양공급 → 마무리&홈케어 조언

(2) 두피 관리 방법

물리적 방법	• 물리적 자극을 주어 두피의 생리적 기능을 건강하게 유지 • 브러싱(브러시나 빗을 사용) • 두피 마사지(스캘프 매니플레이션) • 스팀타월, 헤어 스티머(10~15분) • 자외선, 적외선, 전류기기 사용
화학적 방법	• 헤어토닉, 헤어로션, 헤어크림 등의 형태인 양모제를 사용 • 베이럼(bayrum), 오드 키니네(quinine) 등의 성분 • 헤어오일은 사용하지 않음 • 스케일링(두피에 적합한 유형의 제품으로 각질과 피지산화물 등의 노폐물을 제거)

(3) 두피 유형별 관리방법

정상 두피	플레인(plain) 스캘프 트리트먼트
건성 두피	드라이(dry) 스캘프 트리트먼트
지성 두피	오일리(oily) 스캘프 트리트먼트
비듬성 두피	댄드러프(dandruff) 스캘프 트리트먼트

5 매뉴얼 테크닉 릴렉싱 마사지(릴렉스 매뉴얼 테크닉)

(1) 정의

릴렉스 매뉴얼테크닉	• 등, 어깨, 목의 뭉친 근육을 이완시켜 두피로 가는 혈액 순환을 촉진시키는 목적으로 두피 관리의 시작 전 또는 후에 시행
두피 매뉴얼테크닉	• 두피의 근육을 이완시키고 혈액 순환을 원활하게 하여 스케일링의 효과를 높이고 두피영양제의 흡수를 도움 • 민감성, 지루성 두피 등 염증이 심한 경우는 생략

(2) 목적 및 효과
① 등, 어깨, 목, 위팔(상완)과 두상의 근육이 이완됨
② 체온이 상승하여 대사를 촉진하고 혈액과 림프의 순환이 원활해짐
③ 영양공급과 노폐물의 배출에 도움을 줌
④ 부교감 신경계의 활성화로 심신이 안정됨

(3) 기본 동작

쓰다듬기(경찰법, effleurage)	가볍게 쓰다듬는 동작으로 모발 정돈과 긴장완화를 위해 시작단계에 사용
문지르기(강찰법, fricrion)	힘을 주어 문지르는 동작으로 근육 자극과 노폐물 배출을 촉진
반죽하기(유찰법, petrissage)	근육을 잡고 들어 올리듯이 주무르는 동작으로 근육을 유연하게 함
떨기(진동법, vibration)	양손을 사용하여 근육 옆 방향으로 진동을 주는 동작으로 근육을 자극
두드리기(고타법, tapotement)	손가락 등을 사용하여 가볍게 두드리는 동작으로 마무리 단계에 사용
누르기(압박법, pressure)	손바닥을 이용하여 감싸듯이 누르는 동작으로 근육과 신경을 진정시킴

6 브러싱(Brushing)

(1) 정의
가볍게 두피를 자극하기 위해 빗살 끝이 둥근모양의 쿠션(우드타입) 브러시를 사용

(2) 목적 및 효과
① 두피와 모발의 먼지, 노폐물 및 스타일링 제품 등을 제거함
② 엉킨 모발을 정돈하여 샴푸 시술이 용이하도록 함
③ 가벼운 두피자극으로 두피기능이 원활해짐
④ 피지분비의 촉진으로 모발의 윤기를 부여함

7 두피스케일링

(1) 정의
두피의 각질을 제거하는 관리 단계로 두피의 상태에 따라 제품의 유형을 선택하여 제품을 도포하는 화학적 방법의 스켈프 트리트먼트

(2) 목적 및 효과
① 두피의 각질, 피지산화물과 노폐물을 제거하여 모공을 청결하게 함
② 다음 단계 관리에 사용하는 제품의 침투와 흡수를 도움
③ 가벼운 자극으로 인한 혈액순환으로 건강한 두피를 유지함

8 모발의 손상요인

물리적 요인	마찰에 의한 모표피의 들뜸과 탈락, 모발 끝의 갈라짐, 열로 인한 모발의 변성 등
화학적 요인	펌, 염색, 탈색에 의한 모발 구성성분 감소, 모표피 손실, 모발색 변화 등
환경적 요인	자외선, 대기 오염 및 기후에 의해서 모발의 광택이 감소 및 변성
생리적 요인	스트레스, 호르몬의 불균형, 영양소 결핍 등

> **TIP** 손상 모발
> - 발수성모(撥水性毛) : 단단하게 밀착된 모표피에 지질이 둘러싸여 용액의 흡수가 잘 되지 않는 모발로 분무한 물방울이 표면을 따라 떨어짐
> - 지모(支毛) : 모피질의 간층물질이 빠져나가고 모발 끝이 세로로 갈라지는 모발
> - 결절성열모(結節性裂毛症) : 모간에 불규칙한 간격으로 흰색 결절이 발생한 모발로 결절된 마디가 끊어짐
> - 다공성모(多孔性毛) : 모발의 간층물질이 빠져나가 모피질에 빈 공간이 많은 모발로 팽윤이 쉽게 되고 인장강도가 약함

9 모발 관리 방법

(1) 헤어트리트먼트
① 유분과 수분, 영양분을 공급하고 손상된 모발을 회복하기 위해 사용
② 저분자(LPP), 고분자(PPT) 트리트먼트, 사용 후 헹구어 내거나 헹구지 않는 트리트먼트 등
③ 팩과 앰플

팩	일반적으로 크림타입, 모발의 손상에 따라 방치시간이나 열처리 여부를 결정
앰플	고농축의 폴리펩타이드 성분으로 주로 펌이나 염색을 할 때 전처리용으로 사용

(2) 기기와 도구
미스트기(스팀기), 열기구(롤러 볼), 제품 도포용 브러시와 용기, 헤어밴드, 비닐 캡 등

10 두피·모발관리 후 홈케어

(1) 두피·모발관리 마무리

① 관리 결과를 고객과 공유하고 관리 전후를 비교 설명한다.
② 두피·모발 영양제를 도포한다.
③ 과도한 헤어스타일링을 하지 않고 자연스럽게 마무리한다.
④ 홈케어 방법을 설명한다.
- 홈케어의 필요성을 설명
- 평소 사용하는 관리 제품을 확인하고 적합한 제품을 권유
- 홈케어 제품의 올바른 사용법을 설명

⑤ 주기적인 차후 관리가 진행되도록 관리 일정을 점검한다.

(2) 두피와 모발 상태에 따른 홈케어 방법

건성 두피	• 매일 샴푸를 하는 것은 두피의 건조를 유발할 수 있음 • 두피 보습제를 사용하여 유분과 수분을 보충
지성 두피	• 지성 두피용 샴푸를 사용하여 매일 샴푸하여 두피의 청결을 유지 • 샴푸 후 피지를 조절하고 세균을 억제할 수 있는 토닉을 사용
민감성 두피	• 저자극성 샴푸 사용 • 토닉을 사용하여 두피 진정과 수분 보충
탈모성 두피	• 탈모 전용 샴푸 사용 • 토닉과 영양 앰플을 사용 • 스트레스를 줄이고 균형 잡힌 식습관을 가지도록 함
손상모발	• 과도한 물리적·화학적 시술은 자제 • 다공성 모발을 복구할 수 있는 영양 앰플 및 트리트먼트제를 사용
가는 모발	• 균형 잡힌 식습관, 영양 앰플 • 모류의 반대 방향으로 모발을 건조하여 두피 쪽 모발에 볼륨을 유지

Chapter 03 원랭스 헤어커트

1 헤어커트의 도구와 재료

(1) 커트 가위(scissors)
① 역학적으로 지레의 원리를 이용하여 만들어진 절단 기구로 날의 두께가 얇고 양날의 견고함이 동일해야 함
② 협신에서 날끝으로 자연스럽게 구부러진(내곡선) 형태
③ 가위의 길이, 무게, 손가락 구멍의 크기가 시술자에게 적합해야 함
④ 종류
 용도에 따라 블런트 가위, 틴닝 가위, 장 가위, 숏 가위, 스트록 가위, 드라이커트 가위, 커브 가위 등으로 구분

재질	착강가위	날은 특수강, 협신부(손잡이)는 연강 또는 다양한 재질로 용접한 가위
	전강가위	전체를 특수강으로 연마하여 제작한 가위

(2) 커트 빗(comb)
① 모발을 정돈하거나 정확한 시술에 도움을 주는 목적으로 사용
② 빗몸이 일직선이고 빗살의 간격이 균일
③ 뾰족하지 않은 빗살끝과 일정한 빗의 두께
④ 열이나 약품에 대한 내구성이 있어야 함
⑤ 빗질이 잘 되고 정전기가 발생하지 않는 것을 선택
⑥ 종류

얼레살	빗살의 간격이 넓은 부분으로 모량이 많은 부분을 빗질하거나 블로킹, 섹션(슬라이스) 라인 등을 나눌 때 사용
고운살	빗살의 간격이 촘촘한 부분으로 커트 시 패널(손가락 사이에 잡은 한 섹션)을 빗질할 때 사용

(3) 레이저(razor)
① 날(블레이드) 부분과 몸체(손잡이)로 구성
② 모발의 결을 쳐내어 모량을 감소하거나 형태선을 커트할 때 사용
③ 테이퍼링(tapering) : 모발 끝을 붓끝처럼 가늘고 얇게 하여 새의 깃털처럼 연결하는 기법으로 가벼움, 경쾌함, 율동감을 표현
④ 레이저 날을 모발에 사용하는 각도에 따라 질감 처리나 커트 효과의 차이가 나타남
 (날의 각도를 80~90°로 하여 모발 끝을 뭉툭하게 블런트 커트할 수도 있음)
⑤ 모발 손상을 방지하기 위해 수분을 충분하게 도포하여 커트하고 잘림성이 좋은 날을 사용
⑥ 알코올, 석탄산수, 크레졸수, 포르말린수 등으로 소독한 후 수분을 제거하고 기름칠을 함
⑦ 교체형은 사용 전에 날을 교환하여 사용
⑧ 구조와 종류

오디너리(ordinary) 레이저	쉐이핑(shaping) 레이저
• 빠르고 세밀한 작업에 용이 • 과도한 모발 잘림과 다칠 위험이 있음 • 안전장치가 없는 날	• 날에 보호막이 있어 초보자에게 적합 • 자연스러운 형태 연출 • 단면날과 양면날 형태가 있음 • 안전장치가 있는 날

(4) 헤어 커트의 바른 자세
① 어깨 너비로 양발을 벌리고 벌려 한쪽발을 약간 앞으로 두어 상하의 움직임이 자연스러운 안정감 있는 자세를 잡음
② 눈의 시선은 가위의 끝을 바라보며, 거리는 30~40cm를 유지
③ 가슴 높이 정도에서 시술하는 것이 적당
④ 두상의 낮은 위치를 커트할 때에는 한쪽 무릎을 바닥에 대고 반대쪽 무릎을 세워 시술자의 몸을 최대한 낮추어 커트

(5) 헤어 커트 도구의 위생 및 소독방법
① 공중위생관리법의 시설 및 설비 기준에 의거
② 소독을 한 기구와 소독을 하지 않은 기구를 구분하여 보관할 수 있는 용기를 비치
③ 소독기, 자외선, 살균기 등 도구의 소독을 위한 기구를 비치
④ 미용실 내에서의 교차감염을 예방

자외선소독법	20분 동안 자외선 소독기에 넣어둠 자외선이 닿는 표면만 살균 작용이 됨	가위, 레이저, 브러시, 클립
알코올 소독	70% 알코올 사용	가위, 레이저, 클립
크레졸 소독	크레졸수 3% 수용액에 10분 동안 담굼	가위, 빗, 브러시, 클립, 레이저

2 헤어커트의 기초적 이해

(1) 블로킹(blocking)
헤어커트 디자인에 따라 정확하고 편리한 커트를 위해 두상의 모발을 구분하여 나누는 것
(일반적으로 4~5등분 블로킹)

(2) 섹션(section)
정확한 커트를 위해 모발을 세부적으로 나누는 것

가로 섹션 (horizontal section)	세로 섹션 (vertical section)	사선 섹션 (diagonal section)
• 커트 형태선을 수평으로 만들 때 사용	• 가로 섹션을 사용한 커트보다 질감처리를 하지 않아도 가벼운 느낌 • 가위 자국이 덜 나는 커트의 형태선 가능	• 커트 형태선이 기울어지게 만들 때 사용 (A 또는 V라인)

(3) 시술 각도(angle)
커트 시 두상에서 모발을 들어 올리거나 내려 잡는 정도로 커트한 모발의 층을 결정함

자연 시술 각도	두상 시술 각도
• 전체 축을 기준으로 중력에 의해 모발이 자연스럽게 떨어지는 방향을 기준(0°) • 일반각이라고 함	• 각도의 기준이 두상의 접점으로 두상에서 들리거나 내린 각도

(4) 베이스(base)

헤어 커트 시 베이스로부터 끌어올려 잡은 모발(스트랜드)의 두피 바닥 면을 뜻함. 커트선의 형태, 길이, 균형을 맞춤

온 더 베이스 (on the base)	• 잡은 모발을 베이스와 직각이 되게 중심으로 모아서 커트 • 시술자의 위치는 커트 선 중심에 서고 커트 선이 움직이는 방향을 따라 시술자의 위치도 이동 • 잡은 모발이 동일한 길이로 커트되어 둥근(round) 형태를 만듦
사이드 베이스 (side base)	• 잡은 모발을 한쪽 면이 직각이 되도록 베이스의 한쪽 방향으로 당긴 지점에서 커트 • 모발이 당겨온 반대 방향이 길어짐 • 정중선을 중심으로 사이드 베이스로 커트할 경우 사각(square) 형태를 만듦
오프 더 베이스 (off the base)	• 잡은 모발의 한쪽 면이 완전히 베이스를 벗어난 지점에서 커트 • 급격한 길이 변화를 주고자 할 때 사용 • 삼각(triangular, A-라인) 형태를 만듦

(5) 질감(texture)

① 질감이란 모발의 표면이 매끈하거나 거친 이미지를 뜻하는 것으로 커트 시술 각도에 따라 다르게 표현됨
② 일반적인 커트가 끝난 후 헤어커트 가위, 틴닝 가위, 레이저 등의 다양한 도구를 사용하여 질감 처리를 하면 모량을 감소하거나 모발의 움직임이나 흐름을 표현할 수 있음
③ 두상의 골격을 보정하여 완성도를 높은 커트가 가능

(6) 도해도의 작성과 분석

① 헤어커트 디자인을 계획하는 첫 단계
② 두상 그림을 사용하여 구획을 나누고 영역마다 설정된 모발 길이, 슬라이스 라인의 모양, 커트 각도, 섹션의 모양, 베이스의 방향 등을 숫자와 도식으로 표기

3 원랭스 커트의 분류

(1) 원랭스 커트의 특징

① 모발을 중력의 방향으로 빗어내려 일직선의 동일선상에서 커트하는 방법
② 커트 선이 바닥면과 평행으로 일직선인 스타일
③ 네이프에서 톱 방향으로 갈수록 모발의 길이가 길어지는 구조
④ 면을 강조되고 무게감이 최대인 스타일
⑤ 모발에 층이 없으며 매끄러운 표면의 질감
⑥ 커트 섹션(슬라이스)라인의 모양에 따라 커트 스타일이 결정됨
⑦ 일반적으로 블런트 커트로 진행
⑧ 솔리드 커트(solid cut)로 불리기도 함

(2) 원랭스 커트의 종류 및 특징

패럴렐 보브형 (parallel bob style)		스패니얼 보브형 (spaniel bob style)	
• 수평 보브(horizontal bob), 평행 보브(parallel bob), 스트레이트 보브(straight bob)라고도 불림 • 앞부분과 뒷부분의 길이가 같은 수평형태의 아웃라인		• 앞내림형 커트 • 커트 선의 앞부분이 뒤보다 길어지는 스타일로 콘케이브(concave, 오목)의 아웃라인 형태	
커트 방향	가로	커트 방향	사선
섹션(슬라이스) 라인	평행(수평) 라인	섹션(슬라이스) 라인	A 라인
시술 각도	자연시술각도 0°	시술 각도	자연시술각도 0°
베이스	오프 더 베이스	베이스	오프 더 베이스
이사도라 보브형 (isadora bob style)		머시룸 커트 (mushroom cut)	
• 뒤내림형 커트 • 커트 선의 앞부분이 뒤보다 짧아지는 스타일로 콘벡스(convex, 볼록)의 아웃라인 형태		• 버섯 모양의 스타일 • 얼굴 정면의 짧은 머리끝과 후두부의 머리끝이 연결되어 콘벡스(convex, 볼록)의 아웃라인 형태	
커트 방향	사선	커트 방향	사선
섹션(슬라이스) 라인	V(U) 라인	섹션(슬라이스) 라인	V(U) 라인
시술 각도	자연시술각도 0°	시술 각도	자연시술각도 0°
베이스	오프 더 베이스	베이스	오프 더 베이스

4 헤어 커트 기법

(1) 블런트(blunt)
① 모발과 수직으로 커트하여 직선의 단면
② 깔끔한 커트선과 무게감
③ 클럽커트(club cut)로 명칭하기도 함

(2) 나칭(notching)
① 가위 날을 45° 대각으로 세워 커트하여 규칙적인 톱니바퀴 모양의 단면
② 모발의 길이와 질감을 동시에 제거

(3) 포인팅(pointing)
① 가위 날끝을 세워 모발의 끝, 중간, 모근 가까이로 불규칙한 길이로 커트한 단면
② 나칭보다 섬세한 질감 효과

(4) 슬라이싱(slicing)/슬리더링(slithering)
① 모발의 표면을 따라 모발 끝 방향으로 미끄러지듯이 가위를 개폐하여 커트
② 생동감 있고 방향성 있는 모발의 질감 표현

(5) 슬라이딩(sliding)
① 가위가 미끄러지듯이 커트하여 형태를 만듦
② 짧은 모발 긴 모발의 자연스러운 연결과 질감 조절

(6) 싱글링(shingling)/시저 오브 콤(scissor over comb)
① 손으로 모발을 잡지 않고 빗을 위 방향으로 이동시키면서 가위로 빗에 끼어있는 모발을 커트
② 네이프나 사이드의 모발을 짧게 하거나 주로 남자머리에 사용

(7) 클리핑(clipping)
가위나 클리퍼를 사용하여 커트 후 튀어나온 불필요한 모발을 제거하는 방법

(8) 트리밍(trimming)
완성된 형태의 커트선을 최종적으로 다듬고 정돈하는 방법

(9) 크로스 체크(cross check)
처음 커트한 섹션라인과 교차되게 커트선을 체크하는 방법

(10) 테이퍼링(tapering)/페더링(feathering)
① 레이저를 사용하여 커트하여 길이를 자르면서 모량을 감소시킬 수 있음
② 웨트 커트로 진행하며 모발 끝을 가늘고 자연스럽게 표현

엔드 테이퍼링	노멀 테이퍼링	딥 테이퍼링
• 모발의 양이 적을 때 • 모발 끝을 정돈할 때 • 패널의 끝 1/3 지점 위에서부터 날의 각도를 40~45°로 하여 테이퍼링	• 모발의 양이 보통일 때 • 자연스러운 모발 끝과 가벼운 움직임 • 패널의 끝 1/2 지점 위에서부터 날의 각도를 20~30°로 하여 테이퍼링	• 모발의 양이 많이 감소 • 모발의 움직임 강조 • 패널의 끝 2/3 지점 위에서부터 날의 각도를 10~15°로 하여 테이퍼링

(11) 틴닝(thinning)
① 틴닝 가위를 사용하여 모발의 양을 감소시켜 질감의 변화를 줌
② 톱니 모양 가위 날의 간격에 따라 잘려나가는 모량이 결정됨

	루트 틴닝 (roots thinning)	• 모근 가까이 0.5cm 이내에서 조금씩 잡아서 틴닝 • 모류를 보정
이너 틴닝 (inner thinning)	세임 틴닝	• 모발의 중간 지점에서부터 틴닝 • 모발의 위아래 길이가 같게 틴닝됨
	이너 그래쥬에이션 틴닝	• 모발의 중간 지점에서부터 틴닝 • 모발의 아래가 짧고 위가 길게 틴닝됨 • 볼륨을 주어 입체감 표현 • 매끄러운 표면과 안말음 효과
	이너 레이어 틴닝	• 모발의 중간 지점에서부터 틴닝 • 모발의 아래가 길고 위가 짧게 틴닝됨 • 움직임을 만들고 바깥말음 효과
	라인 틴닝 (line thinning)	• 모발 끝 1/3 지점에서 틴닝 • 모발 끝의 모량과 움직임 조절

Chapter 04 그래쥬에이션 헤어커트

1 그래쥬에이션 커트의 특징
① 점진적인 단차(층)가 생겨 볼륨감이 나타나는 커트로 원랭스 커트보다는 가벼움을 레이어 커트보다는 무게감을 형성함
② 두상에서 아래가 짧고 위로 올라갈수록 머리 길이가 길어지며 층이 나는 스타일로 시술각 높이에서 무게감과 형태선이 생김
③ 층이 있는 거친 질감과 매끄러운 질감의 혼합
④ 두상의 함몰된 부분이나 날카로운 인상을 보완하고 지적이고 차분한 이미지를 연출
⑤ 표준(기본) 시술각은 45° (사선 45°)

2 그래쥬에이션 커트의 종류

(1) 시술각도에 따른 분류

로 그래쥬에이션 (low graduation)		미디엄 그래쥬에이션 (medium graduation)		하이 그래쥬에이션 (high graduation)	
• 시술각도 0° 이상~45° 이하 • 낮은 점진적인 층을 형성 • 볼륨감보다는 무게감이 큼		• 시술각도 45°(±5°) • 두상의 볼륨감이 이상적으로 표현됨		• 시술각도 45° 이상~90° 이하(50°~89°) • 높은 점진적 층을 형성 • 그래쥬에이션 커트 중에서 가장 가벼운 스타일로 무게감 보다는 볼륨감을 표현하기에 용이	
커트방향	세로(수직)	커트방향	세로(수직)	커트방향	세로(수직)
섹션(슬라이스)라인	평행	섹션(슬라이스)라인	평행	섹션(슬라이스)라인	평행
시술각도	두상시술각도 30°	시술각도	두상시술각도 45°(±5°)	시술각도	두상시술각도 60°
베이스	온 더 베이스	베이스	온 더 베이스	베이스	온 더 베이스

(2) 패턴에 따른 분류

평행 그래쥬에이션 (parallel graduation)	• 점진적인 층이 평행하게 쌓여가는 형태
증가 그래쥬에이션 (increasing graduation)	• 뒤쪽으로 가면서 층이 증가되어 A라인으로 쌓여가는 형태 • 섹션라인은 A라인(전대각, 콘케이브)으로 앞쪽으로 모발이 길어지고 층은 감소
감소 그래쥬에이션 (decreasing graduation)	• 뒤쪽으로 가면서 층이 감소되어 V라인으로 쌓여가는 형태 • 섹션라인은 V라인(후대각, 콘벡스)으로 뒤쪽으로 모발이 길어지고 층은 감소

Chapter 05 레이어 헤어커트

1 레이어 커트의 특징
① 90° 이상의 시술각으로 커트
② 시술각이 클수록 층이 높이 생기고 탑에서 네이프로 갈수록 모발이 길어져 무게감이 제거됨
③ 표면이 거칠고 가벼운 질감과 움직임, 모발의 끝이 뻗침
④ 가볍고 평면적인 느낌으로 경쾌하고 발랄한 이미지 연출

2 레이어 커트의 종류

(1) 시술각도에 따른 분류

세임 레이어 (same layer)		스퀘어 레이어 (square layer)		인크리스 레이어 (increase layer)	
• 유니폼 레이어, 라운드 레이어라고도 불림 • 모발 전체의 길이를 동일하게 커트 • 두상의 둥근 형태를 따라 가며 커트를 진행 (이동디자인라인)		• 단면이 사각형 모양의 직각의 형태를 만들며 커트 • 사방에서 대칭으로 길이를 같게 커트 • 모발이 짧은 경우 크라운 영역의 볼륨감이 생김 • 남성커트 스타일에 많이 사용		• 하이 레이어라고도 불림 • 네이프의 길이가 길고 위로 올라갈수록 짧아지는 형태로 급격한 층이 생김 • 주로 긴머리에 적용	
커트방향	세로(수직)	커트방향	세로(수직), 가로(수평)	커트방향	세로(수직)
섹션(슬라이스)라인	평행	섹션(슬라이스)라인	평행	섹션(슬라이스)라인	평행
시술각도	두상시술각도 90°	시술각도	자연시술각도 90°, 180°	시술각도	두상시술각도 90° 이상
베이스	온 더 베이스	베이스	온 더 베이스	베이스	온 더 베이스

Chapter 06 쇼트 헤어커트

1 쇼트 헤어커트

(1) 정의
① 남녀 구분 없이 트렌드를 반영하여 가위 커트, 싱글링 커트, 클리퍼 커트 기법을 사용하여 헤어스타일을 디자인하고 연출
② 깔끔한 댄디 스타일, 투-블록, 모히칸 스타일 등이 있음

(2) 모류의 특징
① 모류란 모발이 자라나가는 방향 또는 흐름을 뜻함
② 모발 성장 패턴 반대 방향으로 커트하여 무거움을 제거하고 주변과 부드럽게 연결함
③ 모류의 뭉침이나 흩어짐은 쇼트커트에 큰 영향을 줌
④ 주로 골든 포인트와 네이프 포인트 또는 센터 포인트에 나타남

순류	좌측·우측 흘림 모류	좌측·우측 다발성 모류	중앙 쏠림 모류(제비추리)
• 무거운 모량만 정리하고 전체적인 균형미를 맞춤	• 한쪽 방향으로 흐르는 모류를 흐름의 반대 방향으로 밀어주듯이 정리하여 네이프 포인트를 기준으로 아래로 떨어지게 함	• 네이프 부분의 모류를 70% 정도 제거 • 역방향하는 모근 부분을 정리	• 좌측·우측 아래로 모류가 모여 있음 • 틴닝 가위로 모량을 조절하여 주변 모량과 비슷하게 정리

(3) 모량 조절
틴닝(thinning), 테이퍼링(tapering), 포인팅(pointing), 슬라이싱(slicing) 등의 질감처리 기법을 사용하여 모양을 조절하여 쇼트헤어 커트의 완성도를 높임

2 싱글링 헤어커트 방법

(1) 싱글링 기법 : 모발의 길이를 조절

다운 싱글링	• 빗으로 모발을 들어 길이를 정하고 위에서부터 내려오면서 커트 • 긴머리의 형태를 만들 때 주로 사용
업 싱글링	• 빗으로 모발을 떠올려 아래에서 위로 올라가면서 커트 • 커트선을 연결할 때 주로 사용
연속 싱글링	• 빗을 두상에 대고 아래에서 위로 올라가면서 연속해서 커트 • 일반적인 싱글링 기법

(2) 트리밍 기법 : 튀어나온 모발을 정리
모발의 정리가 필요한 부분에 가위의 정인을 갖다 대고 엄지손가락으로 가위 끝 날을 받치고 검지손가락으로 두상을 지지하여 모발을 정리하는 방향으로 가위질하며 밀고 나감

3 클리퍼 커트 방법

(1) 클리퍼의 특징

① 고정 날이 모발을 정돈하여 모으고 고정 날의 빗살 사이로 밀려들어 온 모발을 이동 날과의 상호 작용에 의해 빠르게 움직이면서 자르게 됨
② 잘린 모발이 날리지 않을 정도의 모발 수분 상태로 커트
③ 주로 얼레살의 빗을 사용 : 커트 빗이 시술 각도나 모발 길이를 조절
④ 사용 전 충분히 충전해야 함
⑤ 사용 후에 몸체에서 날을 분리하여 머리카락을 털어 내고 오일을 발라서 보관
⑥ 부착 날을 덧대면 빗을 사용하지 않아도 mm 수에 따라 모발이 커트됨

(2) 클리퍼의 구조

고정 날(밑날)	이동 날(윗날)	몸체(핸들)
• 모발을 정돈하여 모음 • 홈의 길이가 이동 날에 비해 길고 간격이 넓음	• 고정 날의 빗살 사이로 밀려들어 온 모발을 잘라냄 • 홈의 길이와 간격이 고정 날보다 좁음	• 손잡이 부분으로 전원 스위치가 있으며 날을 조정하는 스위치가 있는 경우도 있음

Chapter 07 베이직 헤어펌

1 헤어펌 도구와 재료

고객가운	어깨보(파마보)	로드(rod)
• 고객이 착용하는 가운	• 고객가운 위에 수건을 두르고 그 위에 사용 • 방수 재질	• 모발을 감아 웨이브를 만드는 도구 • 로드의 굵기에 따라 구분 • 일반적으로 1'호'가 가장 큰 로드이고 숫자가 커질수록 로드의 굵기는 가늘어짐
파마지(엔드페이퍼, end paper)	고무밴드	펌스틱(perm stick)
• 잡은 모발의 텐션(팽팽함)을 유지하며 와인딩이 가능 • 모발 끝 부분의 펌제 흡수량을 조절하여 모발 손상을 방지	• 로드에 와인딩한 모발을 두피에 고정하는 역할 • 모근 부분을 강하게 자극할 경우 모발에 고무줄 자국을 남기거나 모발이 끊어짐	• 모발과 고무줄 사이의 간격을 형성하여 고무줄 자국과 모발의 손상을 방지 • 로드의 위치를 정확하게 고정하여 원하는 곳에 웨이브를 형성
꼬리빗(tail comb)	헤어밴드	비닐 캡(plastic cap)
• 블로킹과 섹션을 쉽게 분리하고 와인딩 시 모발의 결을 정리하여 적당한 텐션을 유지 • 빗의 끝이 뾰족하고 날카로운 형태는 두피의 자극과 염증을 유발	• 펌제가 얼굴과 목 등으로 흘러내림을 방지하고 비닐캡의 고무줄이 피부를 자극하는 것을 방지	• 모자 형태로 만든 얇은 비닐 • 공기를 차단하여 펌제(1제, 환원제)의 산화와 건조를 방지하고 두피의 열로 모발 전체의 온도를 고르게 유지하며 약액의 흘러내림과 냄새 유출을 방지
미용장갑	중화 받침대	클립(clip)
• 고무 소재의 장갑 • 펌제의 접촉으로 인한 시술자의 손을 보호	• 펌제(2제, 산화제) 산화제를 도포할 때 • 약액이 고객가운이나 옷으로 흘러내림을 방지	• 핀셋이라고도 불림 • 블로킹이나 섹션으로 나누어놓은 모발을 고정

그 외 공병, 수건 분무기 등이 필요

2 헤어펌 기기

(1) 열처리기
① 펌제 또는 트리트먼트제의 작용을 촉진
② 적외선 가열기, 스티머, 전기 모자 등을 사용

(2) 타이머
작용 시간을 정하고 알림을 설정

3 헤어펌의 정의

헤어펌은 모발에 물리적·화학적인 방법을 가하여 모발의 형태를 변화시키고 오랫동안 유지되게 하는 것이다(영구적인 물결모양의 형태를 형성).

4 퍼머넌트 웨이브 원리

> 물리적 작용 + 화학적 작용 → 영구적 형태변경

물리적 작용	• '로드'를 사용하여 팽팽하게 당겨(텐션, tension) 와인딩을 하면 모발의 탄력성으로 굴곡과 늘어남의 차이가 생기고 웨이브가 형성됨 • 물을 적시면 다시 원래의 상태로 돌아감
화학적 작용	• 퍼머넌트 약액 제1액의 환원작용으로 모발(모피질)의 시스틴 결합을 끊어 '로드'로 일시적인 웨이브 형성을 용이하게 함 • 제2액의 산화작용에 의한 시스틴 재결합으로 새로 만든 웨이브를 고정하여 영구적인 웨이브를 형성

5 헤어펌의 분류

(1) 콜드펌
① 일반 펌
② 실온에서 펌제 사용
③ 종류

1욕식	• 환원제(1제) 한 종류를 사용하여 시술하는 방법으로 공기 중의 산소를 이용한 자연산화를 이용 • 시술시간이 오래 걸리고 컬의 형성력이 약함
2욕식	• 환원제(1제)와 산화제(2제) 두 종류를 사용하여 시술하는 방법으로 일반적으로 가장 많이 사용
3욕식	• 전처리제(1제), 환원제(2제), 산화제(3제)로 구성 • 전처리제(1제)는 특수 활성제로 환원제가 모발에 쉽게 침투할 수 있도록 팽윤·연화시키는 작용 • 굵은 모발, 발수성 모발, 저항성 모발 등에 효과적

(2) 열펌
① 펌제 사용
② 열을 가함
③ 종류

직펌	와인딩을 한 후 펌제를 도포한 상태에서 열을 직접 가하는 방법
연화펌	펌제를 도포하여 모발을 연화한 후 헹구어내고 모발을 적절하게 건조한 후 와인딩

6 헤어펌제의 주요 구성 성분

(1) 환원제(1제)

환원제	시스틴결합 절단	티오글리콜산	• 2~7% 농도 • 건강모, 자연모, 경모, 발수성모, 저항성모
		시스테인	• 손상모, 염색모, 다공성모 • 티오글리콜산에 비해 환원력이 약함
알칼리제	pH조절제 모발의 팽윤	암모니아수	• 휘발성 • 강한 웨이브 • 자극적인 냄새
		모노에탄올아민	• 비휘발성 • 알칼리 잔류로 인한 손상

(2) 산화제(2제, 중화제)

산화제	시스틴 재결합	과산화수소	• 빠른 반응 • 강한 산화력 • 손상과 탈색
		브롬산나트륨, 브롬산칼륨 등	• 3~5% 농도 • 과산화수소에 비해 산화력이 약함 • 시간차를 두고 2중 도포

7 헤어펌 방법

(1) 와인딩 기법

크로키놀식	스파이럴식	압착식
• 모발 끝에서부터 두피 쪽으로 와인딩 • 가장 일반적인 방법으로 모발 길이에 관계 없이 가능 • 모발 끝부분의 웨이브가 강하게 형성	• 두피에서 모발 끝 쪽을 향하거나 모발 끝에서 두피 쪽으로 와인딩 • 모발 전체에 균일하고 일정한 웨이브가 형성	• 기구 사이에 모발을 끼워서 눌러 고정 • 기구의 모양에 따라 형태가 결정됨

(2) 고무밴드 사용법

① 로드에 와인딩한 모발을 두피에 고정하는 역할
② 모근 부분을 강하게 자극할 경우 모발에 고무줄 자국을 남기거나 모발이 끊어짐

③ 고정 형태에 따라 로드에 감긴 모발에 주어지는 힘이 다름

일자형	X자형	혼합X형
• 미용사(일반) 국가 자격시험에서 사용하는 방법 • 와인딩 한 로드의 두피 밀착력이 높으나 밴딩 자국이 남아 모발의 손상을 주의해야 함	• 고무 밴드 자국이 나지 않음 • 굵은 롤이나 뿌리볼륨 와인딩에 사용	• 일반적으로 많이 사용하는 방법 • 로드가 안정감 있게 고정됨

(3) 베이스와 와인딩 시술각도

온 더 베이스 (on the base, 논 스템)		• 베이스 내부에 로드가 안착 • 스템이 거의 없음 • 모근의 최대 높은 볼륨 형성 • 패널을 120°~135°로 빗어 올려 와인딩
하프 오프 베이스 (half off base, 하프 스템)		• 로드가 베이스 절반에 걸쳐 안착 • 비교적 중간 길이의 스템 • 적절한 모근의 볼륨 형성 • 패널을 90°로 빗어 올려 와인딩
오프 베이스 (off base, 롱 스템)		• 로드가 베이스를 벗어나 안착 • 긴 스템 • 모근의 볼륨감이 없음 • 패널을 45°로 내려 빗어서 와인딩

(4) 파마지 사용법

① 엔드 페이퍼(end paper) 또는 파지, 습지라고 불림
② 모발이 와인딩될 때 텐션을 유지하며 로드에 밀착하여 와인딩 되어 고르고 매끄러운 컬을 만듦
③ 모발 끝이 꺾이는 것을 방지하고 과도한 펌제의 흡수를 막아 모발을 보호하는 역할

단면 사용법	양면 사용법	접기 사용법
• 가장 일반적인 사용법	• 양면에 파마지 사용 • 모발 끝 손상이 심하거나 길이 차이가 클 때 사용	• 파마지를 반으로 접어 사용 • 모발 끝을 모아 잡거나 길이 차이가 심할 때 사용

8 헤어펌의 진행 과정

> 고객가운 및 어깨보 → 고객상담 및 모발진단커트 → 사전샴푸와 사전커트 → 약제 도포와 빗질 → 로드 와인딩 → 1제 도포 → 비닐캡 → 작용시간 → 중간테스트 → 중간세척 → 2제 도포 → 작용시간 → 로드 제거 → 사후샴푸 → 사후커트 → 스타일링

(1) 고객가운 및 어깨보 착용
고객에게 고객가운과 어깨보를 착용함

(2) 고객 상담 및 모발 진단
① 고객의 희망 스타일과 두피 및 모발 상태를 확인

두피의 상태 (scalp condition)	• 상처와 염증이 있는 두피는 시술하지 않음
모발의 상태 (hair condition)	• 굵기(thickness) • 밀도(모량, density) • 질감(texture, 곱슬 유무) • 손상정도 판단 : 탄력성(elasticity), 흡수성(absorption), 다공성(porosity)
사전 시술내용 (client service history)	• 사전 시술 내역을 확인함

② 모발 전처리제 및 피부보호제 도포

전처리제 종류	사용 모발	전처리 방법
특수활성제 or 1제	• 자연 모발(곱슬모, 굵은모) • 저항성 모발 • 발수성 모발	• 모발의 연화처리 : 모발을 팽윤·연화하기 위한 목적 • 알칼리 성분의 특수 활성제 또는 1제(환원제)를 도포한(열처리 또는 자연방치) 후에 모발의 상태에 따라 바로 와인딩 하거나 미지근한 물로 세척한 후 1제를 재도포하고 와인딩
단백질 주성분의 헤어트리트먼트 (크림, 유액, 용액)	• 손상모 • 극손상모	• 모발의 손상도를 개선하여 효과적 시술결과를 얻기 위해 • PPT, LPP 등의 트리트먼트제를 도포한 후 열처리 하고 미지근한 물로 세척

> **TIP** 사전 처리 제품
> • PPT(polypeptide) : 모발 아미노산 펩티드 결합의 중합체
> • LPP(low molecullar PPT) : PPT에 비해 입자가 작아 모발 속 침투율이 높음
> • CMC(cell membrane complex) : 모발 세포막 복합체, 모피질 단백질 섬유와 간충물질을 보호

(3) 사전 샴푸
① 프리샴푸(pre-shampoo)라고 하며 모발의 오염물 또는 스타일링 제품을 제거하는 목적으로 진행
② 두피에 자극을 주지 않는 가벼운 샴푸방법으로 컨디셔너는 사용하지 않음

(4) 사전 커트
헤어펌의 웨이브가 완성된 상태를 고려하여 모발 길이를 설정하도록 주의

(5) 약제 도포와 빗질
모발의 상태에 따라 직접법과 간접법을 선택

직접법	• 펌 1제를 도포한 후에 와인딩 • 건강모, 경모, 지성모, 발수성모
간접법	• 젖은 모발에 와인딩을 한 후에 펌 1제를 도포 • 손상모, 극손상모, 연모

(6) 로드 와인딩
와인딩 베이스는 모발의 질감, 밀도, 사용하는 로드의 크기, 디자인 등을 고려하여 사용하는 로드의 길이와 높이를 기준으로 크기를 결정

모량이 많고 굵은 모발	스트랜드를 적게 하고 가는 로드를 사용
모량이 적고 가는 모발	스트랜드를 크게 하고 굵은 로드를 사용

(7) 헤어밴드를 두르고 1제를 도포
1제가 세지 않도록 헤어밴드를 두르고 도포함

(8) 비닐 캡(랩)을 씌움
① 공기를 차단하여 펌제(1제, 환원제)의 산화와 건조를 방지
② 두피의 열로 모발 전체의 온도를 고르게 유지
③ 약액의 흘러내림과 냄새 유출을 방지

(9) 작용시간(프로세싱 타임)
① 헤어펌의 웨이브가 형성되기까지의 처리 시간
② 모발의 성질과 상태, 펌제의 종류, 사용하는 로드 등을 고려하여 1제의 방치시간을 결정

자연처리	• 실온에서 약 5~20분 정도 방치 • 손상모
열처리 후 자연처리	• 약 5~15분 정도의 열처리 후 실온에서 약 5~20분 정도 방치 • 건강모

(10) 중간 테스트(테스트 컬)
① 헤어펌의 정확한 프로세싱 시간을 결정하고 웨이브 형성 정도를 확인하기 위한 과정
② 후두부 중간에 위치한 로드(2~3개)를 풀어서 두피 쪽으로 밀어 웨이브 형성 상태와 탄력을 확인
③ 모발의 연화 결과를 확인하여 1제의 프로세싱 상태를 확인

오버(over) 프로세싱	• 1~2단계 크기가 큰 로드로 교체 • 즉시 미온수로 중간세척하고 중화 • 중화제 도포 후 로드를 제거하고 방치
언더(under) 프로세싱	• 1~2단계 크기가 작은 로드로 교체 • 1제를 재도포하고 열처리 • 온수로 중간세척 후 최대한 건조시키고 중화

> **TIP** 모발 끝이 자지러지는 현상
> • 모발 끝을 과도하게 테이퍼링 함
> • 너무 가는 크기의 로드를 사용함
> • 텐션 없이 느슨하게 와인딩 함
> • 오버 프로세싱을 진행함

(11) 중간세척 또는 산성린스
① 미온수로 1제를 세척하여 환원 작용을 멈추게 함
② 산성린스 : 티슈나 수건으로 1제를 가볍게 닦고 pH 밸런스제 도포

효과	• 제1액의 알칼리제 잔여로 인한 모발손상을 방지 • 산화제의 작용을 원활하게 하여 컬의 탄력과 고정력을 높임 • 모발의 pH 밸런스(알칼리 중화)를 조절하여 모발 건강유지

(12) 2제 도포와 작용시간
① 산화제인 제2제의 도포 후에 헤어펌 웨이브가 고정되기까지의 처리 시간
② 고객의 두피나 얼굴, 목덜미 등의 피부에 흐르지 않도록 주의
③ 건강모 : 약 10~20분 정도 방치
④ 손상모 : 약 5~15분 정도 방치
⑤ 브롬산나트륨이 주성분인 산화제는 두 번에 나누어 2중 도포 후 5~10분 정도 방치

(13) 와인딩 풀기(로드 아웃/오프)
① 긴머리 스타일은 두상의 아래에서 위 방향으로 로드를 제거
② 약액이 튀지 않도록 주의

(14) 사후 샴푸
① 미온수를 사용하여 펌제를 충분히 헹구며 컨디셔너제를 도포한 후에 두피 지압으로 마무리
② 모발의 등전점을 빠르게 회복하기 위해 컨디셔너제를 사용
③ 산성 샴푸제를 사용하기도 함

(15) 필요에 따라 사후 커트
필요하다면 커트로 스타일을 정리함

(16) 스타일링

웨이브 스타일	• 샴푸 후 모발을 건조하고 10~20% 정도 수분이 있는 상태에서 스타일링 제품을 도포 • 과도하게 건조되어 손질이 어려울 경우 분부하여 수분을 보충 • 소량씩 여러 번에 나눠 모발 끝에서부터 도포
C컬 또는 스트레이트 스타일	• 샴푸 후 모발의 물기를 완전히 제거 후 스타일링 제품을 도포 • 소량씩 여러 번에 나눠 모발 끝에서부터 도포

Chapter 08 매직스트레이트 헤어펌

1 매직스트레이트 헤어펌의 종류

(1) 매직스트레이트
① 플랫 아이론(flat iron)을 모발을 스트레이트(straight) 형태의 직모로 만드는 열펌
② 매끄럽고 윤기 나는 모발결을 만들기 위해 천천히 미끄러지듯이 프레스 작업을 진행

(2) 볼륨 매직
반원형 아이론(half round iron)을 사용하여 뿌리의 볼륨을 살리고 모발 끝부분에 C컬을 만드는 열펌

> **TIP 프레스 작업**
> 모표피를 정돈하여 결을 매끄럽고 윤기 있게 만드는 작업

2 아이론
① 아이론은 열을 이용해 모발의 형태를 변형시키는 기기로 손잡이, 그루브, 로드로 구성
② 건강 모발 160~180℃, 손상 모발 120~140℃, 저항성 모발 180~200℃를 사용
③ 시술 시 패널의 폭은 약 1.5cm 내외, 시술 각도는 90°이상
④ 모발에 눌림 자국이 생기지 않도록 주의하여 사용

3 아이론의 종류

플랫 아이론(flat iron)	반원형 아이론(half round iron)	컬링 아이론(curling iron)
• 열판 모양이 평평한 판의 형태 • 주로 스트레이트로 모발을 펼 때 사용 • 모발과 수평인 상태로 사용 • 아이론기를 회전하는 테크닉으로 C컬이나 S컬 형태도 가능	• 열판 모양이 반원형의 형태 • 주로 뿌리 부분에 볼륨을 주거나 모발 끝 쪽에 C컬을 만들 때 사용(볼륨매직) • 모발이 꺾이지 않도록 약 90°로 회전하여 사용 • 아이론기를 회전하는 테크닉으로 S컬 형태도 가능	• 열판 모양이 원형 롤의 형태 • 원형 롤의 지름은 3~38mm의 다양한 크기 • 주로 웨이브의 형태를 만들 때 사용 • 아이론기를 회전하여 모발을 아이론기에 감아 사용

4 매직스트레이트 헤어펌 진행단계

(1) 열펌을 위한 연화 처리
① 사전 연화는 모발을 팽윤·연화시키고 모발 내의 시스틴결합(황결합)을 끊고 시스테인으로 환원
② 매직펌 전용 1제를 두피에서 0.5cm 정도 띄우고 원하는 부분만 약제를 도포
③ 모발이 눌리지 않도록 비닐캡(랩)을 씌움
④ 모발의 상태에 따라 방치시간과 열처리 여부를 결정

(2) 열펌 연화 점검
연화 정도를 판단하는 방법으로 연화가 미흡하면 점검하기 위해 변형한 모양이 유지되지 않음

> **TIP 연화 점검 방법**
> - 소량의 모발을 둥그랗게 말아 지그시 누르기
> - 모발 중간을 반으로 접기
> - 빗 꼬리 또는 로드에 모발을 말아 보기

(3) 연화 처리 후 헹굼
① 미온수로 1제가 남지 않도록 충분히 세척 후 헤어트리트먼트를 처리
② 타월드라이 후 완전 건조

(4) 프레스 작업
테크닉에 따라 수분을 약간 남기는 경우 아이론의 온도를 약 110~140℃ 정도로 프레스 작업함

(5) 산화제 도포 후 작용시간 방치
산화제를 도포하고 작용시간 동안 방치함

5 매직스트레이트 헤어펌 마무리와 홈케어 손질법

(1) 사후 샴푸
① 미온수를 사용하여 펌제를 충분히 헹구며 컨디셔너제를 도포한 후에 두피 지압으로 마무리
② 모발의 등전점을 빠르게 회복하기 위해 컨디셔너제를 사용
③ 산성 샴푸제를 사용하기도 함

(2) 스타일링
① 타월 드라이 후 드라이어를 사용하여 모발을 건조
② 드라이어나 플랫 아이론을 사용하여 가벼운 스타일링
③ 헤어 에센스, 헤어 오일 등을 도포하여 마무리

(3) 홈케어 손질법

샴푸 방법	• 펌 전용 샴푸를 사용하여 두피는 충분히 문지르고 모발은 비비는 동작을 하지 않도록 함 • 모발 끝부터 컨디셔너제를 도포 후 충분히 헹굼
타월 드라이	• 모발을 비비지 않도록 주의 • 두피는 지압하듯 누르며 문질러 닦고, 모발은 털거나 타월을 대고 두드려 닦음
모발 건조	• 가급적 자연 건조 • 드라이어의 열풍을 80~90% 이상 사용하고, 나머지는 냉풍을 사용하여 건조
헤어트리트먼트 사용 권장	• 모발을 건조한 후에 모발 끝부터 도포 • 모발 건조 전에 헤어트리트먼트제를 사용하면 수분이 빨리 건조되므로 모발 손상을 최소화
기타	• 시술 후 2~3일 정도는 핀 또는 고무줄을 사용하지 않도록 함 • 모발이 직접적으로 고온(사우나 등)에 노출되지 않도록 주의

Chapter 09 기초 드라이

1 헤어 드라이어

(1) 특징
① 헤어 드라이기의 열과 바람으로 젖은 모발을 건조하여 변형시키는 헤어 스타일링 방법
② 빠른 시간 안에 모발을 건조할 수 있고 원하는 스타일에 따라 모발의 볼륨, 방향성, 윤기, 웨이브(컬) 등을 표현하기에 용이함
③ 헤어 드라이어의 열풍온도는 65~85℃, 송풍구는 약 90℃까지 온도 상승
④ 일반적인 미용업소 드라이어의 소비 전력은 1,500~2,000W

(2) 종류

핸드 타입	• 가장 일반적인 헤어 드라이어로 열과 바람으로 젖은 모발을 건조 • 온풍과 냉풍 선택
스탠드 타입	• 다목적 열기구로 열풍, 냉풍, 광선 등을 선택 • 웨이브 모발이나 손상 모발 건조 • 스타일링을 목적으로 사용하기에 부적합

(3) 구조와 명칭

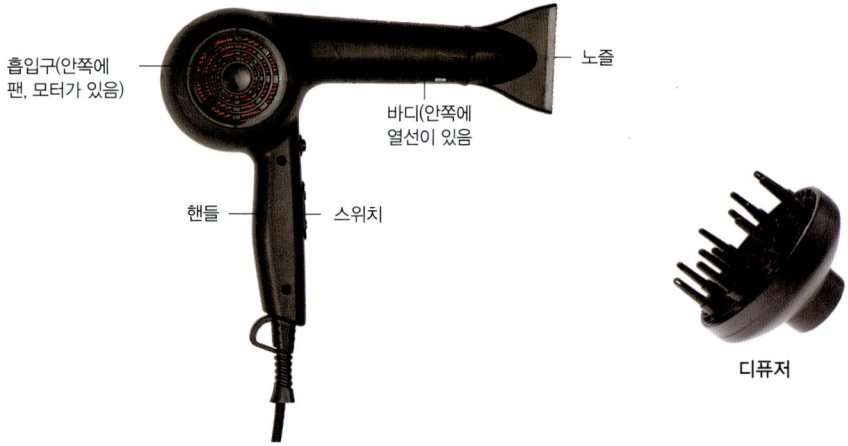

노즐	바람이 나오는 입구
팬	작은 프로펠러로 모터로 바람을 만드는 역할
바디	드라이어의 몸통으로 안쪽에 열선(발연체)이 있음
핸들	드라이어의 손잡이
스위치	작동과 바람의 세기를 조절
디퓨저	펌웨이브 모발을 건조할 때 모발이 헝클어지지 않도록 노즐 부분을 교체하여 사용

(4) 원리
① 모발 내부의 측쇄 결합 중 수소 결합(hydrogen bonds)의 특성을 이용하는 것
② 수분으로 절단된 모발의 수소 결합을 드라이어의 열과 바람, 도구의 힘(브러쉬 등)으로 재결합 시키나, 다시 수분을 공급하면 결합은 끊어지고 형태의 변화는 사라짐(일시적 웨이브)

2 헤어 아이론

① 마셀 웨이브(marcel wave) : 아이론을 사용하여 모발의 웨이브를 만드는 방법으로 1875년 마셀 그라또우(Marcel Grateau)가 개발함
② 부드럽고 자연스러운 웨이브 형성
③ 프롱과 그루브가 수평으로 곧은 모양으로 열판의 열이 균일해야 함
④ 건강모의 아이론 사용 적정온도는 120~140℃, 회전각도는 45℃
⑤ 프롱은 아래쪽, 그루브는 위쪽으로 놓은 상태에서 그루브 핸들을 엄지와 엄지손가락 사이에 끼워 잡는다.

웨이브 형태	안말음(in curl)	그루브는 위쪽, 프롱은 아래쪽
	바깥말음(out curl)	프롱은 위쪽, 그루브는 아래쪽

(2) 종류
열판의 모양과 손잡이 형태에 따라 다양한 형태

플랫 아이론 (flat iron)	• 열판 모양이 평평한 판의 일자 형태 • 주로 스트레이트로 모발을 펼 때 사용 • 모발과 수평인 상태로 사용 • 아이론기를 회전하는 테크닉으로 C컬이나 S컬 형태도 가능
반원형 아이론 (half round iron)	• 열판 모양이 반원형의 형태 • 주로 뿌리 부분에 볼륨을 주거나 모발 끝 쪽에 C컬을 만들 때 사용(볼륨매직) • 모발이 꺾이지 않도록 약 90°로 회전하여 사용 • 아이론기를 회전하는 테크닉으로 S컬 형태도 가능
삼각 아이론	• 열판의 형태가 각진 삼각형 • 볼륨, 강한 리지감을 표현
컬링 아이론 (curling iron)	• 열판 모양이 원형 롤의 형태 • 원형 롤의 지름은 3~38mm의 다양한 크기 • 주로 웨이브의 형태를 만들 때 사용 • 아이론기를 회전하여 모발을 아이론기에 감아 사용
클램퍼 아이론 (clamper iron)	• 다이렉트기라고 함 • 열판의 모양이 지그재그의 형태(연속된 Z자형) • 두피에 볼륨을 주거나 스타일의 포인트를 주기 위해 사용

(3) 구조와 명칭

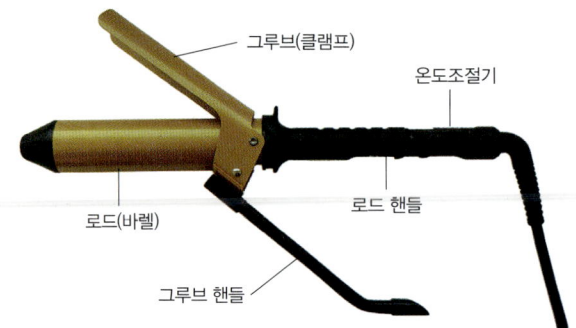

프롱(prong)	모발을 감는 로드(rod)의 역할
그루브(groove)	모발을 고정하고 누르는 역할

3 헤어 브러시

(1) 특징
① 빳빳하고 탄력 있는 동물의 털(자연강모), 표면이 매끄러운 플라스틱, 나일론 등으로 만들어짐
② 사용목적에 따라 브러시의 모양과 재질을 선택
③ 사용 후 비눗물(탄산소다수, 석탄산수)에 담가 손이나 세정 브러시를 사용하여 닦아낸 후 털이 아래로 가도록 그늘에서 말림

(2) 종류

원형(롤) 브러시	돈모브러시	• 돼지털 사용(나일론과 결합된 형태를 주로 사용) • 모발의 윤기와 곱슬기를 잡아주거나 모근의 볼륨을 만들 때 사용 • 텐션 있게 모발의 형태를 변화 • 비교적 적은 모발 손상
	플라스틱브러시	• 나일론 롤, 가시롤 • 간격이 넓은 빗살 • 직모에 사용하기 편함 • 짧은 펌 모발의 마무리
	금속브러시	• 금속롤, 병롤 • 몸통이 열전도율이 높은 알루미늄 소재 • 빠른 작업 속도와 세팅 효과가 좋음 • 금속 과열로 인한 두피 화상 주의
반원형 브러시	벤트브러시	• 스켈톤 브러시 • 모발의 건조 시 모류의 방향성 설정 • 자연스러운 스타일을 표현할 때 사용
	덴멘브러시	• 자연스러운 모발의 볼륨 및 윤기, 흐름(방향성)을 표현하기에 적합
	쿠션브러시 (패들브러시)	• 면적이 넓고 쿠션이 있어 두피자극이 적음 • 주로 모발의 엉킴을 방지하거나 두피를 마사지 할 때 사용

4 스타일링 요소

수분	• 샴푸 후 물기를 충분히 제거한 후 차가운 바람으로 30% 정도의 수분이 남도록 건조 • 남은 수분이 열에 의해 건조되면서 형태와 모양이 만들어지기 때문
열(온도)	• 드라이어 열풍의 온도는 65~85℃, 아이론은 120~180℃ • 열에 의해서 수분이 증발되고 식히는 과정(쿨링, 뜸들이기)에서 변형된 단백질이 굳으며 형태를 만듦 • 드라이어의 열과 바람이 과도하게 접촉되면 모발의 윤기가 사라지고 열변성으로 인한 모발 손상이 발생
텐션	• 모발을 잡아당기는 힘을 뜻하는 것으로 균일하게 유지하여야 윤기와 탄력 있는 시술 가능
속도	• 일정한 속도를 유지하여 탄력과 윤기 있게 함 • 일반적으로 곱슬머리나 펌 모발은 뜸을 천천히 주고, 손상 모발은 빠르게 작업

5 컬의 형태

(1) 도구
① 드라이어 : 연모, 모량이 보통이거나 적은 보통 퍼머넌트 웨이브 모발에 효과적
② 아이론 : 경모, 모량이 많거나 강한 곱슬머리, 직모에 효과적

(2) 방향
① 인컬(안말음) : 모발의 아래쪽에 브러시를 놓고 두상 쪽을 향하여 안으로 감아줌
② 아웃컬(겉말음) : 모발의 위쪽에 브러시를 놓고 밖으로 향하여 감아줌

(3) 회전 바퀴수
① C컬 : 롤 브러시(아이론)에 모발을 1바퀴 반($1\frac{1}{2}$) 이내로 감음
② 사용하는 롤 브러시(아이론)의 굵기가 굵을수록 컬도 굵어짐

(4) 베이스
① 너비 : 롤 브러시(또는 아이론) 너비의 80% 정도
② 높이 : 사용하는 롤브러시(아이론)의 직경 정도

(5) 시술각도와 볼륨

온 더 베이스, 논 스템, 오버 베이스	하프 오프 베이스, 하프 스템	오프 베이스, 롱 스템
• 강한 볼륨 • 모발을 120° 이상 들고 롤 브러시를 넣음	• 보통 볼륨 • 모발을 90°로 들고 브러시를 넣음	• 적은 볼륨 • 모발을 90° 이하로 들고 브러시를 넣음

Chapter 10 베이직 헤어컬러

1 색채이론

(1) 색의 정의
빛을 흡수하고 반사하는 결과로 사물의 밝고 어두움이나 색상이 인지되는 물리적인 현상
→ 눈을 통해 감각이 인지됨

(2) 색의 분류
① 무채색(achromatic color) : 흰색-회색계-검정색의 명도 변화만 가짐
② 유채색(chromatic color) : 무채색을 제외한 모든 색

> **TIP 물체의 색**
> - 물체에 도달한 빛(가시광선)은 파장이 분해되어 반사, 흡수, 투과의 현상이 발생함
> - 빛이 닿는 물체의 성질에 따라 반사, 흡수, 투과하는 정도가 달라지기 때문에 물체의 형태, 색, 질감이 구분됨
> - 빛이 물체에 닿아 모두 반사되면 물체의 표면은 흰색으로 보이고, 반대로 물체가 모든 빛을 흡수하면 검정색으로 보임

(3) 색의 3속성

색상(Hue)	• 빨강, 노랑 등의 명칭으로 구분하는 고유의 특성 • 유채색에만 있는 속성
명도(Value)	• 색의 밝고 어두운 정도 • 검정(0)부터 흰색(10)까지 • 유채색, 무채색 모두 있는 속성
채도(Chroma)	• 색의 맑고 탁한 정도, 색상의 선명함 • 색의 순수한 정도와 강약을 표현 • 채도가 가장 높은 것은 순색

(4) 색상환
① 색을 측정하고 이것을 기호화하여 표준화한 색을 원형으로 배치하나 것
② 유채색의 색 변화를 계통적으로 표시

(5) 색의 혼합

1차색	• 색의 혼합으로 만들어지지 않는 순수한 색(색의 3원색) • 빨강(red), 노랑(yellow), 파랑(blue)
2차색	• 1차 색상을 서로 혼합하여 만들어진 색 • 초록(green), 주황(orange), 보라색(violet)
3차색	• 1차색과 2차색을 혼합하여 만들어지는 색상 • 붉은 주황(red orange), 연한 주황(yellow orange), 연두(yellow green), 청록(blue green), 자주(red violet), 청보라(blue violet)

(6) 색의 중화
① 특정 반사 빛을 없애고 갈색 계열로 변화시키는 것
② **보색** : 색상환에서 서로 마주 보고 있는 색상
③ **보색중화**
- 보색을 일정한 비율로 혼합하면 무채색이 됨
- 녹색 모발을 자연갈색으로 바꾸자 할 때 빨간색을 사용
- 선명한 회색 염색을 하기 위해 탈색한 후, 모발에 남아있는 노란색 색소를 보색인 보라색을 이용하여 중화한 후에 회색을 시술

④ **보색대비** : 상대의 색이 더 선명해 보이는 현상

2 모발의 명도

(1) 자연모 레벨
① 멜라닌의 양, 비율, 밀도에 의해 구분되는 모발의 밝기
② 일반적으로 10단계로 구분(15단계 또는 20단계)

(2) 블리치 레벨
① 탈색제 등 화학 제품에 의해 탈색된 모발의 밝기
② 희망염모제의 색상이 어떤 모발 베이스의 밝기에서 표현되는지 판단하는 기준
③ 염모제사마다 차이가 있으나 10~20단계로 구분

레벨	1	2	3	4	5	6	7	8	9	10
염모제명 (로레알사)	흑색	아주 어두운 갈색	어두운 갈색	갈색	밝은 갈색	어두운 황갈색	황갈색	밝은 황갈색	아주 밝은 황갈색	금색
블리치 레벨										
언더컬러 (베이스 색상)										
	←―――― 적색 ――――→				←―― 주황색 ――→			←―― 노란색 ――→		

3 모발의 탈색

(1) 탈색의 개요
① 모발의 멜라닌 색소를 분해하여 자연 모발의 색을 밝게 하는 것
② 염색 전 자연모발의 명도를 조정하여 밝게 하는 염색의 효과를 도움
③ 이전에 시술한 염모제의 색상만을 제거하는 목적으로도 사용가능(탈염)

(2) 탈색제의 종류
① **파우더 타입** : 짧은 시간과 빠른 속도로 고명도로 탈색, 가장 일반적 사용, 손상도 높음
② **크림 타입** : 고명도로 탈색하기 어려움, 초보자가 사용하기에 적합, 손상이 적음
③ **오일 타입** : 탈색속도가 느림, 자연스러운 변화, 고명도의 탈색은 불가

(3) 탈색제의 주요 성분

1제	• 암모니아(28%) : 모표피의 팽창으로 약제의 침투가 용이 • 과황산암모늄, 과붕산나트륨 : 과산화수소의 분해 및 산소발생 촉진
2제	• 과산화수소

(4) 탈색의 원리

1	1제 알칼리제에 의한 모표피의 팽창	2	1제+2제 알칼리와 과산화수소가 반응	3	산소발생 멜라닌 색소 산화	4	모발의 탈색

(5) 과산화수소 농도와 산소 발생량
산화제의 농도가 높을수록 탈색 반응이 빠르고 탈색 변화가 큼

과산화수소 농도(%)	산소발생량(volume)	작용
3%	10Vol.	• 모발의 밝기 변화가 적음 • 손상모, 백모 • 색상을 입히는 염색(토닝), 어두운 색의 염색(톤다운)에 사용
6%	20Vol.	• 기존 모발 밝기보다 1~2단계 밝아짐 • 가장 일반적으로 사용하는 농도 • 밝은 색의 멋내기 염색(톤업), 백모, 탈색에 사용
9%	30Vol.	• 기존 모발 밝기보다 2~3단계 밝아짐 • 강한 탈색력, 피부자극이 높음 • 부분적 염·탈색, 가발에 사용

4 헤어컬러제의 종류

(1) 원료에 따른 분류

유성 염모제	• 안료를 수지 또는 접착제와 혼합하여 쵸크, 크레용, 스프레이 형태로 만듦 • 색소의 입자가 커서 모표피 층에 착색, 샴푸 후 제거됨
식물성 염모제	• 헤나의 잎처럼 꽃, 껍질, 열매 등이 원료 • 모발 손상이 없고 모발의 두께감이 굵어질 수 있음 • 염색시간이 길며 염모제가 모피질에 축적되어 모발 색이 탁해지고 펌 등의 화학 시술이 어려움
금속성 염모제	• 은, 구리, 납, 니켈, 비스무트 등의 금속 화합물을 유기 약품으로 검은색이나 갈색으로 변색시키는 염모제 • 모발 내 금속 성분이 축적되어 모발 손상
합성 염모제	• 산성염료, 염기성염료, 산화염료를 사용하는 염모제 • 가장 일반적으로 사용

(2) 염모제의 특성 및 원리

분류	특성	작용원리
일시적 염모제	• 사용 후 샴푸로 즉시 제거가능 • 컬러 스프레이, 컬러 무스, 컬러 마스카라, 새치 커버용 스틱 등	• 입자가 큰 안료(색소)가 모표피 • 표면층에 일시적으로 부착
반영구적 염모제	• 모발 명도의 변화 없이 색상 표현만 가능 • 1제로만 구성 • 4~6주 정도의 색상 유지됨 • 헤어 매니큐어, 코팅, 왁싱, 컬러샴푸 등	• 모표피의 내외층에 염착 • 산성염료(−, 음이온) 분자가 모발의 아미노기(+, 양이온)와 이온결합
영구적 염모제	• 모발의 명도를 변화 • 영구적으로 색상이 유지(6주 이상) • 1제와 2제(산화제)를 혼합하여 사용 • 탈색과 착색이 동시에 일어남	• 1제의 알칼리제 : 모표피를 팽윤 • 1제의 알칼리제 + 2제의 과산화수소 : 산소를 발생 • 발생한 산소 : 멜라닌 색소 분해(탈색), 1제의 산화 염료와 산화 중합 반응(발색)으로 모피질에 착색

(3) 산화염모제의 주요성분

1제	산화염료
	알칼리제 : 모표피 팽윤으로 약제의 침투를 용이하게 함
	  – 암모니아 계열(휘발성)
	  – 아민 계열(비휘발성)

2제	산화제 : 산소 발생, 멜라닌 색소분해, 염료의 발색
	  – 과산화수소
	  – 과붕산나트륨 등

(4) 산화염모제의 원리

1	1제 알칼리제에 의한 모표피의 팽창	3	1제+2제 산소발생	4	2제 멜라닌 색소 산화 : 탈색
2	염료의 모피질 이동			5	산화염료의 산화중합반응 (염료의 고분자화) : 발색

(5) 산화염모제의 착색과정

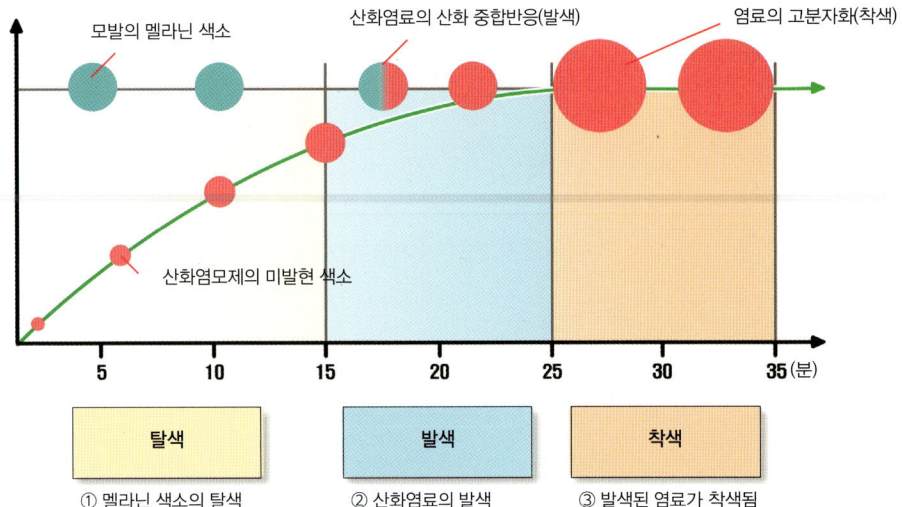

5 헤어컬러 방법

(1) 염모제의 번호체계
① 숫자로 명도와 색상을 표기
② 제조사별로 색상을 표기하는 숫자가 다름

※ / 또는 .는 제조사별 표기 방식이 다른 것

(2) 염색 시 유의사항
① 패치 테스트
② 탈색 전 두피와 모발의 상태를 관찰 : 두피의 상처나 모발의 다공성이 심할 경우 시술하지 않음
③ 프레 소프트닝(pre softening) : 저항성 모발의 경우 염색하기 전 사전연화를 함
④ 모발의 손상을 최소화하고 색의 유지력을 높이기 위해 전처리 제품을 사용

⑤ 제조사가 권장하는 사용법과 혼합 비율을 따름
⑥ 최대한 모발 위주로 도포하고 두피 보호제를 사용
⑦ 두피, 눈 등이 따갑거나 부어오르고 고객이 불편을 호소할 경우 즉시 중단

패치 테스트 (patch test)	• 염모제에 대한 알레르기 여부를 확인하기 위한 검사 • 사용할 염모제의 1제와 2제를 권장 비율로 혼합 • 팔 안쪽 또는 귀 뒤쪽에 동전 크기로 바른 다음 씻어 내지 않고 48시간까지 피부의 부어오름, 붉어짐, 가려움 등의 이상 반응을 관찰
스트랜드 테스트 (strand test)	• 염모제의 색상선정이 올바른지, 모발에 따른 정확한 염모제의 작용시간을 추정 • 목덜미 안쪽 모발에 진행 • 모발에 따른 사전처리 여부 : 다공성모(리컨디셔닝), 발수성모, 저항성모(사전연화)

(3) 붓의 각도에 따른 염모제 도포량 차이

0도	• 염색이 잘 안 되는 부위 도포할 때 • 많은 양의 염모제 도포 가능
45도	• 일반적 사용방법 • 적당량의 염모제 도포
90도	• 모발의 손상 부위나 두피 가까이 도포할 때 • 적은 양의 염모제 도포

(4) 패션 컬러(멋내기 염색)

모발의 길이, 손상도, 얼룩 정도 등에 따라 도포방법을 선택

원터치	• 모근에서 모발 끝까지 한 번에 도포 • 희망색이 7레벨 이하의 어두운 색이거나 모발 전체를 밝게 할 때 • 산성염모제 도포할 때
투터치	• 25cm 미만의 모발을 두 번에 나누어 도포 • 모근쪽 모발이 두피 온도의 영향으로 염모제의 반응 속도가 다르므로 얼룩 없는 균일한 컬러를 얻기 위해 사용
쓰리터치	• 25cm 이상의 모발을 세 번에 나누어 도포 • 신생부와 기염부의 명도를 맞추면서 밝게 염색할 때 • 기염부 모발 끝부분의 균일한 컬러 결과를 얻기 위해 사용

(5) 리터치

기염모 모발의 신생모 부분을 염색하여 기염모와 연결하는 것

톤 업	현재의 명도보다 밝은 명도로 염색
톤 다운	현재의 명도보다 어두운 명도로 염색
톤 온 톤(토닝)	현재의 명도는 변화 없이 색상의 변화를 연출

6 헤어컬러 마무리 방법

(1) 유화(에멀젼, emulsion)

방법	• 샴푸를 하기 전 헤어라인과 두피에 묻은 염모제를 손가락으로 원을 그리듯이 문지르는 동작 • 동작을 반복하며 빠져나오는 염모제를 모발의 끝 방향으로 쓸어내리며 빼냄 • 물을 조금씩 묻혀가며 부드럽게 동작하도록 함
기능	• 두피의 염모제 잔여물을 깨끗이 제거 • 색상을 균일화하고 안정적으로 정돈하여 윤기를 부여 • 색소의 정착을 촉진하여 색상의 선명도와 유지력을 높임

(2) 헤어컬러 전용 샴푸와 트리트먼트

① 염모제 잔여물 제거
② 모발의 pH 안정화
③ 헤어컬러의 변색을 방지
④ 선명한 색상 유지
⑤ 염색 시술로 손상된 모발의 단백질 보충
⑥ 모발의 윤기, 정전기 예방

(3) 헤어컬러 리무버

피부에 묻은 염모제를 지우는 제품(크림형, 액상형, 티슈형)

Chapter 11 헤어미용 전문제품 사용

1 헤어미용전문제품

헤어미용전문제품은 기능에 따라 화장품 또는 기능성 화장품으로 분류

(1) 화장품의 정의

> "화장품"이란 인체를 청결·미화하여 매력을 더하고 용모를 밝게 변화시키거나 피부·모발의 건강을 유지 또는 증진하기 위하여 인체에 바르고 문지르거나 뿌리는 등 이와 유사한 방법으로 사용되는 물품으로서 인체에 대한 작용이 경미한 것을 말한다. 다만, 「약사법」 제2조제4호의 의약품에 해당하는 물품은 제외한다.
>
> 화장품법 제1장 총칙 제2조(정의) 1항

(2) 기능성화장품의 정의

> "기능성화장품"이란 화장품 중에서 다음 각 목의 어느 하나에 해당되는 것으로서 총리령으로 정하는 화장품을 말한다.
> 가. 피부의 미백에 도움을 주는 제품
> 나. 피부의 주름개선에 도움을 주는 제품
> 다. 피부를 곱게 태워주거나 자외선으로부터 피부를 보호하는 데에 도움을 주는 제품
> **라. 모발의 색상 변화·제거 또는 영양공급에 도움을 주는 제품**
> **마. 피부나 모발의 기능 약화로 인한 건조함, 갈라짐, 빠짐, 각질화 등을 방지하거나 개선하는 데에 도움을 주는 제품**
>
> 화장품법 제1장 총칙 제2조(정의) 2항

(3) 기능성화장품의 범위

> 1. 피부에 멜라닌색소가 침착하는 것을 방지하여 기미·주근깨 등의 생성을 억제함으로써 피부의 미백에 도움을 주는 기능을 가진 화장품
> 2. 피부에 침착된 멜라닌색소의 색을 엷게 하여 피부의 미백에 도움을 주는 기능을 가진 화장품
> 3. 피부에 탄력을 주어 피부의 주름을 완화 또는 개선하는 기능을 가진 화장품
> 4. 강한 햇볕을 방지하여 피부를 곱게 태워주는 기능을 가진 화장품
> 5. 자외선을 차단 또는 산란시켜 자외선으로부터 피부를 보호하는 기능을 가진 화장품
> 6. 모발의 색상을 변화[탈염(脫染)·탈색(脫色)을 포함한다]시키는 기능을 가진 화장품. 다만, 일시적으로 모발의 색상을 변화시키는 제품은 제외한다.
> 7. 체모를 제거하는 기능을 가진 화장품. 다만, 물리적으로 체모를 제거하는 제품은 제외한다.
> 8. 탈모 증상의 완화에 도움을 주는 화장품. 다만, 코팅 등 물리적으로 모발을 굵게 보이게 하는 제품은 제외한다.
> 9. 여드름성 피부를 완화하는 데 도움을 주는 화장품. 다만, 인체세정용 제품류로 한정한다.
> 10. 피부장벽(피부의 가장 바깥 쪽에 존재하는 각질층의 표피를 말한다)의 기능을 회복하여 가려움 등의 개선에 도움을 주는 화장품
> 11. 튼살로 인한 붉은 선을 엷게 하는 데 도움을 주는 화장품
>
> 화장품법 시행규칙 제2조(기능성화장품의 범위)

2 세정 및 케어제품

헤어 샴푸	• 두피와 모발을 세정하고 땀, 피지 등 노폐물과 오염물 등을 제거하여 모발과 두피를 건강하게 함 • 세정제와 계면 활성제, 보습제, 점증제, pH 조절제, 향, 자외선 차단제 등의 성분
헤어 트리트먼트	• 모발 단백질, 간충물질과 유사한 성분을 공급하여 손상모발을 회복 및 복구 • 케라틴, 콜라겐, 정제수, 보습제, 세라마이드, 천연오일 등의 성분
헤어 컨디셔너	• 샴푸 후 pH를 조절하여 모발의 등전점을 유지, 정전기 방지, 유분과 보습, 매끄러운 모발 결정리 • 계면활성제, 컨디셔닝제, 점증제, 보습제, 금속 이온 봉쇄제, 착색제, pH조절제 등의 성분

3 헤어스타일링 제품

(1) 헤어 스프레이
① 모근의 볼륨감을 유지, 헤어 디자인 형태를 고정할 때 사용
② 고객의 얼굴을 얼굴 가리개나 손으로 가린 후 분사
③ 모근의 볼륨이나 특정부위의 고정은 10cm 정도 근접한 거리에서 집중 분사
④ 스타일링 마무리 형태의 고정은 고객의 얼굴에서 30~35cm 떨어져 전체적으로 분사
⑤ 드라이어의 미열로 제품을 고정

(2) 헤어 왁스
① 모발 끝의 움직임을 강조
② 제품을 손바닥의 열로 고르게 펴 모발 전체에 가볍게 도포 후 모발 끝을 움켜쥐듯이 '잡았다 놓았다'를 반복
③ 포마드와 젤의 중간 정도의 사용감으로 웨이브나 자연스러운 스타일에 사용
④ 건조된 모발에만 사용, 가는 모발은 부적합
⑤ 크림, 매트, 젤 타입, 스틱, 검, 클레이 타입 등
⑥ 모발을 두피에 밀착 고정하는 경우 스틱 타입의 제품을 사용(앞머리, 쪽머리, 구레나룻, 사이드, 네이프 부분)
⑦ 포마드는 깔끔하고 촉촉한 남성의 헤어스타일에 사용

(3) 헤어 젤
① 스타일 유지와 모발의 고정
② 폴리머 성분은 모발에 막을 만들며 굳어지게 함
③ 과도한 사용 시 하얀 가루가 묻은 것처럼 보이는 플레이킹(flaking) 현상이 발생

(4) 헤어 무스
① 세팅력이 강한 제품, 케어와 광택을 위한 제품
② 수분을 주면 스타일링을 수정할 수 있음
③ 에어로솔과 액화 가스(분사제)로 공기 중에서 거품 형태로 부풀려짐

(5) 헤어 세럼
① 화학적 시술로 손상된 모발, 건조모, 절모 등의 스타일링에 사용
② 가벼운 사용감으로 볼륨감이 필요한 스타일에 사용
③ 긴 머리의 모발 끝을 차분하게 정리
④ 30~40% 정도의 수분이 남아 있는 상태에서 모발의 끝에 도포

(6) 헤어 오일
① 모발의 광택과 유연성을 주고 모발을 보호하는 목적으로 사용
② 묵직하고 차분하게 정돈감을 표현할 때 사용

(7) 헤어 에센스
① 모발의 윤기와 광택을 부여, 빗질을 용이하게 함
② 오일, 크림 타입은 손상모, 건조모, 극손상모에 사용
③ 수용성의 수분타입은 모발의 건조를 방지

웨이브 퍼머넌트	• 컬의 흐름을 강조 • 젤, 크림, 무스 타입의 제품
스트레이트 퍼머넌트	• 차분한 질감의 표현 • 에센스나 오일 타입의 제품
짧은 길이 모발	• 강한 세팅력의 왁스, 젤 타입의 제품
중간 길이 모발	• 로션, 무스 제품
긴 모발	• 에센스, 세럼, 오일 제품
가고 가라앉는 모질	• 스프레이를 사용하여 볼륨을 고정
굵고 뜨는 모발	• 오일, 에센스, 세럼 제품으로 차분하게 정리

4 탈모 방지 제품
① 탈모 증상 완화에 도움을 주는 기능성 화장품
② 모근 영양, 혈행 개선, 보습 등으로 탈모를 방지하고 개선하는 데 도움을 주는 기능

Chapter 12 베이직 업스타일

1 헤어스타일 기초이론

모발의 형태를 만들어 스타일을 마무리 하는 작업을 헤어세팅이라고 함

오리지널 세트(original set, 기초세트)	헤어 파팅, 헤어 셰이핑, 헤어 컬링, 헤어 웨이빙, 롤러 컬링 등
리세트(reset, 정리세트)	브러시 아웃, 콤 아웃

2 헤어 파팅(hair parting)

모발을 나누는 것(가르마)으로 얼굴형, 디자인 등에 따라 다양함

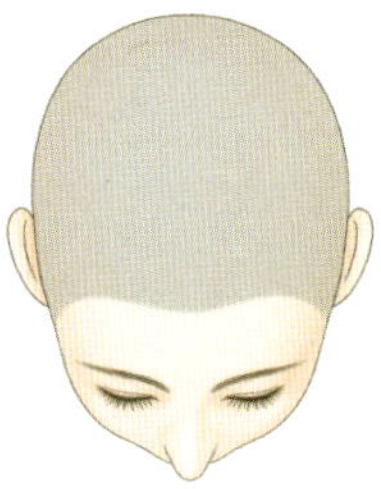 노 파트 (no part)	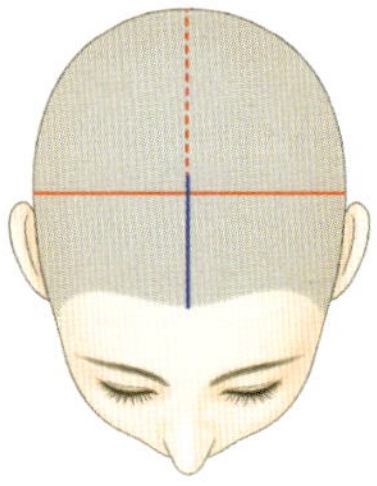 센터 파트 (center part)	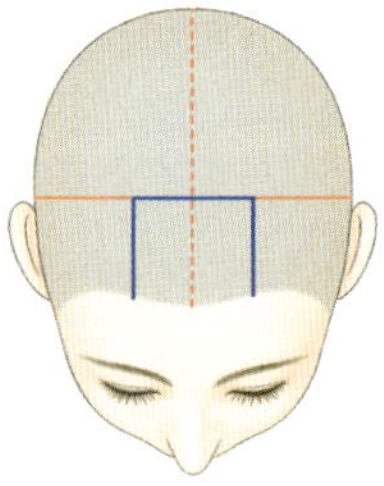 스퀘어 파트 (square part)	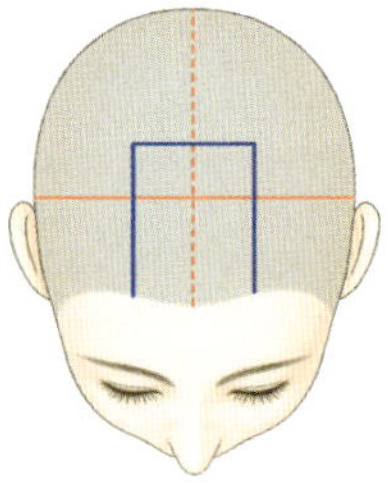 렉탱글 파트 (rectangular part)
• 가르마가 없는 상태	• 전두부 헤어라인 중심에서 두정부 방향의 직선	• 양쪽 사이드 파트와 T.P.를 지나는 연장 수평선이 만난 사각형	• 스퀘어 파트의 수평선이 G.P. 방향으로 이동한 직사각형

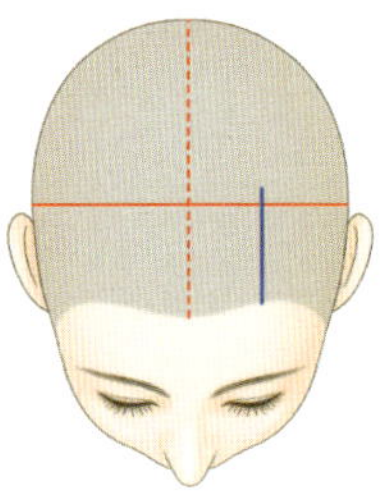 사이드 파트 (side part)	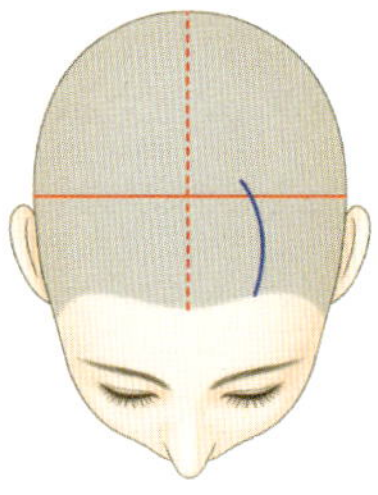 라운드 사이드 파트 (round side part)	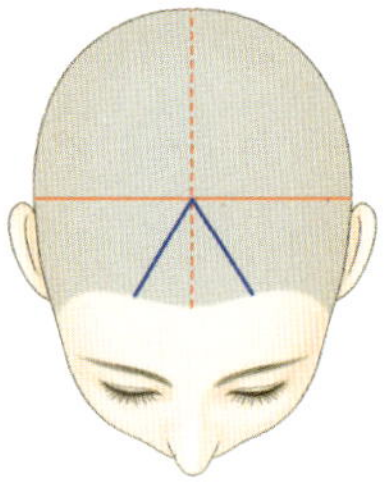 V(트라이앵글) 파트 (triangular part)	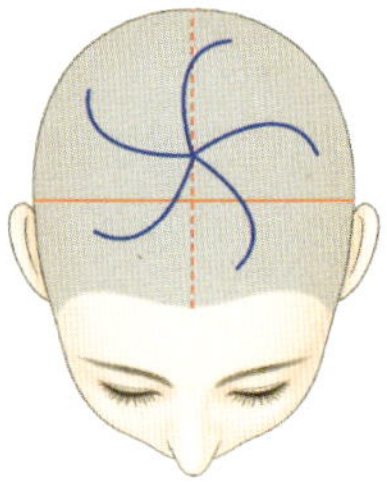 카우릭 파트 (cowlick part)
• 전두부와 측두부 경계 • 얼굴형과 모류에 따라 다양한 비율(8:2/7:3/6:4)	• 사이드 파트를 G.P.를 향해 둥글게 굴린 곡선형	• 이마의 양쪽과 T.P.를 연결하는 삼각형 • 업스타일에서 백콤의 효과를 크게 할 때	• 두정부의 가르마를 중심으로 모류의 흐름에 따라 방사상으로 나눔

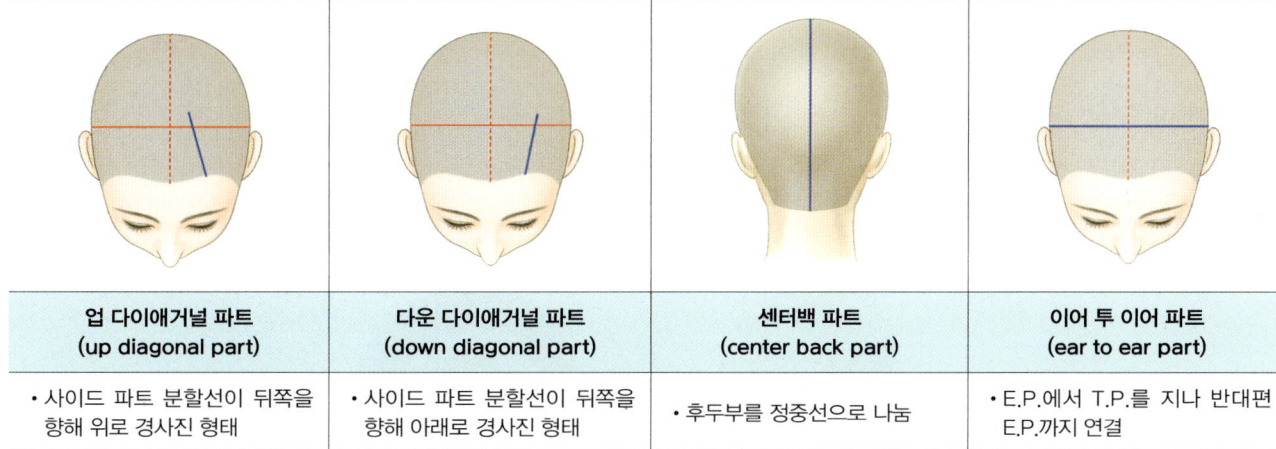

업 다이애거널 파트 (up diagonal part)	다운 다이애거널 파트 (down diagonal part)	센터백 파트 (center back part)	이어 투 이어 파트 (ear to ear part)
• 사이드 파트 분할선이 뒤쪽을 향해 위로 경사진 형태	• 사이드 파트 분할선이 뒤쪽을 향해 아래로 경사진 형태	• 후두부를 정중선으로 나눔	• E.P.에서 T.P.를 지나 반대편 E.P.까지 연결

3 헤어 셰이핑(hair shaping)

① 모발의 결과 모양을 정리하여 모발의 흐름을 만듦
② 빗질의 방향이 웨이브의 흐름을 결정

빗질의 방향	스트레이트 셰이핑	수직 빗기
	인커브 셰이핑	안쪽으로 돌려빗기
	아웃커브 셰이핑	바깥쪽으로 돌려빗기
각도	업 셰이핑	수평선상으로 빗질된 모발의 라인보다 위쪽으로 올려빗기
	다운 셰이핑	수평선상으로 빗질된 모발의 라인보다 아래쪽으로 내려빗기
귓바퀴 기준	포워드 셰이핑	귓바퀴 방향
	리버스 셰이핑	귓바퀴 반대 방향

4 헤어 컬링(hair curling, 핀컬)

한 묶음의 모발이 고리 모양으로 돌아간 형태로 웨이브, 플러프(모발 끝의 변화와 움직임), 볼륨을 만들기 위한 목적

(1) 컬의 구성

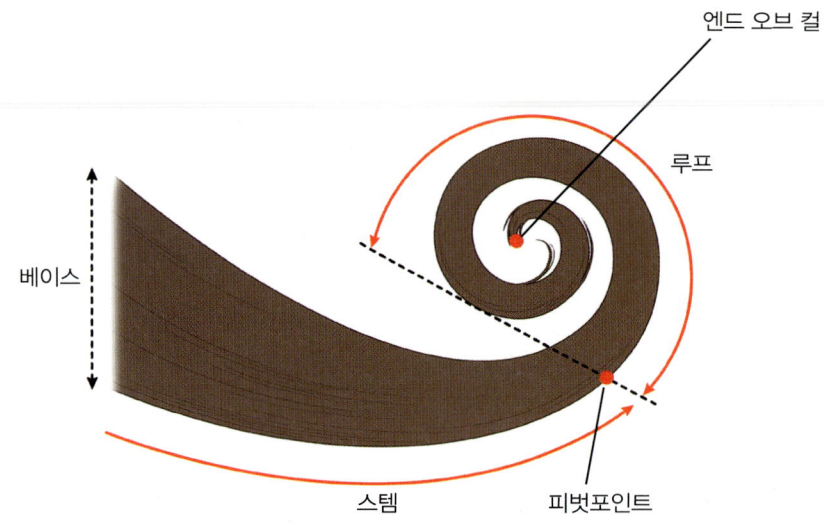

베이스(base)	컬을 만드는 모다발(스트랜드)의 근원
스템(stem)	베이스에서 피벗포인트까지 직선으로 뻗은 부분
루프(loop)	고리(원형)모양의 컬이 형성된 부분
피벗 포인트(pivot point)	컬이 돌아가기(말리기) 시작하는 지점
엔드 오브 컬(end of curl)	모발의 끝

(2) 베이스의 종류(모양)

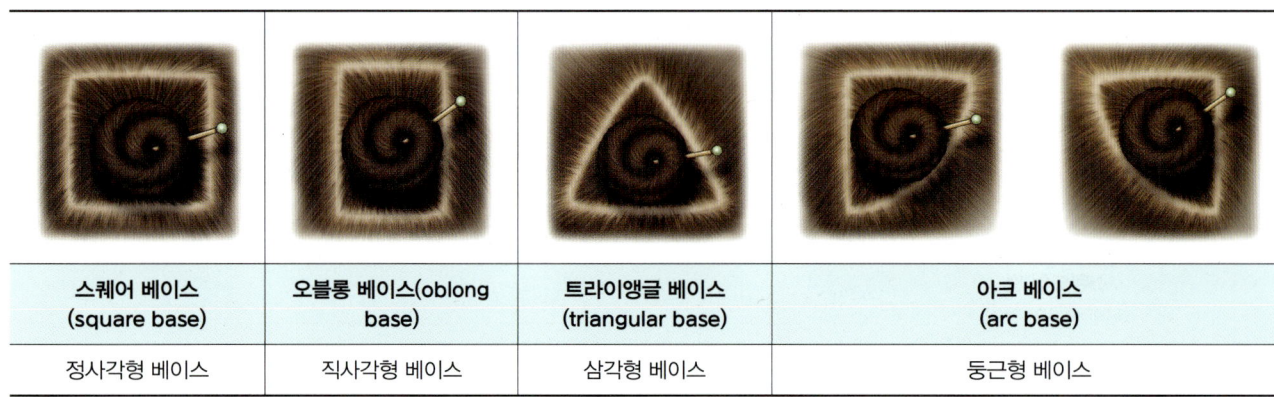

스퀘어 베이스 (square base)	오블롱 베이스(oblong base)	트라이앵글 베이스 (triangular base)	아크 베이스 (arc base)	
정사각형 베이스	직사각형 베이스	삼각형 베이스	둥근형 베이스	

(3) 스템(stem)

컬의 방향과 웨이브의 흐름을 결정함, 스템과 두피와의 각도에 의해 볼륨이 형성됨

  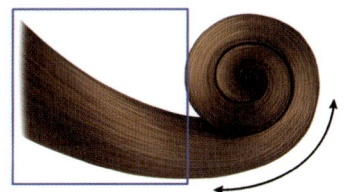

논 스템(non stem)	• 컬의 루프가 베이스에 안착 • 움직임이 가장 적고 컬이 오래 지속됨
하프 스템(half stem)	• 컬의 루프가 베이스에 반 정도 걸침 • 중간 정도의 움직임
풀 스템(full stem)	• 컬의 루프가 베이스에서 벗어남 • 컬의 형태가 방향성만 제시하고 움직임은 가장 큼

(4) 컬의 종류 ★

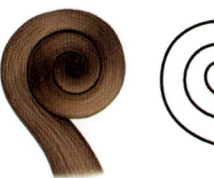

스탠드업 컬 (stand up curl)	• 컬의 루프가 두피에 90°로 세워진 컬로 볼륨 형성	
	포워드(forward) 스탠드업	귓바퀴 방향
	리버스(reverse) 스탠드업	귓바퀴 반대 방향
플랫 컬 (flat curl)	• 컬의 루프가 두피에 평평하고 납작하게 누운 컬로 볼륨 없음	
	스컬프처(sculpture) 컬	• 모발 끝에서 모근 쪽으로 와인딩하여 모발의 끝이 원의 중심에 위치 • 모발 끝으로 갈수록 웨이브가 작아짐
	핀(pin) 컬 /메이폴(maypole) 컬	• 모근에서 모발 끝 방향으로 와인딩하여 모근이 원의 중심에 위치 • 모발 끝으로 갈수록 웨이브가 커짐

리프트 컬 (lift curl)	• 컬의 루프가 두피에 45° 비스듬히 세워진 컬 • 주로 스탠드업 컬과 플랫 컬 사이의 연결을 위해 사용
바렐 컬(barrel curl)	• 모발을 원통형으로 말아서 고정
C 컬 (clockwise wind curl)	• 시계방향으로 돌아가는 컬
CC 컬 (counter clockwise wind curl)	• 시계 반대방향으로 돌아가는 컬

(5) 컬 피닝

① 완성된 컬을 핀 또는 클립을 사용하여 고정
② 핀 또는 클립 자국이 남지 않도록 주의
③ 루프에 대해 사선(가장 일반적), 수평, 교차방법으로 고정

5 헤어 웨이빙(hair waving)
(1) 웨이브의 명칭

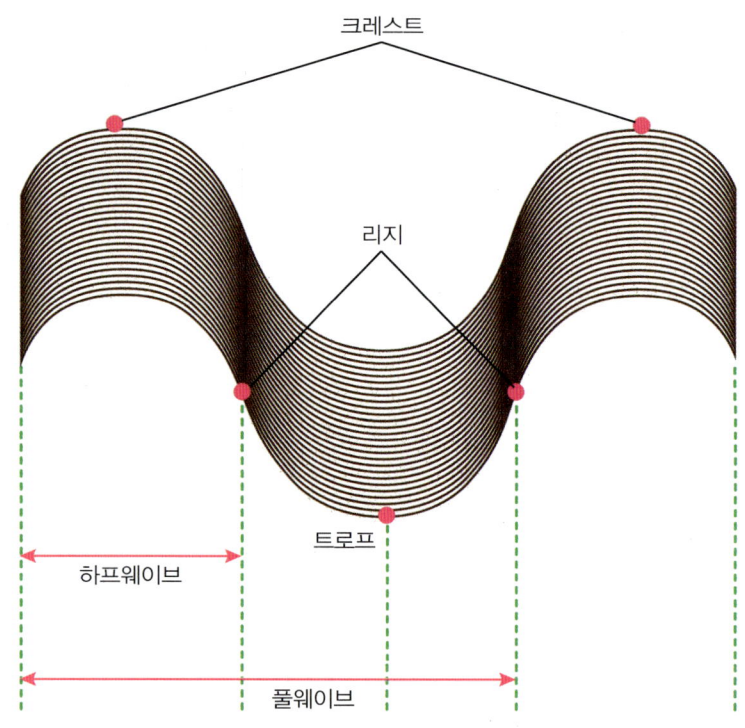

크레스트(crest, 정상)	웨이브에서 가장 높은 곳
리지(ridge, 융기)	정상과 골이 교차하면서 솟은 부분
트로프(trough, 골)	웨이브에서 가장 낮은 부분

(2) 웨이브의 종류

웨이브와 리지의 방향	버티컬(vertical) 웨이브	리지가 수직으로 형성됨
	호리존탈(horizontal) 웨이브	리지가 수평으로 형성됨
	다이애거널(diagonal) 웨이브	리지가 사선으로 형성됨
웨이브의 형태	내로우(narrow) 웨이브	리지 사의의 간격이 좁은 작고 강한 웨이브
	와이드(wide) 웨이브	리지가 뚜렷하고 자연스러운 웨이브
	섀도(shadow) 웨이브	리지가 정확하지 않고 느슨한 웨이브
	프리즈(frizz) 웨이브	전체적으로 느슨하고 모발 끝부분 작은 웨이브

(3) 핑거 웨이브
세팅로션 또는 물을 적신 모발에 빗과 손가락을 사용하여 웨이브를 만드는 것

리지 컬(ridge curl)	• 일반적인 핑거 웨이브
스킵 웨이브(skip wave)	• 핑거 웨이브와 핀컬이 교차된 형태 • 폭이 넓고 부드러운 웨이브 형성
스윙 웨이브(swing wave)	• 큰 움직임을 보이는 웨이브 형태
덜 웨이브(dull wave)	• 리지가 뚜렷하지 않고 느슨한 형태

6 뱅과 엔드 플러프 ★

(1) 뱅(bang)
앞이마에 있는 일종의 앞머리(애교머리)로 장식적, 얼굴형 결점 보정 효과가 있음

웨이브 뱅(wave bang)	• 웨이브를 형성한 뱅으로 모발 끝은 라운드 플러프로 처리
플러프 뱅(fluff bang)	• 일정한 모양을 갖추지 않고 컬을 하나씩 부풀려서 볼륨을 줌 • 부드럽게 연결된 자연스러움
롤 뱅(roll bang)	• 둥근 롤 모양을 형성
프렌치 뱅(french bang)	• 뱅의 모발을 올려 빗고 모발 끝부분은 플러프로 처리
프린지 뱅(fringe bang)	• 가르마 가까이에 작게 만든 뱅

(2) 엔드 플러프(end fluff)
모발 끝부분의 웨이브 모양을 가볍게 너풀거리는 느낌으로 표현

덕 테일 플러프(duck tail fluff)	모발 끝이 가지런히 모아져 위로 구부러진 형태
라운드 플러프(round fluff)	모발 끝이 원형, 반원형을 이루며 구부러진 형태
페이지 보이 플러프(page boy fluff)	모발 끝이 갈고리 모양의 반원으로 구부러진 형태

7 헤어세트롤러의 종류

일반 세트롤러	벨로크 재질	• 약간의 수분이 있는 모발에 와인딩한 후 건조하는 방식 • 짧은 모발에도 편리하게 사용가능 • 별도의 고정 핀 없이 사용 가능 • 가장 일반적으로 사용 • 금속판을 부착하여 세팅력을 강화한 제품도 있음
	플라스틱 재질	• 짧은 모발을 와인딩하고 고정하기에는 어려움 • 꽃이나 핀으로 고정 • 건조하는 데 긴 시간이 필요함 • 원추형, 막대형 등 다양한 모양
	고무 재질	• 긴 모발의 스파이럴 컬에 효과적 • 별도로 고정 핀 없이 사용 가능
전기 세트롤러		• 모발을 완전히 건조하고 사용 • 짧은 시간에 웨이브를 형성 • 전기사용과 화상에 유의 • 전용 핀 또는 집게를 사용하여 고정

8 롤러 컬링(roller curling)

원통 모양의 롤러를 사용하여 모발에 자연스러운 웨이브를 만들어 볼륨을 주는 방법

(1) 롤러 컬의 종류

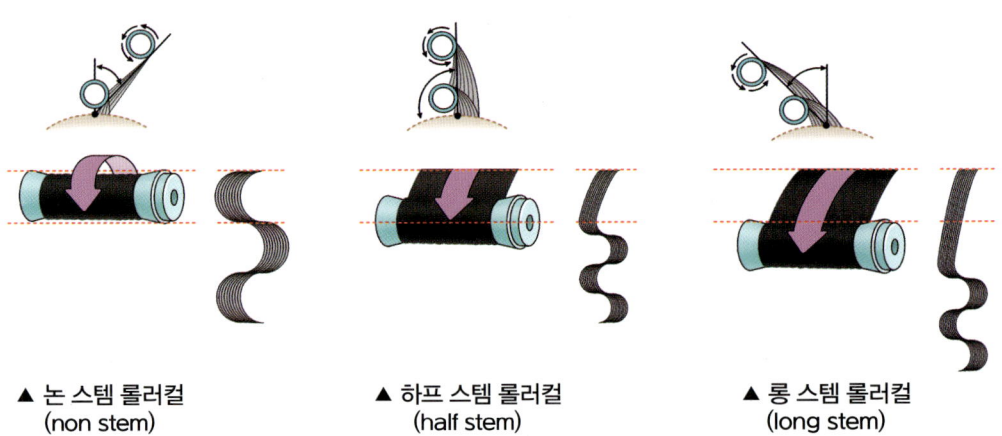

▲ 논 스템 롤러컬 (non stem)　　▲ 하프 스템 롤러컬 (half stem)　　▲ 롱 스템 롤러컬 (long stem)

논 스템 롤러컬 (non stem)	• 모근의 최대 볼륨 형성 • 컬의 지속성 높음 • 베이스의 중심에서 45° 위로 들어 와인딩(120°)
하프 스템 롤러컬 (half stem)	• 스트랜드를 베이스에 대하여 수직으로 잡아 올려서 와인딩 • 적절한 모근의 볼륨 형성 • 베이스의 중심에서 와인딩(90°)
롱 스템 롤러컬 (long stem)	• 모근의 볼륨감이 없음 • 베이스의 중심에서 45° 내려잡아 와인딩(45°)

(2) 롤러 컬 와인딩 방법

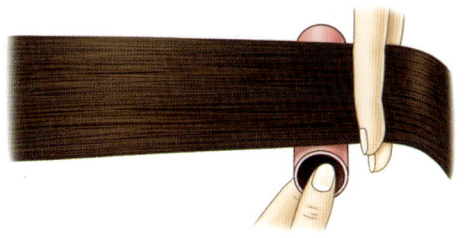 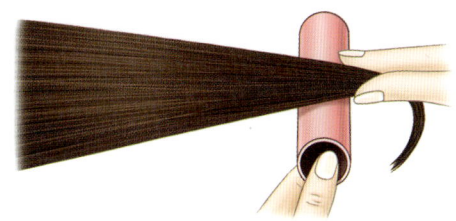

① 모발 끝을 모으지 않고 사용하는 롤러의 너비만큼 펼쳐서 와인딩 : 모발 끝의 갈라짐을 방지함
② 모발 끝을 모아 잡아 와인딩 : 볼륨을 주거나 방향성을 줄 때 사용

9 헤어세트롤러의 사용방법

(1) 세트롤러의 크기
사용하는 세트롤러의 지름이 클수록 굵은 컬을 만듦

(2) 세트롤러의 베이스 너비와 폭
① 베이스의 너비는 헤어 세트롤러 지름의 80% 정도
② 베이스의 높이는 헤어 세트롤러의 지름과 1:1 정도가 적절

(3) 세트롤러 각도와 볼륨
① 모발을 120° 이상 들어 와인딩 : 컬의 볼륨이 크고 자유로운 움직임
② 모발을 90° 이하로 들고 와인딩 : 컬의 볼륨이 작고 움직임이 적음

10 업스타일 도구의 종류와 사용법

(1) 빗과 브러시

돈모브러시	• 평면의 돈모 브러시 • 빗살의 길이가 짧아 표면만 빗질됨 • 매끈하게 보이도록 표면을 정리하는 마무리 브러시 • 백콤 후의 모발의 표면을 정리하기에 용이
꼬리빗	• 모발을 빗거나 섹션을 나누는 등 가장 많이 사용하는 빗 • 촘촘한 빗살로 백콤 작업에 용이
스타일링콤	• 빗살부분은 꼬리빗과 유사한 용도 • 쇠부분은 모발의 흐름을 표현, 완성된 형태를 잡아 세우거나 스타일링제품의 양을 조절하는 용도로 사용

(2) 핀과 핀셋

U핀	• 모발을 임시로 고정하거나 면과 면을 연결할 때 사용 • 컬의 형태나 망과 토대를 고정할 때 사용 • 실핀이나 대핀보다는 고정력이 약함 • 크기와 고정력에 따라 대, 중, 소, 오니핀으로 나눔	
핀	대핀	• 많은 양의 모발을 고정할 때 사용
	실핀	• 가장 일반적으로 많이 사용 • 면을 단단히 고정할 때 사용 • 중실핀, 보비핀이라고도 불림
	스몰핀	• 적은 모량의 섬세한 부분 고정
핀컬핀	• 부분적으로 형태의 흐름을 임시 고정할 때 사용 • 핀 자국이 생기지 않도록 주의	
핀셋	• 일반 핀셋의 경우 블로킹용으로 적합 • 유연성 있는 알루미늄 소재로 바닥면을 구부려 라운드 형태로 잡아주는 역할도 함	
웨이브 클립	• 웨이브의 리지를 강조할 때 사용	

(3) 여러 가지 도구

고무줄	• 둥근형태의 고무줄 또는 긴 검정 고무줄을 적당한 길이로 잘라서 사용
싱	• 볼륨감을 표현하거나 토대를 만들 때 사용 • 표면을 둘러싼 망을 제거하고 필요한 크기로 덜어내어 형태를 잡아줌 • 도넛, 막대 등 다양한 형태(패드)로 만들어 토대로 활용
망	• 싱으로 만든 패드의 형태를 고정할 때 사용 • 긴 모발을 감싸서 웨이브의 형태를 만들기 쉽게 함 • 짧은 묶은 모발이 빠져나오지 않게 처리

11 업스타일 디자인

(1) 디자인의 3대 요소
① 형태(Form) : 크기, 볼륨, 방향, 위치 등의 모양
② 질감(Texture) : 매끈함, 거침, 무거움, 가벼움 등 표면의 느낌
③ 색상(Color) : 명도, 색상의 표현

(2) 디자인의 7대 법칙
① 균형(Balance) : 무게나 형태가 대칭 또는 비대칭으로 표현
② 강조(Dominance) : 형태, 질감, 색상의 표현으로 특정부분을 부각시켜 표현
③ 반복(Repetition) : 한 가지의 디자인 요소가 반복되어 율동감 표현
④ 교대(Alternation) : 두 가지 이상의 디자인 요소의 연속적 반복
⑤ 진행(Progressing) : 디자인 요소가 점점 늘거나 줄어드는 동적인 표현
⑥ 대조(Contrast) : 색상, 크기 등이 서로 대조되어 흥미나 긴장감을 형성
⑦ 부조화(Discord) : 서로 맞지 않고 균형이 무너지게 표현된 창의적이고 새로운 표현

12 업스타일 기초작업

(1) 블로킹
업스타일의 디자인을 구상한 후 계획적인 블로킹 작업을 진행해야 균형감 있는 업스타일을 완성할 수 있음

(2) 백콤
① 모발을 끝에서 두피 방향으로 밀어 넣듯이 빗질하는 방법
② 볼륨, 방향, 면의 연결, 토대, 핀 고정 등의 목적으로 사용
③ 빗이 닿는 방향과 길이, 각도에 따라 모근 백콤, 양감 백콤, 면백콤으로 구분
④ 균일한 백콤이 되도록 손목과 빗에 힘을 적절하게 배분
⑤ 벽돌쌓기 형태의 베이스를 사용하여 모발의 갈라짐을 최소화

종류	설명
모근 백콤	모근 볼륨, 모발의 방향 설정, 토대를 만들 때 사용
양감 백콤	볼륨감 있는 부피를 만들어 형태를 크고 단단하게 만듦
면백콤	백콤한 패널을 말아 롤을 만들거나 모발 간의 물리적 결합이 용이한 질감을 만들 때 사용

(3) 토대
① 업스타일 디자인의 기초인 중심축, 지지대가 되는 부분
② 디자인과 두상의 형태, 모량을 고려하여 토대의 모양, 크기, 위치 등을 결정
③ 일반적으로 묶거나 땋기를 하여 펴서 고정하고, 모량이 적을 경우에는 백콤으로 보충
④ 토대의 위치는 G.P, T.P, B.P 또는 디자인에 따라 다양한 위치에 단단히 고정

크라운	젊고 경쾌한 동적인 연출
네이프	성숙하고 우아한 정적인 연출
프런트	페이스 라인 뒤 2~3cm, 특별한 연출

(4) 묶기

고무밴드 묶기	• 모량이 적고 힘을 많이 받지 않을 때 사용 • 실핀을 사용하여 고정하기 때문에 풀기가 쉬움
끈고무 묶기	• 모량이 많고 단단하게 묶을 때 사용 • 묶은 자리를 스프레이로 고정하고 남은 고무줄을 잘라줌

(5) 핀처리

강한 고정	• 대핀, 실핀 사용 • 모발 흐름에 대하여 직각을 이루도록 하는 기본 고정 방법
임시 고정	• U핀, 핀컬핀(핀셋) • 작업 중 형태를 유지
감추며 정돈	• 실핀, 작은 U핀 • 작업 완성 후 사용된 핀이 보이지 않게 마무리

13 업스타일의 기본 기법

땋기 (braid)	• 세 가닥 위로 땋기 : 가장 일반적인 방법, 세 가닥 중 가운데 가닥 위로 좌우 가닥이 올라가며 땋는 형태 • 세 가닥 위로 끌어 땋기(디스코 땋기) : 가운데 매듭이 안으로 감추어진 형태 • 세 가닥 안으로 끌어 땋기(콘로 땋기) : 가운데 매듭이 밖으로 돌출한 형태 • 세 가닥 이상 땋기, 한쪽만 집어 땋기, 실이나 스카프를 넣고 땋기 등 다양한 기법
꼬기 (twist)	• 밧줄을 꼬듯이 텐션을 주면서 한 가닥, 두 가닥, 세 가닥으로 회전하는 기법 • 한 가닥 꼬기 : 한 가닥의 스트랜드를 오른쪽 또는 왼쪽의 한 방향으로 꼬는 일반적인 방법 • 두 가닥 꼬기, 집어 꼬기, 실이나 스카프를 넣고 꼬기 등
매듭 (knot)	• 사슬처럼 묶어주는 기법 • 두 가닥 매듭 : 두 가닥의 모발을 서로 교차하여 묶기를 반복하는 일반적인 방법
말기 (roll)	• 패널을 크게 감아서 말아 주는 방법 • 수직, 수평, 대각, 곡선 말기
겹치기 (overlap)	• 생선 가시 모양, 피시본(fish bone) • 2개의 스트랜드를 서로 교차하는 기법
고리 (loop)	• 모발을 구부려서 둥글게 감아 루프를 만드는 방법 • 토대의 위치, 루프의 크기나 개수 및 방향 등에 따라 다양하게 활용

Chapter 13 가발 헤어스타일 연출

1 가발의 종류

(1) 전체 가발(위그, wig)
① 두상 전체(90% 이상)를 덮는 가발
② 질병, 유전적 요인, 무대분장, 지위상징 등의 목적으로 착용
③ 새로운 스타일로 빠른 변화 가능

(2) 부분 가발(헤어피스, hairpiece)
① 부분적으로 사용하는 가발
② 다양한 종류가 있으며 상황과 목적에 따른 연출이 가능

폴 (fall)	• 두상의 후두부(크라운, 백, 네이프)를 감싸는 형태 • 짧은 머리를 긴 머리로 변화시킬 때 사용
케스케이드 (cascade)	• 긴 장방형 베이스에 긴 머리가 부착된 형태 • 길고 풍성한 스타일 연출에 사용
위글렛 (wiglet)	• 둥글고 납작한 베이스에 짧은 모발이 부착된 형태(6인치 이하) • 풍성한 볼륨 스타일 연출에 사용(톱, 크라운)
웨프트 (weft)	• 핑거웨이브 연습에 사용 • 여러 가닥의 모발을 재봉으로 박음질함
스위치 (switch)	• 1~3가닥의 긴 모발을 모아 고정한 형태로 땋거나 뭉쳐 묶어 • 업스타일에 사용
투페 (toupee)	• 남성 두상의 톱부분(작은 탈모, 적은 모량)을 가리는 부분 가발
시뇽 (chignon)	• 고리 모양의 길고 풍성한 부분가발

2 가발의 소재

인모 (人毛)	• 사람의 자연 모발로 모양이나 질감이 자연스러움 • 화학시술이 가능
인조모 (화학 섬유)	• 나일론, 아크릴 섬유 등의 합성섬유 • 가격이 저렴하고 스타일 유지력이 좋음 • 열기구의 사용과 화학시술처리 불가(고열사의 경우 열기구 사용은 가능)
동물모	• 말, 염소, 앙고라, 양 등의 털 • 디스플레이 마네킹, 뮤지컬 등의 헤어스타일에 사용
합성모	• 인모, 인조모 등을 합성한 것 • 인모의 비율이 높을수록 가격이 높음

3 가발의 구성

스킨	• 모발을 심는 기본 틀로 맞춤가발의 기초가 되는 주요 부분 • 견, 면, 화학섬유 등을 사용 • 머리 형태에 잘 맞아야 함
망	• 스킨과 같은 용도로 사용 • 암환자, 패션용 전체 가발의 제작 또는 전체 가발의 착용 전 모발을 정리할 때 사용

4 가발의 제작

네팅 (netting)	손뜨기	손으로 모발을 심음, 자연스러운 연출, 고비용
	기계뜨기	기계로 모발을 심음, 손뜨기보다 부자연스럽고 정교하지 못함

5 가발 치수재기

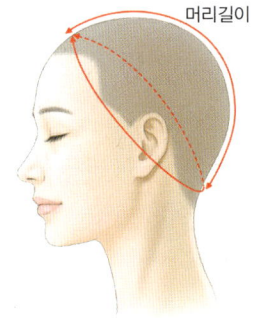
머리길이

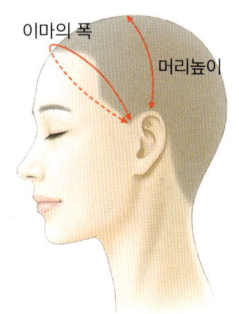
이마의 폭
머리높이

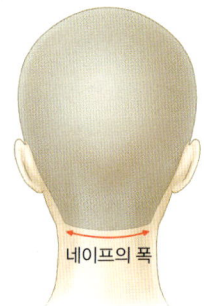
네이프의 폭

6 가발 부착법

클립 고정	• 가발 둘레에 부착된 클립으로 고정 • 가장 일반적인 방법
테이프 고정	• 가발 둘레의 테이프로 탈모 부위에 고정 • 접착력이 약해질 수 있으나 본인의 모발과의 밀착력이 우수함
특수 접착	• 탈모 부위에 특수 접착제를 사용 • 접착력이 우수하여 수영 등의 운동이 가능
결속식 고정	• 가발과 모발을 서로 엮어서 고정 • 고정된 모발이 탈모를 유발할 수 있음

7 가발의 세정

인모	• 가발 전체를 물에 담그지 않음 • 모발을 가볍게 브러싱 • 미온수에 샴푸제를 풀고 가발둘레와 망을 세정 • 모발이 엉키지 않도록 가볍게 흔들거나 손가락으로 내려 빗으며 세정(문지르거나 비비지 않음) • 컨디셔너도 물에 풀어 사용하고 볼에 물을 받아 헹굼 • 타월로 눌러 물기를 제거한 후 자연건조나 드라이어(냉풍, 저온풍)
인조모	• 인모의 세정 방법과 동일, 열에 의한 변형을 방지하기 위해 찬물을 사용 • 타월로 눌러 물기를 제거한 후 자연 건조

8 헤어 익스텐션의 종류

모발에 가모(헤어피스)를 직접 연결하여 연출하는 헤어디자인

붙임머리	• 모발에 헤어피스를 부착하여 길이를 연장 • 링, 팁, 클립, 실, 고무실 등의 다양한 접착재료
특수머리	• 모발에 헤어피스를 연결해서 땋거나 꼬는 등의 기법으로 두피에 밀착한 스타일 • 트위스트 : 모발을 비틀어 밧줄의 꼬임과 유사한 형태 • 드레드 : 가모를 연장하여 로프처럼 엉켜있는 모발로 연출된 형태, 드레드락, 드레드스핀락 등의 다양한 형태 • 콘로 : 두상에 밀착하여 세가닥 안으로 집어땋기 등의 기법을 사용하여 옥수수의 줄 모양으로 연출한 스타일 • 브레이즈 : 세가닥 땋기를 기본으로 모발을 가늘고 길게 늘어뜨려 연출한 스타일

드레드

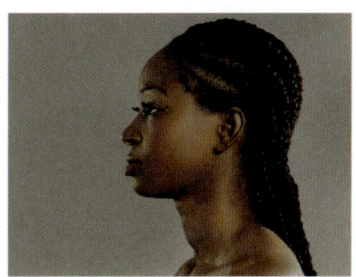
콘로

브레이즈

9 헤어 익스텐션의 관리

붙임머리	• 주 2~3회 샴푸 • 샴푸 전 브러싱으로 모발의 엉킴 제거 • 두피를 가볍게 마사지하듯이 샴푸 • 미온수로 가볍게 세정하고 헤어피스 부분에 충분한 트리트먼트 • 타월 드라이 후 차가운 바람이나 약바람으로 건조
특수머리	• 손가락으로 파트 사이의 두피에 직접 샴푸를 도포하며 샴푸 • 거품을 낸 샴푸로 모발에 도포하고 헹굼 • 타월 드라이 후 차가운 바람이나 약바람으로 두피 중심으로 충분히 건조

미용이론 상시시험복원문제

01 다음 중 헤어샴푸제의 성분이 아닌 것은?
① 점증제
② 계면활성제
③ 기포증진제
④ 산화제

> 해설 샴푸제는 계면활성제, 기포증진제, 점증제, 침투제, 분산제, 산화방지제, 방부제, pH조절제 등의 성분으로 구성된다.

02 다음 중 샴푸의 효과를 가장 옳게 설명한 것은?
① 모발에 윤기를 부여한다.
② 모발을 청결하게 하며 두피를 자극하여 혈액순환을 원활하게 한다.
③ 두통을 예방할 수 있다.
④ 모발의 노화를 방지한다.

> 해설
> - 두피와 모발에 쌓인 기름때(피지, 땀, 비듬, 먼지, 스타일링 제품 등)를 세정하여 청결하게 한다.
> - 모근부의 혈액순환을 촉진하여 건강한 두피와 모발을 유지하기 위함이다.
> - 정확한 두피와 모발 진단에 도움이 되며 시술을 용이하게 한다.

03 다음 성분 중 세정작용이 약하나 피부자극이 적어 유아용 샴푸제에 주로 사용되는 것은?
① 음이온성 계면활성제
② 양이온성 계면활성제
③ 양쪽성 계면활성제
④ 비이온성 계면활성제

> 해설 양쪽성 계면활성제는 유아용 샴푸제나 저자극성 샴푸제에 주로 사용된다.

04 헤어샴푸의 종류 중 드라이 샴푸 방법이 아닌 것은?
① 에그 파우더 샴푸
② 핫 오일 샴푸
③ 파우더 드라이 샴푸
④ 리퀴드 드라이 샴푸

> 해설
> - 리퀴드(liquid) 드라이 샴푸 : 벤젠, 알코올 등을 사용, 주로 가발에 사용
> - 파우더(powder) 드라이 샴푸 : 붕산, 탄산마그네슘, 에그파우더 등을 사용한 후, 브러싱하여 분말을 제거

05 헤어린스의 목적과 관계없는 것은?
① 두발의 엉킴 방지
② 샴푸의 알칼리성을 중화
③ 이물질 제거
④ 모발의 윤기 부여

> 해설 이물질 제거(피지, 땀, 비듬, 먼지, 스타일링 제품 등)는 샴푸의 목적이다.

06 다음 중 산성린스로 쓰일 수 없는 것은?
① 구연산
② 빙초산
③ 인산
④ 연산

> 해설 산성샴푸 및 산성린스는 구연산, 인산, 연산 등에 의해 pH가 5~6의 약산성이다.

07 다음 중 모발 내부로 침투가 쉬우며 열처리를 하면 사용효과가 높아지는 헤어트리트먼트제의 종류는?
① 저분자 트리트먼트(LPP)
② 컨디셔너
③ 고분자 트리트먼트(PPT)
④ 린스

> 해설 고분자 트리트먼트(PPT) : 모발 표면에 흡착하여 작용하며 방치 시간이 짧다.

08 헤어트리트먼트의 목적으로 가장 적합한 것은?
① 두피의 각질, 피지산화물과 노폐물을 제거하여 모공을 청결하게 함
② 건강한 모발을 유지하고 손상모발 부위를 회복하기 위함
③ 피지분비의 촉진으로 모발의 윤기를 부여함
④ 비듬을 제거하고 방지함

> 해설 헤어트리트먼트는 모발 손상의 진행을 억제하여 건강한 모발을 유지하고 손상 부위를 회복시키는 것이다.

09 신징(singeing)의 목적에 해당하지 않는 것은?
① 불필요한 두발을 제거하고 건강한 두발의 순조로운 발육을 조장한다.
② 잘라지거나 갈라진 두발로부터 영양물질이 흘러나오는 것을 막는다.
③ 양이 많은 두발에 숱을 쳐내는 것이다.
④ 온열자극에 의해 두부의 혈액순환을 촉진시킨다.

해설 신징왁스나 전기 신징기를 사용하여 상한 모발을 그슬리거나 태우는 것이다.

10 다음 중 모발의 성장단계를 옳게 나타낸 것은?
① 성장기 → 휴지기 → 발생기
② 휴지기 → 발생기 → 퇴화기
③ 퇴화기 → 성장기 → 발생기
④ 성장기 → 퇴화기 → 휴지기

해설 모발은 성장기, 퇴화기, 휴지기의 성장단계 과정으로 반복 발생하고 순환한다.

11 두발의 70% 이상을 차지하며, 멜라닌 색소와 섬유질 및 간충 물질로 구성되어 있는 곳은?
① 모표피(cuticle)
② 모수질(medulla)
③ 모피질(cortex)
④ 모낭(follicle)

해설
• 모표피 : 모발의 가장 최외층으로 모발을 보호하는 역할
• 모수질 : 모발의 가장 안쪽, 연모에는 없으며 주로 동물의 털에 발달
• 모낭 : 모발이 자라나오는 주머니형태로 모발의 모근부를 둘러싸고 있음

12 모발의 색은 흑색, 적색, 갈색, 금발색, 백색 등 여러 가지 색이 있다. 다음 중 주로 검은 모발의 색을 나타나게 하는 멜라닌은?
① 티로신(tyroslne)
② 멜라노사이트(melanocyte)
③ 유멜라닌(eumelanin)
④ 페오멜라닌(pheomelanin)

해설 페오멜라닌 : 적색, 노란색 등의 입자가 작은 분사형 색소

13 탈모의 원인으로 볼 수 없는 것은?
① 과도한 스트레스로 인한 경우
② 다이어트와 불규칙한 식사로 인한 영양부족인 경우
③ 여성호르몬의 분비가 많은 경우
④ 땀, 피지 등의 노폐물이 모공을 막고 있는 경우

해설 남성호르몬인 안드로겐의 과다는 탈모의 원인이다.

14 두피 타입에 알맞은 스캘프 트리트먼트(scalp treatment)의 시술방법이 틀린 것은?
① 건성 두피 – 드라이 스캘프 트리트먼트
② 지성 두피 – 오일리 스캘프 트리트먼트
③ 비듬성 두피 – 핫 오일 스캘프 트리트먼트
④ 정상 두피 – 플레인 스캘프 트리트먼트

해설 비듬성 두피는 댄드러프(dandruff) 스캘프 트리트먼트를 한다.

15 두피관리를 할 때 헤어 스티머(hair steamer)의 사용시간으로 가장 적합한 것은?
① 5~10분
② 10~15분
③ 15~20분
④ 20~30분

해설 두피관리 시 헤어 스티머는 10~15분 사용한다.

| 정답 | 01 ④ | 02 ② | 03 ③ | 04 ② | 05 ③ | 06 ② | 07 ① | 08 ② | 09 ③ | 10 ④ | 11 ③ | 12 ③ | 13 ③ | 14 ③ | 15 ② |

16 두피에 지방이 부족하여 건조한 경우에 하는 스캘프 트리트먼트는?

① 플레인 스캘프 트리트먼트
② 오일리 스캘프 트리트먼트
③ 드라이 스캘프 트리트먼트
④ 댄드러프 스캘프 트리트먼트

해설 건조한 두피는 드라이(dry) 스캘프 트리트먼트를 한다.

17 스캘프 트리트먼트의 목적이 아닌 것은?

① 원형 탈모증 치료
② 두피 및 모발을 건강하고 아름답게 유지
③ 혈액순환 촉진
④ 비듬방지

해설 질병의 치료는 트리트먼트에 해당하지 않는다.

18 웨트 커팅(wet cutting)의 설명으로 적합한 것은?

① 손상모를 손쉽게 제거할 수 있다.
② 전체적인 형태의 파악이 쉽다.
③ 길이 변화가 많지 않은 수정 커트에 주로 이용한다.
④ 두발의 손상을 최소화할 수 있다.

해설 물에 적신 모발을 커트하는 방법으로 주로 레이저를 사용한 커팅에 사용하며 모발 손상이 적다.

19 커트 시 주의사항으로 틀린 것은?

① 두상의 골격구조와 형태를 고려한다.
② 모발의 성장방향과 흐름, 카우릭(cowlick)의 방향을 고려한다.
③ 고객의 의향을 묻지 않고 유행에 따라 디자인한다.
④ 정확한 커트 가이드 라인을 설정한다.

해설 커트 시술 전 고객의 의향을 파악하여야 한다.

20 다음 중 1~2cm 길게 커트해야 하는 경우는?

① 프레 커트를 할 때
② 애프터 커트를 할 때
③ 블런트 커트를 할 때
④ 시저스 커트를 할 때

해설 프레 커트는 퍼머넌트 웨이브 시술 전에 디자인 라인보다 1~2cm 길게 커트한다.

21 두발 커트 시 두발끝의 2/3 정도를 테이퍼링 하는 것은?

① 노멀 테이퍼링
② 딥 테이퍼링
③ 엔드 테이퍼링
④ 보스 사이드 테이퍼링

해설 딥 테이퍼링은 두발 끝 2/3 지점에서 모량을 쳐내는 방법으로 두발에 적당한 움직임을 준다.

22 빗(comb)의 손질법에 대한 설명으로 틀린 것은? (단, 금속 빗은 제외)

① 1인 사용 후 소독한다.
② 증기소독과 자비소독 등 열에 의한 소독과 알코올 소독을 해준다.
③ 크레졸수, 역성비누액 등의 소독용액이 이용되며 세정이 바람직하지 않은 재질은 자외선으로 소독한다.
④ 소독용액에 약 10분 담근 후 물로 헹구고 물기를 제거한다.

해설 증기소독과 자비소독은 고열을 이용한 소독법으로 빗 모양의 변형이 발생할 수 있다(금속 소재의 빗은 가능함).

23 다음 중 커트용 가위 선택 시 유의사항으로 옳은 것은?

① 협신에서 날끝으로 갈수록 만곡도가 급격하게 큰 것이 좋다.
② 양날의 견고함이 동일한 것이 좋다.
③ 무게가 무거운 것이 좋다.
④ 잠근 나사는 느슨하게 고정된 것이 좋다.

해설
- 날의 두께가 얇고 양날의 견고함이 동일해야 한다.
- 협신에서 날끝으로 자연스럽게 구부러진(내곡선) 형태가 좋다.
- 가위의 길이, 무게, 손가락 구멍의 크기가 시술자에게 적합해야 한다.

24 원랭스 커트(one length cut)의 정의로 가장 적합한 것은?

① 두발 길이에 단차가 있는 상태의 커트
② 두발을 중력의 방향으로 빗어내려 모든 두발을 하나의 선상에서 자르는 커트
③ 전체의 머리 길이가 동일한 커트
④ 거친 표면의 질감을 연출하는 커트

해설 원랭스 커트는 모발을 중력의 방향으로(자연시술각 0°) 빗어내려 동일선상에서 커트하여 네이프에서 정수리 방향으로 갈수록 모발의 길이가 길어지는 구조이다. 단차가 없어 무게감 있는 형태와 매끄럽고 가지런한 질감으로 표현된다.

25 원랭스 커트(one length cut) 형태에 속하지 않는 것은?

① 레이어 커트
② 이사도라 커트
③ 패러럴 보브 커트
④ 스파니엘 커트

해설 원랭스 커트는 커트 섹션(라인)에 따라 패러럴(수평, 평행), 스파니엘, 이사도라, 머시룸 형태가 있다.

26 그라데이션 커트(graduation cut)는 몇 도 각도 선에서 슬라이스로 커팅하는가?

① 사선 10도
② 사선 45도
③ 사선 90도
④ 사선 120도

해설 그라데이션 커트는 두정부에서 후두부 방향으로 사선 45° 선에서 커트한다.

27 다음 중 그래쥬에이션 커트에 대한 설명으로 옳은 것은?

① 모든 모발이 동일한 선상에 떨어진다.
② 모발의 길이에 변화를 주어 무게(weight)를 더해 줄 수 있는 기법이다.
③ 모든 모발의 길이를 균일하게 잘라주어 모발에 무게(weight)를 덜어 줄 수 있는 기법이다.
④ 전체적인 모발의 길이 변화 없이 소수 모발만을 제거하는 기법이다.

해설 그래쥬에이션 커트는 단차가 적은 층이 생긴 형태의 커트로 입체감을 준다. 네이프에서 정수리 방향으로 갈수록 모발이 길어지고 시술각 높이에서 무게감과 형태선이 생긴다.

28 다음 중 처음 커트한 섹션라인과 교차되게 커트선을 체크하는 방법은?

① 크로스 체크   ② 틴닝 기법
③ 싱글링   ④ 클럽커트

해설 크로스 체크(cross check) : 처음 커트한 섹션 라인과 교차되게 커트선을 체크하는 방법

29 다음 중 모발의 양을 감소시켜 질감의 변화를 주는 커트 기법은?

① 트리밍 기법   ② 틴닝 기법
③ 리파인 커트   ④ 클럽 커트

해설 틴닝(thinning) : 틴닝 가위를 사용하여 모발의 양을 감소시켜 질감의 변화를 줌, 톱니 모양 가위 날의 간격에 따라 잘려나가는 모량이 결정됨

정답 16 ③ | 17 ① | 18 ④ | 19 ③ | 20 ① | 21 ② | 22 ② | 23 ② | 24 ② | 25 ① | 26 ② | 27 ② | 28 ① | 29 ②

30 레이어드 커트(layered cut)의 특징이 아닌 것은?
① 모든 두발이 네이프 라인에서 일직선으로 커트된다.
② 두피 면에서의 모발의 각도를 90도 이상으로 커트한다.
③ 가벼운 질감과 부드럽고 움직임 있는 스타일을 만들 수 있다.
④ 네이프 라인에서 탑 부분으로 올라가면서 모발의 길이가 점점 짧아지는 커트이다.

해설 모든 두발이 네이프 라인에서 일직선으로 커트되는 것은 원랭스 커트 형태이다.

31 두발이 유난히 많은 고객이 윗머리가 짧고 아랫머리로 갈수록 길게 하며, 두발 끝 부분을 자연스럽고 차츰 가늘게 커트하는 스타일을 원하는 경우 알맞은 시술방법은?
① 레이어 커트 후 테이퍼링(tapering)
② 원랭스 커트 후 클리핑(clipping)
③ 그라데이션 커트 후 테이퍼링(tapering)
④ 레이어 커트 후 클리핑(clipping)

해설 레이어 커트는 두정부에서 네이프로 점점 길어지는 인크리스 형태이다.

32 다음 중 싱글링 커트기법에 대한 설명으로 적절한 것은?
① 많은 양의 모발을 빗살 위로 올려 커트한다.
② 빗을 천천히 위로 이동하면서 가위를 재빨리 개폐한다.
③ 레이저를 사용한다.
④ 디자인 라인보다 길게 커트한다.

해설 싱글링은 손으로 모발을 잡지 않고 빗을 위 방향으로 이동시키면서 가위로 빗에 끼어있는 모발을 커트한다.

33 손으로 두발을 잡지 않고 빗을 천천히 위쪽으로 이동시키면서 가위로 빗에 끼어있는 두발을 잘라나가는 커팅 기법은?
① 싱글링(shingling)
② 틴닝 시저스(thinning scissors)
③ 레이저 커트(razor cut)
④ 슬리더링(slithering)

해설 손으로 모발을 잡지 않고 빗을 위 방향으로 이동시키면서 가위로 빗에 끼어있는 모발을 커트하는 것으로 네이프나 사이드의 모발을 짧게 하거나 주로 남자머리에 사용한다.

34 다음 중 클리퍼에 사용에 대한 설명으로 적절하지 않은 것은?
① 이동날이 모발을 정돈하여 모음
② 주로 얼레살 빗을 사용
③ 잘린 모발이 날리지 않을 정도의 모발 수분상태로 커트
④ 클리퍼는 고정날, 이동날, 몸체로 구성

해설 클리퍼의 고정 날이 모발을 정돈하여 모으고 고정 날의 빗살 사이로 밀려들어 온 모발을 이동날과의 상호 작용에 의해 빠르게 움직이면서 모발이 잘려나감

35 다음 중 클리퍼 커트 방법에 대한 설명으로 적절한 것은?
① 빗살에 수직이 되게 클리퍼를 밀착시키고 움직인다.
② 네이프와 이어부분은 회전기법을 사용한다.
③ 모류의 방향은 고려하지 않는다.
④ 빗살 위로 튀어나온 모발을 한번에 커트한다.

해설 빗살에 평행이 되게 클리퍼를 밀착시키고 빗살 위로 튀어나온 모발을 빗살 위를 스치듯이 3~4cm씩 짧게 나누어 커트한다.

36 모발의 측쇄 결합이 아닌 것은?
① 시스틴 결합
② 염 결합
③ 수소 결합
④ 폴리펩티드 결합

해설 폴리펩티드 결합은 모발의 주쇄 결합이다.

37 퍼머넌트 웨이브 시술 시 산화제의 역할이 아닌 것은?

① 퍼머넌트 웨이브의 환원작용을 계속 진행시킨다.
② 제1액의 작용을 멈추게 한다.
③ 시스틴 결합을 재결합시킨다.
④ 제1액의 작용으로 만들어진 컬의 형태를 고정시킨다.

해설 환원작용을 진행하는 것은 퍼머넌트 웨이브제 제1액의 역할이다.

38 퍼머넌트 웨이브 시술 시 모발의 시스틴 결합을 절단하는 역할을 하는 것은?

① 브롬산나트륨
② 티오글리콜산
③ 과산화수소
④ 취소산나트륨

해설 환원제로 주로 사용하는 성분은 티오글리콜산이다.

39 다음 중 퍼머약의 제1액 중 티오글리콜산의 적정 농도는?

① 1~2%   ② 2~7%
③ 8~12%   ④ 15~20%

해설 2~7%의 티오글리콜산이 주로 사용된다.

40 퍼머넌트 웨이브의 제1액 처리에 따른 프로세싱 중 언더 프로세싱의 설명으로 틀린 것은?

① 언더 프로세싱은 프로세싱 타임 이상으로 제1액을 두발에 방치한 것을 말한다.
② 언더 프로세싱일 때에는 두발의 웨이브가 거의 나오지 않는다.
③ 언더 프로세싱일 때에는 처음에 사용한 솔루션보다 약한 제1액을 재도포한다.
④ 제1액의 처리 후 두발의 테스트 컬로 언더 프로세싱 여부가 판명된다.

해설 언더 프로세싱은 적정한 프로세싱 타임보다 1액의 방치시간이 짧은 경우를 말한다.

41 콜드 웨이브(cold wave) 시술 후 머리 끝이 자지러지는 원인에 해당되지 않는 것은?

① 모질에 비하여 약이 강하거나 프로세싱 타임이 길었다.
② 너무 가는 로드(rod)를 사용했다.
③ 텐션(tension : 긴장도)이 약하여 로드에 꼭 감기지 않았다.
④ 사전 커트 시 머리끝을 테이퍼(taper)하지 않았다.

해설 모발 끝을 과하게 테이퍼 하는 것은 퍼머넌트 시술 후 머리끝이 자지러지는 원인이 될 수 있다.

42 콜드 퍼머넌트 시 제1액을 도포하고 비닐캡을 씌우는 이유로 거리가 가장 먼 것은?

① 체온으로 솔루션의 작용을 빠르게 하기 위하여
② 제1액의 작용이 두발 전체에 골고루 행하여지게 하기 위하여
③ 휘발성 알칼리의 휘산작용을 방지하기 위하여
④ 두발을 구부러진 형태대로 고정시키기 위하여

해설 모발의 구부러진 형태를 고정하기 위해서는 퍼머넌트 제2액(산화제)을 도포한다.

| 정답 | 30 ① | 31 ① | 32 ② | 33 ① | 34 ① | 35 ② | 36 ④ | 37 ① | 38 ② | 39 ② | 40 ① | 41 ④ | 42 ④ |

43 콜드 퍼머넌트 웨이브 시술 시 두발에 부착된 제1액을 씻어 내는 데 가장 적합한 린스는?

① 에그 린스(egg rinse)
② 산성 린스(acid rinse)
③ 레몬 린스(lemon rinse)
④ 플레인 린스(plain rinse)

해설 플레인 린스란 미온수의 물만 사용하여 헹구는 방법으로, 퍼머넌트 웨이브의 제1액을 제거하는 중간린스(중간세척)는 플레인 린스 방법으로 한다.

44 퍼머넌트 웨이브 시술 중 테스트 컬(test curl)을 하는 목적으로 가장 적합한 것은?

① 제2액의 작용 여부를 확인하기 위해서
② 로드가 제대로 선택되었는지 확인하기 위해서
③ 산화제의 작용을 확인하기 위해서
④ 정확한 프로세싱 시간을 결정하고 웨이브 형성 정도를 확인하기 위해서

해설 테스트 컬은 모발의 연화 결과를 확인하여 제1액의 정확한 프로세싱 시간을 결정하고 웨이브 형성 정도를 판단하는 것이다.

45 다음 중 매직스트레이트 헤어펌에 사용하는 아이론의 종류는?

① 컬링 아이론   ② 플랫 아이론
③ 삼각 아이론   ④ 반원형 아이론

해설 플랫 아이론(flat iron) : 열판 모양이 평평한 판의 형태

46 다음 중 열펌의 사전연화에 관한 설명으로 적절하지 않은 것은?

① 사전 연화는 모발내의 시스틴 결합을 끊음
② 펌제를 최대한 두피 가까이 도포함
③ 모발이 눌리지 않도록 주의하여 비닐캡(랩)을 씌움
④ 뿌리 볼륨이 필요한 부분은 약제를 바른 후에 모발을 들어 올려 공간을 만듦

해설 1제를 두피에서 0.5cm 정도 띄우고 원하는 부분만 약제를 도포

47 모발의 결합 중 수분에 의해 일시적으로 변형되며, 드라이어의 열을 가하면 재결합하여 형태가 만들어지는 결합은?

① s-s 결합   ② 펩타이드 결합
③ 수소 결합   ④ 염 결합

해설 블로우 드라이는 모발의 수소 결합의 원리를 이용하여 수분을 증발시켜 변형시킨 모발의 형태를 일시적으로 고정하는 것이다.

48 헤어 드라이어의 사용 시 유의사항으로 틀린 것은?

① 드라이어의 가열은 120℃ 이상이 적당하다.
② 모발 끝은 브러시를 회전하여 텐션을 조절한다.
③ 종류에는 핸드형 블로우 타입과 후드형 스탠드 타입이 있다.
④ 굵기가 다양한 브러시를 사용하여 볼륨형성과 스타일링 목적으로 사용한다.

해설 헤어 드라이어의 가열온도는 60~80℃ 정도이다.

49 브러시의 종류에 따른 사용목적이 틀린 것은?

① 덴멘 브러시는 열에 강하여 모발에 텐션과 볼륨감을 주는데 사용한다.
② 롤 브러시는 롤의 크기가 다양하고 웨이브를 만들기에 적합하다.
③ 스켈톤 브러시는 여성헤어스타일이나 긴 머리 헤어스타일 정돈에 주로 사용된다.
④ S형 브러시는 바람머리 같은 방향성을 살린 헤어스타일 정돈에 적합하다.

해설 스켈톤 브러시는 모발의 건조 시 모류를 설정하고 긴 머리를 정돈하여 자연스러운 스타일을 표현할 때 사용한다.

50 블로우 드라이 시술 결과에 영향을 주는 주요 요인이 아닌 것은?

① 수분   ② 텐션
③ 모발의 길이   ④ 패널의 크기

해설 블로우 드라이 시술 시 수분, 열, 텐션, 시술속도, 패널의 크기, 도구의 회전 등을 조절할 수 있는 기술 등이 결과에 영향을 준다.

51 다음 중 스타일링 요소가 아닌 것은?
① 수분   ② 열(온도)
③ 텐션   ④ 제품

해설 스타일링 요소 : 수분, 열, 텐션, 속도

52 업스타일에서 백코밍의 효과를 크게 할 때 사용하는 세모난 모양의 파트는?
① 스퀘어 파트
② 트라이앵글 파트
③ 카우릭 파트
④ 렉탱글 파트

해설 삼각형 모양은 트라이앵글 형태의 파트이다.

53 클락 와이즈 와인드 컬을 가장 옳게 설명한 것은?
① 모발이 시계 바늘 방향인 오른쪽 방향으로 된 컬
② 모발이 두피에 대해 세워진 컬
③ 모발이 두피에 대해 시계 바늘 반대방향으로 된 컬
④ 모발이 두피에 대해 평평한 컬

해설 클락 와이즈 와인드 컬(clockwise wind curl)은 모발이 시계 방향으로 돌아가는 컬로 C컬이라고도 한다.

54 시술자의 조정에 의해 바람을 일으켜 직접 내보내는 블로우 타입으로 주로 드라이 세트에 많이 사용되는 것은?
① 핸드 드라이어
② 에어 드라이어
③ 스탠드 드라이어
④ 적외선램프 드라이어

해설 블로우 타입은 일반적인 헤어 드라이어의 형태로 열과 바람으로 젖은 모발을 건조시키는 미용기기이다.

55 컬 핀닝 시 주의사항으로 틀린 것은?
① 두발이 젖은 상태이므로 두발에 핀이나 클립자국이 나지 않도록 주의한다.
② 루프의 형태가 일그러지지 않도록 주의한다.
③ 고정시키는 도구가 루프의 지름보다 지나치게 큰 것은 사용하지 않는다.
④ 컬을 고정시킬 때는 핀이나 클립을 깊숙이 넣어야만 잘 고정된다.

해설 시술된 컬의 형태가 변형되지 않도록 핀이나 클립의 끝부분으로 고정한다.

56 스탠드업 컬에 있어 루프가 귓바퀴 반대 방향으로 말린 컬은?
① 플랫 컬
② 포워드 스탠드업 컬
③ 리버스 스탠드업 컬
④ 스컬프쳐 컬

해설 스탠드업 컬(stand up curl)은 컬의 루프가 두피에 90°로 세워진 컬로 포워드 스탠드업 컬은 귓바퀴 방향, 리버스 스탠드업 컬은 귓바퀴 반대 방향으로 말린 형태이다.

57 루프가 귓바퀴를 따라 말리고 두피에 90°로 세워져 있는 컬은?
① 리버스 스탠드업 컬
② 포워드 스탠드업 컬
③ 스컬프쳐 컬
④ 플랫 컬

해설 포워드 스탠드업 컬은 귓바퀴 방향으로 말린 형태이다.

정답 43 ④ 44 ④ 45 ② 46 ② 47 ③ 48 ① 49 ③ 50 ③ 51 ④ 52 ② 53 ① 54 ① 55 ④ 56 ③ 57 ②

58 헤어컬러링 기술에서 만족할 만한 색채효과를 얻기 위해서는 색채의 기본적인 원리를 이해하고 이를 응용할 수 있어야 하는데 색의 3속성 중의 명도만을 갖고 있는 무채색에 해당하는 것은?

① 적색
② 황색
③ 청색
④ 백색

해설 흰색-회색계-검정색은 명도의 변화만 있는 무채색이다.

59 보색에 대한 설명으로 적합하지 않은 것은?

① 색상환에서 서로 마주보고 있는 색이다.
② 보색을 서로 일정한 비율로 섞으면 무채색이 된다.
③ 보색중화의 방법으로 재염색 시 원하지 않는 기존 색상을 바꿀 수 있다.
④ 명칭으로 구분하는 색의 특성이다.

해설 색의 3속성 중 색상은 빨강, 노랑 등의 명칭으로 구분하는 색의 특성으로 유채색에만 있다.

60 모발의 구조 중 모발의 탈색이 일어나는 곳은?

① 모피질
② 모표피
③ 모수질
④ 모낭

해설 모피질의 멜라닌 색소를 분해하면 모발이 탈색된다.

61 헤어 블리치에 관한 설명으로 틀린 것은?

① 과산화수소는 산화제이고 암모니아수는 알칼리제이다.
② 헤어 블리치는 산화제의 작용으로 두발의 색소를 옅게 한다.
③ 헤어 블리치제는 과산화수소에 암모니아수 소량을 더하여 사용한다.
④ 과산화수소에서 방출된 수소가 멜라닌 색소를 파괴시킨다.

해설 과산화수소가 방출하는 산소가 멜라닌 색소를 분해한다.

62 영구적 염모제에 대한 설명 중 틀린 것은?

① 제1액의 알칼리제로는 휘발성이라는 점에서 암모니아가 사용된다.
② 제2제인 산화제는 모피질 내로 침투하여 수소를 발생시킨다.
③ 제1제 속의 알칼리제가 모표피를 팽윤시켜 모피질 내 인공색소와 과산화수소를 침투시킨다.
④ 모피질 내의 인공색소는 큰 입자의 유색 염료를 형성하여 영구적으로 착색된다.

해설 산화제는 산소를 발생하여 멜라닌 색소를 분해한다.

63 컬러링 시술 전 실시하는 패치 테스트에 관한 설명으로 틀린 것은?

① 염색 시술 48시간 전에 실시한다.
② 팔꿈치 안쪽이나 귀 뒤에 실시한다.
③ 테스트 결과 양성반응일 때 염색시술을 한다.
④ 염색제의 알레르기 반응 테스트이다.

해설 양성반응(발진, 가려움, 수포 등)일 때는 염색 시술을 하지 않는다.

64 헤어 블리치 시술상의 주의사항에 해당하지 않는 것은?

① 미용사의 손을 보호하기 위하여 장갑을 반드시 낀다.
② 시술 전 샴푸를 할 경우 브러싱을 하지 않는다.
③ 두피에 질환이 있는 경우 시술하지 않는다.
④ 사후손질로서 헤어 리컨디셔닝은 가급적 피하도록 한다.

해설 헤어 리컨디셔닝을 하여 헤어 블리치 후 손상된 모발이 회복되도록 관리한다.

65 다음 중 투터치 도포방법에 대한 설명으로 적합하지 않은 것은?

① 25cm 미만의 모발을 두 번에 나누어 도포
② 모근에서 모발 끝까지 한 번에 도포
③ 두피에서 약 1.5cm 띄우고 도포한 뒤 15~20분 후 두피 쪽 도포
④ 얼룩 없는 균일한 컬러를 얻기 위해 사용

해설 모근 쪽 모발이 두피 온도의 영향으로 염모제의 반응 속도가 다르므로 투터치 도포한다.

66 염색 후 마무리 하는 방법으로 유화(에멀젼)에 대한 설명으로 바르지 않은 것은?

① 염색 시간을 단축하기 위해
② 두피의 염모제 잔여물을 깨끗이 제거
③ 색상을 균일화하고 안정적으로 정돈
④ 샴푸를 한 후 에멀젼 함

해설 유화(에멀젼) : 샴푸를 하기 전 헤어라인과 두피에 묻은 염모제를 손가락으로 원을 그리듯이 문지르는 동작을 반복하며 빠져나오는 염모제를 모발의 끝 방향으로 쓸어내리며 빼낸다.

67 다음 중 모근의 볼륨감을 유지하고 헤어디자인의 형태를 고정할 때 주로 사용하는 헤어스타일링 제품은?

① 헤어 스프레이 ② 헤어 왁스
③ 헤어 세럼 ④ 헤어 오일

해설 헤어 왁스 : 모발 끝의 움직임을 강조, 포마드와 젤의 중간 정도의 사용감으로 웨이브나 자연스러운 스타일에 사용

68 다음 중 약간의 수분이 있는 모발에 와인딩 한 후 건조하는 방식으로 짧은 모발에 사용하기가 편리한 헤어세트 롤러의 종류는?

① 전기 세트롤러
② 고무재질 세트롤러
③ 벨크로 재질 세트롤러
④ 플라스틱 재질 세트롤러

해설 전기 세트롤러 : 모발을 완전히 건조하고 사용, 짧은 시간에 웨이브를 형성

69 다음 중 모발을 끝에서 두피 방향으로 밀어 넣듯이 빗질하는 방법으로 볼륨, 토대, 핀 고정 등의 목적으로 사용하는 업스타일 기초 작업은?

① 묶기 ② 블로킹
③ 토대 ④ 백콤

해설 토대 : 업스타일 디자인의 기초인 중심축, 지지대가 되는 부분

70 다음 중 밧줄을 꼬듯이 텐션을 주면서 회전하는 업스타일 기본 기법은?

① 땋기 ② 매듭
③ 겹치기 ④ 꼬기

해설 • 매듭 : 사슬처럼 묶어주는 기법
• 겹치기 : 2개의 스트랜드를 서로 교차하는 기법

71 두상의 특정한 부분에 볼륨을 주기 원할 때 사용되는 헤어피스(hairpiece)는?

① 위글렛(wiglet) ② 스위치(switch)
③ 폴(fall) ④ 위그(wig)

해설 위글렛은 두상의 일부분에 특별한 효과를 주기 위해 사용하는 부분가발이다.

| 정답 | 58 ④ | 59 ④ | 60 ① | 61 ④ | 62 ② | 63 ③ | 64 ④ | 65 ② | 66 ④ | 67 ① | 68 ③ | 69 ④ | 70 ④ | 71 ① |

Part 3
공중위생관리

Chapter 1	공중보건학 총론
Chapter 2	질병관리
Chapter 3	가족 및 노인보건
Chapter 4	환경보건
Chapter 5	산업보건
Chapter 6	식품위생과 영양
Chapter 7	보건행정
Chapter 8	소독의 정의 및 분류
Chapter 9	미생물 총론
Chapter 10	병원성 미생물
Chapter 11	소독 방법
Chapter 12	분야별 위생·소독
Chapter 13	공중위생관리법의 목적 및 정의
Chapter 14	영업의 신고 및 폐업
Chapter 15	영업자 준수사항
Chapter 16	이·미용사의 면허
Chapter 17	이·미용사의 업무
Chapter 18	행정지도 감독
Chapter 19	업소 위생등급
Chapter 20	보수교육
Chapter 21	벌칙

Chapter 01 공중보건학 총론

1 공중보건학의 개념

(1) 공중보건학의 정의
공중보건학이란 조직화된 지역사회의 노력을 통해 질병을 예방하고, 수명을 연장시키며, 신체적·정신적 건강 및 효율을 증진시키는 기술 과학이다.

(2) 공중보건학의 목적
① 감염병에 대한 예방에 관한 연구(질병예방)
② 지역주민의 수명연장에 관한 연구(수명연장)
③ 신체적, 정신적 효율 증진에 관한 연구(건강증진)

> **TIP 질병예방**
> 공중보건학은 질병 치료보다 전 국민의 예방보건 사업에 중점을 두는 학문이다.

(3) 공중보건의 대상 및 단위
① 대상 : 지역사회 전체 주민 또는 국민
② 최소단위 : 지역사회

> **TIP 지역사회 전체**
> 공중보건의 목적을 달성하기 위한 접근 방법은 개인이나 일부 전문가의 노력에 의해 되는 것이 아니라 조직화된 지역사회 전체의 노력으로 달성될 수 있다.

(4) 공중보건의 3대 요소
감염병 예방, 수명연장, 건강과 능률의 향상

(5) 공중보건의 방법
환경위생, 감염병 관리, 개인위생

(6) 공중보건의 3대 사업
보건교육, 보건행정(보건의료 서비스), 보건관계법(보건의료 법규)

(7) 건강의 정의(세계보건기구 헌장)
단순히 질병이 없고 허약하지 않은 상태만이 아니라 "신체적, 정신적, 사회적 안녕이 완전한 상태"를 의미한다.

(8) 공중보건학의 관리 범위

질병관리	역학, 감염병 및 비감염병관리, 기생충관리
가족 및 노인보건	인구보건, 가족보건, 모자보건, 노인보건
환경보건	환경위생, 대기환경, 수질환경, 산업환경, 주거환경
식품보건	식품위생
보건관리	보건행정, 보건교육, 보건통계, 보건영양, 사회보장제도, 정신보건, 학교보건

2 보건지표

(1) 세계보건기구(WHO)에서 규정하는 3대 건강 수준 지표

조사망률(보통사망률)	인구 1,000명당 1년간의 전체 사망자 수
평균수명	출생 시 평균여명(어떤 시기를 기점으로 그 후 생존할 수 있는 평균연수)
비례사망지수	연간 총 사망자 수에 대한 50세 이상의 사망자 수

(2) 국가 간이나 지역사회 간의 보건 수준을 평가하는 3대 지표

영아사망률, 비례사망지수, 평균수명

> **TIP 영아사망률**
> - 한 지역이나 국가의 대표적인 보건수준 평가기준의 지표
> - 가장 예민한 시기이므로 영아사망률은 지역사회의 보건수준을 가장 잘 나타냄
> - 출생 후 1년 이내에 사망한 영아 수를 해당 연도의 총 출생아 수로 나눈 비율(1,000분비)

Chapter 02 질병관리

1 역학

(1) 역학의 정의
집단 현상으로 발생하는 질병의 발생과 분포를 파악하고, 원인을 규명하여 예방대책을 수립하는 과학 또는 학문이다.

(2) 역학의 목적
① 질병의 발생 원인을 규명
② 집단을 대상으로 유행병의 감시 역할을 하고 예방대책을 모색
③ 지역사회의 질병 규모 파악
④ 질병의 예후 파악
⑤ 질병관리방법의 효과에 대한 평가
⑥ 질병의 자연사에 관한 연구
⑦ 공중보건 정책 개발을 위한 기초 자료 제공

(3) 검역의 정의
외국 질병의 국내 침입방지를 위한 감염병의 예방대책으로, 감염병 유행지역의 입국자에 대하여 감염병 감염이 의심되는 사람을 강제 격리하는 것이다.

(4) 검역의 대상
감염병 유행지역에서 입국하는 사람이나 동물 또는 식물 등이다.

2 감염병관리

(1) 질병
신체의 구조적, 기능적 장애로서 숙주, 병인, 환경 요인의 부조화로 발생한다.

(2) 질병 발생의 3대 요인
① 병인 : 병원균을 인간에게 직접 가져오는 원인(질병 발생의 직접적인 원인)

생물학적 병인	세균, 곰팡이, 기생충, 바이러스 등
물리적 병인	열, 햇빛, 온도 등
화학적 병인	농약, 화학약품 등
정신적 병인	스트레스, 노이로제 등

② 숙주 : 인간 숙주의 요소

생물학적 요인	선천적 요인	성별, 연령, 인종, 유전 등
	후천적 요인	영양상태, 질병, 면역 등
사회적 요인 정신적 요인	경제적 요인	직업, 거주환경, 작업환경 등
	생활양식	흡연, 음주, 운동 등

③ 환경 : 병인과 숙주를 제외한 모든 요인(기상, 계절, 매개물, 사회 환경, 경제적 수준 등)

(3) 감염병의 정의
환자를 통해 새로운 환자를 만들 수 있는 질병을 의미한다.

(4) 감염병의 3대 요인
① 감염원 : 병원체를 전파시키는 근원(환자 보균자, 감염 동물, 오염 식품, 오염수 등)
② 감염 경로 : 병원체가 운반될 수 있는 과정(공기 전파, 접촉 감염, 동물매개 전파, 개달물 전파)
③ 감수성 숙주 : 침입한 병원체에 대항할 수 없는 상태(숙주의 감수성이 높으면 감염병 유행, 숙주의 감수성이 낮으면 감염병 소멸)

(5) 감염병 발생 과정

> 병원체 → 병원소 → 병원소로부터 병원체의 탈출 → 병원체의 전파 → 새로운 숙주로의 침입 → 숙주의 감수성(감염)

(6) 병원체
숙주에 침입하여 질병을 일으키는 미생물
① 세균

호흡기계	결핵, 한센병(나병), 파상풍, 디프테리아, 백일해, 폐렴, 성홍열 등
소화기계	장티푸스, 콜레라, 파라티푸스, 세균성 이질 등
피부점막계	페스트, 파상풍, 매독, 임질 등

② 바이러스 : 살아있는 조직세포에서 증식

호흡기계	홍역, 유행성 이하선염, 인플루엔자, 두창 등
소화기계	폴리오, 유행성 간염, 소아마비, 브루셀라증 등
피부점막계	후천성면역결핍증(AIDS), 일본뇌염, 공수병, 트라코마, 황열 등

③ 리케차 : 발진티푸스, 발진열, 양충병(쯔쯔가무시), 로키산홍반열 등
④ 진균 : 무좀, 칸디다증, 백선 등
⑤ 클라미디아 : 비임균성 요도염, 자궁경부암, 트라코마 감염 등
⑥ 곰팡이 : 캔디다이시스, 스포로티코시스 등
⑦ 기생충 : 원충류, 선충류, 조충류, 흡충류 등

> **TIP** 병원체의 크기
> 바이러스 < 리케차 < 세균 < 진균, 사상균

(7) 병인(병원소)

병원체가 증식하면서 생존을 계속하여 다른 숙주에 전파시킬 수 있는 상태로 저장되는 일종의 전염원

① 인간 병원소 : 병원체가 생활, 증식, 생존하는 곳으로 새로운 숙주에게 전파될 수 있는 장소

감염자	• 균이 침입된 사람
현성 감염자	• 균이 병을 일으켜 증상이 나타난 사람
불현성 감염자	• 균이 증식하고 있으나 아무런 증상이 나타나지 않는 사람
건강 보균자 (불현성 보균자)	• 병원체를 보유하고 있으나 증상이 없고 병원체를 체외로 배출하는 보균자 • 감염병 관리가 가장 어려움(색출과 격리가 어려움) • B형 바이러스, 디프테리아, 폴리오, 일본뇌염 등
잠복기 보균자 (발병 전 보균자)	• 감염병 질환의 잠복기간에 병원체를 배출하는 보균자 • 홍역, 백일해, 유행성 이하선염 등
병후 보균자 (만성회복기 보균자)	• 감염병이 치료되었으나 병원체를 지속적으로 배출하는 보균자 • 세균성 이질, 장티푸스 등

② 동물 병원소

병인	병원소	관련 질병
동물	소	탄저병, 결핵, 파상열 등
	돼지	탄저병, 구제역, 파상열, 일본뇌염, 살모넬라증 등
	쥐	페스트, 발진열, 살모넬라증, 유행성 출혈열, 렙토스피라증, 쯔쯔가무시병 등
	고양이	살모넬라증, 톡소플라스마증 등
	개	광견병(공수병), 톡소플라스마증 등
	닭, 오리	조류 인플루엔자 바이러스의 감염원
	토끼	야토증
곤충	모기	일본뇌염, 말라리아, 댕기, 황열 등
	이	발진티푸스, 재귀열 등
	벼룩	흑사병, 발진열 등
	파리	콜레라, 이질, 장티푸스, 파라티푸스 등
	바퀴벌레	콜레라, 이질, 장티푸스 등
	진드기	신증후군출혈열, 쯔쯔가무시병 등

③ 인수공통 병원소
- 동물이 병원소가 되면서 인간에게도 감염을 일으키는 감염병
- 쥐 : 페스트, 살모넬라
- 돼지 : 일본뇌염
- 개 : 광견병
- 산토끼 : 야토병
- 소 : 결핵

(8) 병원소로부터 병원체의 탈출

호흡기계 탈출	• 기침, 재채기, 침, 가래 등으로 탈출 • 디프테리아, 결핵, 홍역, 백일해, 천연두, 유행성 이하선염, 인플루엔자, 폐렴 등
소화기계 탈출	• 분변, 구토물 등으로 탈출 • 장티푸스, 콜레라, 폴리오, 세균성 이질, 파라티푸스, 유행성 간염, 파상열 등
비뇨생식기계 탈출	• 소변, 성기 분비물 등으로 탈출 • 매독, 임질, 연성하감 등
경피 탈출	• 피부병, 피부의 상처, 농양 등으로 탈출 • 나병(한센병) 등
기계적 탈출	• 이, 벼룩, 모기 등 흡혈성 곤충에서 탈출 • 말라리아, 황열 등

(9) 병원체의 전파

① 직접 전파 : 매개체 없이 전파

호흡기계	• 대화, 재채기 등의 오염된 공기로 전파되는 비말 감염 • 홍역, 결핵, 폐렴, 인플루엔자, 성홍열, 백일해, 유행성 이하선염 등
혈액, 성매개	• 혈액이나 신체 접촉을 통한 성병으로 전파되는 감염 • 후천성면역결핍증(AIDS), B형간염, 매독, 임질 등

② 절지동물(곤충) 매개 전파(간접 전파) : 매개체를 통해 간접적으로 전파

모기	• 일본뇌염, 말라리아, 댕기열, 황열, 사상충 등
파리	• 장티푸스, 이질, 콜레라, 파라티푸스, 결핵, 디프테리아 등
바퀴벌레	• 장티푸스, 이질, 콜레라, 소아마비 등
벼룩	• 발진열, 페스트 등
이	• 발진티푸스, 재귀열 등
진드기	• 양충병(쯔쯔가무시), 유행성 출혈열, 재귀열, 발진열 등

③ 무생물 매개 전파(간접 전파)

비말 감염	• 눈, 호흡기 등으로 전파 • 디프테리아, 성홍열, 인플루엔자, 결핵, 백일해 등
수인성 감염 (수질, 식품)	• 인수(사람, 가축)의 분변으로 오염되어 전파 • 쥐 등으로 병에 걸린 동물에 의해 오염된 식품으로 전파 • 단시일 이내에 환자에게 폭발적으로 일어나며, 치명률이 낮음 • 세균성 이질, 콜레라, 장티푸스, 파라티푸스, 폴리오, 장출혈성 대장균 등
진애 감염	• 비말핵이 먼지와 섞여 공기를 통해 전파 • 결핵, 디프테리아, 폐렴, 유행성 감기 등
토양 감염	• 오염된 토양에 의해 피부와 상처 등으로 감염 • 파상풍, 가스괴저병 등
개달물 감염	• 수건, 의류, 서적, 인쇄물 등의 개달물에 의해 감염 • 결핵, 트라코마, 두창, 비탈저, 디프테리아 등

(10) 숙주로 침입

호흡기계 침입	비말 감염(기침, 재채기)
소화기계 침입	경구 감염(구강)
비뇨생식계 침입	성기 감염
경피 침입	피부 감염
기계적 침입	유행성 A형 간염은 수혈을 통하여 침입

(11) 숙주의 감염(면역과 감수성)
① 숙주란 병원체가 옮겨 다니며 기생할 수 있는 사람이나 동물을 말함
② 숙주의 감수성은 숙주의 저항성인 면역성과 관련
③ 병원체가 숙주에 침입하면 반드시 병이 발생(단, 신체 저항력과 면역이 형성되면 병이 발생하지 않을 수 있음)
④ 감수성 지수가 높으면 면역성이 떨어지고 감수성 지수가 낮으면 면역력이 높아짐
⑤ 감수성 지수 : 홍역과 두창(95%), 백일해(60~80%), 성홍열(40%), 디프테리아(10%), 폴리오(0.1%)

(12) 면역
① 면역의 종류

선천적 면역			출생할 때부터 자연적으로 가지는 면역
후천적 면역	능동면역	자연능동면역	감염병에 감염된 후 형성되는 면역
		인공능동면역	예방접종으로 형성되는 면역
	수동면역	자연수동면역	모체의 태반이나 수유를 통해 형성되는 면역
		인공수동면역	인공제제를 접종하여 형성되는 면역

② 능동면역의 종류

자연능동면역		영구면역	홍역, 장티푸스, 콜레라, 페스트, 백일해 등
		일시면역	디프테리아, 세균성 이질, 인플루엔자, 폐렴
인공능동면역	예방접종 구분	생균백신	결핵, 홍역, 폴리오, 두창, 탄저, 광견병, 황열 등
		사균백신	장티푸스, 파라티푸스, 콜레라, 백일해, 일본뇌염 등
		순화독소	파상풍, 디프테리아 등

> **TIP 예방접종시기**
> - 가장 먼저 : B형 간염
> - 4주 이내 : BCG(결핵)
> - 2, 4, 6개월 : 폴리오, DPT(디프테리아, 백일해, 파상풍) 등
> - 12~15개월 : MMR(홍역, 유행성 이하선염, 풍진)

(13) 법정감염병의 종류

제1급 감염병	생물테러감염병 또는 치명률이 높거나 집단 발생의 우려가 커서 발생 또는 유행 즉시 신고하여야 하고, 음압격리와 같은 높은 수준의 격리가 필요한 감염병	• 발생 즉시 신고 • 음압 격리 필요
	에볼라바이러스병, 마버그열, 라싸열, 크리미안콩고출혈열, 남아메리카출혈열, 리프트밸리열, 두창, 페스트, 탄저, 보툴리눔독소증, 야토병, 신종감염병증후군, 중증급성호흡기증후군(SARS), 중동호흡기증후군(MERS), 동물인플루엔자 인체감염증, 신종인플루엔자, 디프테리아, 니파바이러스감염증	
제2급 감염병	전파가능성을 고려하여 발생 또는 유행 시 24시간 이내에 신고하여야 하고, 격리가 필요한 감염병	• 24시간 이내 신고 • 격리 필요
	결핵, 수두, 홍역, 콜레라, 장티푸스, 파라티푸스, 세균성 이질, 장출혈성대장균감염증, A형간염, 백일해, 유행성이하선염, 풍진, 폴리오, 수막구균 감염증, b형헤모필루스인플루엔자, 폐렴구균 감염증, 한센병, 성홍열, 반코마이신내성황색포도알균(VRSA) 감염증, 카바페넴내성장내세균목(CRE) 감염증, E형간염	
제3급 감염병	그 발생을 계속 감시할 필요가 있어 발생 또는 유행 시 24시간 이내에 신고하여야 하는 감염병	• 24시간 이내 신고 • 지속적 감시 필요
	파상풍, B형간염, 일본뇌염, C형간염, 말라리아, 레지오넬라증, 비브리오패혈증, 발진티푸스, 발진열, 쯔쯔가무시증, 렙토스피라증, 브루셀라증, 공수병, 신증후군출혈열, 후천성면역결핍증(AIDS), 크로이츠펠트-야콥병(CJD) 및 변종크로이츠펠트-야콥병(vCJD), 황열, 뎅기열, 큐열, 웨스트나일열, 라임병, 진드기매개뇌염, 유비저, 치쿤구니아열, 중증열성혈소판감소증후군(SFTS), 지카바이러스 감염증, 매독, 엠폭스(MPOX)	
제4급 감염병	제1급 감염병부터 제3급 감염병까지의 감염병 외에 유행 여부를 조사하기 위하여 표본감시 활동이 필요한 감염병	• 7일 이내 신고 • 표본 감시
	인플루엔자, 회충증, 편충증, 요충증, 간흡충증, 폐흡충증, 장흡충증, 수족구병, 임질, 클라미디아감염증, 연성하감, 성기단순포진, 첨규콘딜롬, 반코마이신내성장알균(VRE) 감염증, 메티실린내성황색포도알균(MRSA) 감염증, 다제내성녹농균(MRPA) 감염증, 다제내성아시네토박터바우마니균(MRAB) 감염증, 장관감염증, 급성호흡기감염증, 해외유입기생충감염증, 엔테로바이러스감염증, 사람유두종바이러스 감염증, 코로나바이러스감염증-19	

(14) 감염병의 신고 및 보고

① 감염병의 신고

의사, 치과의사, 한의사는 다음의 경우 소속 의료기관의 장에게 보고하여야 하고, 의료기관에 소속되지 않은 의사, 치과의사, 한의사는 관할 보건소장에게 신고해야 한다.
- 감염병 환자 등을 진단하거나 그 시체를 검안한 경우
- 예방접종 후 이상반응자를 진단하거나 그 시체를 검안한 경우
- 감염병 환자가 제1급~제3급 감염병으로 사망한 경우
- 감염병 환자로 의심되는 사람이 감염병 병원체 검사를 거부하는 경우

② 보건소장의 보고
- 보건소장 → 관할 특별자치도지사 또는 시장·군수·구청장 → 질병관리청장 및 시·도지사
- 제1급 감염병의 발생, 사망, 병원체 검사 결과의 보고 : 신고를 받은 후 즉시
- 제2급, 제3급 감염병 발생, 사망, 병원체 검사 결과의 보고 : 신고를 받은 후 24시간 이내
- 제4급 감염병의 발생, 사망, 병원체 검사 결과의 보고 : 신고를 받은 후 7일 이내
- 예방접종 후 이상반응의 보고 : 신고를 받은 후 즉시

3 기생충질환관리

(1) 기생충의 정의
스스로 자생력이 없어 생물체에 붙어서 영양을 섭취하고 생명을 유지하며 이득을 보는 생물체를 기생충이라고 하고 손해를 보는 생물체를 숙주라고 한다.

(2) 기생충 관리
① 기생충 질환을 일으키는 발생 원인을 제거
② 개인 위생관리를 철저히 하고 비위생적인 환경을 개선

(3) 원충
진핵세포로 존재하는 단세포의 원생동물

이질아메바증	원인 : 물로 인해 감염 감염 : 장에 기생 증상 : 급성 이질, 대장염, 설사병, 복통 등 예방 : 물을 끓여서 음용하고 상하수도와 토양 위생관리
질트리코모나스증 (질편모충증)	원인 : 화장실, 목욕탕, 성행위로 감염 감염 : 비뇨생식기계 기생 증상 : 질염, 성병 예방 : 불건전한 성 접촉 금지(위생관리에 주의)
말라리아 (학질)	원인 : 말라리아 원충에 감염된 모기 감염 : 모기 침이 백혈구 안에서 분열, 증식, 기생 증상 : 오한, 발열, 발한, 빈혈, 두통, 합병증 발생 예방 : 야간 외출 삼가, 모기 기피제 및 모기장 사용

(4) 연충(윤충)
조직과 기관이 발달한 다세포 동물(선충류, 조충류, 흡충류), 선충류의 감염률이 가장 높음
① 선충류 : 소화기, 근육, 혈액 등에 기생

회충	원인 : 토양, 물, 채소로 인해 감염 감염 : 소장에 기생 증상 : 복통, 구토, 장염 예방 : 철저한 분변 관리, 파리의 구제, 정기 검사 및 구충
요충	원인 : 물, 채소, 소아감염, 집단감염(의복, 침구류 등으로 전파) 감염 : 맹장에 기생하다가 성숙함에 따라 대장·직장으로 이동하여 기생 증상 : 습진, 피부염, 소화 장애, 신경증상, 항문의 가려움증 예방 : 개인 위생관리, 채소를 익혀서 섭취, 의복, 침구류 등 소독
구충 (십이지장충)	원인 : 토양, 채소, 물, 경구 감염, 경피 감염(두비나구충, 아메리카구충) 감염 : 구충이 소장 상부에 기생 증상 : 피부염, 채독증, 빈혈, 이명증 예방 : 채소를 익혀서 섭취, 분뇨와 토양의 위생관리
사상충증	원인 : 말레이사상충에 감염된 모기 감염 : 임파 조직에 기생 증상 : 근육통, 두통, 고열, 림프관염, 상피증 예방 : 야간 외출 삼가, 모기 기피제 및 모기장 사용

선모충증	원인 : 날고기 섭취로 인한 감염 감염 : 선모충이 근육, 간, 소장에 기생 증상 : 근육통, 두통, 발열 예방 : 육류(-37℃ 이하) 냉동 보관, 익혀서 섭취
아니사키스충증 (고래회충증)	원인 : 해산어류의 생식으로 인한 감염(오징어, 고등어 등) 감염 : 위장에 기생 증상 : 구토, 복통 예방 : 해산어류(-20℃ 이하) 24시간 냉동보관, 익혀서 섭취, 내장은 섭취 자제

② 조충류 : 숙주의 소화기관에 기생

유구조충 (갈고리촌충)	원인 : 돼지고기의 생식으로 인한 감염 감염 : 유구낭충이 소장에 기생하여 성충 증상 : 복통, 설사, 만성소화기 장애, 신경증상, 식욕부진 예방 : 돼지고기 생식 자제
무구조충 (민촌충)	원인 : 소고기의 생식으로 인한 감염 감염 : 무구낭충이 소장에 기생하여 성충 증상 : 복통, 설사 예방 : 소고기 생식 자제
긴촌충 (광절열두조충)	원인 : 제1숙주(물벼룩), 제2숙주(연어, 송어)의 생식으로 인한 감염 감염 : 유충이 소장에 기생하여 성충 증상 : 복통, 설사, 빈혈 예방 : 민물고기 생식 자제

③ 흡충류 : 숙주의 간, 폐 등에 흡착하여 기생

간흡충 (간디스토마)	원인 : 제1숙주(우렁이), 제2숙주(잉어, 참붕어, 피라미)의 생식으로 인한 감염 감염 : 유충이 간의 담도에 기생하여 성충 증상 : 소화불량, 설사, 담관염 예방 : 민물고기 생식 자제
폐흡충 (폐디스토마)	원인 : 제1숙주(다슬기), 제2숙주(가재, 게)의 생식으로 인한 감염 감염 : 유충이 폐에 기생하여 성충 증상 : 기침, 객담, 객혈 예방 : 가재, 게 생식 자제
요코가와흡충	원인 : 제1숙주(다슬기), 제2숙주(은어, 숭어)의 생식으로 인한 감염 감염 : 유충이 소장에 기생하여 성충 증상 : 설사, 장염 예방 : 은어, 숭어 생식 자제

Chapter 03 가족 및 노인보건

1 인구보건

(1) 인구
① 인구 조사 : 일정기간 동안 일정한 지역에서 생존하는 인간의 집단 인구동태(출생, 사망, 인구 이동), 인구증가(자연증가, 사회증가) 조사
② 인구 정책 : 인구를 어느 특정 시점에서 출생, 사망, 인구이동 등 현실적인 상태와 이상적 상태의 격차를 조절하여 국가가 원하는 상태로 조절하는 것
③ 인구 문제 : 인구의 구성과 인구 수, 지역적 분포 등 인구 현상에 있는 모든 변화에 의하여 발생

(2) 인구 구성형태(인구 모형)
① 인구 구성 : 성별, 연령별, 인종별, 직업별, 사회 계층별, 교육 수준별 등으로 표시
② 인구 모형 : 특정 시점의 연령별 인구 구성을 한눈에 볼 수 있는 그래프
③ 인구 모형의 종류

피라미드형	인구증가형 (후진국형)	• 출생률 증가, 사망률 감소 • 14세 이하 인구가 65세 이상 인구의 2배 이상인 형태
종형	인구정지형 (이상적인 형)	• 출생률과 사망률이 낮은 형 • 14세 이하 인구가 65세 이상 인구의 2배 정도인 형태
항아리형 (방추형)	인구감퇴형 (선진국형)	• 출생률이 사망률보다 낮은 형 • 14세 이하 인구가 65세 이상 인구의 2배 이하인 형태
별형	인구유입형 (도시형)	• 생산연령 인구 증가 • 생산인구가 전체 인구의 50% 이상인 경우
표주박형	인구감소형 (농촌형)	• 생산연령 인구 감소 • 생산인구가 전체 인구의 50% 미만인 경우

2 가족보건

(1) 가족계획
① 모자보건법(산아제한)에 의하여 출산의 시기 및 간격을 조절
② 출생 자녀수도 제한하고 불임증 환자를 진단 및 치료하는 것

(2) 영·유아 보건을 위한 가족계획
모성의 연령, 건강상태, 유전인자 등 신생아 및 영아사망률과 관계

(3) 모성 및 영·유아 외의 가족계획
여성의 사회생활을 고려하여 가정 경제 및 조건에 적합한 자녀수를 출산

(4) 조출생률
① 인구 1,000명에 대한 연간 출생아 수
② 가족계획 사업의 효과 판정상 유력한 지표

> **TIP 조출생률 계산식**
>
> 조출생률 = $\dfrac{\text{연간 출생아 수}}{\text{그 해의 인구}} \times 1{,}000$

3 모자보건

(1) 모자보건 정의
모성 및 영·유아의 생명과 건강을 보호하고 건전한 자녀의 출산과 양육을 도모하여 국민보건 향상에 기여하는 것이다(12~44세 이하의 임산부 및 6세 이하의 영·유아를 대상).

(2) 모자보건 지표
영아사망률, 주산기사망률, 모성사망률

(3) 영·유아보건
① 태아 및 신생아, 영·유아를 대상
② 우리나라 영·유아 사망의 3대 원인 : 폐렴, 장티푸스, 위병

(4) 모성보건 3대 사업 목표
산전관리, 산욕관리, 분만관리

(5) 임산부의 주요 질병과 이상
① 임신중독증 : 부종, 단백뇨, 고혈압
② 자궁 외 임신 : 임균성, 결핵성 난관염, 인공유산 후의 염증 등의 원인
③ 이상출혈 : 임신 전·후반기와 산욕기의 출혈
④ 산욕열 및 감염 : 산욕기(출산 6~8주 사이) 감염에 의한 심한 발열 현상으로 고열과 오한이 생기는 증세

(6) 모유수유
① 수유 전 산모의 손을 씻어 감염을 예방
② 모유에는 림프구, 대식세포 등의 백혈구가 들어 있어 각종 감염으로부터 장을 보호하고 설사를 예방하는 데 큰 효과
③ 초유는 영양가가 높고 면역체가 있으므로 아기에게 반드시 먹이도록 함

4 성인보건
(1) 성인병 관리
① 성인과 노인에게 많이 발생
② 식습관, 운동습관, 흡연, 음주 등의 생활습관
③ 성인병의 종류 : 고혈압, 당뇨병, 비만, 동맥경화증, 협심증, 심근경색증, 뇌졸중, 퇴행성관절염, 폐질환, 간질환 등
④ 성인병의 특징 : 비전염성, 만성퇴행성, 비가역성

5 노인보건
(1) 노인보건의 대상과 목적
① 65세 이상의 노인(보건복지법)
② 노인의 질환을 예방 및 조기 발견하고, 적절한 치료 요양으로 노후의 보건 복지 증진에 기여함

(2) 노인보건의 필요성
① 고령화 사회 진입, 노인질환 급증, 국민 총 의료비 증가 등의 이유로 노인보건 필요
② 의료비, 소득 감소 등의 경제적인 문제, 소외의 문제 등 노인문제 해결방안 모색 요구
③ 의료지원, 사회복지, 사회활동 등의 지원 및 문제 해결방안 모색 요구
④ 노령화의 4대 문제 : 빈곤문제, 건강문제, 무위문제(역할 상실), 고독 및 소외문제
⑤ 보건 교육 방법 : 개별접촉을 통한 교육

> **TIP 고령화사회, 고령사회, 초고령사회**
> - 고령화사회 : 65세 이상의 인구가 전체 인구의 7% 이상인 사회
> - 고령사회 : 65세 이상의 인구가 전체 인구의 14% 이상인 사회
> - 초고령사회 : 65세 이상의 인구가 전체 인구의 20% 이상인 사회

6 정신보건
(1) 정신보건의 정의
정신 질환의 예방 및 치료를 통하여 국민 정신건강을 유지 및 발전시키려고 하는 것이다.

(2) 정신보건 활동
환자의 조기발견, 입원과 치료, 퇴원 후 후속치료, 환자의 처우 개선, 가족에 대한 사회지원, 완치 후 사회 복귀

Chapter 04 환경보건

1 환경보건

(1) 목적(환경보건법)
환경오염과 유해화학물질 등이 국민건강 및 생태계에 미치는 영향 및 피해를 조사·규명 및 감시하여 국민건강에 대한 위협을 예방하고, 이를 줄이기 위한 대책을 마련함으로써 국민건강과 생태계의 건전성을 보호·유지할 수 있도록 함을 목적으로 한다.

> **TIP** 인류 생존 위협 대표 3요소
> 인구, 환경오염, 빈곤

(2) 환경보건의 범위

자연적 환경	우리 생활에 필요한 물리적 환경	• 공기 : 기온, 기습, 기류, 기압, 매연, 가스 등 • 물 : 강수, 수량, 수질관리, 수질오염, 지표수, 지하수 등 • 토지 : 지온, 지균, 쓰레기 처리 등 • 소리 : 소음 등
사회적 환경	우리 생활에 직·간접으로 영향을 주는 환경	• 정치, 경제, 종교, 인구, 교통, 교육, 예술 등
인위적 환경	외부의 자극으로부터 인간을 보호하는 환경	• 의복, 식생활, 주택, 위생시설 등
생물학적 환경	동·식물, 미생물, 설치류, 위생해충 등이 갖는 환경	• 구충구서 : 곤충, 해충(파리, 모기) 등

(3) 기후의 3대 요소
① 기온 : 18±2℃(쾌적 온도 18℃), 실·내외 온도차 5~7℃
② 기습 : 40~70%(쾌적 습도 60%)
③ 기류 : 실내 0.2~0.3m/sec, 실외 1m/sec(쾌적 기류 1m/sec, 불감 기류 0.5m/sec 이하)

(4) 기후의 4대 요소(온열조건)
기온, 기습, 기류, 복사열

2 대기환경

(1) 대기(공기)
지구를 둘러싸고 있는 대기를 구성하는 기체로, 지구상 생물 존재에 꼭 필요한 역할을 하는 요소

(2) 대기의 성분
질소(N_2) 78%, 산소(O_2) 21%, 이산화탄소(CO_2) 0.03%

(3) 대기오염
대기 중 고유의 자연 성질을 바꿀 수 있는 화학적, 물리적, 생리학적 요인으로 인한 오염
① 실내공기오염의 지표 : 이산화탄소(CO_2)
② 대기오염의 지표 : 아황산가스(SO_2)
③ 오존층 파괴의 대표 가스 : 염화불화탄소(CFC)

질소 (N_2)	• 비독성 가스이며 고압에서는 마취 현상이 나타남 • 고기압 환경이나 강압 시에는 모세혈관에 혈전이 나타남(감압병) • 잠함병(잠수병) : 혈액 속의 질소가 기포를 발생하게 하여 모세혈관에 혈전현상을 일으키는 것
산소 (O_2)	• 공기 중의 약 21% 차지 • 산소 농도가 10% 이하일 경우 호흡곤란 증상, 7% 이하일 경우 질식
이산화탄소 (CO_2)	• 공기 중의 약 0.03% 차지 • 실내공기오염의 지표 • 지구 온난화 현상의 원인 • 무색, 무취, 비독성 기체 • 실내 이산화탄소의 최대 허용량(상한량)은 0.1%(1,000ppm) • 7%에서는 호흡곤란, 10% 이상일 경우 사망 • 실내에 이산화탄소 증가 시 온도와 습도가 증가하여 무더우며 군집독 발생
일산화탄소 (CO)	• 탄소의 불완전연소로 생성되는 무색, 무취의 기체 • 산소와 헤모글로빈의 결합을 방해하여 세포와 신체조직에서 산소 부족현상을 나타냄 • 중독 증상 : 정신장애, 신경장애, 질식현상
이산화황 (SO_2)	• 아황산가스, 아황산무수물이라고도 함 • 황과 산소의 화합물로서 황이 연소할 때 발생하는 무색의 기체 • 최대 허용량(상한량)은 0.05ppm • 독성이 강하여 공기 속에 0.003% 이상이 되면 식물이 죽음 • 금속을 부식, 자극이 강해 기관지 만성염증, 심폐질환, 합병증을 일으킬 수 있음 • 대기오염, 도시공해 요인으로 자동차 배기가스, 중유연소, 공장매연 등에서 다량 배출
염화불화탄소 (CFC)	• 프레온 가스라고 하며 오존층 파괴의 대표 가스 • 냉장고나 에어컨 등의 냉매, 스프레이의 분사체에서 발생 • 오존이 존재하는 성층권까지 도달하면 오존층 파괴
오존 (O_3)	• 2차 오염물질로 광화학 옥시던트를 발생 • 지상 25~30km(성층권)에 있는 오존층은 자외선 대부분을 흡수 • 가슴통증, 기침, 메스꺼움, 기관지염, 심장질환, 폐렴 증세 일으킴

> **TIP 황산화물**
> • 석탄이나 석유 속에 포함되어 있어 연소할 때 산화되어 발생
> • 만성기관지염과 산성비 등 유발

(4) 공기의 자정작용

① 희석작용 : 공기 자체의 희석작용
② 살균작용 : 자외선에 의한 살균작용
③ 탄소 동화작용 : 식물의 탄소 동화작용에 의한 이산화탄소, 산소 교환 작용
④ 산화작용 : 산소, 오존, 과산화수소 등에 의한 산화작용
⑤ 세정작용 : 비나 눈에 의한 용해성 가스, 분진 등의 세정작용

(5) 군집독

일정한 공간의 실내에 수용범위를 초과한 많은 사람이 있는 경우 이산화탄소 농도 증가, 기온 상승, 습도 증가, 연소가스 등으로 인해 불쾌감, 두통, 권태, 현기증, 구토, 식욕부진 등의 현상을 일으키는 것

(6) 대기오염현상

기온역전	상부 기온이 하부 기온보다 높아지면서 공기의 수직 확산이 일어나지 않으므로 대기가 안정되지만 오염도는 심하게 나타나는 현상
열섬현상	도심 속의 온도가 대기오염 또는 인공열 등으로 인해 주변지역보다 높게 나타나는 현상
온실효과	복사열이 지구로부터 빠져나가지 못하게 막아 지구가 더워지는 현상
산성비	pH 5.6 이하의 비, 고농도의 황산이나 질산이 포함되어 사람과 자연환경에 악영향을 줌

(7) 대기환경 기준

구분	기준	측정방법
아황산가스 (SO_2)	• 연간 평균치 : 0.02ppm 이하 • 24시간 평균치 : 0.05ppm 이하 • 1시간 평균치 : 0.15ppm 이하	자외선 형광법
일산화탄소 (CO)	• 8시간 평균치 : 9ppm 이하 • 1시간 평균치 : 25ppm 이하	비분산적외선 분석법
이산화질소 (NO_2)	• 연간 평균치 : 0.03ppm 이하 • 24시간 평균치 : 0.06ppm 이하 • 1시간 평균치 : 0.10ppm 이하	화학 발광법
미세먼지	• 연간 평균치 : 50$\mu g/m^3$ 이하 • 24시간 평균치 : 100$\mu g/m^3$ 이하	베타선 흡수법

3 수질환경

(1) 물의 경도(단위)
① 물속에 녹아있는 칼슘과 마그네슘의 총량을 탄산칼슘의 양으로 환산하여 표시
② 경도는 물속에 함유되어 있는 경도 유발물질에 의해 나타나는 물의 세기
③ 물 1L 중 1mg의 탄산칼슘이 들어 있을 때를 경도 1도라고 함
④ 경수(센물) : 경도 10 이상의 물로서 칼슘, 마그네슘이 많이 포함되어 거품이 잘 일어나지 않고 뻣뻣하여 세탁, 목욕용으로는 부적합
⑤ 연수(단물) : 경도 10 이하의 물로서 수돗물이 대표적이며 세탁, 생활용수, 보일러 등에 사용
⑥ 붕사 : 경수를 연수로 만드는 약품
⑦ 수돗물이 경도가 높으면 소독제와 불활성 효과, 즉 침전 상태가 될 수 있으므로 주의

(2) 정수법
① 수질검사 : 물리적·화학적 검사, 현장조사, 세균학적 검사, 생물학적 검사
② 수질 자정작용 : 희석작용, 침전작용, 일광 내 자외선에 의한 살균작용, 산화작용, 생물의 식균작용 등
③ 인공정수과정 : 침전 → 여과 → 소독 → 배수 → 급수
④ 완속사 여과는 보통침전법을 사용하고 급속사 여과는 약물침전법을 사용

> **TIP 상하수 지표**
> - 상수의 수질오염분석 시 대표적인 생물학적 지표 : 대장균
> - 하수의 오염도를 나타내는 수질오염지표 : BOD

(3) 음용수 소독법
① 자비 소독 : 물을 끓여서 소독
② 염소 소독 : 상수도 소독 방법
③ 자외선 소독 : 일광 소독
④ 오존 소독

(4) 하수와 보건

공장 폐수, 분뇨 등을 처리하지 않고 방류해서 발생하는 여러 가지 문제를 예방하고 대책 마련

① 하수오염의 측정

용존산소량 (DO)	• 물속에 용해되어 있는 유리산소량(단위 ppm) • 5ppm 이상 • DO가 낮으면 오염도가 높음 • 물의 온도가 낮을수록, 압력이 높을수록 많이 존재
생물학적 산소요구량 (BOD)	• 유기물이 세균에 의해 산화·분해될 때 소비되는 산소량(단위 ppm) • 5ppm 이하 • BOD가 높으면 오염도가 높음 • 하수의 수질오염지표
화학적 산소요구량 (COD)	• 물속의 유기물을 무기물로 산화시킬 때 필요한 산소량(단위 ppm) • COD가 높으면 오염도가 높음 • 공장 폐수의 오염도를 측정하는 지표
부유물질 (SS)	• 물속에 부유하고 있는 미생물, 모래 등의 물에 용해되지 않는 물질 • 쓰레기 등이 떠 있지 않아야 함
수소이온농도 (pH)	• 산성, 중성, 알칼리성을 나타내는 척도 • pH 5.5~8.5(pH 7 미만은 산성, pH 7 초과는 알칼리성)
대장균군	• 100mL당 대장균 수

② 하수처리 과정

> 예비처리 → 본처리 → 오니처리

③ 예비처리(1차) : 부유물질의 제거와 침전

④ 본처리(2차) : 혐기성 처리, 호기성 처리

혐기성 처리	• 산소가 없는 상태에서 혐기성균의 작용에 의해 유기물을 분해하는 방법 • 부패작용으로 악취가 발생하여 소규모 분뇨 처리에 주로 사용 • 부패조법, 임호프조법
호기성 처리	• 활성오니법은 산소를 공급하여 호기성균을 촉진 • 하수 내 유기물을 산화시키는 호기성 분해법으로 가장 많이 이용 • 살수여과법, 산화지법, 활성오니법

⑤ 오니처리 : 육상투기법, 해양투기법, 퇴비법, 소각법 등

(5) 상수처리과정

> 취수 → 도수 → 정수(침사, 침전, 여과, 소독) → 송수 → 배수 → 급수

① 취수 : 수원지에서 물을 끌어옴
② 도수 : 취수한 물을 정수장까지 끌어옴
③ 침사 : 모래를 가라앉히는 것

> **TIP** 상수 및 수도전에서의 적정 유리 잔류 염소량
> - 평상시 : 0.2ppm 이상
> - 비상시 : 0.4ppm 이상

(6) 오물처리

① 폐기물 : 소각법, 매립법, 퇴비법 등
② 분뇨 처리 : 해양투기법, 정화조이용법, 비료화법, 화학제 처리법 등
③ 쓰레기 처리 : 소각법, 매립법, 비료화법, 사료법 등
④ 소각법 : 일반폐기물 처리방법 중 가장 위생적인 방법

(7) 수질오염 물질

유기물질	BOD, COD 수치 높음, DO 수치 낮음
화학적 유해물질	수온, 납, 알칼리, 농약, 카드뮴, 시안, 산 등
병원균	장티푸스, 세균성 이질, 콜레라, 감염성 간염, 살모넬라
부영양화 물질	N-P계 물질, 적조·녹조 현상
현탁 고형물	난분해성 물질, 경성세제, PCB, DDT

(8) 수질오염 피해

수은 중독	• 치은괴사, 구내염, 혈성구토 등을 일으키는 미나마타병 • 산업폐수에 오염된 어패류 섭취로 발생
카드뮴 중독	• 세포에 만성 섬유 증식, 신경기능 장애, 폐기종, 당뇨병 등을 일으키는 이타이이타이병 • 폐광석을 통해 카드뮴이 유출되어 강으로 흘러들어가 식수나 농업용수로 사용하여 발생
납 중독	• 빈혈, 신경마비, 뇌 중독 증상
PCB 중독	• PCB를 사용한 제품을 소각할 때 대기 중으로 확산되어 들어갔다가 빗물 등에 섞여서 토양, 하천 등으로 흘러 발생
기타	• 수인성 감염병, 기생충성 질환, 수도열, 농작물의 고사, 어패류의 사멸, 상수·공업용수의 오염

(9) 수질오염 방지대책

① 하수도 정비촉진, 산업폐수 처리, 수세식 변소의 시설관리를 개선
② 불법투기 금지 조치, 해수오염 방지 대책 마련 및 공장폐수 오염실태 파악 후 대책

4 주거환경

(1) 주택 4대 조건
① 건강성 : 한적하고 교통이 편리하며 공해를 발생시키는 공장이 없는 환경
② 안전성 : 남향 또는 동남향, 서남향의 지형이 채광에 적절
③ 기능성 : 지질은 건조하고 침투성이 있는 오물의 매립지가 아니어야 함
④ 쾌적성 : 지하수위가 1.5~3m 정도로 배수가 잘 되는 곳, 실내·외 온도 차이 5~7℃

(2) 자연조명(채광)의 조건
① 하루 최소 4시간 이상의 일조량
② 창의 면적 : 방바닥 면적의 1/7~1/5 정도
③ 창의 입사각 : 28° 이상
④ 창의 개각 : 4~5° 이상
⑤ 주광률 : 1% 이상

(3) 인공조명의 조건
① 취급이 간단해야 함
② 유해가스가 발생하지 않아야 함
③ 눈이 부시지 않고 깜박거림이나 흔들림 없이 조도가 균등해야 함
④ 열의 발생이 적고 폭발이나 발화의 위험이 없어야 함
⑤ 색은 주광색에 가까운 것이 좋음

전체조명	전체적으로 밝게 하는 조명	강당, 가정
부분조명	부분적으로 밝게 하는 조명	스탠드
직접조명	조명 효율이 크고 경제적이나 불쾌감을 줄 수 있음	서치라이트
간접조명	눈의 보호를 위해 가장 좋은 조명	형광등

TIP 미용실 조명
75Lux 이상

(4) 소음피해 조건
① 불쾌감, 불안증, 교감신경의 작용으로 인한 생리적 장애
② 소음의 크기, 주파수, 폭로기간에 따라 다름
③ 청력장애, 수면방해, 맥박 수 및 호흡 수 증가, 대화 방해 및 작업능률의 저하

Chapter 05 산업보건

1 산업보건의 개념

(1) 산업보건의 정의
산업현장의 산업종사자에 대한 육체적·정신적·사회적 안녕을 최고도로 증진·유지시키며, 질병예방과 유해물질로 인한 건강훼손을 방지하는 것이다.

(2) 산업보건의 과제
① 질병과 사고 예방
② 작업 능률과 생산성 확보·유지
③ 작업 조건이나 작업장 환경 개선
④ 유해물질로 인한 건강 훼손 방지

2 산업피로

(1) 산업피로의 개념
정신적·육체적·신경적 노동의 부하로 인해 충분한 휴식을 가졌는데도 회복되지 않는 피로

(2) 산업피로의 본질
① 생체의 생리적 변화
② 피로감각
③ 작업량 변화

(3) 산업피로의 대표적 증상
체온 변화, 호흡기 변화, 순환기계 변화

(4) 산업피로의 대책
① 작업방법의 합리화
② 개인차를 고려한 작업량 할당
③ 적절한 휴식
④ 효율적인 에너지 소모

3 산업재해

(1) 산업재해의 개념
노동 과정에서 작업환경 또는 작업행동 등 업무상의 사유로 발생하는 노동자의 신체적·정신적 피해

(2) 산업재해 발생원인
① 인적 요인 : 관리상·생리적·심리적 원인
② 환경적 요인 : 시설 및 공구 불량, 재료 및 취급물의 부족, 작업장 환경 불량, 휴식시간 부족 등

(3) 산업재해지표
① 건수율(발생률) : 산업체 근로자 1,000명당 재해 발생 건수
② 도수율(빈도율) : 연근로시간 100만 시간당 재해 발생 건수
③ 강도율 : 근로시간 1,000시간당 발생한 근로 손실 일수

(4) 산업재해의 예방 대책
① 유해물질이 발생하는 것을 방지, 안전하고 건강한 작업환경 조성
② 산업종사자의 작업 시간 등이 적정한지 조사한 후 시정 개선
③ 산업종사자 채용 시 신체검사 및 정기건강검사를 실시
④ 유해업무 시에는 반드시 보호구를 사용하여 위험 노출 막음
⑤ 임신 중인 여자와 18세 미만인 자는 도덕상 또는 보건상 유해하거나 위험한 산업현장에 고용할 수 없음
⑥ 15~18세까지는 보호연령으로 작업시간 및 작업환경 제한

(5) 산업종사자의 질병

종사자	질병	원인
해녀, 잠수부	잠함병, 잠수병	고압 환경
항공정비사	난청	소음
파일럿, 승무원	고산병	저압 환경
냉동고 취급자	참호족, 동상, 동창	저온 환경
광부(탄광)	진폐증	분진
석공(암석, 채석 연마자)	규폐증	규산
인쇄공	납중독	납
석면취급자	석면폐증	석면
연탄취급자	탄폐증	연탄
방사선취급자	조혈기능 장애, 백혈병, 생식 기능 장애	방사선
제철소, 용광로 작업자	열쇠약증(고열 만성형 건강장애)	고열, 고온
불량조명 사용자	열허탈증(고온 순환장애)	조명
진동 작업자	안구진탕증, 근시, 피로, 레이노이드	진동

Chapter 06 식품위생과 영양

1 식품위생

(1) 식품위생의 정의
식품의 생육, 생산, 제조에서부터 최종적으로 사람에게 섭취할 때까지에 이르는 모든 단계에서 식품의 안정성, 건강성 및 건전성을 확보하기 위한 모든 수단이다.

(2) 식품위생 관리
안전성(가장 중요한 요소), 건강성(영양소의 적절한 함유), 건전성(식품의 신선도)

(3) 식품위생 검사
① 식품에 의한 위해를 방지·예방하고 안전성을 확보하기 위해 행하는 검사
② 생물학적 검사, 화학적 검사, 물리학적 검사, 독성검사, 관능검사, 식기구·용기 및 포장의 검사

(4) 식품의 변질

변질	고유의 성질이 변하는 것
산패	지질의 변패, 미생물 이외에 산소, 햇볕, 금속물질 등에 의해 산화되어 악취가 나고 변색
부패	단백질이 혐기성 상태에서 미생물에 의해 분해되어 악취가 나고 유해한 물질을 생성
변패	단백질 외의 탄수화물, 지질의 성분이 변질
발효	탄수화물이나 단백질이 미생물에 의해 분해되어 더 좋은 상태로 발현
후란	호기성 세균이 단백질 식품에 작용하여 변질

(5) 식품 보존방법

물리적	건조법, 냉동법, 냉장법, 가열법, 밀봉법, 통조림법, 자외선 및 방사선 조사법
화학적	절임법(염장, 당장, 산장), 보존료 첨가법, 훈증법, 훈연법, 생물학적 처리법

2 식중독

(1) 식중독의 정의
① 식품 섭취 후 인체에 유해한 미생물 또는 유독 물질에 의하여 발생한 것으로 판단되는 감염성 질환 또는 독소형 질환
② 내·외적 환경 영향, 병원성 미생물 등으로 인해 변질된 식품을 섭취하였을 때 일어나는 식중독은 곰팡이독, 자연독, 화학성·세균성 식중독 등으로 분류함
③ 25~37℃에서 가장 잘 증식

(2) 곰팡이독 식중독
① 원인이 되는 아플라톡신은 황변미와 같은 곡류에서 주로 발생
② 간암을 일으키는 등 강력한 독성

(3) 자연독 식중독

구분	원인 식품	특성 물질	증상
식물성	감자	솔라닌	구토, 복통, 설사, 발열, 언어장애 등
	버섯	무스카린	위장병 중독, 콜레라형 중독, 신경 장애형 중독 등
	맥각류	에르고톡신	위궤양 증상과 신경계 증상 등
	독미나리	시큐톡신	구토, 현기증, 경련, 중추신경마비, 호흡곤란 등
	청매	아미그달린	마비증상 등
동물성	복어	테트로도톡신	사지마비, 언어장애, 운동장애, 구토, 의식불명 등
	섭조개, 대합	삭시톡신	신체마비, 호흡곤란 등
	모시조개, 굴	베네루핀	출혈반점, 혈변, 혼수상태 등

(4) 화학물질 식중독

식품첨가물	착색제, 방향제, 표백제, 산화방지제, 발색제, 소포제
유해금속물	납, 아연, 구리, 비소, 수은, 카드뮴
농약	채소, 과일, 곡류 표면의 잔류로 인한 식중독
용기	공업용 색소를 사용한 합성수지, 비위생적인 포장지

(5) 세균성 식중독

감염형	살모넬라	• 원인 : 오염된 육류, 알, 두부, 유제품(잠복기 12~48시간) • 증상 : 발열증상, 두통, 설사, 복통, 구토 • 예방 : 도축장 위생, 식육류 안전보관, 식품의 가열
	장염비브리오	• 원인 : 오염된 어패류, 생선류 등(잠복기 8~20시간) • 증상 : 급성위장염, 복통, 설사, 구토, 혈변 • 예방 : 생어패류 생식금지, 조리기구 위생관리
	병원성 대장균	• 원인 : 오염된 음식물 섭취(잠복기 2~8일) • 증상 : 두통, 구토, 설사, 복통 • 예방 : 식수, 분변에 의한 음식물 오염 예방
독소형	포도상구균	• 원인 : 화농성 질환, 엔테로톡신 분비로 발생(잠복기 1~6시간) • 증상 : 급성위장염, 구토, 복통, 설사, 타액 분비 증가 • 예방 : 화농성 질환자의 식품취급 금지
	보툴리누스균	• 원인 : 혐기성 상태의 신경독소(뉴로톡신) 분비로 발생(잠복기 12~36시간) • 증상 : 호흡곤란, 소화기계 증상, 신경계 증상 • 예방 : 혐기성 상태의 위생적 보관, 가공, 가열처리 • 식중독 중 치명률이 가장 높음
	웰치균	• 원인 : 엔테로톡신 분비로 발생(잠복기 10~12시간) • 증상 : 구토, 설사, 위장계 증상 • 예방 : 육류의 위생, 가열

> **TIP 세균성 식중독의 특징**
> • 식품 섭취로만 발병하며, 다량의 균이 발생
> • 소화기계 감염병에 비해 잠복기가 짧고 면역이 형성되지 않음
> • 연쇄 전파에 의한 2차 감염이 낮음

Chapter 07 보건행정

1 보건행정의 정의 및 체계

(1) 보건행정의 정의
공중보건의 목적(수명연장, 질병예방, 건강증진)을 달성하기 위해 공공의 책임하에 수행하는 행정활동이다.

(2) 보건행정의 특징 및 요건
① 특징 : 공공성, 사회성, 교육성, 과학성, 기술성, 봉사성, 보장성 등
② 요건 : 법적 근거 마련, 건전한 행정 조직과 인사, 사회의 합리적인 전망과 계획

(3) 보건행정의 범위(세계보건기구 정의)
① 보건자료(보건관련 기록의 보존) ② 대중에 대한 보건교육
③ 환경위생   ④ 감염병 관리
⑤ 모자보건   ⑥ 의료 및 보건간호

(4) 보건행정의 기획과정

> 전제 → 예측 → 목표 설정 → 행동계획의 전제 → 체계분석

(5) 보건소
시·군·구에 두는 보건행정의 최일선 조직으로 국민건강 증진 및 예방 등에 관한 사항을 실시하는 지방 공중보건 조직의 중요한 역할을 하는 기관

2 사회보장과 국제 보건기구

(1) 사회보장제도

사회보험	소득보장 : 산재보험, 연금보험, 고용보험 의료보험 : 건강보험, 산재보험
공공부조	소득보장 : 국민기초생활보장 의료보험 : 의료급여
사회복지서비스	아동 복지, 노인 복지, 장애인 복지, 가정 복지

> **TIP 의료보호**
> 자력으로 의료문제를 해결할 수 없는 생활무능력자 및 저소득층을 대상으로 공적으로 의료를 보장하는 제도

(2) 세계보건기구(WHO)의 주요기능
① 국제 검역대책과 진단, 검사 등의 기준 확립 ② 국제적인 보건사업의 지휘·조정
③ 보건문제 기술지원 및 자문활동   ④ 회원국에 대한 보건 관계 자료 공급

Chapter 08 소독의 정의 및 분류

1 소독

(1) 소독의 정의
소독은 병원성 미생물의 생활력을 파괴하여 죽이거나 또는 제거하여 감염력을 없애는 것이다.

(2) 소독의 효과
멸균 > 살균 > 소독 > 방부 > 희석

(3) 소독에 영향을 주는 인자
온도, 수분, 시간, 열, 농도, 자외선

(4) 소독의 분류

멸균	병원성·비병원성 미생물 및 포자를 포함한 모든 균을 사멸시킨 무균 상태
살균	물리적·화학적 처리로 병원성 미생물을 급속 사멸시키는 것(내열성 포자는 잔존)
소독	물리적·화학적 방법으로 병원성 미생물을 가능한 제거하여 감염력 및 증식력을 없애 사람에게 감염의 위험이 없도록 하는 것 (단, 포자는 제거되지 않음)
방부	병원성 미생물의 발육과 그 작용을 제거하거나 정지시켜서 음식물의 부패나 발효를 방지하는 것
희석	용품이나 기구 등을 일차적으로 청결하게 세척하는 것

> **TIP 아포**
> 미생물의 증식을 억제하는 영양의 고갈과 건조 등의 불리한 환경 속에서 생존하기 위하여 생성하는 것

(5) 소독 기전(소독 메커니즘)의 종류

산화 작용	과산화수소, 염소, 오존, 차아염소산에 의한 소독
균체의 단백질 응고 작용	석탄산, 알코올, 크레졸, 승홍, 생석회, 포르말린에 의한 소독
균체의 효소 불활성화 작용	석탄산, 알코올, 역성비누, 중금속염에 의한 소독
균체의 가수분해 작용	강산, 강알칼리, 생석회에 의한 소독

2 소독약

(1) 소독작용의 조건
온도, 농도가 높고 접촉시간이 길수록 소독효과가 큼

(2) 소독약의 필요조건
① 살균력이 강하고 높은 석탄산계수를 가질 것
② 효과가 빠르고, 살균 소요시간이 짧을 것
③ 독성이 낮으면서 사용자에게도 자극성이 없을 것
④ 저렴하고 구입이 용이할 것
⑤ 경제적이고 사용방법이 용이할 것
⑥ 소독 범위가 넓고, 냄새가 없고, 탈취력이 있을 것
⑦ 부식성과 표백성이 없을 것
⑧ 용해성이 높고, 안정성이 있을 것
⑨ 환경오염을 유발하지 않을 것

(3) 소독약의 사용 및 보존상의 주의점
① 소독 대상물의 성질, 병원체의 아포 형성 유무와 저항력을 고려하여 선택
② 병원 미생물의 종류와 소독의 목적, 소독법, 시간을 고려하여 선택
③ 약제에 따라 사전에 조금 조제해 두고 사용해도 되는 것과 새로 만들어 사용하는 것을 구별하여 사용
④ 희석시킨 소독약은 장기간 보관하지 않음
⑤ 일반적으로 소독약은 밀폐된 상태로 직사광선을 피하고 통풍이 잘 되는 곳에 보관
⑥ 염소제는 일광과 열에 의해 분해되지 않도록 냉암소에 보관
⑦ 승홍이나 석탄산 같은 약품은 인체에 유해하므로 특별히 주의하여 취급

(4) 살균력 평가(석탄산계수)
① 석탄산의 안정된 살균력을 표준으로 하여, 몇 배의 살균력을 갖는가를 나타내는 계수이다.
② 살균력의 상대적 표시법이며, 살균 농도 지수와 병행하여 살균 특성을 나타내는 값이다.

Chapter 09 미생물 총론

1 미생물

(1) 미생물의 정의
미생물이란 육안으로 보이지 않는 0.1mm 이하의 미세한 생물체를 총칭하는 것이다.

(2) 미생물 증식의 조건
온도, 습도(수분), 영양분, 산소, 수소이온농도 등
① 온도 : 미생물의 증식과 사멸에 있어 중요한 요소, 28~38℃에서 가장 활발히 증식
② 습도(수분) : 미생물은 약 80~90%가 수분, 습도가 높은 환경에서 서식
③ 영양분 : 미생물이 필요한 에너지원인 탄소원, 질소원, 무기질
④ 산소

호기성 세균	• 산소가 필요한 세균 • 디프테리아균, 결핵균, 백일해, 녹농균 등
혐기성 세균	• 산소가 필요하지 않은 세균 • 보툴리누스균, 파상풍균, 가스괴저균 등
통성혐기성 세균	• 산소가 있는 곳과 없는 곳에서도 생육이 가능한 세균 • 살모넬라균, 대장균, 장티푸스균, 포도상구균 등

⑤ 수소이온농도 : 세균 증식에 가장 적합한 최적 수소이온농도는 pH 6~8(중성)

2 미생물의 분류 및 특성

(1) 병원성 미생물
① 인체에 침입하여 질병의 원인이 되는 미생물
② 박테리아(세균), 바이러스, 리케차, 진균, 사상균, 원충류, 클라미디아 등

(2) 비병원성 미생물
① 미생물의 70%로 병원균이 침입하여도 인체에 해를 주지 않는 미생물
② 유산균, 발효균, 효모균, 곰팡이균 등

Chapter 10 병원성 미생물

1 병원성 미생물의 분류

(1) 바이러스
① 병원체 중 살아있는 세포 속에만 생존하고, 생체 내에서만 증식이 가능
② 핵산 DNA와 RNA 중 하나를 유전체로 가지고 있음
③ 병원체 중에서 가장 작음(전자현미경으로 관찰)
④ 감염력이 높아 다른 사람을 쉽게 감염시킴
⑤ 항생제 등 약물의 감수성이 없어 예방접종 및 감염원 접촉을 피하는 것이 최선의 예방방법
⑥ 질병 : 후천성 면역결핍 증후군(AIDS), 간염, 홍역, 천연두, 인플루엔자, 광견병, 폴리오, 일본뇌염, 풍진 등

(2) 세균(박테리아)
① 미세한 단세포 원핵생물로 대부분은 동식물의 생체와 사체 또는 유기물에 기생하고 주로 분열로 번식
② 부패, 식중독, 감염병 등의 원인이며 인간에게 질병을 유발
③ 체내에 감염되면 빠른 속도로 퍼짐
④ 공기, 물, 음식 등으로 전염될 가능성이 높기 때문에 위험
⑤ 불리한 환경 속에서 생존하기 위하여 세균은 아포를 생성
⑥ 질병 : 콜레라, 장티푸스, 디프테리아, 결핵, 나병, 백일해, 탄저, 페스트 등

구분		특성
구균	포도상구균	손가락 등의 화농성 질환의 병원균, 식중독의 원인균
	연쇄상구균	편도선염, 인후염의 원인균
간균		긴 막대기 모양, 탄저병, 파상풍, 결핵, 디프테리아의 원인균
나선균		S 또는 나선 모양, 매독, 재귀열의 원인균

(3) 진균(사상균)
① 버섯, 효모, 곰팡이로 분류
② 비병원성으로 인체에 유익한 균도 있음
③ 무좀, 피부질환, 칸디다증 등

(4) 리케차
① 세균과 바이러스의 중간 크기(약 0.3㎛)로 생 세포에서만 증식하는 병원성 미생물
② 곤충을 매개로 하여 인체에 침입하고 질환을 일으킴
③ 벼룩, 진드기, 이 등의 절지동물과 공생
④ 유행성 발진티푸스, 발진열, 록키산홍반열, 양충병(쯔쯔가무시병), 선열 등

(5) 원충류(원생동물)
① 사람, 동물에 기생하며 사람에게 감염성을 나타내는 병원성 미생물
② 하나의 세포로 구성된 현미경적 크기의 동물이며 하나의 개체로서 생활
③ 말라리아, 아메바성 이질, 톡소플라스마증, 질트리코모나스증 등

(6) 클라미디아
① 트라코마 결막 감염 병원체를 대표로 하는 편성 기생충인 병원성 미생물
② 세포 액포 안에서 증식하고 세포질에 들어가지 않음
③ 트라코마, 자궁경부염, 비임균성 요도염 등

> **TIP 미생물의 크기**
> 곰팡이 > 효모 > 세균 > 리케차 > 바이러스

2 병원성 미생물의 특성

(1) 미생물의 특성
① 적당한 환경과 조건이 만들어지면 분열과 증식을 함
② 미생물 발육의 필요조건 : 영양소, 수분, 온도, 산소, 수소이온농도, 광선 등

(2) 병원성 미생물의 전염 경로

직접 접촉 경로	매독, 임질
간접 접촉 경로	장티푸스, 디프테리아
비말 접촉 경로	결핵, 디프테리아, 백일해, 성홍열
진애 접촉 경로	결핵, 디프테리아, 두창, 성홍열
경구 감염	콜레라, 이질, 폴리오, 장티푸스, 파라티푸스
경피 감염	광견병, 뇌염, 파상풍, 십이지장충
수인성 감염	장티푸스, 파라티푸스, 콜레라, 이질

Chapter 11 소독 방법

1 소독법의 종류

(1) 소독법의 종류

물리적 소독법	가열 멸균법	건열 멸균법	화염 멸균법, 소각법, 건열 멸균법
		습열 멸균법	자비 소독법, 증기 멸균법, 간헐 멸균법, 고온증기 멸균법, 저압 살균법, 초고온 살균법
	무가열 멸균법		일광 소독법, 자외선 살균법, 방사선 살균법, 초음파 멸균법
	기타		여과 멸균법
화학적 소독법	방향족 화합물		석탄산, 크레졸, 역성비누
	지방족 화합물		에탄올, 포르말린
	수은 화합물		승홍, 머큐로크롬
	할로겐 유도체		염소, 표백분, 요오드
	산화제		과산화수소, 과망간산칼륨, 오존
	기타		에틸렌옥사이드

(2) 물리적 소독법

열이나 수분, 자외선, 여과 등의 물리적인 방법을 이용하는 소독법

일광 소독법	• 살균 작용을 하여 20분 이상 조사해야 함 • 대상물 : 수건, 의류
자외선 살균법	• 소독 물품이 자외선에 직접 노출될 수 있도록 해야 함 • 대상물 : 철제 도구
방사선 멸균법	• 방사선을 투과하여 미생물을 멸균 • 대상물 : 포장된 물품
초음파 멸균법	• 초음파 파장으로 미생물을 파괴하여 멸균 • 대상물 : 액체, 손 소독
건열 멸균법	• 건열 멸균기에서 170℃에서 1~2시간 가열하고 멸균 후 서서히 냉각시킴 • 대상물 : 유리, 도자기, 주사침, 바세린, 분말 제품
화염 멸균법	• 물체 표면의 미생물을 170℃에서 20초 이상 화염 속에서 가열 • 대상물 : 내열성이 강한 재질
소각법	• 병원체를 불꽃으로 태우는 방법 • 감염병 환자의 배설물 등을 처리하는 가장 적합한 방법 • 이·미용업소에서 손님으로부터 나온 객담이 묻은 휴지 등을 소독하는 방법 • 대상물 : 오염된 휴지, 환자복, 환자의 객담, 일반폐기물
자비 소독법	• 100℃에서 끓는 물에 20~30분 가열하는 방법 • 탄산나트륨 1~2% 첨가 시 살균력 상승과 금속의 손상 방지 • 아포형성균, B형간염 바이러스에는 부적합 • 대상물 : 수건, 의류, 금속성 기구(철제 도구), 도자기 • 부적합 제품 : 고무, 가죽, 플라스틱 제품

고압증기 멸균법	• 100℃ 이상 고압에서 기본 15파운드로 20분 가열하는 방법 • 20파운드 : 126℃에서 15분간 가열 • 10파운드 : 115℃에서 30분간 가열 • 미생물과 아포의 완전 멸균으로 가장 빠르고 효과적인 방법 • 대상물 : 의류, 금속기구, 거즈, 아포, 고무약액 등 멸균에 이용 • 부적합 제품 : 가죽 제품, 바셀린, 분말 제품 등
증기 멸균법	• 100℃ 증기 속에서 30분간 병원균을 멸균시키는 방법 • 대상물 : 도자기, 의류, 식기, 행주
간헐 멸균법	• 100℃ 유통증기 속에서 30~60분간 멸균시킨 다음 20℃ 이상의 실온에서 24시간 방치하는 방법을 3회 반복하는 멸균법 • 아포를 형성하는 미생물 멸균 시 사용 • 대상물 : 도자기, 금속류, 아포
초고온 순간 살균법	• 130~150℃에서 1~3초간 가열 후 급냉동시킴 • 대상물 : 유제품
고온 단시간 살균법	• 70~75℃에서 15초 가열 후 급냉동시킴 • 대상물 : 유제품
저온 살균법	• 62~63℃에서 30분간 살균처리 • 파스퇴르 발명 • 대상물 : 유제품
여과 멸균법	• 열이나 화학약품을 사용하지 않고 여과기를 이용하여 세균을 제거하는 방법 • 대상물 : 당, 혈청, 약제, 백신 등

(3) 화학적 소독법

미용업소에서 기구 및 도구, 제품 등을 소독할 때 사용되는 화학적 소독제 종류

석탄산 (페놀)	• 3% 농도의 석탄산에 97%의 물을 혼합하여 사용 • 소독제의 살균력 지표(석탄산계수가 높을수록 살균력이 강함) • 승홍수 1,000배의 살균력 • 대상물 : 고무제품, 의류, 가구, 의료 용기, 넓은 지역의 방역용 소독 • 부적합 제품 : 피부점막, 금속류, 아포(포자), 바이러스 • 단백질 변성 작용, 소금(염화나트륨) 첨가 시 소독력이 높아짐 • 조직에 독성이 있어서 인체에는 잘 사용되지 않음 • 어떤 소독제의 석탄산계수가 2라는 것은 살균력이 석탄산의 2배라는 의미
승홍수	• 0.1~0.5% 농도의 수용액을 사용 • 대상물 : 피부(상처가 있는 피부에는 적합하지 않음) • 부적합 제품 : 금속류, 상처, 음료수 • 단백질 변성 작용, 물에 잘 녹지 않고 살균력과 독성이 매우 강함 • 소금(식염) 첨가 시 용액이 중성으로 변화하고 자극성이 완화됨 • 무색, 무취, 인체에 유해하므로 착색을 하여 보관, 취급주의
에탄올	• 70%의 에탄올이 살균력이 가장 강력함 • 대상물 : 손, 발, 피부, 유리, 철제 도구 • 부적합 제품 : 고무, 플라스틱, 아포 • 단백질 변성 작용, 사용법이 간단하고 독성이 적음
머큐로크롬	• 농도 : 2% • 대상물 : 점막, 피부상처 소독
포르말린	• 포름알데히드 36% 수용액으로 약물소독제 중 유일한 가스 소독제 • 대상물 : 무균실, 병실 등의 소독 및 금속, 고무, 플라스틱 제품 소독 • 부적합 제품 : 배설물, 객담 • 단백질 변성 작용, 수증기를 동시에 혼합하여 사용

크레졸	• 페놀화합물로 3%의 수용액을 주로 사용(손 소독 1~2%) • 석탄산에 비해 2배의 소독력을 가짐 • 대상물 : 아포, 바닥, 배설물 • 단백질 변성 작용, 물에 잘 녹지 않고, 강한 냄새가 단점 • 손, 오물, 배설물 등의 소독 및 이·미용실의 실내소독용으로 사용
역성비누	• 농도 : 0.01~0.1% • 세정력은 약하지만 소독력이 강함 • 대상물 : 손, 식기 • 무자극, 무독성, 물에 잘 녹음
과산화수소	• 3% 과산화수소 수용액 사용 • 대상물 : 구강, 피부 상처 • 살균, 탈취 및 표백효과가 있으며, 산화작용으로 미생물을 살균 • 세균, 바이러스, 결핵균, 진균, 아포에 모두 효과
염소 (액체염소)	• 살균력과 소독력이 강하며, 상수 또는 하수의 소독에 주로 이용 • 대상물 : 음용수, 상수도, 하수도, 아포 • 산화작용, 조작이 간단하나 냄새가 있고 자극성과 부식성이 강함 • 세균, 바이러스에도 작용
오존	• 반응성이 풍부하고 산화작용이 강함 • 대상물 : 물
생석회	• 가스분해 작용, 저렴한 비용으로 넓은 장소에 주로 사용 • 대상물 : 화장실, 분변, 하수도, 쓰레기통
훈증 소독법	• 포르말린 등의 약품을 사용하는 가스, 증기 소독법 • 대상물 : 해충, 선박 • 부적합 제품 : 분말이나 모래, 부식되기 쉬운 재질
E.O가스 멸균법 (에틸렌옥사이드)	• 가열에 변질되기 쉬운 물품을 50~60℃의 저온에서 아포까지 멸균 • 대상물 : 고무, 플라스틱, 아포 • 멸균 후 장기 보관이 가능하나 멸균 시간이 길고 비용이 고가임

> **TIP** 석탄산계수 계산식
>
> 석탄산계수 = $\dfrac{\text{소독약의 희석배수}}{\text{석탄산의 희석배수}}$

2 소독 방법

(1) 대상물에 따른 소독 방법

화장실, 하수구, 오물	석탄산, 크레졸, 포르말린수, 생석회
배설물, 토사물, 분비물	소각법, 석탄산, 크레졸수, 생석회
수지 소독	석탄산, 크레졸수, 승홍, 역성비누
고무제품, 피혁제품	석탄산, 크레졸, 포르말린수
의복, 침구류	증기소독, 자비소독, 일광소독, 자외선, 석탄산, 크레졸
병실	석탄산, 크레졸, 포르말린수

Chapter 12 분야별 위생·소독

1 실내 환경 위생·소독

(1) 헤어 미용실 위생·소독

작업장	• 환기장치를 설치하여 청정하고 신선한 공기가 순환되도록 한다. • 적당한 조명을 유지한다. • 작업장 시설물에 먼지, 머리카락, 화학약품이 묻은 채 방치되지 않도록 관리한다. • 에어컨 제습기의 필터를 주기적으로 청소 및 소독한다. • 청소가 용이하고 미끄럽지 않은 바닥 재질로 시공한다.
입구, 카운터 및 대기실	• 입구 및 카운터 주변, 고객 대기실을 항상 청결하게 유지·관리한다. • 진열장 및 옷장을 청결하게 관리한다.
샴푸실 및 화장실	• 샴푸대, 거울, 선반 등을 청결하게 유지·관리한다. • 샴푸대 주변의 물기로 인해 미끄러지지 않도록 유지·관리한다.

> **TIP** 실내소독의 살균력
> 포르말린 〉 크레졸 〉 석탄산

2 도구 및 기기 위생·소독

(1) 이·미용기구의 소독 기준 및 방법

① 자외선 소독 : 1cm²당 85㎼ 이상의 자외선을 20분 이상 쬐어 둔다.
② 건열멸균 소독 : 섭씨 100℃ 이상의 건조한 열에 20분 이상 쬐어 둔다.
③ 증기 소독 : 섭씨 100℃ 이상의 습한 열에 20분 이상 쬐어 둔다.
④ 열탕 소독 : 섭씨 100℃ 이상의 물속에 10분 이상 끓여 준다.
⑤ 석탄수 소독 : 석탄산수(석탄산 3%, 물 97%의 수용액)에 10분 이상 담가 둔다.
⑥ 크레졸 소독 : 크레졸수(크레졸 3%, 물 97%의 수용액)에 10분 이상 담가 둔다.
⑦ 에탄올 소독 : 에탄올 수용액(에탄올 70% 수용액)에 10분 이상 담가 두거나, 에탄올 수용액을 머금은 면 또는 거즈로 기구의 표면을 닦아 준다.

(2) 이·미용업소 대상 도구 및 기기별 소독

① 가위, 헤어 클리퍼 : 70% 알코올을 적신 솜으로 닦아서 소독한다.
② 면도기 : 면도칼은 1회용으로 사용한다.
③ 각종 빗류 : 미온수에 역성비누를 풀어 세척 후 자외선 소독기에 넣어서 소독 및 보관한다.

3 이·미용업 종사자 및 고객의 위생관리

(1) 질병 감염의 유형

① 이·미용 종사자가 고객에게 상처를 주어 감염   ② 이·미용 종사자 본인의 출혈에 의한 감염
③ 각종 미용 시술 도구를 통한 감염
④ 이·미용업소를 출입하는 사람으로 인해 홍역, 간염, 바이러스, 독감의 전파

(2) 예방 방법

① 작업환경의 청결한 위생관리로 병원균을 사전에 차단 관리
② 시술 전후 손 소독을 실시하고 복장을 청결하게 유지
③ 시술 도구 및 기구의 멸균 소독
④ 시술 유니폼과 출퇴근 복장을 구별하여 각종 오염 및 질병 전파 가능성 차단

Chapter 13 공중위생관리법의 목적 및 정의

1 공중위생관리법의 목적 및 정의

(1) 공중위생관리법의 목적
공중이 이용하는 영업의 위생관리 등에 관한 사항을 규정하며 위생 수준을 향상시켜 국민의 건강증진에 기여함을 목적으로 한다.

(2) 공중위생영업의 정의
① 다수인을 대상으로 위생관리서비스를 제공하는 영업
② 미용업, 이용업, 숙박업, 세탁업, 목욕장업, 건물위생관리업

미용업	손님의 얼굴, 머리, 피부 및 손톱·발톱 등을 손질하여 손님의 외모를 아름답게 꾸미는 영업
이용업	손님의 머리카락 또는 수염을 깎거나 다듬는 등의 방법으로 손님의 용모를 단정하게 하는 영업
숙박업	손님이 잠을 자고 머물 수 있도록 시설 및 설비 등의 서비스를 제공하는 영업
세탁업	의류, 기타 섬유제품이나 피혁제품 등을 세탁하는 영업
목욕장업	손님이 목욕할 수 있도록 시설 및 설비 등의 서비스를 제공하는 영업
건물위생관리업	공중이 이용하는 건축물·시설물의 청결 유지와 실내 공기정화를 위한 청소 등을 대행하는 영업

(3) 미용업의 세분화

미용업(일반)	파마, 머리카락 자르기, 머리카락 모양내기, 머리피부손질, 머리카락 염색, 머리감기, 의료기기나 의약품을 사용하지 아니하는 눈썹 손질을 하는 영업
미용업(피부)	의료기기나 의약품을 사용하지 아니하는 피부상태분석, 피부관리, 제모, 눈썹 손질을 하는 영업
미용업(손톱, 발톱)	손톱과 발톱을 손질·화장하는 영업
미용업(화장, 분장)	얼굴 등 신체의 화장, 분장 및 의료기기나 의약품을 사용하지 않는 눈썹 손질을 하는 영업
미용업(종합)	미용업(일반, 피부, 네일, 메이크업) 업무를 모두 하는 영업

Chapter 14 영업의 신고 및 폐업

1 영업의 신고 및 폐업신고

(1) 영업신고 (주체 : 시장·군수·구청장)
공중위생영업을 하려면 보건복지부령이 정하는 시설 및 설비를 갖추고 시장·군수·구청장에게 신고하여야 한다.
① 영업 신고 시 구비서류 : 영업신고서, 영업시설 및 설비개요서, 교육수료증(미리 교육을 받은 경우)
② 신고서를 제출받은 시장·군수·구청장이 확인해야 하는 서류 : 건축물대장, 토지이용계획확인서, 면허증
③ 신고를 받은 시장·군수·구청장은 즉시 영업신고증을 교부하고, 신고관리대장을 작성·관리해야 한다.
④ 신고를 받은 시장·군수·구청장은 해당 영업소의 시설 및 설비에 대한 확인이 필요할 경우 영업신고증을 교부한 후 30일 이내에 확인해야 한다.

(2) 변경신고 (주체 : 시장·군수·구청장)
공중위생영업자는 보건복지부령이 정하는 중요사항을 변경하고자 하는 때에도 시장·군수·구청장에게 신고하여야 한다.
① 변경신고 시 제출서류 : 변경신고서, 영업신고증, 변경사항을 증명하는 서류
② 변경신고서를 제출받은 시장·군수·구청장이 확인해야 하는 서류 : 건축물대장, 토지이용계획확인서, 면허증
③ 신고를 받은 시장·군수·구청장은 영업신고증을 고쳐 쓰거나 재교부하여야 한다.
④ 영업소의 소재지 변경, 미용업 업종 간 변경인 경우의 확인 기간 : 영업소의 시설 및 설비 등의 변경신고를 받은 날부터 30일 이내

> **TIP 보건복지부령이 정하는 중요사항**
> - 영업소의 명칭 또는 상호 변경
> - 영업소의 소재지(주소) 변경
> - 신고한 영업장 면적의 3분의 1 이상 증감 시
> - 대표자의 성명 또는 생년월일 변경
> - 미용업 업종 간 변경

(3) 폐업신고
영업자는 영업을 폐업한 날로부터 20일 이내에 시장·군수·구청장에게 신고하여야 한다.

2 영업의 승계

(1) 영업자의 지위 승계(승계 가능한 사람)
① 양수인 : 미용업을 양도할 때
② 상속인 : 미용인 영업자가 사망한 경우
③ 법인 : 합병 후 존속하는 법인이나 신설되는 법인
④ 경매, 환가, 압류재산의 매각 그 밖에 이에 준하는 절차에 따라 미용업 영업 관련 시설 및 설비의 전부를 인수한 자

(2) 승계의 제한 및 신고
① 제한 : 이용업, 미용업의 경우 면허를 소지한 자에 한하여 승계 가능
② 신고 : 미용업자의 지위를 승계한 자는 1개월 이내에 시장·군수·구청장에게 신고

(3) 지위승계 시 구비서류
① 영업 양도의 경우 : 영업자 지위승계신고서, 양도·양수를 증명할 수 있는 서류 사본
② 상속의 경우 : 영업자 지위승계신고서, 가족관계증명서 및 상속인임을 증명할 수 있는 서류
③ 그 외의 경우 : 영업자 지위승계신고서, 해당 사유별로 영업자의 지위를 승계하였음을 증명할 수 있는 서류

Chapter 15 영업자 준수사항

1 위생관리

(1) 위생관리의 의무
공중위생영업자는 그 이용자에게 건강상 위해요인이 발생되지 않도록 영업 관련 시설 및 설비를 위생적이고 안전하게 관리하여야 한다.

(2) 미용업 영업자가 준수하여야 하는 위생관리기준 (보건복지부령)
① 점 빼기, 귓볼 뚫기, 쌍꺼풀 수술, 문신, 박피술, 그 밖에 이와 유사한 의료 행위를 하지 말 것
② 피부미용을 위하여 약사법에 따른 의약품 또는 의료기기법에 따른 의료기기를 사용하지 말 것
③ 미용기구 중 소독을 한 기구와 소독을 하지 않는 기구는 각각 다른 용기에 넣어 보관할 것
④ 1회용 면도날은 손님 1인에 한하여 사용할 것
⑤ 영업장 안의 조명도는 75럭스 이상이 되도록 유지할 것
⑥ 영업소 내부에 미용업 신고증 및 개설자의 면허증 원본을 게시할 것
⑦ 영업소 내부에 최종지급요금표를 게시 또는 부착할 것
⑧ 영업장 면적이 66제곱미터 이상인 영업소의 경우 영업소 외부에도 손님이 보기 쉬운 곳에 최종지급요금표를 게시 또는 부착할 것(이 경우 최종지급요금표에는 일부 항목(5개 이상)을 표시할 수 있음)
⑨ 3가지 이상의 미용서비스를 제공하는 경우에는 개별 미용서비스의 최종지급가격 및 전체 미용서비스의 총액에 관한 내역서를 이용자에게 미리 제공할 것(이 경우 미용업자는 해당 내역서 사본을 1개월간 보관하여야 함)

> **TIP 이·미용업 영업소 내에 게시해야 할 사항**
> - 영업신고증
> - 개설자의 면허증 원본
> - 최종지급요금표(이·미용 요금표)

(3) 이·미용업의 시설 및 설비기준
① 미용기구는 소독을 한 기구와 소독을 하지 아니한 기구를 구분하여 보관할 수 있는 용기를 비치하여야 함
② 소독기, 자외선 살균기 등 미용기구를 소독하는 장비를 갖추어야 함

(4) 이·미용기구의 소독기준 및 방법 (보건복지부장관 고시)

물리적	자외선 소독	1cm²당 85㎼ 이상의 자외선을 20분 이상 쬐어준다.
	증기 소독	섭씨 100℃ 이상의 습한 열에 20분 이상 쬐어준다.
	건열멸균 소독	섭씨 100℃ 이상의 건조한 열에 20분 이상 쬐어준다.
	열탕 소독	섭씨 100℃ 이상의 물속에 10분 이상 끓여준다.
화학적	석탄산수 소독	석탄산수(석탄산 3%, 물 97%의 수용액)에 10분 이상 담가둔다.
	크레졸 소독	크레졸수(크레졸 3%, 물 97%의 수용액)에 10분 이상 담가둔다.
	에탄올 소독	에탄올 수용액 70%에 10분 이상 담가두거나 에탄올 수용액을 머금은 면이나 거즈에 적셔서 기구의 표면을 닦아준다.

Chapter 16 이·미용사의 면허

1 면허발급 및 취소

(1) 면허 (주체 : 시장·군수·구청장)
이·미용사가 되고자 하는 자는 보건복지부령이 정하는 바에 의하여 시장·군수·구청장의 면허를 받아야 한다.

면허발급 대상자	• 전문대학 또는 이와 같은 수준 이상의 학력이 있다고 교육부장관이 인정하는 학교에서 이용 또는 미용에 관한 학과를 졸업한 자 • 학점 인정 등에 관한 법률에 따라 대학 또는 전문대학을 졸업한 자와 같은 수준 이상의 학력이 있는 것으로 인정되어 이용 또는 미용에 관한 학위를 취득한 자 • 고등학교 또는 이와 같은 수준의 학력이 있다고 교육부장관이 인정하는 학교에서 이용 또는 미용에 관한 학과를 졸업한 자 • 초·중등교육법령에 따른 특성화고등학교, 고등기술학교나 고등학교 또는 고등기술학교에 준하는 각종 학교에서 1년 이상 이용 또는 미용에 관한 소정의 과정을 이수한 자 • 국가기술자격법에 의한 이용사 또는 미용사의 자격을 취득한 자
면허 발급에 따른 제출서류	• 졸업증명서 또는 학위증명서 또는 이수증명서 1부 • 정신질환자가 아님을 증명하는 최근 6개월 이내의 의사 또는 전문의의 진단서 1부 • 감염병 환자 또는 약물 중독자가 아님을 증명하는 최근 6개월 이내 의사의 진단서 1부 • 사진 1장 또는 전자적 파일 형태의 사진(신청 전 6개월 이내에 모자 등을 쓰지 않고 촬영한 천연색 상반식 정면 사진으로 가로 3.5센티미터, 세로 4.5센티미터의 사진)
면허 수수료	• 대통령령이 정하는 바에 따라 수수료를 납부 • 수수료는 시장·군수·구청장에게 납부 • 신규로 신청하는 경우 : 5,500원, 재발급 받고자 하는 경우 : 3,000원

(2) 면허 결격 사유
① 피성년후견인(금치산자)
② 정신질환자(단, 전문의가 미용사로서 적합하다고 인정하는 경우 제외)
③ 공중의 위생에 영향을 미칠 수 있는 감염병 환자로서 보건복지부령이 정하는 자(결핵환자, 간질병자)
④ 마약, 기타 대통령령으로 정하는 약물 중독자
⑤ 면허가 취소된 후 1년이 경과되지 아니한 자

(3) 면허증 대여 금지
면허증을 발급받은 사람은 다른 사람에게 그 면허증을 빌려주어서는 안 되고, 누구든지 그 면허증을 빌려서는 안 된다. 면허증 대여 행위를 알선해서도 안 된다.

(4) 면허의 정지 및 취소 (주체 : 시장·군수·구청장)
시장·군수·구청장은 미용사 면허를 취소하거나 6개월 이내의 기간을 정하여 면허를 정지할 수 있다. 규정에 의한 면허취소·정지 처분의 세부적인 기준은 그 처분의 사유와 위반의 정도 등을 감안하여 보건복지부령으로 정한다.

면허정지	• 다른 사람에게 면허를 대여한 때(1차 위반 : 정지 3개월 / 2차 위반 : 정지 6개월)
면허취소	• 면허 결격 사유자(피성년후견인, 정신질환자, 약물 중독자 등) • 국가기술자격법에 따라 자격이 취소된 때 • 이중으로 면허를 취득한 때(나중에 발급받은 면허) • 다른 사람에게 면허를 대여한 때(3차 위반 시) • 면허정지 처분을 받고 정지 기간에 업무를 수행할 때

(5) 면허증의 반납과 재발급 (주체 : 시장·군수·구청장)

면허증의 반납	• 면허취소 또는 정지 명령을 받은 자는 지체 없이 시장·군수·구청장에게 면허증을 반납 • 면허정지에 의해 반납된 면허증은 그 면허정지기간 동안 관할 시장·군수·구청장이 보관
면허증의 재발급	• 면허증의 기재사항에 변경이 있을 때 • 면허증을 잃어버린 경우 • 헐어서 못쓰게 된 경우
면허증 재발급에 따른 제출서류	• 신청서 • 면허증 원본(기재 사항이 변경되었거나 훼손되어 못쓰게 된 때) • 사진 1장 또는 전자적 파일 형태의 사진

Chapter 17 이·미용사의 업무

1 이·미용사의 업무 범위 (보건복지부령)

(1) 이·미용사 업무 조건
이·미용업을 개설하거나 그 업무에 종사하려면 반드시 면허를 받아야 한다.
(단, 이·미용사의 감독을 받아 미용 업무의 보조를 행하는 경우에는 종사할 수 있음)

(2) 이용사의 업무 범위
이발, 아이론, 면도, 머리피부손질, 머리카락 염색 및 머리감기

(3) 미용사의 업무 범위
① 미용업(일반) : 파마, 머리카락 자르기, 머리카락 모양내기, 머리피부손질, 머리카락 염색, 머리감기, 의료기기나 의약품을 사용하지 아니하는 눈썹 손질
② 미용사(피부) : 의료기기나 의약품을 사용하지 아니하는 피부상태분석, 피부관리, 제모, 눈썹손질
③ 미용사(네일) : 손톱과 발톱의 손질 및 화장
④ 미용사(메이크업) : 얼굴 등 신체의 화장, 분장 및 의료기기나 의약품을 사용하지 아니하는 눈썹손질

2 이·미용업의 장소 제한 (보건복지부령)

(1) 이·미용업의 장소 제한
이·미용사의 업무는 영업소 외의 장소에서 행할 수 없다(단, 보건복지부령이 정하는 특별한 사유가 있는 경우에는 행할 수 있음).

(2) 영업소 외의 장소에서 행할 수 있는 경우
① 질병·고령·장애나 그 밖의 사유로 영업소에 나올 수 없는 자의 경우
② 혼례나 그 밖의 의식에 참여하는 자에 대하여 그 의식 직전에 하는 경우
③ 사회복지시설에서 봉사활동의 목적으로 업무를 하는 경우
④ 방송 등의 촬영에 참여하는 사람에 대하여 그 촬영 직전에 하는 경우
⑤ 위의 네 가지 외에 특별한 사정이 있다고 시장·군수·구청장이 인정하는 경우

Chapter 18 행정지도 감독

1 보고 및 출입·검사 (주체 : 시·도지사 또는 시장·군수·구청장)

(1) 공중위생관리상 필요하다고 인정하는 때
① 공중위생영업자에 대하여 필요한 보고를 하게 한다.
② 소속공무원으로 하여금 영업소·사무소 등에 출입하여 공중위생영업자의 위생관리의무이행 등에 대하여 검사하게 한다.
③ 소속공무원으로 하여금 영업소·사무소 등에 출입하여 필요에 따라 공중위생영업장부나 서류를 열람하게 할 수 있다.
④ 이때 관계공무원은 그 권한을 표시하는 증표(공중위생감시원증)를 지녀야 하며, 관계인에게 이를 내보여야 한다.

> **TIP** 위생관리 의무 이행검사 권한을 행할 수 있는 자
> 특별시, 광역시 또는 시·군·구 소속 공무원

2 영업의 제한 (주체 : 시·도지사)

(1) 시·도지사 영업의 제한 가능
시·도지사는 공익상 또는 선량한 풍속을 유지하기 위하여 필요하다고 인정하는 때에는 영업자 및 종사원에 대하여 영업시간 및 영업행위에 관한 제한을 할 수 있다.

(2) 같은 종류의 영업금지

위반 법률	대상	영업금지 기간
「성매매알선 등 행위의 처벌에 관한 법률」, 「풍속영업의 규제에 관한 법률」, 「청소년보호법」	위반한 자	2년
	위반한 영업장소	1년
그 외의 법률	위반한 자	1년
	위반한 영업장소	6개월

3 위생지도 및 개선명령

(1) 개선명령
시·도지사 또는 시장·군수·구청장은 공중위생영업의 종류별 시설 및 설비기준을 위반한 공중위생영업자, 위생관리 의무 등을 위반한 공중위생영업자에게 기간을 정하여 그 개선을 명할 수 있다.

(2) 개선기간
공중위생영업자에게 개선명령 시 위반사항의 개선에 소요되는 기간 등을 고려하여 즉시 또는 6개월의 범위 내에서 기간을 정하여 명하여야 한다(연장을 신청한 경우 6개월의 범위 내에서 개선기간을 연장할 수 있다).

4 영업소의 폐쇄

(1) 영업의 정지 및 폐쇄
시장·군수·구청장은 공중위생영업자가 아래의 사항을 위반했을 때 6개월 이내의 기간을 정하여 영업의 정지 또는 일부 시설의 사용중지를 명하거나 영업소 폐쇄 등을 명할 수 있다(보건복지부령에 따라 세부적 기준을 정함).
① 영업신고를 하지 않거나 시설과 설비 기준을 위반한 경우
② 중요 사항의 변경 신고를 하지 않은 경우
③ 지위승계 신고를 하지 않은 경우
④ 위생관리 의무 등을 지키지 않은 경우
⑤ 불법카메라나 기계장치를 설치한 경우
⑥ 영업소 외의 장소에서 이용 또는 미용 업무를 한 경우
⑦ 필요 보고를 하지 않거나 거짓으로 보고한 경우 또는 관계 공무원의 출입 검사, 서류 열람을 거부·방해·기피한 경우
⑧ 개선명령을 이행하지 않은 경우
⑨ 풍속 규제 법률, 성매매 알선 행위 처벌에 관한 법률, 청소년보호법, 의료법을 위반한 경우

(2) 영업소 폐쇄를 명하는 경우
① 영업신고를 하지 않은 경우
② 영업정지처분을 받고도 그 영업정지 기간에 영업을 한 경우
③ 공중위생영업자가 정당한 사유 없이 6개월 이상 계속 휴업하는 경우
④ 공중위생영업자가 관할 세무서장에게 폐업신고를 하거나 관할 세무서장이 사업자 등록을 말소한 경우
⑤ 공중위생영업자가 영업을 하지 아니하기 위하여 영업시설의 전부를 철거한 경우

(3) 영업소 폐쇄를 위한 조치
공중위생영업자가 영업소 폐쇄명령을 받고도 계속하여 영업을 하는 때에는 관계공무원으로 하여금 해당 영업소를 폐쇄하기 위한 조치를 하게 할 수 있다.
① 해당 영업소의 간판 및 영업표지물을 제거
② 해당 영업소가 위법한 영업소임을 알리는 게시물 등의 부착
③ 영업을 위하여 필수 불가결한 기구 또는 시설물을 사용할 수 없게 하는 봉인

(4) 시장·군수·구청장이 영업소 폐쇄 봉인을 해제할 수 있는 조건
① 봉인을 한 후 봉인을 계속할 필요가 없다고 인정되는 때
② 영업자 또는 그 대리인이 당해 영업소를 폐쇄할 것을 약속한 때
③ 정당한 사유를 들어 봉인의 해제를 요청할 때
④ 해당 영업소가 위법한 영업소임을 알리는 게시물 등의 제거를 요청하는 경우

5 행정제재처분 효과의 승계

(1) 영업자가 그 영업을 양도하거나 사망한 때 또는 법인의 합병이 있는 때
- ① 종전의 영업자에 대하여 행정제재처분의 효과는 그 처분기간이 만료된 날부터 1년간 양수인, 상속인 또는 합병 후 존속하는 법인에 승계
- ② 종전의 영업자에 대하여 진행 중인 행정제재처분 절차를 양수인, 상속인 또는 합병 후 존속하는 법인에 대하여 속행

6 청문

(1) 보건복지부장관 또는 시장·군수·구청장이 청문을 해야 하는 경우
- ① 이·미용사의 면허취소 및 면허정지
- ② 영업정지명령
- ③ 일부 시설의 사용중지명령
- ④ 영업소 폐쇄명령

Chapter 19 업소 위생등급

1 위생서비스 수준평가

(1) 위생서비스 평가계획

보건복지부령	• 영업소에 대한 출입·검사와 위생 감시의 실시 주기 및 횟수 등 위생관리 등급별 위생 감시 기준
시·도지사	• 공중위생영업소의 위생관리수준을 향상시키기 위해 위생서비스 평가계획을 수립하여 시장·군수·구청장에게 통보
시장·군수·구청장	• 평가계획에 따라 관할지역별 세부평가 계획을 수립 • 공중위생영업소의 위생서비스 평가를 2년에 한 번씩 실시 • 단, 평가의 전문성을 높이기 위해 필요한 경우는 관련 전문기관 및 단체가 위생서비스 평가를 실시하게 할 수 있음

(2) 위생관리 등급 공표

보건복지부령	• 영업소에 대한 출입 검사와 위생 감시의 실시 주기 및 횟수 등 위생관리 등급별 위생 감시 기준은 보건복지부령으로 한다. • 위생등급 3등급의 구분 (최우수업소 : 녹색 등급, 우수업소 : 황색 등급, 일반관리 대상 업소 : 백색 등급)
시장·군수·구청장	• 시장·군수·구청장은 위생서비스 평가 결과에 따른 위생관리 등급을 해당 공중위생영업자에게 등급을 통보하고 이를 공표하여야 한다.
공중위생영업자	• 공중위생영업자는 시장·군수·구청장으로부터 통보받은 위생관리등급의 표지를 영업소의 명칭과 함께 영업소의 출입구에 부착할 수 있다.
시·도지사 또는 시장·군수·구청장	• 위생서비스평가의 결과 위생서비스의 수준이 우수하다고 인정되는 영업소에 대하여 포상을 실시할 수 있다. • 위생등급별로 영업소에 대한 위생 감시를 실시해야 한다.

TIP 위생등급의 구분

녹색 등급	최우수업소
황색 등급	우수업소
백색 등급	일반관리 대상 업소

2 공중위생감시원

(1) 공중위생감시원 관련 주체

① 공중위생감시원의 자격, 임명, 업무범위 : 대통령령
② 공중위생영업의 신고, 승계, 위생관리 의무, 업무범위 폐쇄 등 관계공무원의 업무를 하기 위해 공중위생감시원을 두는 곳 : 특별시·광역시·도·시·군·구

(2) 공중위생감시원 자격 및 임명
① 위생사 또는 환경기사 2급 이상의 자격증이 있는 사람
② 「고등교육법」에 의한 대학에서 화학, 화공학, 환경공학 또는 위생학 분야를 전공하고 졸업한 사람 또는 이와 같은 수준 이상의 학력이 있다고 인정되는 사람
③ 외국에서 위생사 또는 환경기사의 면허를 받은 사람
④ 1년 이상 공중위생 행정에 종사한 경력이 있는 사람
⑤ 기타 공중위생 행정에 종사하는 사람 중 공중위생 감시에 관한 교육훈련을 2주 이상 받은 사람(공중위생 행정에 종사하는 기간 동안)

(3) 공중위생감시원 업무범위
① 시설 및 설비 확인
② 공중위생영업 관련 시설 및 설비의 위생상태 확인, 검사, 공중위생업자의 위생관리의무 및 영업자 준수사항 이행 여부의 확인
③ 공중위생영업소의 영업의 정지, 일부 시설의 사용중지 또는 영업소 폐쇄명령 이행 여부의 확인
④ 위생교육 이행 여부의 확인
⑤ 위생지도 및 개선명령 이행 여부의 확인

3 명예공중위생감시원

(1) 명예공중위생감시원 관련 주체
① 명예공중위생감시원의 자격 및 위촉방법, 업무범위 등에 관하여 필요한 사항 : 대통령령
② 명예공중위생감시원의 운영에 관하여 필요한 사항 : 시·도지사
③ 공중위생의 관리를 위한 지도·계몽 등을 행하게 하기 위하여 명예공중위생감시원을 둘 수 있음 : 시·도지사
④ 활동지원을 위하여 예산의 범위 안에서 시·도지사가 정하는 바에 따라 수당 등을 지급 : 시·도지사

(2) 명예공중위생감시원 자격
① 공중위생에 대한 지식과 관심이 있는 자
② 소비자 단체, 공중위생 관련 협회, 단체의 소속 직원 중에서 당해 단체 등의 장이 추천한 자

(3) 명예공중위생감시원 업무범위
① 공중위생감시원이 행하는 검사대상물의 수거 지원
② 법령 위반행위에 대한 신고 및 자료 제공
③ 공중위생에 관한 홍보, 계몽 등 공중위생관리 업무와 관련하여 시·도지사가 따로 정하여 부여하는 업무

> **TIP 공중위생 영업자 단체의 설립**
> 영업자는 공중위생과 국민보건의 향상을 기하고 그 영업의 건전한 발전을 도모하기 위하여 영업의 종류별로 전국적인 조직을 가지는 영업자 단체를 설립할 수 있다.

Chapter 20 보수교육

1 영업자 위생교육

(1) 위생교육 대상자
① 공중위생영업자(미용업, 이용업, 숙박업, 세탁업, 목욕장업, 건물위생관리업)
② 공중위생업을 승계한 자
③ 영업하고자 시설 및 설비를 갖추고 신고하고자 하는 자(개설하기 전에 미리 받아야 함)
④ 영업에 직접 종사하지 않거나 두 개 이상의 장소에서 영업을 하는 자는 종업원 중 영업장별로 공중위생에 관한 책임자를 지정하고 그 책임자로 하여금 위생교육을 받게 하여야 함

> **TIP 이·미용업 종사자**
> 이·미용업 종사자는 위생교육의 대상자가 아니다.

(2) 위생교육 시간 및 시기
① 공중위생영업자는 매년 위생교육을 받아야 함
② 위생교육시간은 3시간으로 함

(3) 위생교육 내용
① 공중위생관리법 및 관련법규
② 소양교육(친절 및 청결에 관한 사항 포함)
③ 기술교육
④ 기타 공중위생에 관하여 필요한 내용

(4) 위생교육 실시 단체
① 위생교육을 실시하는 단체는 보건복지부장관이 고시한다.
② 위생교육 수료자에게 교육교재를 편찬하여 교육대상자에게 제공한다.
③ 위생교육 실시 단체장은 위생교육을 수료한 자에게 수료증을 교부한다.
④ 위생교육 실시 단체장은 교육실시 결과를 교육 후 1개월 이내에 시장·군수·구청장에게 통보한다.
⑤ 위생교육 실시 단체장은 수료증 교부대장 등 교육에 관한 기록을 2년 이상 보관·관리한다.

(5) 위생교육의 면제
위생교육을 받은 자가 위생교육을 받은 날부터 2년 이내에 위생교육을 받은 업종과 같은 업종의 영업을 하려는 경우에는 해당 영업에 대한 위생교육을 받은 것으로 본다.

2 위임 및 위탁

(1) 권한 위임
보건복지부장관은 공중위생관리법에 의한 권한의 일부를 대통령령이 정하는 바에 의하여 시·도지사 또는 시장·군수·구청장에게 위임할 수 있다.

(2) 업무 위탁
보건복지부장관은 대통령령이 정하는 바에 의하여 관계 전문기관에 그 업무의 일부를 위탁할 수 있다.

> **TIP** 주체별 주요업무
>
> | 주체 | 업무 |
> | --- | --- |
> | 시·도지사 | • 영업시간 및 영업행위 제한
• 위생서비스 평가계획 수립 |
> | 시장·군수·구청장 | • 영업신고, 변경신고, 폐업신고 및 영업신고증 교부
• 면허 신청·취소 및 면허증 교부, 반납, 폐쇄명령
• 위생서비스 평가
• 위생등급관리 공포
• 과태료 및 과징금 부과·징수
• 청문 |
> | 보건복지부장관 | • 업무 위탁 |
> | 보건복지부령 | • 위생 기준 및 소독 기준
• 미용사의 업무 범위
• 위생서비스 수준의 평가주기와 방법, 위생관리등급 |
> | 대통령령 | • 공중위생감시원의 자격·임명·업무 범위 |

Chapter 21 벌칙

1 위반자에 대한 벌칙(징역 또는 벌금)

(1) 벌칙 처분

1년 이하의 징역 또는 1천만 원 이하의 벌금	• 영업의 신고를 하지 아니하고 공중위생영업을 한 자 • 영업정지 명령 또는 일부 시설의 사용 중지 명령을 받고도 그 기간 중에 영업을 하거나 그 시설을 사용한 사람 • 영업소 폐쇄명령을 받고도 계속해서 영업을 한 사람
6월 이하의 징역 또는 500만 원 이하의 벌금	• 보건복지부령이 정하는 중요한 사항을 변경하고도 변경신고를 하지 않은 사람 • 공중위생영업자의 지위를 승계한 자로서 신고(1개월 이내)를 하지 않은 사람 • 건전한 영업질서를 위하여 공중위생영업자가 준수하여야 할 사항을 준수하지 않은 사람
300만 원 이하의 벌금	• 면허의 취소 또는 정지 중에 이·미용업을 한 사람 • 면허를 받지 아니하고 이·미용업을 개설하거나 그 업무에 종사한 자 • 다른 사람에게 이·미용사의 면허증을 빌려주거나 빌린 사람 • 이·미용사의 면허증을 빌려주거나 빌리는 것을 알선한 사람

(2) 양벌 규정

법인의 대표자나 법인 또는 개인의 대리인, 사용인, 그 밖의 종업원이 그 법인 또는 개인의 업무에 관하여 벌칙의 위반행위를 하면 그 행위자를 벌하는 외에 그 법인 또는 개인에게도 해당 조문의 벌금형을 부과한다(단, 법인 또는 개인이 그 위반 행위를 방지하기 위해 주의와 감독을 한 경우에는 예외).

2 과태료

(1) 과태료 처분

300만 원 이하	• 공중위생법상 필요한 보고를 하지 아니하거나 관계공무원의 출입, 검사, 기타 조치를 거부·방해 또는 기피한 자 • 이·미용 시설 및 설비의 개선 명령을 위반한 자
200만 원 이하	• 이·미용업소의 위생관리 의무를 지키지 아니한 자 • 영업소 외의 장소에서 이·미용업무를 행한 자 • 위생교육을 받지 아니한 자

(2) 과태료 부과기준

① 과태료는 대통령령으로 정하는 바에 따라 보건복지부장관 또는 시장·군수·구청장이 부과한다.
② 위반행위의 정도 및 위반횟수, 위반행위의 동기와 그 결과 등을 고려하여 1/2의 범위에서 가중 또는 경감할 수 있다.

3 과징금

(1) 과징금 부과 및 납부

① 영업정지 처분에 갈음하여 1억원 원 이하의 과징금을 부과할 수 있다.
② 통지받은 날로부터 20일 이내에 과징금을 납부하여야 한다.
③ 과징금 징수 절차는 보건복지부령으로 정한다.

4 행정처분 개별기준

(1) 면허에 관한 규정 위반

위반 사항	행정처분 기준			
	1차 위반	2차 위반	3차 위반	4차 위반
미용사 자격이 취소된 때	면허취소	-	-	-
미용사 자격 정지 처분을 받은 때	면허정지	국가기술자격법에 의한 자격 정지 처분 기간에 한한다.		
면허 결격자의 결격 사유에 해당	면허취소	-	-	-
이중으로 면허 취득	면허취소	나중에 발급 받은 면허를 말한다.		
면허증을 다른 사람에게 대여한 경우	면허정지 3월	면허정지 6월	면허취소	-
면허정지 처분을 받고 그 정지기간 중 업무를 행한 경우	면허취소	-	-	-

(2) 법 또는 명령 위반

위반 사항	행정처분 기준			
	1차 위반	2차 위반	3차 위반	4차 위반
영업신고를 하지 않은 경우	영업장 폐쇄명령	-	-	-
시설 및 설비기준을 위반한 경우	개선명령	영업정지 15일	영업정지 1월	영업장 폐쇄명령
신고를 하지 않고 영업소의 명칭, 상호, 미용실 업종간 변경을 하였거나 영업장 면적의 1/3 이상을 변경한 경우	경고 또는 개선명령	영업정지 15일	영업정지 1월	영업장 폐쇄명령
신고를 하지 않고 영업소의 소재지를 변경한 경우	영업정지 1월	영업정지 2월	영업장 폐쇄명령	-
영업자의 지위를 승계한 후 1월 이내에 신고하지 않은 경우	경고	영업정지 10일	영업정지 1월	영업장 폐쇄명령
소독한 기구와 소독하지 않은 기구를 각각 다른 용기에 넣어 보관하지 않거나 1회용 면도날을 2인 이상의 손님에게 사용한 경우	경고	영업정지 5일	영업정지 10일	영업장 폐쇄명령
피부미용을 위하여 의약품, 의료기기를 사용한 경우	영업정지 2월	영업정지 3월	영업장 폐쇄명령	-
점 빼기, 귓불 뚫기, 쌍꺼풀 수술, 문신, 박피술 그 밖에 이와 유사한 의료 행위를 한 경우	영업정지 2월	영업정지 3월	영업장 폐쇄명령	-
미용업 신고증, 면허증 원본을 게시하지 않거나 업소 내 조명도를 준수하지 않은 경우	경고 또는 개선명령	영업정지 5일	영업정지 10일	영업장 폐쇄명령
개별 미용서비스의 최종 지급가격 및 전체 미용서비스의 총액을 관한 내역서를 이용자에게 미리 제공하지 않은 경우	경고	영업정지 5일	영업정지 10일	영업정지 1월
불법카메라나 기계장치를 설치한 경우	영업정지 1월	영업정지 2월	영업장 폐쇄명령	-
영업소 외의 장소에서 미용업무를 한 경우	영업정지 1월	영업정지 2월	영업장 폐쇄명령	-
필요한 보고를 하지 않거나 거짓으로 보고한 경우 또는 관계공무원의 출입, 검사 또는 공중위생영업 장부 또는 서류의 열람을 거부, 방해하거나 기피한 경우	영업정지 10일	영업정지 20일	영업정지 1월	영업장 폐쇄명령
시·도지사 또는 시장·군수·구청장의 개선명령을 이행하지 않은 경우	경고	영업정지 10일	영업정지 1월	영업장 폐쇄명령
영업정지 처분을 받고 그 영업정지 기간 중 영업을 한 경우	영업장 폐쇄명령	-	-	-
공중위생영업자가 정당한 사유 없이 6개월 이상 계속 휴업하는 경우	영업장 폐쇄명령	-	-	-
공중위생영업자가 관할 세무서장에게 폐업신고를 하거나 관한 세무서장이 사업자 등록을 말소한 경우	영업장 폐쇄명령	-	-	-

(3) 성매매처벌법, 풍속영업규제법, 청소년보호법, 청소년성보호법, 의료법 위반

위반 사항	행정처분 기준			
	1차 위반	2차 위반	3차 위반	4차 위반
손님에게 성매매알선 등 행위 또는 음란 행위를 하게 하거나 이를 알선 또는 제공한 영업소	영업정지 3월	영업장 폐쇄명령	–	–
손님에게 성매매알선 등 행위 또는 음란 행위를 하게 하거나 이를 알선 또는 제공한 미용사	영업정지 3월	면허취소	–	–
손님에게 도박, 그 밖의 사행 행위를 하게 한 경우	영업정지 1월	영업정지 2월	영업장 폐쇄명령	–
음란한 물건을 관람·열람하게 하거나 진열 또는 보관한 경우	경고	영업정지 15일	영업정지 1월	영업장 폐쇄명령
무자격 안마사로 하여금 안마사의 업무에 관한 행위를 하게 한 때	영업정지 1월	영업정지 2월	영업장 폐쇄명령	–

공중위생관리 상시시험복원문제

01 다음 중 공중보건의 3대 요소에 속하지 않는 것은?
① 감염병 치료
② 수명연장
③ 건강과 능률의 향상
④ 감염병 예방

해설 공중보건의 3대 요소 : 감염병 예방, 수명연장, 건강과 능률의 향상

02 다음 중 공중보건에 대한 설명으로 틀린 것은?
① 지역사회 전체 주민을 대상으로 한다.
② 목적은 질병예방, 수명연장, 신체적·정신적 건강 증진이다.
③ 목적 달성의 접근 방법은 개인이나 일부 전문가의 노력에 의해 달성할 수 있다.
④ 방법에는 환경위생, 감염병 관리, 개인위생 등이 있다.

해설 공중보건의 목적을 달성하기 위한 접근 방법은 개인이나 일부 전문가의 노력에 의한 것이 아니라 조직화된 지역사회 전체의 노력으로 달성될 수 있다.

03 한 국가나 지역사회 간의 보건 수준을 비교하는 데 사용되는 대표적인 3대 지표는?
① 평균수명, 모성사망률, 비례사망지수
② 영아사망률, 비례사망지수, 평균수명
③ 유아사망률, 사인별 사망률, 영아사망률
④ 영아사망률, 사인별 사망률, 평균수명

해설 국가 간이나 지역사회 간의 보건 수준을 평가하는 3대 지표는 영아사망률, 비례사망지수, 평균수명이다.

04 한 지역이나 국가의 공중보건 수준을 평가하는 기초자료로 가장 신뢰성 있게 인정되고 있는 것은?
① 영아사망률
② 성인사망률
③ 사인별사망률
④ 모성사망률

해설 영아사망률(0세아의 사망률)은 한 국가의 건강 수준을 나타내는 대표적인 지표로 활용된다.

05 WHO의 3대 건강 수준 지표가 아닌 것은?
① 평균수명
② 조사망률
③ 비례사망지수
④ 사인별사망률

해설 세계보건기구(WHO) 3대 건강 수준 지표 : 조사망률(보통사망률), 평균수명, 비례사망지수

06 감염병 유행지역에서 입국하는 사람이나 동물 또는 식물 등을 대상으로 실시하며 외국 질병의 국내 침입 방지를 위한 수단으로 쓰이는 것은?
① 검역
② 격리
③ 박멸
④ 병원소 제거

해설 검역이란 외국 질병의 국내 침입방지를 위한 감염병의 예방 대책으로, 감염병 유행지역의 입국자에 대하여 감염병 감염이 의심되는 사람을 강제 격리하는 것이다.

07 다음 중 질병 발생의 세 가지 요인으로 연결된 것은?
① 숙주 – 병인 – 환경
② 숙주 – 병인 – 유전
③ 숙주 – 병인 – 병소
④ 숙주 – 병인 – 저항력

해설 질병은 신체의 구조적·기능적 장애로서 숙주, 병인, 환경 요인의 부조화로 발생한다.

08 질병 발생의 요인 중 숙주적 요인에 해당되지 않는 것은?
① 선천적 요인
② 연령
③ 생리적 방어기전
④ 경제적 수준

해설 경제적 수준, 기상, 계절, 매개물, 사회 환경 등은 환경적 요인에 해당된다.

정답 01 ① | 02 ③ | 03 ② | 04 ① | 05 ④ | 06 ① | 07 ① | 08 ④

09 다음 중 바이러스에 대한 일반적인 설명으로 옳은 것은?

① 항생제에 감수성이 있다.
② 광학 현미경으로 관찰이 가능하다.
③ 핵산 DNA와 RNA 둘 다 가지고 있다.
④ 바이러스는 살아있는 세포 내에서만 증식 가능하다.

> **해설** • 바이러스는 세균보다 크기가 훨씬 작아 보통의 광학 현미경으로는 볼 수 없다.
> • 바이러스는 DNA나 RNA 중 한 종류의 핵산을 가지고 있어, 이를 기준으로 DNA 바이러스와 RNA 바이러스로 구분하기도 한다.
> • 바이러스는 반드시 살아 있는 세포 내에서 기생할 때에만 증식할 수 있는 특징을 가진다.

10 다음 중 인공능동면역의 특성을 가장 잘 설명한 것은?

① 항독소 등 인공제제를 접종하여 형성되는 면역
② 생균백신, 사균백신 및 순화독소의 접종으로 형성되는 면역
③ 모체로부터 태반이나 수유를 통해 형성되는 면역
④ 각종 감염병 감염 후 형성되는 면역

> **해설** • 인공수동면역 : 항독소 등 인공제제를 접종하여 형성되는 면역
> • 인공능동면역 : 예방접종으로 형성되는 면역으로, 생균백신, 사균백신 및 순화독소의 접종으로 형성
> • 자연수동면역 : 모체로부터 태반이나 수유를 통해 형성되는 면역
> • 자연능동면역 : 각종 감염병 감염 후 형성되는 면역

11 다음 중 건강보균자를 설명한 것으로 가장 적절한 것은?

① 감염병에서 이환되어 앓고 있는 자
② 병원체를 보유하고 있으나 증상이 없으며 체외로 이를 배출하고 있는 자
③ 감염병에 걸렸다가 완전히 치유된 자
④ 감염병에 걸렸지만 자각증상이 없는 자

> **해설** • 건강보균자 : 병원체를 보유하고 있으나 증상이 없고 병원체를 체외로 배출하는 보균자로서 보건관리가 가장 어려움
> • 잠복기보균자 : 감염병 질환의 잠복기간에 병원체를 배출하는 보균자
> • 병후보균자 : 감염병이 치료되었으나 병원체를 지속적으로 배출하는 보균자

12 감염병 예방법 중 제1급 감염병에 속하는 것은?

① 한센병 ② 폴리오
③ 일본뇌염 ④ 페스트

> **해설** 제1급 감염병 : 에볼라바이러스병, 마버그열, 라싸열, 크리미안콩고출혈열, 남아메리카출혈열, 리프트밸리열, 두창, 페스트, 탄저, 보툴리눔독소증, 야토병, 신종감염병증후군, 중증급성호흡기증후군(SARS), 중동호흡기증후군(MERS), 동물인플루엔자 인체감염증, 신종인플루엔자, 디프테리아, 니파바이러스감염증

13 감염병 예방법 중 제2급 감염병이 아닌 것은?

① 말라리아 ② 결핵
③ 백일해 ④ 장티푸스

> **해설** 제2급 감염병 : 결핵, 수두, 홍역, 콜레라, 장티푸스, 파라티푸스, 세균성 이질, 장출혈성대장균감염증, A형간염, 백일해, 유행성이하선염, 풍진, 폴리오, 수막구균 감염증, b형헤모필루스인플루엔자, 폐렴구균 감염증, 한센병, 성홍열, 반코마이신내성황색포도알균(VRSA) 감염증, 카바페넴내성장내세균목(CRE) 감염증, E형간염

14 감염병 예방법 중 제3급 감염병이 아닌 것은?

① 파상풍 ② 콜레라
③ B형간염 ④ 말라리아

> **해설** 제3급 감염병 : 파상풍, B형간염, 일본뇌염, C형간염, 말라리아, 레지오넬라증, 비브리오패혈증, 발진티푸스, 발진열, 쯔쯔가무시증, 렙토스피라증, 브루셀라증, 공수병, 신증후군출혈열, 후천성면역결핍증(AIDS), 크로이츠펠트-야콥병(CJD) 및 변종크로이츠펠트-야콥병(vCJD), 황열, 뎅기열, 큐열, 웨스트나일열, 라임병, 진드기매개뇌염, 유비저, 치쿤구니아열, 중증열성혈소판감소증후군(SFTS), 지카바이러스 감염증, 매독, 엠폭스(MPOX)

15 다음 중 제1급 감염병에 대해 잘못 설명된 것은?

① 전염속도가 빨라 환자의 격리가 즉시 필요하다.
② 페스트, 에볼라바이러스병, 신종인플루엔자가 속한다.
③ 환자의 수를 매월 1회 이상 관할 보건소장을 거쳐 보고한다.
④ 환자 발생 즉시 환자 또는 시체 소재지를 보건소장을 거쳐 보고한다.

> **해설** 제1급 감염병은 생물테러감염병 또는 치명률이 높거나 집단 발생의 우려가 커서 발생 또는 유행 즉시 소재지를 보건소장을 거쳐 보고·신고하여야 하고, 음압격리와 같은 높은 수준의 격리가 필요하다.

16 수인성으로 전염되는 질병으로 엮어진 것은?
① 장티푸스 – 파라티푸스 – 간흡충증 – 세균성 이질
② 콜레라 – 파라티푸스 – 세균성 이질 – 폐흡충증
③ 장티푸스 – 파라티푸스 – 콜레라 – 세균성 이질
④ 장티푸스 – 파라티푸스 – 콜레라 – 간흡충증

해설 수인성 감염병
- 인수(사람, 가축)의 분변으로 오염되어 전파
- 쥐 등으로 병에 걸린 동물에 의해 오염된 식품으로 전파
- 단시일 이내에 환자에게 폭발적으로 일어나며 발생률, 치명률이 낮음
- 세균성 이질, 콜레라, 장티푸스, 파라티푸스, 폴리오, 장출혈성대장균 등

17 다음 중 인수공통감염병이 아닌 것은?
① 나병 ② 일본뇌염
③ 광견병 ④ 야토병

해설 인수공통감염병 : 쥐(페스트, 살모넬라), 돼지(일본뇌염), 개(광견병), 산토끼(야토병), 소(결핵)

18 다음 중 감염병을 옮기는 매개곤충과 질병의 관계가 올바른 것은?
① 재귀열 – 이
② 말라리아 – 진드기
③ 일본뇌염 – 파리
④ 발진티푸스 – 모기

해설
- 말라리아, 일본뇌염 – 모기
- 재귀열, 발진티푸스 – 이

19 기생충 중 집단감염이 잘 되기 쉬우며 예방법으로 식사 전 손씻기, 인체항문 주위의 청결유지 등을 필요로 하는 것에 해당되는 기생충은?
① 회충
② 십이지장충
③ 요충
④ 촌충

해설 요충
- 원인 : 물, 채소, 소아감염, 집단감염(의복, 침구류 등으로 전파)
- 감염 : 충수, 맹장, 요충이 소장 하루, 직장에 기생
- 증상 : 습진, 피부염, 소화장애, 신경증상, 항문의 가려움증
- 예방 : 개인 위생관리, 채소를 익혀서 섭취, 의복, 침구류 등 소독

20 다음 중 기생충과 전파 매개체의 연결이 옳은 것은?
① 무구조충 – 돼지고기
② 간디스토마 – 바다회
③ 폐디스토마 – 가재
④ 광절열두조충 – 소고기

해설
- 유구조충(갈고리촌충) : 돼지고기
- 무구조충(민촌충) : 소고기
- 긴촌충(광절열두조충) : 물벼룩(제1숙주), 연어·송어(제2숙주)
- 간흡충(간디스토마) : 우렁이(제1숙주), 잉어·참붕어·피라미(제2숙주)
- 폐흡충(폐디스토마) : 다슬기(제1숙주), 가재·게(제2숙주)

21 인구 구성의 기본형 중 생산연령 인구가 많이 유입되는 도시 지역의 인구 구성을 나타내는 것은?
① 피라미드형
② 별형
③ 항아리형
④ 종형

해설
- 피라미드형(인구증가형, 후진국형) : 출생률이 사망률보다 높은 형
- 별형(인구유입형, 도시형) : 생산연령 인구의 전입이 늘어나는 형
- 항아리형(인구감소형, 선진국형) : 출생률보다 사망률이 높은 형
- 종형(인구정지형, 이상적인 형태) : 출생률과 사망률이 낮은 형

22 정신보건에 대한 설명 중 잘못된 것은?
① 모든 정신질환자는 인간으로서의 존엄·가치 및 최적의 치료와 보호를 받을 권리를 보장받는다.
② 모든 정신질환자는 부당한 차별대우를 받지 않는다.
③ 미성년자인 정신질환자에 대해서는 특별히 치료, 보호 및 필요한 교육을 받을 권리가 보장되어야 한다.
④ 입원 중인 정신질환자는 타인에게 해를 줄 수 있으므로 타인과의 의견교환이 필요에 따라 제한되어야 한다.

해설 정신보건은 정신 질환의 예방 및 치료를 통하여 국민 정신건강을 유지 및 발전시키려고 하는 것이다.

정답 09 ④ | 10 ② | 11 ② | 12 ④ | 13 ① | 14 ② | 15 ③ | 16 ③ | 17 ① | 18 ① | 19 ③ | 20 ③ | 21 ② | 22 ④

23 지역사회에서 노인층 인구에 가장 적절한 보건교육 방법은?
① 신문 ② 집단교육
③ 개별접촉 ④ 강연회

해설 노인보건 교육 방법 : 개별접촉을 통한 교육

24 다음 중 기후의 3대 요소는?
① 기온, 복사량, 기류
② 기온, 기습, 기류
③ 기온, 기압, 복사량
④ 기류, 기압, 일조량

해설 • 기후의 3대 요소 : 기온, 기습, 기류
• 기후의 4대 요소 : 기온, 기습, 기류, 복사열

25 다음 중 일반적으로 활동하기 가장 적합한 실내의 적정 온도는?
① 15±2℃
② 18±2℃
③ 22±2℃
④ 24±2℃

해설 적정 기온 : 18±2℃(쾌적 온도 18℃), 실·내외 온도차 5~7℃

26 일반적으로 이·미용업소의 실내 쾌적 습도 범위로 가장 알맞은 것은?
① 10~20%
② 20~40%
③ 40~70%
④ 70~90%

해설 적정 기습 : 40~70%(쾌적 습도 60%)

27 실내에 다수인이 밀집한 상태에서 실내공기의 변화는?
① 기온 상승 – 습도 증가 – 이산화탄소 감소
② 기온 하강 – 습도 증가 – 이산화탄소 감소
③ 기온 상승 – 습도 증가 – 이산화탄소 증가
④ 기온 상승 – 습도 감소 – 이산화탄소 증가

해설 다수인이 실내에 밀집해 있으면 기온, 습도, 이산화탄소가 모두 증가한다.

28 군집독(群集毒)의 원인을 가장 잘 설명한 것은?
① O_2의 부족
② 공기의 물리·화학적 제조성의 악화
③ CO_2의 증가
④ 고온다습한 환경

해설 군집독 : 일정한 공간의 실내에 수용범위를 초과한 많은 사람이 있는 경우 이산화탄소 농도 증가, 기온상승, 습도증가, 연소가스 등으로 인해 불쾌감, 두통, 권태, 현기증, 구토, 식욕부진 등의 현상을 일으키는 것

29 다음 중 잠함병의 직접적인 원인은?
① 혈중 CO_2 농도 증가
② 체액 및 혈액 속의 질소 기포 증가
③ 혈중 O_2 농도 증가
④ 혈중 CO 농도 증가

해설 잠함병 : 고기압 상태에서 작업하는 잠수부들에게 흔히 나타나는 증상이며, 잠수병이라고도 한다. 체액 및 혈액 속 질소 기포의 증가가 원인이며 예방법으로는 감압의 적절한 조절이 중요하다.

30 다음 중 지구의 온난화 현상(global warming)의 원인이 되는 주된 가스는?
① NO
② CO_2
③ Ne
④ CO

해설 이산화탄소(CO_2)

31 대기오염의 주원인 물질 중 하나로 석탄이나 석유 속에 포함되어 있어 연소할 때 산화되어 발생되며 만성기관지염과 산성비 등을 유발시키는 것은?

① 일산화탄소
② 질소산화물
③ 황산화물
④ 부유분진

해설 대기오염의 1차 오염물질로는 황산화물, 질소산화물, 일산화탄소 등이 있는데, 만성기관지염과 산성비를 유발하는 물질은 황산화물이다.

32 다음 중 일산화탄소가 인체에 미치는 영향이 아닌 것은?

① 신경 기능 장애를 일으킨다.
② 세포 내에서 산소와 Hb의 결합을 방해한다.
③ 혈액 속에 기포를 형성한다.
④ 세포 및 각 조직에서 O_2 부족 현상을 일으킨다.

해설 일산화탄소는 탄소의 불완전 연소로 생성되는 무색, 무취의 기체로, 산소와 헤모글로빈의 결합을 방해하여 세포와 신체조직에서 산소 부족 현상을 일으켜 정신장애, 신경장애, 질식현상을 보인다.

33 다음 중 수질 오염의 지표로서 물에 녹아있는 유리 산소를 의미하는 것은?

① 용존산소(DO)
② 생물학적 산소요구량(BOD)
③ 화학적 산소요구량(COD)
④ 수소이온농도(pH)

해설
- 용존산소량(DO) : 물속에 용해되어 있는 유리산소량
- 생물화학적 산소요구량(BOD) : 유기물이 세균에 의해 산화 분해될 때 소비되는 산소량
- 화학적 산소요구량(COD) : 물속의 유기물을 무기물로 산화시킬 때 필요로 하는 산소량

34 환경오염지표와 관련해서 연결이 바르게 된 것은?

① 수소이온농도 - 음료수오염지표
② 대장균 - 하천오염지표
③ 용존산소 - 대기오염지표
④ 생물학적 산소요구량 - 수질오염지표

해설
- 수질오염지표 : 용존산소량(DO), 생물화학적 산소요구량(BOD), 화학적 산소요구량(COD)
- 음용수 오염지표 : 대장균 수

35 하수처리법 중 호기성 처리법에 속하지 않는 것은?

① 활성오니법
② 살수여과법
③ 산화지법
④ 부패조법

해설 호기성 처리법
- 활성오니법은 산소를 공급하여 호기성균을 촉진
- 하수 내 유기물을 산화시키는 호기성 분해법으로 가장 많이 이용
- 살수여과법, 산화지법, 활성오니법

36 평상시 상수의 수도전에서의 적정한 유리 잔류 염소량은?

① 0.02ppm 이상
② 0.55ppm 이상
③ 0.2ppm 이상
④ 0.5ppm 이상

해설 상수 및 수도전에서의 적정 유리 잔류 염소량
- 평상시 : 0.2ppm 이상
- 비상시 : 0.4ppm 이상

37 다음 중 음용수의 일반적인 오염지표로 삼는 것은?

① 탁도
② 일반세균수
③ 대장균수
④ 경도

해설 대장균 : 상수의 수질오염분석 시 대표적인 생물학적 지표, 음용수의 일반적인 오염지표

38 주택의 자연조명을 위한 이상적인 주택의 방향과 창의 면적은?

① 남향, 바닥 면적의 1/7~1/5
② 남향, 바닥 면적의 1/5~1/2
③ 동향, 바닥 면적의 1/10~1/7
④ 동향, 바닥 면적의 1/5~1/2

해설 주택의 자연조명을 위한 이상적인 조건 : 남향, 방바닥 면적의 1/7~1/5 정도

39 실내조명에서 조명효율이 천정의 색깔에 가장 크게 좌우되며, 눈의 보호를 위해 가장 좋은 조명은?
① 직접조명
② 반직접 조명
③ 반간접 조명
④ 간접조명

해설 간접조명은 천정이나 벽에서 반사되어 나오는 빛을 이용하는 조명으로, 눈부심이 적어 눈의 보호를 위해 가장 좋은 조명이다.

40 산업재해 발생의 3대 인적 요인이 아닌 것은?
① 예산부족
② 관리 결함
③ 생리적 결함
④ 작업상의 결함

해설 산업재해 발생원인
• 인적 요인 : 관리상·생리적·심리적 원인
• 환경적 요인 : 시설 및 공구 불량, 재료 및 취급물의 부족, 작업장 환경 불량, 휴식시간 부족

41 다음 중 직업병과 관련 직업이 옳게 연결된 것은?
① 근시안 – 식자공
② 규폐증 – 용접공
③ 열사병 – 채석공
④ 잠함병 – 방사선기사

해설 • 규폐증 : 석공, 채석 연마자
• 열사병 : 제련공, 초자공
• 잠함병 : 잠수부

42 다음 중 산업재해의 지표로 주로 사용되는 것을 전부 고른 것은?

| ㄱ. 도수율 | ㄴ. 발생률 | ㄷ. 강도율 | ㄹ. 사망률 |

① ㄱ, ㄴ, ㄷ
② ㄱ, ㄷ
③ ㄴ, ㄹ
④ ㄱ, ㄴ, ㄷ, ㄹ

해설 • 도수율(빈도율) : 연근로시간 100만 시간당 재해 발생 건수
• 발생율(건수율) : 산업체 근로자 1,000명당 재해 발생 건수
• 강도율 : 근로시간 1,000시간당 발생한 근로손실일수

43 식품을 통한 식중독 중 독소형 식중독은?
① 포도상구균 식중독
② 살모넬라균에 의한 식중독
③ 장염비브리오 식중독
④ 병원성 대장균 식중독

해설 • 독소형 식중독 : 포도상구균, 보툴리누스균, 웰치균
• 감염형 식중독 : 살모넬라, 장염비브리오, 병원성 대장균

44 식중독에 대한 설명으로 옳은 것은?
① 음식 섭취 후 장시간 뒤에 증상이 나타난다.
② 근육통 호소가 가장 빈번하다.
③ 병원성 미생물에 오염된 식품 섭취 후 발병한다.
④ 독성을 나타내는 화학물질과는 무관하다.

해설 식중독은 식품 섭취 후 인체에 유해한 미생물 또는 유독 물질에 의하여 발생한 것으로 판단되는 감염성 질환 또는 독소형 질환이다. 일반적으로 음식물 섭취 후 72시간 이내에 구토, 설사, 복통 등의 증상이 나타난다.

45 세균성 식중독이 소화기계 감염병과 다른 점은?
① 균량이나 독소량이 소량이다.
② 대체적으로 잠복기가 길다.
③ 연쇄전파에 의한 2차 감염이 드물다.
④ 원인 식품 섭취와 무관하게 일어난다.

해설 세균성 식중독의 특징
• 2차 감염률이 낮다.
• 수인성 전파는 드물다.
• 잠복기가 아주 짧다.
• 다량의 균이 발생한다.
• 면역성이 없다.

46 다음 중 식중독 세균이 가장 잘 증식할 수 있는 온도 범위는?
① 0~10℃
② 10~20℃
③ 18~22℃
④ 25~37℃

해설 식중독 세균이 가장 잘 증식할 수 있는 온도 범위 : 25~37℃

47 식물성 독소 중 감자싹에 함유되어 있는 독소는?
① 솔라닌
② 무스카린
③ 테트로도톡신
④ 아미그달린

해설 자연독의 종류
- 감자 : 솔라닌
- 버섯 : 무스카린
- 청매 : 아미그달린
- 복어 : 테트로도톡신

48 시·군·구에 두는 보건행정의 최일선 조직으로 국민건강 증진 및 예방 등에 관한 사항을 실시하는 기관은?
① 복지관
② 보건소
③ 병·의원
④ 시·군·구청

해설 보건소 : 시·군·구에 두는 보건행정의 최일선 조직으로 국민건강 증진 및 예방 등에 관한 사항을 실시하는 지방 공중보건조직의 중요한 역할을 하는 기관

49 보건행정의 정의에 포함되는 내용과 가장 거리가 먼 것은?
① 국민의 수명연장
② 질병예방
③ 공적인 행정활동
④ 수질 및 대기보전

해설 보건행정이란 공중보건의 목적(수명연장, 질병예방, 건강증진)을 달성하기 위해 공공의 책임하에 수행하는 행정활동이다.

50 공중보건학의 범위 중 보건관리 분야에 속하지 않는 사업은?
① 보건통계
② 사회보장제도
③ 보건행정
④ 산업보건

해설 공중보건학의 범위
- 질병관리 : 역학, 감염병 및 비감염병관리, 기생충관리
- 가족 및 노인보건 : 인구보건, 가족보건, 모자보건, 노인보건
- 환경보건 : 환경위생, 대기환경, 수질환경, 산업환경, 주거환경
- 식품보건 : 식품위생
- 보건관리 : 보건행정, 보건교육, 보건통계, 보건영양, 사회보장제도, 정신보건, 학교보건

51 다음 중 소독의 정의를 가장 잘 표현한 것은?
① 오염된 병원성 미생물을 깨끗이 씻어내는 작업
② 모든 미생물을 열과 약품으로 완전히 사멸시키거나 제거하는 것
③ 병원성 미생물의 생활력을 파괴하여 죽이거나 또는 제거하여 감염력을 없애는 것
④ 미생물의 발육과 생활 작용을 제지 또는 정지시켜 부패 또는 발효를 방지할 수 있는 것

해설
- 소독 : 병원균을 파괴하여 감염력 또는 증식력을 없애는 작업
- 멸균 : 모든 미생물을 사멸 또는 제거하는 것
- 살균 : 병원성 미생물을 물리·화학적 작용으로 급속하게 제거하는 작업
- 방부 : 음식물의 부패나 발효를 방지하는 작업

52 미생물을 대상으로 한 작용이 강한 것부터 순서대로 옳게 배열된 것은?
① 멸균 > 소독 > 살균 > 청결 > 방부
② 멸균 > 살균 > 소독 > 방부 > 청결
③ 살균 > 멸균 > 소독 > 방부 > 청결
④ 소독 > 살균 > 멸균 > 청결 > 방부

해설 소독 효과 : 멸균 > 살균 > 소독 > 방부 > 청결

정답 39 ④ | 40 ① | 41 ① | 42 ① | 43 ① | 44 ③ | 45 ③ | 46 ④ | 47 ① | 48 ② | 49 ④ | 50 ④ | 51 ③ | 52 ②

53 이상적인 소독제의 구비조건과 거리가 먼 것은?
① 생물학적 작용을 충분히 발휘할 수 있어야 한다.
② 빨리 효과를 내고 살균 소요시간이 짧을수록 좋다.
③ 독성이 적으면서 사용자에게도 자극성이 없어야 한다.
④ 원액 혹은 희석된 상태에서 화학적으로는 불안정된 것이라야 한다.

해설 소독약의 필요조건
- 살균력이 강하고 높은 석탄산계수를 가질 것
- 효과가 빠르고, 살균 소요시간이 짧을 것
- 독성이 낮으면서 사용자에게도 자극성이 없을 것
- 저렴하고 구입이 용이할 것
- 경제적이고 사용방법이 용이할 것
- 소독 범위가 넓고, 냄새가 없고, 탈취력이 있을 것
- 부식성과 표백성이 없을 것
- 용해성이 높고, 안정성이 있을 것
- 환경오염을 유발하지 않을 것

54 화학적 약제를 사용하여 소독 시 소독약품의 구비조건으로 옳지 않은 것은?
① 용해성이 낮아야 한다.
② 살균력이 강해야 한다.
③ 부식성, 표백성이 없어야 한다.
④ 경제적이고 사용방법이 간편해야 한다.

해설 소독약품은 용해성이 높아야 한다.

55 소독약에 대한 설명 중 적합하지 않은 것은?
① 소독시간이 적당한 것
② 소독 대상물을 손상시키지 않는 소독약을 선택할 것
③ 인체에 무해하며 취급이 간편할 것
④ 소독약은 항상 청결하고 밝은 장소에 보관할 것

해설 소독약은 밀폐시켜 햇빛이 들지 않는 냉암소에 보관해야 한다.

56 알코올 소독의 미생물 세포에 대한 주된 작용기전은?
① 할로겐 복합물 형성
② 단백질 변성
③ 효소의 완전 파괴
④ 균체의 완전 융해

해설 알코올 소독의 미생물 세포에 대한 주된 작용기전은 단백질 변성이다.

57 소독법의 구비조건에 해당되지 않는 것은?
① 장시간에 걸쳐 소독의 효과가 서서히 나타나야 한다.
② 소독대상물에 손상을 입혀서는 안 된다.
③ 인체 및 가축에 해가 없어야 한다.
④ 방법이 간단하고 비용이 적게 들어야 한다.

해설 효과가 빠르고, 살균 소요시간이 짧아야 한다.

58 다음 미생물의 종류 중 가장 크기가 작은 것은?
① 곰팡이
② 효모
③ 세균
④ 바이러스

해설 미생물의 크기 : 곰팡이 > 효모 > 세균 > 리케차 > 바이러스

59 일반적으로 미생물 증식의 3대 요인이 아닌 것은?
① 영양소
② 수분
③ 온도
④ 광선

해설 미생물 증식의 3대 요인 : 영양소, 수분, 온도

60 세균 증식에 가장 적합한 최적 수소이온농도는?
① pH 3.5~4.5
② pH 6~8
③ pH 8.5~9.5
④ pH 10~11

해설 세균 증식에 가장 적합한 최적 수소이온농도 : pH 6~8(중성)

61 다음의 병원성 세균 중 공기의 건조에 견디는 힘이 가장 강한 것은?

① 장티푸스균
② 콜레라균
③ 페스트균
④ 결핵균

해설 결핵균은 긴 막대기 모양의 간균으로 지방성분이 많은 세포벽에 둘러싸여 있는데, 이 세포벽이 보호막 구실을 하므로 건조한 상태에서도 살아남을 수 있다.

62 다음 중 산소가 없는 곳에서 증식하는 균은?

① 파상풍균
② 백일해균
③ 결핵균
④ 대장균

해설
• 호기성 세균 : 산소가 필요한 세균으로, 디프테리아균, 결핵균, 백일해균, 녹농균 등이 있다.
• 혐기성 세균 : 산소가 필요하지 않은 세균으로, 보툴리누스균, 파상풍균, 가스괴저균 등이 있다.
• 통성혐기성 세균 : 산소가 있는 곳과 없는 곳에서도 생육이 가능한 세균으로, 살모넬라균, 대장균, 장티푸스균, 포도상구균 등이 있다.

63 균이 영양부족, 건조, 열 등의 증식 환경이 부적당한 경우 균의 저항력을 키우기 위해 형성하게 되는 형태는?

① 섬모　　② 세포벽
③ 아포　　④ 핵

해설 세균은 증식 환경이 적당하지 않을 경우 아포를 형성함으로써 강한 내성을 지니게 된다.

64 다음 중 병원성 미생물이 아닌 것은?

① 세균
② 바이러스
③ 리케차
④ 효모균

해설 병원성 미생물의 종류 : 박테리아(세균), 바이러스, 리케차, 진균, 사상균, 원충류, 클라미디아

65 다음 중 물리적 소독법에 해당하는 것은?

① 크레졸 소독
② 건열 소독
③ 석탄산 소독
④ 승홍 소독

해설 물리적 소독법 : 열이나 수분, 자외선, 여과 등의 물리적인 방법을 이용하는 소독법

66 다음 중 화학적 소독 방법이라 할 수 없는 것은?

① 포르말린
② 석탄산
③ 크레졸 비누액
④ 고압증기

해설 화학적 소독법 : 화학적 소독제로 소독하는 방법으로, 석탄산, 승홍수, 에탄올, 포르말린, 크레졸, 역성비누, 과산화수소, 염소, 오존, 생석회, 훈증 소독법, E.O가스 멸균법 등이 있다.

67 다음 중 습열 멸균법이 아닌 것은?

① 화염 멸균법
② 자비 소독법
③ 간헐 멸균법
④ 증기 멸균법

해설 습열 멸균법 : 자비 소독법, 증기 멸균법, 간헐 멸균법, 고온증기 멸균법, 저압 살균법, 초고온 살균법

68 다음 중 할로겐계에 속하지 않는 것은?

① 표백분
② 석탄산
③ 요오드액
④ 차아염소산나트륨

해설 할로겐계 살균제 : 차아염소산칼슘, 차아염소산나트륨, 차아염소산리튬, 이산화염소, 표백분, 요오드액 등

정답　53 ④　54 ①　55 ④　56 ②　57 ①　58 ④　59 ④　60 ②　61 ④　62 ①　63 ③　64 ④　65 ②　66 ④　67 ①　68 ②

69 다음 중 결핵환자의 객담 소독 시 가장 적당한 것은?
① 매몰법
② 크레졸 소독
③ 알코올 소독
④ 소각법

해설 소각법 : 병원체를 불꽃으로 태우는 방법으로, 감염병 환자의 배설물이나 객담 등을 처리하는 가장 적합하다.

70 일반적으로 자비 소독법으로 사멸되지 않는 것은?
① 아포형성균
② 콜레라균
③ 임균
④ 포도상구균

해설 자비 소독은 아포형성균, B형간염 바이러스에는 적합하지 않다.

71 다음 중 아포를 포함한 모든 미생물을 완전히 멸균시킬 수 있는 것으로서 가장 좋은 것은?
① 자외선 멸균법
② 고압증기 멸균법
③ 자비 멸균법
④ 유통증기 멸균법

해설 고압증기 멸균법은 아포를 포함한 모든 미생물을 완전히 멸균시킬 수 있는 방법이다.

72 소독약의 살균력 지표로 가장 많이 이용되는 것은?
① 알코올
② 크레졸
③ 석탄산
④ 포름알데히드

해설 석탄산(페놀)은 소독제의 살균력을 비교할 때 기준이 되는 소독약이다.

73 승홍에 관한 설명으로 틀린 것은?
① 액 온도가 높을수록 살균력이 강하다.
② 금속 부식성이 있다.
③ 0.1% 수용액을 사용한다.
④ 상처 소독에 적당한 소독약이다.

해설 상처 소독에는 주로 과산화수소가 사용된다.

74 100%의 알코올을 사용해서 70%의 알코올 400mL를 만드는 방법으로 옳은 것은?
① 물 70mL와 100% 알코올 330mL 혼합
② 물 100mL와 100% 알코올 300mL 혼합
③ 물 120mL와 100% 알코올 280mL 혼합
④ 물 330mL와 100% 알코올 70mL 혼합

해설 전체 희석 알코올(400mL)에서 알코올(용질)이 70%이므로 물(용매)은 나머지 30%가 된다.
· 알코올 : 400mL × 0.7 = 280mL
· 물 : 400mL × 0.3 = 120mL

75 미용용품이나 기구 등을 일차적으로 청결하게 세척하는 것은 다음의 소독방법 중 어디에 해당되는가?
① 희석
② 방부
③ 정균
④ 여과

해설 미용용품이나 기구 등을 일차적으로 청결하게 세척하는 것을 희석이라고 한다.

76 이·미용실에서 사용하는 수건을 철저하게 소독하지 않았을 때 주로 발생할 수 있는 전염병은?
① 장티푸스
② 트라코마
③ 페스트
④ 일본뇌염

해설 트라코마는 환자의 분비물 접촉, 환자가 사용하던 타월 등을 통해 전파되므로 손과 얼굴을 자주 씻고 오염된 손으로 눈을 만지지 않아야 한다.

77 다음 중 이·미용업소에서 시술과정을 통하여 전염될 수 있는 가능성이 가장 큰 질병 2가지는?

① 뇌염, 소아마비
② 피부병, 발진티푸스
③ 결핵, 트라코마
④ 결핵, 장티푸스

해설 • 결핵 : 호흡기를 통해 감염
• 트라코마 : 수건이나 세면기를 통해 감염

78 다음 중 이·미용업소에서 종업원이 손을 소독할 때 가장 보편적으로 사용되는 것은?

① 승홍수
② 과산화수소
③ 역성비누
④ 석탄수

해설 역성비누는 이·미용업소에서 종업원이 손을 소독할 때 가장 보편적으로 사용하며, 병원용 소독제로 주로 사용된다.

79 이·미용업소에서 사용하는 수건의 소독 방법으로 가장 적합한 것은?

① 포르말린 소독
② 석탄산 소독
③ 건열 소독
④ 증기 또는 자비 소독

해설 이·미용업소에서 사용하는 수건의 소독 방법으로 가장 적합한 것은 증기 또는 자비 소독이다.

80 이·미용실의 기구(가위, 레이저 등) 소독으로 가장 적당한 약품은?

① 70~80% 알코올
② 100~200배 희석 역성비누
③ 5% 크레졸 비누액
④ 50% 페놀액

해설 가위, 레이저 등 이·미용실의 기구를 소독하는 데 가장 적당한 약품은 70~80% 알코올이다.

81 다음 중 공중위생관리법의 궁극적인 목적은?

① 공중위생영업 종사자의 위생 및 건강관리
② 공중위생영업소의 위생 관리
③ 위생 수준을 향상시켜 국민의 건강증진에 기여
④ 공중위생영업의 위상 향상

해설 공중위생관리법은 공중이 이용하는 영업의 위생관리 등에 관한 사항을 규정하며, 위생 수준을 향상시켜 국민의 건강증진에 기여함을 목적으로 한다.

82 이용업 및 미용업은 다음 중 어디에 속하는가?

① 공중위생영업
② 위생관련영업
③ 위생처리업
④ 건물위생관리업

해설 공중위생영업이란 다수인을 대상으로 위생관리서비스를 제공하는 영업을 말하며, 미용업, 이용업, 숙박업, 세탁업, 목욕장업, 건물위생관리업이 있다.

83 다음 중 공중위생관리법상 미용업의 정의로 가장 올바른 것은?

① 손님의 얼굴 등에 손질을 하여 손님의 용모를 아름답고 단정하게 하는 영업
② 손님의 머리를 손질하여 손님의 용모를 아름답고 단정하게 하는 영업
③ 손님의 머리카락을 다듬거나 하는 방법으로 손님의 용모를 단정하게 하는 영업
④ 손님의 얼굴·머리·피부 등을 손질하여 손님의 외모를 아름답게 꾸미는 영업

해설 공중위생관리법상 미용업의 정의 : 손님의 얼굴, 머리, 피부 등을 손질하여 손님의 외모를 아름답게 꾸미는 영업

정답 69 ④ | 70 ① | 71 ② | 72 ③ | 73 ④ | 74 ③ | 75 ① | 76 ② | 77 ③ | 78 ③ | 79 ④ | 80 ① | 81 ③ | 82 ① | 83 ④

84 다음 중 공중위생영업을 하고자 할 때 필요한 것은?
① 허가
② 신고
③ 통보
④ 인가

해설 이·미용업을 신고하려면 보건복지부령이 정하는 시설과 설비를 갖추고 시장·군수·구청장에게 신고하여야 한다.

85 다음 중 공중위생영업의 신고를 위하여 제출하는 서류에 해당하지 않는 것은?
① 영업시설 및 설비개요서
② 교육수료증
③ 영업신고서
④ 이·미용사 자격증

해설 영업 신고 시 구비서류 : 영업신고서, 영업시설 및 설비개요서, 교육수료증(미리 교육을 받은 경우에만 해당)

86 공중위생관리법상 이·미용업자의 변경신고사항에 해당되지 않는 것은?
① 영업소의 명칭 또는 상호 변경
② 영업소의 주소 변경
③ 영업정지 명령 이행
④ 대표자의 성명 또는 생년월일

해설 변경신고사항
• 영업소의 명칭 또는 상호 변경
• 영업소의 주소 변경
• 신고한 영업장 면적의 3분의 1 이상 증감 시
• 대표자의 성명 또는 생년월일 변경
• 미용업 업종 간 변경

87 이·미용업 영업자의 지위를 승계한 자는 며칠 이내에 관할기관에 신고를 하여야 하는가?
① 15일
② 즉시
③ 1월
④ 1주일

해설 공중위생영업자의 지위를 승계한 자는 1월 이내에 시장·군수·구청장에게 신고해야 한다.

88 이·미용업자가 준수하여야 하는 위생관리기준에 대한 설명으로 옳지 않은 것은?
① 소독한 기구와 하지 아니한 기구는 각각 다른 용기에 넣어 보관하여야 한다.
② 영업장 내의 조명도는 75럭스 이상 유지되도록 하여야 한다.
③ 신고증과 함께 면허증 사본을 게시하여야 한다.
④ 1회용 면도날은 손님 1인에 한하여 사용하여야 한다.

해설 영업소 내부에 개설자의 미용사 면허증 원본과 미용업 신고증을 게시해야 한다.

89 이·미용업소 내에 반드시 게시하여야 할 사항으로 옳은 것은?
① 요금표 및 준수 사항만 게시하면 된다.
② 이·미용업 신고증만 게시하면 된다.
③ 이·미용업 신고증 및 면허증 사본, 요금표를 게시하면 된다.
④ 이·미용업 신고증 및 면허증 원본, 요금표를 게시하여야 한다.

해설 이·미용업소 내에 이·미용업 신고증 및 면허증 원본, 요금표를 게시하여야 한다.

90 이·미용업소의 조명 시설 조명도는 얼마 이상이어야 하는가?
① 50럭스
② 75럭스
③ 100럭스
④ 125럭스

해설 이·미용업소 영업장 내부의 조명도는 75럭스 이상이 되도록 유지하여야 한다.

91 이·미용기구의 소독기준 및 방법을 정한 것은?
① 대통령령
② 보건복지부령
③ 환경부령
④ 보건소령

해설 이·미용기구의 소독기준 및 방법은 보건복지부령으로 정한다.

92 다음 중 이·미용사 면허를 받을 수 없는 자는?

① 전문대학에서 이·미용관련 학과를 졸업한 자
② 교육부장관이 인정하는 고등기술학교에서 1년 이상 이·미용에 관한 소정의 과정을 이수한 자
③ 국가기술자격법에 의한 이·미용사 자격을 취득한 자
④ 외국에서 이용 또는 미용의 기술자격을 취득한 자

해설 이·미용사 면허 발급 대상자
- 전문대학에서 이·미용에 관한 학과를 졸업한 자
- 고등학교 또는 교육부장관이 인정하는 학교에서 이·미용에 관한 학과를 졸업한 자
- 학점 인정 등에 관한 법률에 따라 대학 또는 전문대학을 졸업한 자와 같은 수준 이상의 학력이 있는 것으로 인정되어 이·미용에 관한 학위를 취득한 자
- 교육부장관이 인정하는 고등기술학교에서 1년 이상 이·미용에 관한 소정의 과정을 이수한 자
- 국가기술자격법에 의한 이·미용사의 자격을 취득한 자

93 이·미용사 면허증을 분실하였을 때 누구에게 재발급 신청을 하여야 하는가?

① 보건복지부장관
② 시·도지사
③ 시장·군수·구청장
④ 협회장

해설 이·미용사 면허증을 분실 시 재발급 신청 : 시장·군수·구청장

94 이·미용사 면허증을 재발급 신청할 수 없는 경우는?

① 면허증을 분실했을 때
② 면허증 기재사항의 변경이 있는 때
③ 면허증이 못쓰게 된 때
④ 면허증이 더러운 때

해설 면허증 재발급 신청을 할 수 있는 경우
- 신고증 분실 또는 훼손
- 신고인의 성명이나 생년월일이 변경된 때

95 다음 중 이용사 또는 미용사의 업무범위에 관해 필요한 사항을 정한 것은?

① 대통령령
② 국무총리령
③ 고용노동부령
④ 보건복지부령

해설 이·미용사의 업무범위에 관해 필요한 사항은 보건복지부령으로 정한다.

96 영업소 외의 장소에서 이·미용업무를 행할 수 있는 경우가 아닌 것은?

① 야외에서 단체로 이·미용을 하는 경우
② 질병으로 영업소에 나올 수 없는 경우
③ 사회복지시설에서 봉사활동으로 이·미용을 행하는 경우
④ 결혼식 등의 의식 직전의 경우

해설 영업소 외의 장소에서 이·미용 업무를 행할 수 있는 경우
- 질병이나 기타의 사유로 인하여 영업소에 나올 수 없는 자의 경우
- 혼례, 기타 의식에 참여하는 자의 경우
- 사회복지시설에서 봉사활동의 목적으로 업무를 하는 경우
- 방송 등의 촬영에 참여하는 사람에 대하여 그 촬영 직전에 하는 경우
- 위의 네 가지 외에 특별한 사정이 있다고 시장·군수·구청장이 인정하는 경우

97 공중위생영업자가 위생관리 의무사항을 위반한 때의 당국의 조치사항으로 옳은 것은?

① 영업정지
② 자격정지
③ 업무정지
④ 개선명령

해설 시·도지사 또는 시장·군수·구청장은 영업자, 소유자에게 즉시 또는 일정한 기간을 정하여 그 개선을 명할 수 있다.
- 공중위생영업의 종류별 시설 및 설비기준을 위반한 공중위생영업자
- 위생관리의무 등을 위반한 공중위생영업자
- 위생관리의무를 위반한 공중위생시설의 소유자

98 이·미용 영업소 폐쇄의 행정처분을 받고도 계속하여 영업을 할 때에는 해당 영업소에 대하여 어떤 조치를 할 수 있는가?

① 폐쇄 행정처분 내용을 재통보한다.
② 언제든지 폐쇄 여부를 확인만 한다.
③ 해당 영업소 출입문을 폐쇄하고 벌금을 부과한다.
④ 해당 영업소가 위법한 영업소임을 알리는 게시물을 부착한다.

해설 영업소 폐쇄를 위한 조치
- 해당 영업소의 간판 및 영업표지물을 제거
- 해당 영업소가 위법한 영업소임을 알리는 게시물 등의 부착
- 영업을 위하여 필수 불가결한 기구 또는 시설물을 사용할 수 없게 하는 봉인

정답 84 ② | 85 ④ | 86 ③ | 87 ③ | 88 ③ | 89 ④ | 90 ② | 91 ② | 92 ④ | 93 ③ | 94 ④ | 95 ④ | 96 ① | 97 ④ | 98 ④

99 이·미용업에 있어 청문을 실시하여야 하는 경우가 아닌 것은?

① 면허취소 처분을 하고자 하는 경우
② 면허정지 처분을 하고자 하는 경우
③ 일부 시설의 사용중지 처분을 하고자 하는 경우
④ 위생교육을 받지 아니하여 1차 위반한 경우

해설 청문 실시 사유
- 이·미용사의 면허취소, 면허정지
- 공중위생 영업의 정지
- 일부 시설의 사용중지
- 영업소 폐쇄명령

100 다음의 위생서비스 수준의 평가에 대한 설명 중 맞는 것은?

① 평가의 전문성을 높이기 위해 관련 전문기관 및 단체로 하여금 평가를 실시하게 할 수 있다.
② 평가주기는 3년마다 실시한다.
③ 평가주기와 방법, 위생관리등급은 대통령령으로 정한다.
④ 위생관리 등급은 2개 등급으로 나뉜다.

해설 위생서비스 수준평가
- 위생서비스 평가 주기, 방법, 위생관리 등급은 보건복지부령으로 정한다.
- 공중위생영업소의 위생서비스 평가는 2년에 한 번씩 실시한다.
- 위생등급은 3개 등급으로 구분한다.
- 평가의 전문성을 높이기 위해 필요한 경우는 관련 전문기관 및 단체가 위생서비스 평가를 실시하게 할 수 있다.

101 공중위생영업소의 위생서비스 수준의 평가는 몇 년마다 실시하는가?

① 4년 ② 2년
③ 6년 ④ 5년

해설 공중위생영업소의 위생서비스 평가는 2년에 한 번씩 실시한다.

102 공중위생영업소 위생관리 등급의 구분에 있어 최우수업소에 내려지는 등급은 다음 중 어느 것인가?

① 백색 등급 ② 황색 등급
③ 녹색 등급 ④ 청색 등급

해설
- 녹색 등급 – 최우수업소
- 황색 등급 – 우수업소
- 백색 등급 – 일반관리 대상 업소

103 다음 중 공중위생감시원의 직무사항이 아닌 것은?

① 시설 및 설비의 확인에 관한 사항
② 영업자의 준수사항 이행 여부에 관한 사항
③ 위생지도 및 개선명령 이행 여부에 관한 사항
④ 세금납부의 적정 여부에 관한 사항

해설 공중위생감시원의 업무범위
- 시설 및 설비 확인
- 공중위생영업 관련시설 및 설비의 위생상태 확인, 검사, 공중위생업자의 위생관리 의무 및 영업자 준수사항 이행 여부의 확인
- 위생지도 및 개선명령 이행 여부의 확인
- 영업의 정지, 일부 시설의 사용중지 또는 영업소 폐쇄명령 이행 여부의 확인
- 위생교육 이행 여부의 확인

104 이·미용업의 업주가 받아야 하는 위생교육 기간은 몇 시간인가?

① 매년 3시간
② 분기별 3시간
③ 매년 6시간
④ 분기별 6시간

해설 위생교육 시간 및 시기
- 공중위생영업자는 매년 위생교육을 받아야 한다.
- 위생교육 시간은 3시간으로 한다.
- 영업신고를 하려면 미리 위생교육을 받아야 한다.

105 부득이한 사유가 없는 한 공중위생영업소를 개설하는 자는 언제 위생교육을 받아야 하는가?

① 영업개시 후 2월 이내
② 영업개시 후 1월 이내
③ 영업개시 전
④ 영업개시 후 3월 이내

해설 영업신고를 하려면 영업개시 전 미리 위생교육을 받아야 한다.

106 보건복지부령이 정하는 위생교육을 반드시 받아야 하는 자에 해당되지 않는 것은?

① 공중위생관리법에 의한 명령에 위반한 영업소의 영업주
② 공중위생영업의 신고를 하고자 하는 자
③ 공중위생영업소에 종사하는 자
④ 공중위생영업을 승계한 자

해설 이·미용업 종사자는 위생교육의 대상자가 아니다.

107 이·미용사의 면허증을 다른 사람에게 대여한 1차 위반 시의 행정처분 기준은?

① 영업정지 3월
② 영업정지 2월
③ 면허정지 3월
④ 면허정지 2월

해설 면허증을 다른 사람에게 대여한 때 행정처분
- 1차 위반 : 면허정지 3월
- 2차 위반 : 면허정지 6월
- 3차 위반 : 면허취소

108 영업소 외의 장소에서 이·미용업무를 행한 자에 대한 법적 조치는?

① 100만 원 이하 벌금
② 100만 원 이하 과태료
③ 200만 원 이하 과태료
④ 200만 원 이하 벌금

해설 200만 원 이하 과태료
- 미용업소의 위생관리 의무를 지키지 아니한 자
- 영업소 외의 장소에서 이·미용업무를 행한 자
- 위생교육을 받지 아니한 자

109 1회용 면도날을 2인 이상의 손님에게 사용한 때에 대한 1차 위반 시 행정처분 기준은?

① 시정명령
② 경고
③ 영업정지 5일
④ 영업정지 10일

해설 1회용 면도날을 2인 이상의 손님에게 사용한 때 행정처분
- 1차 위반 : 경고
- 2차 위반 : 영업정지 5일
- 3차 위반 : 영업정지 10일
- 4차 위반 : 영업장 폐쇄명령

110 건전한 영업질서를 위하여 공중위생영업자가 준수하여야 할 사항을 준수하지 아니한 자에 대한 벌칙 기준은?

① 1년 이하의 징역 또는 1천만 원 이하의 벌금
② 6월 이하의 징역 또는 5백만 원 이하의 벌금
③ 3월 이하의 징역 또는 3백만 원 이하의 벌금
④ 300만 원의 과태료

해설 6월 이하의 징역 또는 500만 원 이하의 벌금
- 보건복지부령이 정하는 중요한 사항을 변경하고도 변경신고하지 않은 사람
- 공중위생영업자의 지위를 승계한 자로서 신고(1개월 이내)를 않은 사람
- 건전한 영업질서를 위하여 공중위생영업자가 준수하여야 할 사항을 준수하지 않은 사람

정답 99 ④ | 100 ① | 101 ② | 102 ③ | 103 ④ | 104 ① | 105 ③ | 106 ③ | 107 ③ | 108 ③ | 109 ② | 110 ②

Part 4
기출복원문제

기출복원문제 1회
기출복원문제 2회
기출복원문제 3회
기출복원문제 4회
기출복원문제 5회

기출복원문제 1회

01 미용의 과정이 바른 순서로 나열된 것은?
① 소재 → 구상 → 제작 → 보정
② 소재 → 보정 → 구상 → 제작
③ 구상 → 소재 → 제작 → 보정
④ 구상 → 제작 → 보정 → 소재

02 두부의 기준점 중 T.P에 해당되는 것은?
① 센터 포인트 ② 탑 포인트
③ 골든 포인트 ④ 백 포인트

03 우리나라 여성의 머리 형태 중 비녀를 꽂는 것은?
① 얹은머리 ② 쪽머리
③ 좀좀머리 ④ 귀밑머리

04 한국 현대미용사에 대한 설명 중 옳은 것은?
① 경술국치 이후 일본인들에 의해 미용이 발달했다.
② 1933년 일본인이 우리나라에 처음으로 미용원을 열었다.
③ 해방 전 우리나라 최초의 미용교육기관은 정화고등기술학교이다.
④ 오엽주씨가 화신백화점 내에 미용원을 열었다.

05 고대 미용의 발상지로 가발을 이용하고 진흙으로 두발에 컬을 만들었던 국가는?
① 그리스 ② 프랑스
③ 이집트 ④ 로마

06 다음 중 헤어 세트용 빗의 사용과 취급방법에 대한 설명 중 틀린 것은?
① 두발의 흐름을 아름답게 매만질 때는 빗살이 고운살로 된 세트빗을 사용한다.
② 엉킨 두발을 빗을 때는 빗살이 얼레살로 된 얼레빗을 사용한다.
③ 빗은 사용 후 브러시로 털거나 비눗물에 담가 브러시로 닦은 후 소독하도록 한다.
④ 빗의 소독은 손님 약 5인에게 사용했을 때 1회씩 하는 것이 적합하다.

07 헤어 커트 시 사용하는 레이저(razor)에 대한 설명 중 틀린 것은?
① 레이저의 날 등과 날 끝이 대체로 균등해야 한다.
② 초보자에게는 오디너리(ordinary) 레이저가 적합하다.
③ 레이저의 날 선이 대체로 둥그스름한 곡선으로 나온 것이 더 정확한 커트를 할 수 있다.
④ 레이저 어깨의 두께가 균등해야 좋다.

08 원랭스 커트(one length cut)의 정의로 가장 적합한 것은?
① 두발 길이에 단차가 있는 상태의 커트
② 완성된 두발을 빗으로 빗어 내렸을 때 모든 두발이 하나의 선상으로 떨어지도록 자르는 커트
③ 전체의 머리 길이가 똑같은 커트
④ 머릿결을 맞추지 않아도 되는 커트

09 다음 중 블런트 커트와 같은 의미인 것은?
① 클럽 커트 ② 싱글링
③ 클리핑 ④ 트리밍

10 헤어 커팅의 방법 중 테이퍼링(tapering)에는 3가지의 종류가 있다. 이 중에서 노멀 테이퍼(normal taper)는?

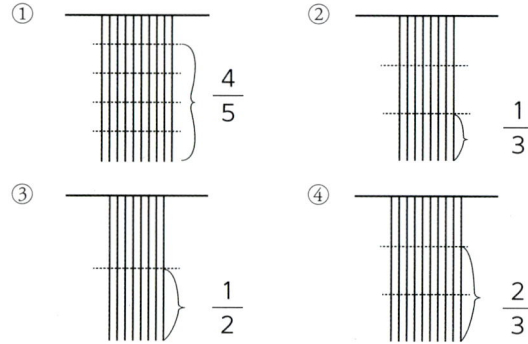

11 두발을 윤곽 있게 살려 목덜미(nape)에서 정수리(back) 쪽으로 올라가면서 두발에 단차를 주어 커트하는 것은?
① 원랭스 커트 ② 쇼트 헤어 커트
③ 그라데이션 커트 ④ 스퀘어 커트

12 퍼머넌트 제1액이 웨이브(wave) 형성을 위해 주로 적용하는 모발의 부위는?
① 모수질(medulla) ② 모근(hair root)
③ 모피질(cortex) ④ 모표피(cuticle)

13 퍼머넌트 웨이브 후 두발이 자지러지는 원인이 아닌 것은?
① 사전 커트 시 두발 끝을 심하게 테이퍼한 경우
② 로드의 굵기가 너무 가는 것을 사용한 경우
③ 와인딩 시 텐션을 주지 않고 느슨하게 한 경우
④ 오버 프로세싱을 하지 않은 경우

14 물에 적신 모발을 와인딩 한 후 퍼머넌트 웨이브 1제를 도포하는 방법은?
① 워터 래핑 ② 슬래핑
③ 스파이럴 랩 ④ 크로키놀 랩

15 다음 중 스퀘어 파트에 대하여 설명한 것은?
① 이마의 양쪽은 사이드 파트로 하고, 두정부 가까이에서 얼굴의 두발이 난 가장자리와 수평이 되도록 모나게 가르마를 타는 것
② 이마의 양각에서 나누어진 선이 두정부에서 함께 만나 세모꼴의 가르마를 타는 것
③ 사이드(side) 파트로 나눈 것
④ 파트의 선이 곡선으로 된 것

16 컬의 목적이 아닌 것은?
① 플러프(fluff)를 만들기 위해서
② 웨이브(wave)를 만들기 위해서
③ 컬러의 표현을 원활하게 하기 위해서
④ 볼륨을 만들기 위해서

17 라이트 백 스템 포워드 컬(right back stem forward curl)에 해당하는 것은?

①  ②

③  ④

18 스캘프 트리트먼트(scalp treatment)의 시술과정에서 화학적 방법과 관련 없는 것은?
① 양모제   ② 헤어 토닉
③ 헤어 크림   ④ 헤어 스티머

19 헤어 트리트먼트(hair treatment)의 종류가 아닌 것은?
① 헤어 리컨디셔닝(hair reconditioning)
② 틴닝(thinning)
③ 클리핑(clipping)
④ 헤어 팩(hair pack)

20 산화염모제의 일반적인 형태가 아닌 것은?
① 액상 타입   ② 가루 타입
③ 스프레이 타입 ④ 크림 타입

21 가족계획 사업의 효과 판정상 가장 유력한 지표는?
① 인구증가율   ② 조출생률
③ 남녀출생비   ④ 평균여명년수

22 공중보건학의 목적과 거리가 가장 먼 것은?
① 질병치료   ② 수명연장
③ 신체적·정신적 건강증진 ④ 질병예방

23 다음 중 하수에서 용존산소(DO)가 아주 낮다는 의미는?
① 수생식물이 잘 자랄 수 있는 물의 환경이다.
② 물고기가 잘 살 수 있는 물의 환경이다.
③ 물의 오염도가 높다는 의미이다.
④ 하수의 BOD가 낮은 것과 같은 의미이다.

24 감염병 예방법상 제3급에 해당되는 법정감염병은?
① B형간염   ② 홍역
③ 페스트   ④ 장티푸스

25 보건행정에 대한 설명으로 가장 올바른 것은?
① 공중보건의 목적을 달성하기 위해 공공의 책임하에 수행하는 행정활동
② 개인보건의 목적을 달성하기 위해 공공의 책임하에 수행하는 행정활동
③ 국가 간의 질병교류를 막기 위해 공공의 책임하에 수행하는 행정활동
④ 공중보건의 목적을 달성하기 위해 개인의 책임하에 수행하는 행정활동

26 주로 여름철에 발병하며 어패류 등의 생식이 원인이 되어 복통, 설사 등의 급성위장염 증상을 나타내는 식중독은?
① 포도상구균 식중독   ② 병원성 대장균 식중독
③ 장염비브리오 식중독 ④ 보툴리누스균 식중독

27 장티푸스, 결핵, 파상풍 등의 예방접종은 어떤 면역인가?
① 인공능동면역   ② 인공수동면역
③ 자연능동면역   ④ 자연수동면역

28 파리에 의해 주로 전파될 수 있는 전염병은?
① 페스트   ② 장티푸스
③ 사상충증   ④ 황열

29 일명 도시형, 유입형이라고도 하며 생산층 인구가 전체인구의 50% 이상이 되는 인구 구성의 유형은?
① 별형(star form)   ② 항아리형(pot form)
③ 농촌형(guitar form) ④ 종형(bell form)

30 다음 중 비타민이 결핍되었을 때 발생하는 질병의 연결이 틀린 것은?
① 비타민 B_1 - 각기증   ② 비타민 D - 괴혈병
③ 비타민 A - 야맹증   ④ 비타민 E - 불임증

31 다음 중 소독작용에 영향을 미치는 요인에 대한 설명으로 틀린 것은?
① 온도가 높을수록 소독 효과가 크다.
② 유기물질이 많을수록 소독 효과가 크다
③ 접속시간이 길수록 소독 효과가 크다.
④ 농도가 높을수록 소독 효과가 크다.

32 이상적인 소독제의 구비조건과 거리가 먼 것은?
① 생물학적 작용을 충분히 발휘할 수 있어야 한다.
② 빨리 효과를 내고 살균 소요시간이 짧을수록 좋다.
③ 독성이 적으면서 사용자에게도 자극성이 없어야 한다.
④ 원액 혹은 희석된 상태에서 화학적으로는 불안정한 것이어야 한다.

33 석탄산, 알코올, 포르말린 등의 소독제가 가지는 소독의 주된 원리는?
① 균체원형질 중의 탄수화물 변성
② 균체원형질 중의 지방질 변성
③ 균체원형질 중의 단백질 변성
④ 균체원형질 중의 수분 변성

34 승홍수의 설명으로 틀린 것은?
① 금속을 부식시키는 성질이 있다.
② 피부소독에는 0.1%의 수용액을 사용한다.
③ 염화칼륨을 첨가하면 자극성이 완화된다.
④ 살균력이 일반적으로 약한 편이다.

35 다음 중 배설물의 소독에 가장 적당한 것은?
① 크레졸 ② 오존
③ 염소 ④ 승홍

36 일반적으로 사용되는 소독용 알코올의 적정 농도는?
① 30% ② 70%
③ 50% ④ 100%

37 이·미용업소에서의 일반적 상황에서의 수건 소독법으로 가장 적합한 것은?
① 석탄산 소독 ② 크레졸 소독
③ 자비 소독 ④ 적외선 소독

38 다음 중 3%의 크레졸 비누액 900mL를 만드는 방법으로 옳은 것은?
① 크레졸 원액 270mL에 물 630mL를 가한다.
② 크레졸 원액 27mL에 물 873mL를 가한다.
③ 크레졸 원액 300mL에 물 600mL를 가한다.
④ 크레졸 원액 200mL에 물 700mL를 가한다.

39 살균력이 좋고 자극성이 적어서 상처소독에 많이 사용되는 것은?
① 승홍수 ② 과산화수소
③ 포르말린 ④ 석탄산

40 고압증기 멸균법에서 20파운드(Lbs)의 압력에서는 몇 분간 처리하는 것이 가장 적합한가?
① 40분 ② 30분
③ 15분 ④ 5분

41 피지 분비의 과잉을 억제하고 피부를 수축시켜 주는 것은?
① 소염 화장수 ② 수렴 화장수
③ 영양 화장수 ④ 유연 화장수

42 다음 중 피부 구조에 대한 설명으로 옳은 것은?
① 피부의 구조는 표피, 진피, 피하조직의 3층으로 구분된다.
② 표피는 각질층, 투명층, 과립층의 3층으로 구분된다.
③ 피부의 구조는 한선, 피지선, 유선의 3층으로 구분된다.
④ 피부의 구조는 결합섬유, 탄력섬유, 평활근의 3층으로 구분된다.

43 건강한 모발의 pH 범위는?
① pH 3~4 ② pH 4.5~5.5
③ pH 6.5~7.5 ④ pH 8.5~9.5

44 모발의 성분은 주로 무엇으로 이루어졌는가?
① 탄수화물 ② 지방
③ 단백질 ④ 칼슘

45 다음 중 피부색을 결정하는 요소가 아닌 것은?
① 멜라닌 ② 혈관 분포와 혈색소
③ 각질층의 두께 ④ 티록신

46 다음 중 단백질의 최종 가수분해물질은?
① 지방산 ② 콜레스테롤
③ 아미노산 ④ 카로틴

47 다음 중 피부 질환의 상태를 나타낸 용어 중 원발진(primary lesions)에 해당하는 것은?
① 면포 ② 미란
③ 가피 ④ 반흔

48 다음 중 바이러스성 피부질환은?
① 기미 ② 주근깨
③ 여드름 ④ 단순포진

49 강한 자외선에 노출될 때 생길 수 있는 현상이 아닌 것은?
① 만성 피부염 ② 홍반
③ 광노화 ④ 일광화상

50 피부 노화 인자 중 외부인자가 아닌 것은?
① 나이 ② 건조
③ 산화 ④ 자외선

51 공중위생관리법의 목적을 적은 아래 조항 중 (   ) 속에 순서대로 알맞은 말은?

> 제1조(목적) 이 법은 공중이 이용하는 (   )의 위생관리 등에 관한 사항을 규정함으로써 (   )을(를) 향상시켜 국민의 건강 증진에 기여함을 목적으로 한다.

① 영업소, 관리 기준 ② 영업장, 관리 기준
③ 위생영업소, 위생 수준 ④ 영업, 위생 수준

52 공중위생감시원의 자격, 임명, 업무범위 등에 필요한 사항을 정한 것은?
① 법률 ② 대통령령
③ 보건복지부령 ④ 당해 지방자치단체 조례

53 이·미용의 업무를 영업장소 외에서 행하였을 때 이에 대한 처벌기준은?
① 3년 이하의 징역 또는 1천만 원 이하의 벌금
② 500만 원 이하의 과태료
③ 200만 원 이하의 과태료
④ 100만 원 이하의 벌금

54 이·미용업에 있어 청문을 실시하여야 하는 경우가 아닌 것은?
① 면허취소 처분을 하고자 하는 경우
② 면허정지 처분을 하고자 하는 경우
③ 일부 시설의 사용중지 처분을 하고자 하는 경우
④ 위생교육을 받지 아니하여 1차 위반한 경우

55 이·미용사 면허증의 재발급 사유가 아닌 것은?
① 성명 또는 주민등록번호 등 면허증의 기재사항에 변경이 있을 때
② 영업장소의 상호 및 소재지가 변경될 때
③ 면허증을 분실했을 때
④ 면허증이 헐어 못쓰게 된 때

56 이·미용사의 면허증을 다른 사람에게 대여한 때의 1차 위반 행정처분 기준은?
① 업무정지 1월 ② 영업정지 2월
③ 면허정지 3월 ④ 면허취소

57 다음 중 공중위생 영업을 하고자 할 때 필요한 것은?
① 허가 ② 신고
③ 통보 ④ 인가

58 다음 중 이·미용 영업소 안에 면허증 원본을 게시하지 않은 경우 1차 행정처분기준은?
① 개선명령 또는 경고 ② 영업정지 5일
③ 영업정지 10일 ④ 영업정지 15일

59 이·미용사의 면허를 받지 아니한 자가 이·미용업무에 종사하였을 때 이에 대한 벌칙기준은?
① 3년 이하의 징역 또는 1천만 원 이하의 벌금
② 1년 이하의 징역 또는 1천만 원 이하의 벌금
③ 300만 원 이하의 벌금
④ 200만 원 이하의 벌금

60 이용사 또는 미용사의 면허를 받지 아니한 자 중 이용사 또는 미용사 업무에 종사할 수 있는 자는?
① 이·미용 업무에 숙달된 자로 이·미용사 자격증이 없는 자
② 이·미용사로서 업무정지 처분 중에 있는 자
③ 이·미용 업소에서 이·미용사의 감독을 받아 이·미용 업무를 보조하고 있는 자
④ 학원 설립·운영에 관한 법률에 의하여 설립된 학원에서 3월 이상 이용 또는 미용에 관한 강습을 받은 자

기출복원문제 1회 정답 및 해설

01 ①	02 ②	03 ②	04 ④	05 ③	06 ④	07 ②	08 ②	09 ①	10 ③
11 ③	12 ③	13 ④	14 ①	15 ①	16 ③	17 ③	18 ④	19 ②	20 ③
21 ②	22 ①	23 ③	24 ①	25 ①	26 ③	27 ①	28 ②	29 ①	30 ②
31 ②	32 ④	33 ③	34 ④	35 ①	36 ②	37 ③	38 ②	39 ②	40 ③
41 ②	42 ①	43 ②	44 ③	45 ④	46 ③	47 ③	48 ④	49 ①	50 ①
51 ④	52 ②	53 ③	54 ④	55 ②	56 ③	57 ②	58 ①	59 ③	60 ③

01 소재 확인(관찰, 분석) → 구상(디자인 계획) → 제작(구체적 작업) → 보정

02 센터 포인트(C.P), 골든 포인트(G.P), 백 포인트(B.P)

03 쪽머리, 조짐머리, 낭자머리, 첩지머리 등 쪽을 지는 머리는 비녀를 꽂는다.

04 ① 경술국치 이후 일본, 중국, 미국, 영국의 영향
② 1933년 한국인 오엽주 화신미용원 개원
③ 해방 이후 미용교육기관 : 현대미용학원, 정화고등기술학교, 예림미용고등기술학교

05 고대 이집트는 알칼리성 진흙을 발라 모발을 막대기에 감고 태양에 건조시켜 모발에 컬을 만들었다.

06 빗은 1인 사용 후 소독한다.

07 초보자가 사용하기에 적합한 레이저는 셰이핑 레이저이다.

08 원랭스 커트는 모발을 중력의 방향으로(자연시술각 0°) 빗어내려 동일선상에서 커트하여 네이프에서 정수리 방향으로 갈수록 모발의 길이가 길어지는 구조이다. 단차가 없어 무게감 있는 형태와 매끄럽고 가지런한 질감으로 표현된다.

09 블런트 커트는 모발과 수직으로 직선의 단면이 되게 커트하는 것으로 클럽 커트로 불리기도 한다.

10 노멀 테이퍼링은 두발 끝 1/2 지점을 폭넓게 테이퍼링 하는 방법으로 주로 모발의 양이 보통인 경우 사용한다.

11 그라데이션 커트는 두정부의 두발은 길게, 후두부의 두발은 짧게(사선 45°) 커트하여 작은 단차의 층이 생기는 커트 형태이다.

12 제1액이 모피질로 침투해서 모발의 측쇄 결합인 시스틴 결합을 끊고 재결합하는 과정을 통해 퍼머넌트 웨이브가 형성된다.

13 오버 프로세싱이란 제1액의 방치시간을 모발의 상태를 고려하지 않고 과하게 방치한 것으로 두발이 자지러지는 원인이 된다.

14 워터 래핑은 물에 적신 모발을 와인딩 한 후 제1액을 도포하는 방법으로 가는 모발, 손상 모발에 적합하고 초보자가 시술하기에 용이한 방법이다.

15 • 트라이앵글(V형) 파트 : 이마의 양각에서 나누어진 선이 두 정부에서 함께 만나 세모꼴의 가르마를 타는 것
• 사이드 파트 : 전두부와 측두부 경계로 가르마를 타는 것
• 라운드 사이드 파트 : 사이드 파트를 G.P를 향해 둥글게 굴린 곡선형

16 컬이란 한 묶음의 모발이 고리 모양으로 돌아간 형태로 웨이브, 플러프(모발 끝의 변화와 움직임), 볼륨을 만들기 위한 목적으로 사용한다.

17 오른쪽 귓바퀴 방향으로 돌아가는 컬이다.

18 헤어 스티머를 사용하는 것은 물리적 방법이다.

19 틴닝이란 틴닝 가위를 사용하여 모발의 양을 감소시켜 질감의 변화를 주는 것이다.

20 스프레이 타입은 주로 비산화염모제의 일시적 염모제에서 사용하는 형태이다.

21 조출생률 : 한 국가의 출생수준을 표시하는 지표로서, 1년간의 총 출생아 수를 당해 연도의 총인구로 나눈 수치를 1,000 분비로 나타낸 것

22 공중보건학은 질병치료보다 전 국민의 예방보건 사업에 중점을 두는 학문이다.

23 용존산소(DO)는 물속에 용해되어 있는 유리산소량으로, DO가 낮으면 오염도가 높다는 의미이다.

24 • 제1급 법정감염병 : 페스트
• 제2급 법정감염병 : 홍역, 장티푸스

25 보건행정이란 공중보건의 목적(수명연장, 질병예방, 건강증진)을 달성하기 위해 공공의 책임하에 수행하는 행정활동이다.

26 장염비브리오 식중독은 오염된 어패류, 생선류, 초밥 등 생식하는 식습관이 원인이 되어 발생하는데, 급성위장염, 복통, 설사, 구토, 혈변 등의 증상이 나타난다.

27 인공능동면역은 예방접종으로 형성되는 면역으로, 장티푸스, 결핵, 파상풍 등의 예방접종이 해당된다.

28 파리에 의해 주로 전파될 수 있는 전염병 : 장티푸스, 이질, 콜레라, 파라티푸스, 결핵, 디프테리아 등

29 별형 : 인구유입형(도시형), 생산인구가 전체 인구의 50% 이상인 경우

30 비타민 D 결핍 시 : 골연화증(골다공증), 구루병, 피부병, 구순염, 구각염, 백내장

31 • 유기물질이 많을수록 소독 효과가 작아진다.
  • 소독에 영향을 주는 인자 : 온도, 수분, 시간, 열, 농도, 자외선

32 소독제는 원액 혹은 희석된 상태에서 화학적으로는 안정된 것이어야 한다.

33 석탄산, 알코올, 크레졸, 승홍, 생석회, 포르말린에 의한 소독 : 균체원형질 중의 단백질 변성

34 승홍수 : 단백질 변성 작용, 물에 잘 녹지 않고 살균력과 독성이 매우 강함, 소금(식염) 첨가 시 용액이 중성으로 변하고 자극성이 완화됨

35 크레졸 : 손, 오물, 배설물 등의 소독 및 이·미용실의 실내소독용으로 사용

36 소독용 알코올의 적정 농도 : 70%

37 자비 소독 : 100℃에서 끓는 물에 20~30분 가열하는 방법

38 900mL의 3%는 27mL이므로 크레졸 원액 27mL에 물 873mL를 첨가해서 900mL를 만든다.

39 과산화수소 : 구강, 피부 상처 소독에 주로 사용, 살균·탈취 및 표백효과

40 고압증기 멸균법 : 100℃ 이상 고압에서 기본 15파운드로 20분 가열하는 방법
  • 20파운드 : 126℃에서 15분간 가열
  • 10파운드 : 115℃에서 30분간 가열

41 수렴 화장수 : 피지 분비의 과잉을 억제하고 피부를 수축시켜 줌

42 피부의 구조는 표피, 진피, 피하조직으로 구분하며, 표피는 각질층, 투명층, 과립층, 유극층, 기저층으로 구분한다.

43 모발의 등전점은 pH 4.5~5.5이다.

44 모발의 주성분은 약 80% 이상이 케라틴 단백질이다.

45 티록신은 단백질의 최소 단위인 아미노산의 일종이다.

46 아미노산은 단백질을 구성하는 기본 단위로 단백질의 최종 가수분해물질이다.

47 원발진의 종류에는 반점, 홍반, 면포, 구진, 결절, 농포, 낭종, 팽진, 소수포, 대수포, 종양이 있다.

48 바이러스성 피부질환에는 단순포진, 대상포진, 사마귀, 수두, 홍역, 풍진이 있다.

49 피부는 자외선에 의해 홍반, 일광화상, 색소침착, 광노화, 피부암, 피부두께 변화 등의 변화가 생길 수 있다.

50 나이로 인한 피부 노화는 내인성(자연적, 생리적) 노화이다.

51 공중위생관리법 : 공중이 이용하는 영업의 위생관리 등에 관한 사항을 규정함으로써 위생 수준을 향상시켜 국민의 건강 증진에 기여함을 목적으로 한다.

52 공중위생감시원의 자격, 임명, 업무범위 : 대통령령

53 200만 원 이하 과태료 처분 기준
  • 위생관리 의무를 지키지 아니한 자
  • 영업소 외의 장소에서 이·미용업무를 행한 자
  • 위생교육을 받지 아니한 자

54 청문 실시 사유
  • 신고사항의 직권 말소
  • 이·미용사의 면허취소, 면허정지
  • 공중위생 영업의 정지
  • 일부 시설의 사용중지
  • 영업소 폐쇄명령

55 이·미용사 면허증의 재발급 사유 : 면허증의 기재사항에 변경이 있을 때, 면허증을 잃어버린 때, 헐어서 못쓰게 된 경우

56 이·미용사의 면허증을 다른 사람에게 대여한 때의 1차 위반 행정처분
  • 1차 위반 : 면허정지 3월
  • 2차 위반 : 면허정지 6월
  • 3차 위반 : 면허취소

57 이·미용업을 하려면 보건복지부령이 정하는 시설과 설비를 갖추고 시장·군수·구청장에게 신고하여야 한다.

58 미용업 신고증, 면허증 원본, 요금표를 게시하지 않거나 조명도를 준수하지 않은 때
  • 1차 위반 : 경고 또는 개선명령
  • 2차 위반 : 영업정지 5일
  • 3차 위반 : 영업정지 10일
  • 4차 위반 : 영업장 폐쇄명령

59 300만 원 이하의 벌금
  • 면허의 취소 또는 정지 중에 이·미용업을 행한 자
  • 면허를 받지 아니하고 이·미용업을 개설하거나 그 업무에 종사한 자
  • 다른 사람에게 이·미용사의 면허증을 빌려주거나 빌린 사람
  • 이·미용사의 면허증을 빌려주거나 빌리는 것을 알선한 사람

60 이·미용업소에서 이·미용사의 감독을 받아 이·미용업무를 보조하고 있는 자는 면허를 받지 아니해도 이용사 또는 미용사 업무에 종사할 수 있다.

기출복원문제 2회

01 미용의 특수성에 해당하지 않는 것은?
① 자유롭게 소재를 선택한다.
② 시간적 제한을 받는다.
③ 손님의 의사를 존중한다.
④ 여러 가지 조건에 제한을 받는다.

02 두상(두부)의 그림 중 (2)의 명칭은?
① 백 포인트(B.P)
② 탑 포인트(T.P)
③ 이어 포인트(E.P)
④ 이어 백 포인트(E.B.P)

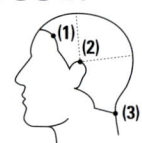

03 한국 고대 미용의 발달사를 설명한 것 중 틀린 것은?
① 헤어 스타일(모발형)에 관해서 문헌에 기록된 고구려 벽화는 없었다.
② 헤어 스타일(모발형)은 신분의 귀천을 나타냈다.
③ 헤어 스타일(모발형)은 조선시대 때 쪽진머리, 큰머리, 조짐머리가 성행하였다.
④ 헤어 스타일(모발형)에 관해서 삼한시대에 기록된 내용이 있다.

04 현대미용에 있어서 1920년대에 최초로 단발머리를 함으로써 우리나라 여성들의 머리형에 혁신적인 변화를 일으키게 된 계기가 된 사람은?
① 이숙종
② 김활란
③ 김상진
④ 오엽주

05 가위의 선택방법으로 옳은 것은?
① 양 날의 견고함이 동일하지 않아도 무방하다.
② 만곡도가 큰 것을 선택한다.
③ 협신에서 날 끝으로 내곡선상으로 된 것을 선택한다.
④ 만곡도와 내곡선상을 무시해도 사용상 불편함이 없다.

06 다음 중 헤어 브러시로 가장 적합한 것은?
① 부드러운 나일론, 비닐계의 제품
② 탄력 있고 털이 촘촘히 박힌 강모로 된 것
③ 털이 촘촘한 것보다 듬성듬성 박힌 것
④ 부드럽고 매끄러운 연모로 된 것

07 샴푸 시술 시의 주의 사항으로 틀린 것은?
① 손님의 의상이 젖지 않게 신경을 쓴다.
② 두발을 적시기 전에 물의 온도를 점검한다.
③ 손톱으로 두피를 문지르며 비빈다.
④ 다른 손님에게 사용한 타월은 쓰지 않는다.

08 다음 중 산성 린스의 종류가 아닌 것은?
① 레몬 린스
② 비니거 린스
③ 오일 린스
④ 구연산 린스

09 블런트 커트(blunt cut)의 특징이 아닌 것은?
① 두발의 손상이 적다.
② 잘린 부분이 명확하다.
③ 입체감을 내기 쉽다.
④ 잘린 단면이 모발 끝으로 가면서 가늘다.

10 원랭스(one length) 커트형에 해당되지 않는 것은?
① 평행 보브형(parallel bob style)
② 이사도라형(isadora style)
③ 스파니엘형(spaniel style)
④ 레이어드형(layered style)

11 완성된 두발선 위를 가볍게 다듬고 정돈하는 커트 방법은?
① 테이퍼링(tapering)
② 틴닝(thinning)
③ 트리밍(trimming)
④ 싱글링(shingling)

12 다음 중 커트를 하기 위한 순서로 가장 옳은 것은?
① 위그 → 수분 → 빗질 → 블로킹 → 슬라이스 → 스트랜드
② 위그 → 수분 → 빗질 → 블로킹 → 스트랜드 → 슬라이스
③ 위그 → 수분 → 슬라이스 → 빗질 → 블로킹 → 스트랜드
④ 위그 → 수분 → 스트랜드 → 빗질 → 블로킹 → 슬라이스

13 두발에서 퍼머넌트 웨이브의 형성과 직접 관련이 있는 아미노산은?
① 시스틴(cystine)
② 알라닌(alanine)
③ 멜라닌(melanin)
④ 티로신(tyrosin)

14 두발의 양이 많고, 굵은 경우 와인딩과 로드의 관계가 옳은 것은?
① 스트랜드를 크게 하고, 로드의 직경도 큰 것을 사용
② 스트랜드를 적게 하고, 로드의 직경도 작은 것을 사용
③ 스트랜드를 크게 하고, 로드의 직경은 작은 것을 사용
④ 스트랜드를 적게 하고, 로드의 직경은 큰 것을 사용

15 정상적인 두발 상태와 온도 조건에서 콜드 웨이빙 시술 시 프로세싱(processing)의 가장 적당한 방치 시간은?
① 5분 정도
② 10~15분 정도
③ 20~30분 정도
④ 30~40분 정도

16 헤어 세팅에 있어 오리지널 세트의 주요한 요소에 해당되지 않는 것은?
① 헤어 웨이빙
② 헤어 컬링
③ 콤 아웃
④ 헤어 파팅

17 컬의 줄기 부분으로서 베이스(base)에서 피벗(pivot)점까지의 부분을 무엇이라 하는가?
① 포인트
② 스템
③ 루프
④ 융기점

18 핀컬(pin curl) 종류에 대한 설명이 틀린 것은?
① CC컬 – 시계 반대 방향으로 말린 컬이다.
② 논 스템(non-stem) 컬 – 베이스에 꽉 찬 컬로 웨이브가 강하고 오래 유지된다.
③ 리버스(reverse) 컬 – 얼굴 쪽으로 향하는 귓바퀴 방향의 컬이다.
④ 플랫(flat) 컬 – 각도가 0°인 컬이다.

19 모발에 도포한 약액이 쉽게 침투되게 하여 시술 시간을 단축하고자 할 때에 필요하지 않은 것은?
① 스팀 타월
② 헤어 스티머
③ 신징
④ 히팅캡

20 비듬이 없고 두피가 정상적인 상태일 때 실시하는 것은?
① 댄드러프 스캘프 트리트먼트
② 오일리 스캘프 트리트먼트
③ 플레인 스캘프 트리트먼트
④ 드라이 스캘프 트리트먼트

21 다음 중 공중보건에 대한 설명으로 적절한 것은?
① 예방의학을 대상으로 한다.
② 사회의학을 대상으로 한다.
③ 공중보건의 대상은 개인이다.
④ 집단 또는 지역사회를 대상으로 한다.

22 세계보건기구(WHO)에서 규정한 건강의 정의를 가장 적절하게 표현한 것은?
① 육체적으로 완전히 양호한 상태
② 정신적으로 완전히 양호한 상태
③ 질병이 없고 허약하지 않은 상태
④ 육체적, 정신적, 사회적 안녕이 완전한 상태

23 어류인 송어, 연어 등을 날로 먹었을 때 주로 감염될 수 있는 것은?
① 갈고리촌충
② 긴촌충
③ 폐디스토마
④ 선모충

24 산업피로의 대책으로 가장 거리가 먼 것은?
① 작업과정 중 적절한 휴식시간을 배분한다.
② 에너지 소모를 효율적으로 한다.
③ 개인차를 고려하여 작업량을 할당한다.
④ 휴직과 부서 이동을 권고한다.

25 예방접종에 있어 생균백신을 사용하는 것은?
① 파상풍
② 결핵
③ 디프테리아
④ 백일해

26 보건행정의 정의에 포함되는 내용과 가장 거리가 먼 것은?
① 국민의 수명연장
② 질병예방
③ 공적인 행정활동
④ 수질 및 대기보전

27 다음 중 환경위생사업에 해당하지 않는 것은?
① 상수위생사업
② 해충구제사업
③ 감염병 예방사업
④ 화수, 분뇨위생사업

28 다음 중 페스트, 살모넬라증 등을 전염시킬 가능성이 가장 큰 동물은?
① 쥐
② 말
③ 소
④ 개

29 대기오염의 주원인 물질 중 하나로 석탄이나 석유 속에 포함되어 있어 연소할 때 산화되어 발생하며 만성기관지염과 산성비 등을 유발시키는 것은?
① 일산화탄소
② 질소산화물
③ 황산화물
④ 부유분진

30 이·미용실에서 사용하는 수건을 통해 감염될 수 있는 질병은?
① 트라코마
② 장티푸스
③ 페스트
④ 풍진

31 다음 중 화학적 소독제의 이상적인 구비조건에 해당하지 않는 것은?
① 가격이 저렴해야 한다.
② 독성이 적고 사용자에게 자극이 없어야 한다.
③ 소독효과가 서서히 증대되어야 한다.
④ 희석된 상태에서 화학적으로 안정되어야 한다.

32 소독의 정의로서 옳은 것은?
① 모든 미생물 일체를 사멸하는 것
② 모든 미생물을 열과 약품으로 완전히 죽이거나 또는 제거하는 것
③ 병원성 미생물의 생활력을 파괴하여 죽이거나 또는 제거하여 감염력을 없애는 것
④ 균을 적극적으로 죽이지 못하더라도 발육을 저지하고 목적하는 것을 변화시키지 않고 보존하는 것

33 다음 중 물리적 소독 방법이 아닌 것은?
① 방사선 멸균법　② 건열 소독법
③ 고압증기 멸균법　④ 생석회 소독법

34 금속성 식기, 면 종류의 의류, 도자기의 소독에 적합한 소독방법은?
① 화염 멸균법　② 건열 멸균법
③ 소각 소독법　④ 자비 소독법

35 미생물의 성장과 사멸에 주로 영향을 미치는 요소로 가장 거리가 먼 것은?
① 영양　② 수소이온농도
③ 온도　④ 호르몬

36 다음 중 이·미용업소에서 종업원이 손을 소독할 때 가장 보편적으로 사용하는 것은?
① 승홍수　② 과산화수소
③ 역성비누　④ 석탄수

37 화장실, 하수도, 쓰레기통 소독에 가장 적합한 것은?
① 알코올　② 염소
③ 승홍수　④ 생석회

38 다음 중 건열 멸균에 관한 내용이 아닌 것은?
① 화학적 살균 방법이다.
② 주로 건열 멸균기(dry oven)를 사용한다.
③ 유리기구, 주사침 등의 처리에 이용된다.
④ 160℃에서 1시간 30분 정도 처리한다.

39 다음 소독제 중 상처가 있는 피부에 가장 적합하지 않은 것은?
① 승홍수　② 과산화수소
③ 포비돈　④ 아크리놀

40 소독제로서 석탄산에 관한 설명이 틀린 것은?
① 유기물에도 소독력은 약화되지 않는다.
② 고온일수록 소독력이 커진다.
③ 금속 부식성이 없다.
④ 세균 단백에 대한 살균작용이 있다.

41 한선에 대한 설명 중 틀린 것은?
① 체온 조절 기능이 있다.
② 진피와 피하지방 조직의 경계 부위에 위치한다.
③ 입술을 포함한 전신에 존재한다.
④ 에크린선과 아포크린선이 있다.

42 모발의 색은 흑색, 적색, 갈색, 금발색, 백색 등 여러 가지 색이 있다. 다음 중 주로 검은 모발의 색을 나타나게 하는 멜라닌은?
① 티로신(tyrosine)
② 멜라노사이트(melanocyte)
③ 유멜라닌(eumelanin)
④ 페오멜라닌(pheomelanin)

43 모발의 구성 중 피부 밖으로 나와 있는 부분은?
① 피지선　② 모표피
③ 모구　④ 모유두

44 유용성 비타민으로서 간유, 버터, 달걀, 우유 등에 많이 함유되어 있으며, 결핍하게 되면 건성 피부가 되고 각질층이 두터워지며 피부가 세균 감염을 일으키기 쉽고, 과용하면 탈모가 생기는 비타민은?
① 비타민 A　② 비타민 B_1
③ 비타민 B_2　④ 비타민 C

45 모세혈관의 울혈에 의해 피부가 발적된 상태를 무엇이라 하는가?
① 소수포　② 종양
③ 홍반　④ 자반

46 피부질환 중 지성의 피부에 여드름이 많이 발생하는 이유 중 가장 옳은 것은?
① 한선의 기능이 왕성할 때
② 림프의 역할이 왕성할 때
③ 피지가 계속 많이 분비되어 모낭구가 막혔을 때
④ 피지선의 기능이 왕성할 때

47 자외선 차단지수를 나타내는 약어는?
① UVC　② SPF
③ WHO　④ FDA

48 색소침착 작용으로 인공선탠에 사용하는 광선은?
① UV A　② UV B
③ UV C　④ UV D

49 화장품에 배합되는 에탄올의 역할이 아닌 것은?
① 청량감
② 수렴효과
③ 소독작용
④ 보습작용

50 페이스(face) 파우더(가루형 분)의 주요 사용 목적은?
① 주름살과 피부결함을 감추기 위해
② 깨끗하지 않은 부분을 감추기 위해
③ 파운데이션의 번들거림을 완화하고 피부화장을 마무리하기 위해
④ 파운데이션을 사용하지 않기 위해

51 공중위생영업을 하고자 하는 자는 위생교육을 언제 받아야 하는가?(단, 예외 조항은 제외한다.)
① 영업소 개설을 통보한 후에 위생교육을 받는다.
② 영업소를 운영하면서 자유로운 시간에 위생교육을 받는다.
③ 영업신고를 하기 전에 미리 위생교육을 받는다.
④ 영업소 개설 후 3개월 이내에 위생교육을 받는다.

52 영업신고를 하지 아니하고 영업소의 소재지를 변경한 때의 1차 위반 행정처분은?
① 영업장 폐쇄명령
② 개선명령
③ 영업정지 2월
④ 영업정지 1월

53 공중위생관리법에서 규정하고 있는 공중위생영업의 종류에 해당되지 않는 것은?
① 이·미용업
② 건물위생관리업
③ 학원영업
④ 세탁업

54 공중위생관리법상의 위생교육에 대한 설명 중 옳은 것은?
① 위생교육 대상자는 이·미용업 영업자이다.
② 위생교육 대상자는 이·미용사이다.
③ 위생교육 시간은 매년 8시간이다.
④ 위생교육은 공중위생관리법 위반자에 한하여 받는다.

55 영업소 폐쇄명령을 받고도 계속하여 영업을 하는 경우 관계 공무원으로 하여금 해당 영업소를 폐쇄하기 위하여 할 수 있는 조치가 아닌 것은?
① 해당 영업소의 간판 기타 영업표지물의 제거
② 해당 영업소가 위법한 것임을 알리는 게시물 등의 부착
③ 영업을 위하여 필수불가결한 기구 또는 시설물을 사용할 수 없게 하는 봉인
④ 영업시설물의 철거

56 다음 내용 중 공중위생관리법상 시장·군수·구청장이 청문을 실시하도록 명시된 경우가 아닌 것은?
① 공중위생영업의 정지를 할 경우
② 이·미용사 면허의 취소 및 정지를 할 경우
③ 영업소 폐쇄명령을 하고자 할 경우
④ 법령에 위반하여 과태료를 부과할 경우

57 이·미용사가 되고자 하는 자는 누구의 면허를 받아야 하는가?
① 보건복지부장관
② 시·도지사
③ 시장·군수·구청장
④ 대통령

58 위생교육을 실시한 전문기관 또는 단체가 교육에 관한 기록을 보관·관리하여야 하는 기간은 얼마 이상인가?
① 1월
② 6월
③ 1년
④ 2년

59 이·미용사가 면허정지 처분을 받고 업무 정지 기간 중 업무를 행한 때 1차 위반 시 행정처분 기준은?
① 면허정지 3월
② 면허정지 6월
③ 면허취소
④ 영업장 폐쇄

60 다음 위법사항 중 가장 무거운 벌칙기준에 해당하는 자는?
① 신고를 하지 아니하고 영업한 자
② 변경신고를 하지 아니하고 영업한 자
③ 면허정지 처분을 받고 그 정지 기간 중 업무를 행한 자
④ 이·미용사의 면허증을 빌려주거나 빌리는 것을 알선한 자

기출복원문제 2회 정답 및 해설

01 ①	02 ③	03 ①	04 ②	05 ③	06 ②	07 ③	08 ③	09 ④	10 ④
11 ③	12 ①	13 ①	14 ②	15 ②	16 ③	17 ②	18 ③	19 ③	20 ③
21 ④	22 ④	23 ②	24 ④	25 ②	26 ④	27 ③	28 ①	29 ③	30 ①
31 ③	32 ③	33 ④	34 ④	35 ③	36 ③	37 ④	38 ①	39 ①	40 ③
41 ③	42 ③	43 ②	44 ①	45 ③	46 ③	47 ②	48 ①	49 ④	50 ③
51 ③	52 ④	53 ③	54 ①	55 ④	56 ④	57 ③	58 ④	59 ③	60 ①

01 미용은 고객 신체의 일부를 소재로 작업하는 소재 선택의 제한성이 있다.

02 (1)의 명칭은 프론트 사이드 포인트(F.S.P), (3)의 명칭은 네이프 포인트(N.P)이다.

03 고구려시대의 고분벽화를 통해 다양한 머리모양을 확인할 수 있다.

04 1920년대 신여성 스타일의 유행 : 김활란(단발머리), 이숙종(높은머리)

05 가위는 날의 두께가 얇고 양날의 견고함이 동일한 것, 협신에서 날 끝으로 자연스럽게 구부러진(내곡선) 형태인 것, 가위의 길이, 무게, 손가락 구멍의 크기가 시술자에게 적합한 것으로 선택하여야 한다.

06 헤어 브러시는 털이 빳빳하고 탄력이 있으며 양질의 자연 강모로 만들어진 것이 좋다.

07 두피를 손톱으로 문지르거나 비비면 두피자극이 심하고 상처가 생길 수 있다.

08 오일 린스, 크림 린스는 유성 린스이다.

09 레이저를 이용한 테이퍼링 커트의 잘린 단면은 모발 끝으로 가면서 가늘어진다.

10 원랭스 커트는 커트 섹션(라인)에 따라 패러럴(수평, 평행), 스파니엘, 이사도라, 머시룸 형태가 있다.

11 트리밍은 완성된 형태의 커트선을 최종적으로 다듬고 정돈하는 방법이다.

12 위그(가발) → 수분(분무) → 블로킹(커트 형태에 적합하게 두상의 구획을 나눔) → 슬라이스(커트 형태에 적합한 커트선으로 슬라이스를 나눔) → 스트랜드(나눈 슬라이스의 모다발을 잡아 커트)

13 퍼머넌트 제1액의 환원작용으로 모발(모피질)의 시스틴 결합을 끊어 "로드"로 형태를 변형하고 제2액의 산화작용에 의한 시스틴 재결합으로 새로 만든 웨이브를 고정하여 영구적인 웨이브를 형성한다.

14 • 모량이 많고 굵은 모발은 스트랜드를 적게 하고 가는 로드를 사용
• 모량이 적고 가는 모발은 스트랜드를 크게 하고 굵은 로드를 사용

15 정상 모발은 제1액 도포 후 10~15분 방치시간 이후 테스트 컬을 진행한다.

16 • 오리지널 세트(original set, 기초세트) : 헤어 파팅, 헤어 셰이핑, 헤어 컬링, 헤어 웨이빙, 롤러 컬링
• 리세트(reset, 정리세트) : 브러시 아웃, 콤 아웃

17 • 피벗 포인트 : 컬이 돌아가기(말리기) 시작하는 지점
• 루프 : 고리(원형)모양의 컬이 형성된 부분

18 리버스 컬은 귓바퀴 반대 방향으로 말아진 컬이다.

19 신징은 왁스나 전기 신징기를 사용하여 상한 모발을 그슬리거나 태우는 것이다.

20 정상 두피에는 플레인 스캘프 트리트먼트를 한다.

21 공중보건의 대상 : 지역사회 전체 주민 또는 국민

22 세계보건기구(WHO)에서 규정한 건강이란 육체적, 정신적, 사회적 안녕이 완전한 상태를 의미한다.

23 긴촌충(광절열두조충) : 제1숙주(물벼룩), 제2숙주(연어, 송어)의 생식으로 인한 감염

24 휴직과 부서 이동은 산업피로의 근본적인 대책이 되지 못한다.

25 생균백신 : 결핵, 홍역, 폴리오, 두창, 탄저, 광견병, 황열 등

26 보건행정이란 공중보건의 목적(수명연장, 질병예방, 건강증진)을 달성하기 위해 공공의 책임하에 수행하는 행정활동이다.

27 감염병 예방사업은 질병관리 사업에 해당된다.

28 쥐 : 페스트, 살모넬라증

29 황산화물 : 대기오염의 주원인 물질 중 하나로 석탄이나 석유 속에 포함되어 있어 연소할 때 산화되어 발생하며 만성기관지염과 산성비 등을 유발한다.

30 트라코마 : 이·미용실에서 사용하는 수건을 통해 감염될 수 있는 질병

31 소독효과가 빠르고, 살균 소요시간이 짧아야 한다.

32 • 소독 : 병원균을 파괴하여 감염력 또는 증식력을 없애는 작업
  • 멸균 : 모든 미생물을 사멸 또는 제거하는 것

33 생석회 소독법 : 화학적 소독 방법

34 자비 소독법 : 100℃ 끓는 물에 20~30분 가열하는 방법으로, 금속성 식기, 면 종류의 의류, 도자기의 소독에 적합

35 미생물 증식의 조건 : 온도, 습도(수분), 영양분, 산소, 수소이온농도, 삼투압

36 역성비누는 이·미용업소에서 종업원이 손을 소독할 때 가장 보편적으로 사용하며, 병원용 소독제로 주로 사용된다.

37 생석회 : 저렴한 비용으로 넓은 장소에 주로 사용(화장실, 하수도, 쓰레기통 소독)

38 건열 멸균법 : 물리적 소독법

39 승홍수 : 상처가 있는 피부에는 소독제로 적합하지 않다.

40 석탄산 : 피부점막, 금속류, 아포(포자), 바이러스의 소독에는 부적합하다.

41 입술과 생식기를 제외한 전신에 분포한다.

42 • 유멜라닌 : 흑갈색과 검정색 모발(동양인)
  • 페오멜라닌 : 노란색과 빨간색 모발(서양인)

43 피부 밖으로 모발이 나온 부분을 모간이라 하고, 모간부 모발의 횡단면은 바깥쪽부터 모표피, 모피질, 모수질로 구성되어 있다.

44 유용성(지용성) 비타민은 비타민 A, D, E, K이다.

45 • 소수포 : 표피 안에 혈청이나 림프액이 고이는 것으로 직경 1cm 미만의 피부 융기물
  • 종양 : 직경 2cm 이상의 결절

46 여드름은 피지 분비 과다, 여드름 균의 증식, 모공이 막혔을 때 발생하는 모공 내의 염증이다.

47 SPF(Sun Protection Factor)

48 • UV B : 일광화상, 기저층 및 진피 상부까지 전달, 기미, 주근깨 등의 색소침착
  • UV C : 살균작용, 피부암 유발

49 에탄올 : 청량감과 휘발성이 있음, 수렴효과, 소독작용

50 페이스(face) 파우더 : 화장의 지속성을 높여주고 파운데이션의 유분기를 잡아줌

51 위생교육은 영업신고를 하기 전에 미리 받아야 한다.

52 신고를 하지 않고 영업소의 소재지를 변경한 때 행정처분
  • 1차 위반 : 영업정지 1월
  • 2차 위반 : 영업정지 2월
  • 3차 위반 : 영업장 폐쇄명령

53 공중위생영업 : 미용업, 이용업, 숙박업, 세탁업, 목욕장업, 건물위생관리업

54 위생교육의 대상자는 이·미용업 영업자이며, 교육시간은 매년 3시간이다.

55 영업소 폐쇄를 위한 조치
  • 해당 영업소의 간판 및 영업표지물을 제거
  • 해당 영업소가 위법한 영업소임을 알리는 게시물 등의 부착
  • 영업을 위하여 필수 불가결한 기구 또는 시설물을 사용할 수 없게 하는 봉인

56 시장·군수·구청장은 신고사항의 직권 말소, 이·미용사의 면허취소 및 면허정지, 일부 시설의 사용중지 및 영업소 폐쇄 명령 등의 처분을 하고자 하는 때에 청문을 실시할 수 있다.

57 이·미용사 면허를 받고자 하는 자는 보건복지부령이 정하는 바에 의하여 시장·군수·구청장의 면허를 받아야 한다.

58 위생교육을 실시한 전문기관 또는 단체가 교육에 관한 기록을 보관·관리하여야 하는 기간은 2년이다.

59 1차 위반 시 면허취소가 되는 경우
  • 국가기술자격법에 따라 미용사 자격이 취소된 때
  • 결격사유에 해당하는 때
  • 이중으로 면허를 취득한 때
  • 면허정지 처분을 받고 그 정지기간 중 업무를 행한 때

60 ① 신고를 하지 아니하고 영업한 자 : 1년 이하의 징역 또는 1천만 원 이하의 벌금
  ② 변경신고를 하지 아니하고 영업한 자 : 6개월 이하의 징역 또는 500만 원 이하의 벌금
  ③ 면허정지 처분을 받고 그 정지 기간 중 업무를 행한 자 : 300만 원 이하의 벌금
  ④ 이·미용사의 면허증을 빌려주거나 빌리는 것을 알선한 자 : 300만 원 이하의 과태료

기출복원문제 3회

01 미용 작업 시의 자세와 관련된 설명으로 틀린 것은?
① 작업 대상의 위치가 심장의 위치보다 높아야 좋다.
② 서서 작업을 하므로 근육의 부담이 적게 각 부분의 밸런스를 배려한다.
③ 과다한 에너지 소모를 피해 적당한 힘의 배분이 되도록 배려한다.
④ 명시거리는 정상 시력의 사람은 안구에서 약 25cm 거리이다.

02 미용술을 행할 때 제일 먼저 해야 하는 것은?
① 전체적인 조화로움을 검토하는 일
② 구체적으로 표현하는 과정
③ 작업 계획의 수립과 구상
④ 소재 특징의 관찰 및 분석

03 우리나라에서 현대미용의 시초라고 볼 수 있는 시기는?
① 조선 중엽　　② 한일합방 이후
③ 해방 이후　　④ 6.25 이후

04 고대 중국 당나라시대의 메이크업과 가장 거리가 먼 것은?
① 백분, 연지로 얼굴형 부각
② 액황을 이마에 발라 입체감 살림
③ 10가지 종류의 눈썹모양으로 개성을 표현
④ 일본에서 유입된 가부키 화장이 서민에게까지 성행

05 강철을 연결시켜 만든 것으로 협신부(鋏身部)는 연강으로 되어있고 날 부분은 특수강으로 되어 있는 것은?
① 착강가위　　② 전강가위
③ 틴닝가위　　④ 레이저

06 빗의 기능과 가장 거리가 먼 것은?
① 모발의 고정
② 아이론 시의 두피보호
③ 디자인 연출 시 셰이핑(shaping)
④ 모발 내 오염물질과 비듬제거

07 헤어 샴푸잉의 목적으로 가장 거리가 먼 것은?
① 두피, 두발의 세정
② 두발 시술의 용이
③ 두발의 건전한 발육촉진
④ 두피질환 치료

08 헤어 컨디셔너제의 사용 목적이 아닌 것은?
① 시술과정에서 두발이 손상되는 것을 막아주고 이미 손상된 두발을 완전히 치유해 준다.
② 두발에 윤기를 주는 보습역할을 한다.
③ 퍼머넌트 웨이브, 염색, 블리치 후의 pH 농도를 중화시켜 두발의 산성화를 방지하는 역할을 한다.
④ 상한 두발의 표피층을 부드럽게 해주어 빗질을 용이하게 한다.

09 원랭스 커트의 방법 중 틀린 것은?
① 동일선상에서 자른다.
② 커트라인에 따라 이사도라, 스파니엘, 패러럴 등의 유형이 있다.
③ 짧은 단발의 경우 손님의 머리를 숙이게 하고 정리한다.
④ 짧은 머리에만 주로 적용한다.

10 다음의 헤어 커트(hair cut) 모형 중 후두부에 무게감을 가장 많이 주는 것은?

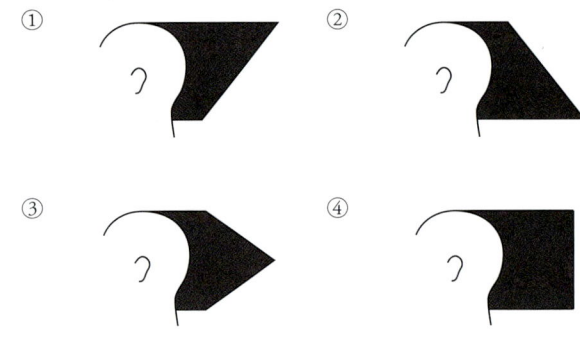

11 두발 커트 시 두발 끝 1/3 정도를 테이퍼링하는 것은?
① 노멀 테이퍼　　② 딥 테이퍼
③ 엔드 테이퍼　　④ 보스 사이드 테이퍼

12 웨트 커팅(wet cutting)의 설명으로 적합한 것은?
① 손상모를 손쉽게 추려낼 수 있다.
② 웨이브나 컬이 심한 모발에 적합한 방법이다.
③ 길이 변화를 많이 주지 않을 때 이용한다.
④ 두발의 손상을 최소화할 수 있다.

13 다음 중 로드(rod)를 말기 쉽도록 두상을 나누어 구획하는 작업은?
① 블로킹(blocking)　　② 와인딩(winding)
③ 베이스(base)　　④ 스트랜드(strand)

14 퍼머넌트 웨이브가 잘 나오지 않은 경우가 아닌 것은?
① 와인딩 시 텐션을 주어 말았을 경우
② 사전 샴푸 시 비누와 경수로 샴푸하여 두발에 금속염이 형성된 경우
③ 두발이 저항모이거나 발수성모로 경모인 경우
④ 오버 프로세싱으로 시스틴이 지나치게 파괴된 경우

15 다음 중 퍼머넌트 시술 시 비닐캡의 사용목적과 가장 거리가 먼 것은?
① 산화방지 ② 온도유지
③ 제2액의 고정력 강화 ④ 제1액의 작용 활성화

16 오리지널 세트의 기본 요소가 아닌 것은?
① 헤어 파팅 ② 헤어 셰이핑
③ 헤어 스프레이 ④ 헤어 컬링

17 헤어 컬의 목적이 아닌 것은?
① 볼륨(volume)을 만들기 위해서
② 컬러(color)를 표현하기 위해서
③ 웨이브(wave)를 만들기 위해서
④ 플러프(fluff)를 만들기 위해서

18 다음 중 플러프 뱅(fluff bang)을 설명한 것은?
① 가르마 가까이에 작게 낸 뱅
② 컬을 깃털과 같이 일정한 모양을 갖추지 않고 부풀려서 볼륨을 준 뱅
③ 두발을 위로 빗고 두발 끝을 플러프해서 내려뜨린 뱅
④ 풀 웨이브 또는 하프 웨이브로 형성한 뱅

19 건성 두피를 손질하는 데 가장 알맞은 손질 방법은?
① 플레인 스캘프 트리트먼트
② 드라이 스캘프 트리트먼트
③ 오일리 스캘프 트리트먼트
④ 댄드러프 스캘프 트리트먼트

20 컬러링 시술 전 실시하는 패치 테스트에 관한 설명으로 틀린 것은?
① 염색 시술 48시간 전에 실시한다.
② 팔꿈치 안쪽이나 귀 뒤에 실시한다.
③ 테스트 결과 양성반응일 때 염색시술을 한다.
④ 염색제의 알레르기 반응 테스트이다.

21 한 국가나 지역사회 간의 보건수준을 비교하는 데 사용되는 대표적인 3대 지표는?
① 영아사망률, 비례사망지수, 평균수명
② 영아사망률, 사인별 사망률, 평균수명
③ 유아사망률, 모성사망률, 비례사망지수
④ 유아사망률, 사인별 사망률, 영아사망률

22 다음 중 공중보건의 내용과 거리가 먼 것은?
① 수명연장
② 질병예방
③ 성인병 치료
④ 신체적·정신적 건강 및 효율 증진

23 외래 감염병의 예방대책으로 가장 효과적인 방법은?
① 예방접종 ② 환경개선
③ 검역 ④ 격리

24 색출이 어려운 대상으로 감염병 관리상 중요하게 취급해야 할 대상자는?
① 건강 보균자 ② 잠복기 보균자
③ 회복기 보균자 ④ 병후 보균자

25 토양(흙)이 병원소가 될 수 있는 질환은?
① 디프테리아 ② 콜레라
③ 간염 ④ 파상풍

26 오염된 주사기, 면도날 등으로 인해 감염이 잘되는 만성 전염병은?
① 렙토스피라증 ② 트라코마
③ B형간염 ④ 파라티푸스

27 일반적으로 돼지고기 생식에 의해 감염될 수 없는 것은?
① 유구조충 ② 무구조충
③ 선모충 ④ 살모넬라

28 감염병 예방법상 제2급 감염병인 것은?
① 페스트 ② 말라리아
③ 결핵 ④ B형간염

29 다음 중 모기를 매개곤충으로 하여 발생하는 질병이 아닌 것은?
① 말라리아 ② 일본뇌염
③ 사상충 ④ 발진열

30 인구 구성 중 14세 이하가 65세 이상 인구의 2배 정도이며 출생률과 사망률이 모두 낮은 형은?
① 피라미드형(pyramid form)
② 종형(bell form)
③ 항아리형(pot form)
④ 별형(accessive form)

31 다음 중 소독의 정의를 가장 잘 표현한 것은?
① 미생물의 발육과 생활 작용을 제지 또는 정지시켜 부패 또는 발효를 방지할 수 있는 것
② 병원성 미생물의 생활력을 파괴 또는 멸살시켜 감염되는 증식물을 없애는 조작
③ 모든 미생물의 영양형이나 아포까지도 멸살 또는 파괴시키는 조작
④ 오염된 미생물을 깨끗이 씻어내는 작업

32 소독약품으로서 갖추어야 할 구비조건이 아닌 것은?
① 안전성이 높을 것
② 독성이 낮을 것
③ 부식성이 강할 것
④ 용해성이 높을 것

33 다음 중 습열 멸균법이 아닌 것은?
① 화염 멸균법
② 자비 소독법
③ 간헐 멸균법
④ 증기 멸균법

34 음용수 소독에 사용할 수 있는 소독제는?
① 요오드
② 페놀
③ 염소
④ 승홍수

35 다음 중 소독 방법과 소독 대상이 바르게 연결된 것은?
① 화염 멸균법 – 의류나 타월
② 자비 소독법 – 아마인유
③ 고압증기 멸균법 – 예리한 칼날
④ 건열 멸균법 – 바세린(vaseline) 및 파우더

36 산소가 있어야만 잘 성장할 수 있는 균은?
① 호기성균
② 혐기성균
③ 통성혐기성균
④ 호혐기성균

37 이·미용실 바닥 소독용으로 가장 알맞은 소독약품은?
① 알코올
② 크레졸
③ 생석회
④ 승홍수

38 다음 중 자비 소독 시에 금속의 녹을 방지하기 위해 주로 넣는 것은?
① 과산화수소
② 탄산나트륨
③ 페놀
④ 승홍

39 어떤 소독약의 석탄산계수가 2.0이라는 것은 무엇을 의미하는가?
① 석탄산의 살균력이 2이다.
② 살균력이 석탄산의 2배이다.
③ 살균력이 석탄산의 2%이다.
④ 살균력이 석탄산의 120%이다.

40 순도 100% 소독약 원액 2mL에 증류수 98mL를 혼합하여 100mL의 소독약을 만들었다면 이 소독약의 농도는?
① 2%
② 3%
③ 5%
④ 98%

41 표피에 있는 것으로 면역과 가장 관계가 있는 세포는?
① 멜라닌세포
② 랑게르한스세포
③ 머켈세포
④ 콜라겐

42 콜라겐(collagen)에 대한 설명으로 틀린 것은?
① 노화된 피부는 콜라겐 함량이 낮다.
② 콜라겐이 부족하면 주름이 발생하기 쉽다.
③ 콜라겐은 피부의 표피에 주로 존재한다.
④ 콜라겐은 섬유아세포에서 생성된다.

43 두발의 70% 이상을 차지하며, 멜라닌 색소와 섬유질 및 간충 물질로 구성되어 있는 곳은?
① 모표피(cuticle)
② 모수질(medulla)
③ 모피질(cortex)
④ 모낭(follicle)

44 성장촉진, 생리 대사의 보조역할, 신경안정과 면역기능 강화 등의 역할을 하는 영양소로 가장 적합한 것은?
① 단백질
② 비타민
③ 무기질
④ 지방

45 여드름 관리를 위한 일상생활에서의 주의사항에 해당하지 않는 것은?
① 과로를 피한다.
② 적당하게 일광을 쪼인다.
③ 배변이 잘 이루어지도록 한다.
④ 가급적 유성 화장품을 사용한다.

46 바이러스성 질환으로 수포가 입술 주위에 잘 생기고 흉터 없이 치유되나 재발이 잘 되는 것은?
① 습진
② 태선
③ 단순포진
④ 대상포진

47 다음 중 광노화 현상으로 틀린 것은?
① 주근깨 발생
② 표피와 진피가 얇아짐
③ 면역성 감소
④ 색소 침착

48 기미를 악화시키는 주요한 요인이 아닌 것은?
① 경구피임약 복용
② 임신
③ 자외선 차단
④ 내분비 이상

49 백반증에 관한 설명 중 틀린 것은?
① 백색반점이 생긴다.
② 후천적 탈색소 질환이다.
③ 멜라닌세포의 과다증식으로 발생한다.
④ 백색반점은 원형, 타원형 또는 부정한 형태이다.

50 안면의 각질 제거를 용이하게 하는 것은?
① 비타민 C ② 토코페롤
③ AHA ④ 비타민 E

51 면허증을 다른 사람에게 대여하여 면허가 취소되거나 정지명령을 받은 자는 지체 없이 누구에게 면허증을 반납해야 하는가?
① 시·도지사 ② 시장·군수·구청장
③ 보건복지부장관 ④ 경찰서장

52 다음 중 이·미용사 면허를 취득할 수 없는 자는?
① 면허취소 후 1년 경과자
② 독감환자
③ 마약중독자
④ 전과기록자

53 다음 중 이·미용사 면허를 받을 수 없는 경우에 해당하는 것은?
① 전문대학 또는 이와 같은 수준 이상의 학력이 있다고 교육부장관이 인정하는 학교에서 이용 또는 미용에 관한 학과를 졸업한 사람
② 교육부장관이 인정하는 인문계 학교에서 1년 이상 이·미용에 관한 소정의 과정을 이수한 자
③ 국가기술자격법에 의한 이·미용사 자격을 취득한 자
④ 초·중등교육법령에 따른 고등기술학교에서 1년 이상 이·미용에 관한 소정의 과정을 이수한 자

54 영업소 외에서 이용 및 미용업무를 할 수 없는 경우는?
① 관할 소재동지역 내에서 주민에게 이·미용을 하는 경우
② 질병 기타의 사유로 인하여 영업소에 나올 수 없는 자에 대하여 미용을 하는 경우
③ 혼례나 기타 의식에 참여하는 자에 대하여 그 의식의 직전에 미용을 하는 경우
④ 특별한 사정이 있다고 인정하여 시장·군수·구청장이 인정하는 경우

55 영업자의 지위를 승계한 자는 몇 월 이내에 시장·군수·구청장에게 신고를 하여야 하는가?
① 1월 ② 2월
③ 6월 ④ 12월

56 위생영업단체의 설립 목적으로 가장 적합한 것은?
① 공중위생과 국민보건 향상을 기하고 영업 종류별 조직을 확대하기 위하여
② 국민보건의 향상을 기하고 공중위생 영업자의 정치·경제적 목적을 향상시키기 위하여
③ 영업의 건전한 발전을 도모하고 공중위생 영업의 종류별 단체의 이익을 옹호하기 위하여
④ 공중위생과 국민보건 향상을 기하고 영업의 건전한 안전을 도모하기 위하여

57 신고를 하지 않고 영업소 명칭(상호)을 바꾼 경우에 대한 1차 위반 시의 행정처분 기준은?
① 주의 ② 경고 또는 개선명령
③ 영업정지 10일 ④ 영업정지 1월

58 면허가 취소된 후 계속하여 업무를 행한 자에게 해당되는 벌칙은?
① 1년 이하의 징역 또는 1천만 원 이하의 벌금
② 6월 이하의 징역 또는 500만 원 이하의 벌금
③ 200만 원 이하의 과태료
④ 300만 원 이하의 벌금

59 공중위생감시원의 자격에 해당되지 않는 자는?
① 위생사 자격증이 있는 자
② 대학에서 미용학을 전공하고 졸업한 자
③ 외국에서 환경기사의 면허를 받은 자
④ 1년 이상 공중위생 행정에 종사한 경력이 있는 자

60 이·미용사의 면허증을 다른 사람에게 대여한 때 1차 위반 시의 행정처분 기준은?
① 영업정지 3월
② 영업정지 2월
③ 면허정지 3월
④ 면허정지 2월

기출복원문제 3회 정답 및 해설

01 ①	02 ④	03 ②	04 ④	05 ①	06 ①	07 ④	08 ①	09 ④	10 ①
11 ③	12 ④	13 ①	14 ①	15 ③	16 ③	17 ②	18 ②	19 ②	20 ③
21 ①	22 ③	23 ③	24 ①	25 ④	26 ③	27 ②	28 ②	29 ④	30 ②
31 ②	32 ③	33 ①	34 ③	35 ④	36 ①	37 ②	38 ②	39 ②	40 ①
41 ②	42 ③	43 ③	44 ②	45 ④	46 ③	47 ②	48 ②	49 ③	50 ①
51 ②	52 ③	53 ②	54 ①	55 ①	56 ④	57 ②	58 ④	59 ②	60 ③

01 작업 대상의 위치는 심장과 평행이 되는 정도로 높이를 조절한다.

02 소재 확인(관찰, 분석) → 구상(디자인 계획) → 제작(구체적 작업) → 보정

03 일제강점에 의한 한일합병(경술국치) 이후 일본, 중국, 미국, 영국의 영향이 현대미용에 반영되었다.

04 당나라 화장법
- 이마에 꽃문양을 그리거나 붙이는 액황
- 백분과 연지를 이용한 홍장 화장법
- 눈썹화장을 중요시 함(열 가지 눈썹모양을 그린 십미도 완성)

05 착강가위는 날은 특수강, 협신부는 연강 또는 다양한 재질로 용접한 것, 전강가위는 가위 전체를 특수강으로 연마하여 제작한 것이다.

06 모발의 고정은 헤어핀 또는 헤어클립으로 한다.

07 헤어 샴푸는 두피를 치료하는 의료행위를 목적으로 하지 않는다.

08 헤어 컨디셔너제는 샴푸 후 알칼리 성분을 중화하고 모발을 윤기 있고 부드럽게 하여 정전기를 방지하며 모발의 엉킴을 방지하고 빗질하기 쉽게 한다.

09 짧은 머리나 긴 머리 모두 사용한다.

10 ①은 그라데이션 커트의 도해도로 두정부의 머리길이가 길고 네이프로 갈수록 짧아지는 형태로 후두부에 무게감을 준다.

11 엔드 테이퍼링은 두발 끝 1/3, 노멀 테이퍼링은 1/2, 딥 테이퍼링은 2/3 지점에서 테이퍼링 한다.

12 웨트 커트는 모발을 분부하여 젖은 머리에 가위나 레이저를 사용하여 커트하는 방법이다.

13 • 와인딩은 로드에 모발을 감는 것을 의미한다.
- 베이스는 와인딩을 하기 위해 잡을 모발을 분리한 두피의 바닥을 의미한다.
- 스트랜드는 베이스를 분리하여 잡은 모다발을 의미한다.

14 텐션이란 모발을 당기는 일정한 힘을 의미한다.

15 제2액의 고정력을 강화하기 위해서는 중간세척(중간린스)을 하고 제2액(산화제)을 이중 도포한다.

16 • 오리지널 세트(original set, 기초세트) : 헤어 파팅, 헤어 셰이핑, 헤어 컬링, 헤어 웨이빙, 롤러 컬링
- 리세트(reset, 정리세트) : 브러시 아웃, 콤 아웃

17 컬이란 한 묶음의 모발이 고리 모양으로 돌아간 형태로 웨이브, 플러프(모발 끝의 변화와 움직임), 볼륨을 만들기 위한 목적으로 사용한다.

18 • 프린지 뱅 : 가르마 가까이에 작게 낸 뱅
- 프렌치 뱅 : 두발을 위로 빗고 두발 끝을 플러프해서 내려뜨린 뱅
- 웨이브 뱅 : 풀 웨이브 또는 하프 웨이브로 웨이브를 형성한 뱅

19 • 정상 두피 : 플레인 스캘프 트리트먼트
- 지성 두피 : 오일리 스캘프 트리트먼트
- 비듬성 두피 : 댄드러프 스캘프 트리트먼트

20 양성반응(발진, 가려움, 수포 등)일 때는 염색 시술을 하지 않는다.

21 영아사망률, 비례사망지수, 평균수명 : 국가 간이나 지역사회 간의 보건 수준을 평가하는 3대 지표

22 성인병 치료는 공중보건에 해당되지 않는다.

23 검역 : 외국 질병의 국내 침입방지를 위한 감염병의 예방대책으로, 감염병 유행지역의 입국자에 대하여 감염병 감염이 의심되는 사람을 강제 격리하는 것이다.

24 건강 보균자 : 불현성 보균자라고도 하며, 병원체를 보유하고 있으나 증상이 없고 병원체를 체외로 배출하는 보균자로서 보건관리가 가장 어렵다.

25 파상풍 : 오염된 토양에 의해 피부와 상처 등으로 감염

26 B형간염 바이러스는 환자의 혈액, 타액, 성접촉, 오염된 주사기, 면도날 등으로 감염될 수 있다.

27 무구조충 : 소고기의 생식으로 인한 감염

28 • 제1급 감염병 : 페스트
　• 제3급 감염병 : 말라리아, B형간염

29 발진열은 벼룩에 의해 전염된다.

30 종형 : 인구정지형(이상적인 형), 출생률과 사망률이 낮은 형으로, 14세 이하 인구가 65세 이상 인구의 2배 정도인 형태이다.

31 소독 : 병원성 미생물의 생활력을 파괴 또는 멸살시켜 감염되는 증식물을 없애는 조작

32 소독약은 부식성 및 표백성이 없어야 한다.

33 습열 멸균법 : 자비 소독법, 증기 멸균법, 간헐 멸균법, 고온증기 멸균법, 저압 살균법, 초고온 살균법 등

34 염소 : 살균력과 소독력이 강하며, 상·하수 및 음용수 소독에 주로 이용

35 ① 화염 멸균법 : 금속기구, 유리기구, 도자기 등
② 자비 소독법 : 수건, 소형기구, 용기 등
③ 고압증기 멸균법 : 의료기구, 의류, 고무제품, 미용기구 등
④ 건열 멸균법 : 유리, 도자기, 주사침, 바셀린, 분말 제품 등

36 • 호기성 세균 : 산소가 필요한 세균
　• 혐기성 세균 : 산소가 필요하지 않은 세균
　• 통성혐기성 세균 : 산소가 있는 곳과 없는 곳에서도 생육이 가능한 세균

37 크레졸 : 손, 오물, 배설물 등의 소독 및 이·미용실의 실내소독용으로 사용

38 자비 소독 시 탄산나트륨 1~2%를 첨가하면 살균력이 상승하고 금속의 손상을 방지한다.

39 석탄산계수 : 석탄산의 안정된 살균력 표준으로 하여, 몇 배의 살균력을 갖는가를 나타내는 계수이다.

40 농도 = $\dfrac{\text{용질량(소독약)}}{\text{용액량(물+소독약)}} \times 100$

$\dfrac{2}{(98+2)} \times 100(\%) = 2\%$

41 • 멜라닌세포 : 멜라닌(색소) 생성
　• 머켈세포 : 촉각(감각)세포
　• 콜라겐 : 진피의 70~80%를 구성하는 성분

42 콜라겐은 피부의 진피층에 존재한다.

43 • 모표피 : 모발의 가장 최외층으로 모발을 보호하는 역할
　• 모수질 : 모발의 가장 안쪽, 연모에는 없으며 주로 동물의 털에 발달
　• 모낭 : 모발이 자라나오는 주머니 형태로 모발의 모근부를 둘러싸고 있음

44 성장촉진, 생리 대사의 보조역할, 신경안정과 면역기능 강화 등의 역할을 하는 영양소는 비타민이다.

45 여드름 피부는 유분이 많은 화장품의 사용을 주의한다.

46 • 대상포진은 바이러스성 피부질환으로 잠복해있던 수두바이러스의 재활성화로 발생한다.
　• 태선은 장기간 반복적으로 긁거나 비벼서 표피와 진피의 일부가 두꺼워지면서 딱딱해지는 현상이다.

47 광노화 현상으로 표피와 진피의 두께가 두꺼워진다.

48 자외선은 기미를 악화시킨다.

49 백반증은 후천적 탈색소 질환으로 흰색반점이 나타난다.

50 AHA : 각질 제거, 유연기능 및 보습기능

51 면허취소 또는 정지 명령을 받은 자는 지체 없이 시장·군수·구청장에게 면허증을 반납하고, 면허정지에 의해 반납된 면허증은 그 면허정지기간 동안 관할 시장·군수·구청장이 보관한다.

52 면허 결격 사유 : 피성년후견인, 정신질환자, 감염병 환자(결핵환자, 간질병자), 약물 중독자, 공중위생관리법의 규정에 의한 명령 위반 또는 면허증 불법 대여의 사유로 면허가 취소된 후 1년이 경과하지 않은 자

53 고등학교 또는 이와 같은 수준의 학력이 있다고 교육부장관이 인정하는 학교에서 이용 또는 미용에 관한 학과를 졸업한 자

54 관할 소재동지역 내에서 주민에게 이·미용을 하는 경우는 영업소 외에서의 이용 및 미용업무를 할 수 없다.

55 공중위생영업자의 지위를 승계한 자는 1월 이내에 보건복지부령이 정하는 바에 따라 시장·군수·구청장에게 신고해야 한다.

56 영업자의 공중위생과 국민보건의 향상을 기하고 그 영업의 건전한 발전을 도모하기 위하여 영업의 종류별로 전국적인 조직을 가지는 영업자 단체를 설립할 수 있다.

57 신고를 하지 않고 영업소의 명칭 및 상호를 변경한 때의 행정처분
• 1차 위반 : 경고 또는 개선명령
• 2차 위반 : 영업정지 15일
• 3차 위반 : 영업정지 1월
• 4차 위반 : 영업장 폐쇄명령

58 면허를 받지 아니하고 이·미용업을 개설하거나 그 업무에 종사한 자는 300만 원 이하의 벌금에 해당한다.

59 공중위생감시원의 자격
• 위생사 또는 환경기사 2급 이상의 자격증을 소지한 자
• 대학에서 화학, 화공학, 환경공학 또는 위생학 분야를 전공하고 졸업한 자 또는 이와 같은 수준 이상의 면허를 받은 자
• 외국에서 위생사 또는 환경기사의 면허를 받은 자
• 1년 이상 공중위생 행정에 종사한 경력이 있는 자
• 기타 공중위생행정에 종사하는 자 중 교육훈련을 2주 이상 받은 자

60 면허증을 다른 사람에게 대여한 때 행정처분
• 1차 위반 : 면허정지 3월
• 2차 위반 : 면허정지 6월
• 3차 위반 : 면허취소

기출복원문제 4회

01 미용사가 미용을 시술하기 전 구상할 때 가장 우선적으로 고려해야 할 것은?
① 유행의 흐름 파악
② 손님의 얼굴형 파악
③ 손님의 희망사항 파악
④ 손님의 개성 파악

02 다음 중 미용사(일반)의 업무 개요로 가장 적합한 것은?
① 사람과 동물의 외모를 치료한다.
② 봉사활동만을 행하는 사람이 좋은 미용사라 할 수 있다.
③ 두발, 머리피부 등을 건강하고 아름답게 손질한다.
④ 두발만을 건강하고 아름답게 손질하여 생산성을 높인다.

03 우리나라 고대 미용사에 대한 설명 중 틀린 것은?
① 고구려시대 여인의 두발 형태는 여러 가지였다.
② 신라시대 부인들은 금은주옥으로 꾸민 가체를 사용하였다.
③ 백제에서는 기혼녀는 틀어 올리고 처녀는 땋아 내렸다.
④ 계급에 상관없이 부인들은 모두 머리모양이 같았다.

04 중국 현종(서기 713~755년) 때의 십미도(十眉圖)에 대한 설명으로 옳은 것은?
① 열 명의 아름다운 여인
② 열 가지의 아름다운 산수화
③ 열 가지의 화장방법
④ 열 종류의 눈썹모양

05 브러시의 손질법으로 부적당한 것은?
① 보통 비눗물이나 탄산소다수에 담그고 부드러운 털은 손으로 가볍게 비벼 빤다.
② 털이 뻣뻣한 것은 세정 브러시로 닦아낸다.
③ 털이 위로 가도록 하여 햇볕에 말린다.
④ 소독방법으로 석탄산수를 사용해도 된다.

06 다음 중 헤어 스티머 선택 시에 고려할 사항과 가장 거리가 먼 것은?
① 내부의 분무 증기 입자의 크기가 각각 다르게 나와야 한다.
② 증기의 입자가 세밀하여야 한다.
③ 사용 시 증기의 조절이 가능하여야 한다.
④ 분무 증기의 온도가 균일하여야 한다.

07 다음 중 비듬제거 샴푸로서 가장 적당한 것은?
① 핫오일 샴푸
② 드라이 샴푸
③ 댄드러프 샴푸
④ 플레인 샴푸

08 핫오일 샴푸에 대한 설명 중 잘못된 것은?
① 플레인 샴푸하기 전에 실시한다.
② 오일을 따뜻하게 덥혀서 바르고 마사지한다.
③ 핫오일 샴푸 후 퍼머를 시술한다.
④ 올리브유 등의 식물성 오일이 좋다.

09 원랭스 커트의 정의로 가장 적합한 것은?
① 두발의 길이에 단차가 있는 상태의 커트
② 완성된 두발을 빗으로 빗어 내렸을 때 모든 두발이 하나의 선상으로 떨어지도록 자르는 커트
③ 전체의 머리 길이가 똑같은 커트
④ 머릿결을 맞추지 않아도 되는 커트

10 프레 커트(pre-cut)에 해당되는 것은?
① 두발의 상태가 커트하기에 용이하게 되어 있는 상태를 말한다.
② 퍼머넌트 웨이브 시술 전의 커트를 말한다.
③ 손상모 등을 간단하게 추려내기 위한 커트를 말한다.
④ 퍼머넌트 웨이브 시술 후의 커트를 말한다.

11 스트로크 커트(stroke cut) 테크닉에 사용하기 가장 적합한 것은?
① 리버스 시저스(reverse scissors)
② 미니 시저스(mini scissors)
③ 직선날 시저스(cutting scissors)
④ 곡선날 시저스(R-scissors)

12 다음에서 고객에게 시술한 커트에 대한 알맞은 명칭은?

> 퍼머넌트를 하기 위해 찾은 고객에게 먼저 커트(cut)를 시술하고 퍼머넌트를 한 후 손상모와 삐져나온 불필요한 모발을 다시 가볍게 잘라 주었다.

① 프레 커트(pre-cut), 트리밍(trimming)
② 애프터 커트(after-cut), 틴닝(thinning)
③ 프레 커트(pre-cut), 슬리더링(slithering)
④ 애프터 커트(after-cut), 테이퍼링(tapering)

13 화학약품만의 작용에 의한 콜드 웨이브를 처음으로 성공시킨 사람은?
① 마셀 그라또우
② 조셉 메이어
③ J.B. 스피크먼
④ 찰스 네슬러

14 퍼머넌트 직후의 처리로 옳은 것은?
① 플레인 린스 ② 샴푸잉
③ 테스트 컬 ④ 테이퍼링

15 퍼머넌트 웨이브를 진행하는 중 언더 프로세싱(under processing)이라 판단될 경우의 적절한 대처 방법은?
① 1~2단계 큰 로드로 교체
② 제1액을 재도포하거나 열처리
③ 즉시 중화처리
④ 로드를 제거

16 헤어 파팅(hair parting) 중 후두부를 정중선으로 나눈 파트는?
① 센터 파트(center part)
② 스퀘어 파트(square part)
③ 카우릭 파트(cowlick part)
④ 센터 백 파트(center back part)

17 아이론의 열을 이용하여 웨이브를 형성하는 것은?
① 마셀 웨이브 ② 콜드 웨이브
③ 핑거 웨이브 ④ 섀도 웨이브

18 두발을 롤러에 와인딩 할 때 스트랜드를 베이스에 대하여 수직으로 잡아 올려서 와인딩 한 롤러 컬은?
① 롱 스템 롤러 컬 ② 하프 스템 롤러 컬
③ 논 스템 롤러 컬 ④ 쇼트 스템 롤러 컬

19 두피상태에 따른 스캘프 트리트먼트(scalp treatment)의 시술방법이 잘못된 것은?
① 지방이 부족한 두피상태 – 드라이 스캘프 트리트먼트
② 지방이 과잉된 두피상태 – 오일리 스캘프 트리트먼트
③ 비듬이 많은 두피상태 – 핫오일 스캘프 트리트먼트
④ 정상 두피상태 – 플레인 스캘프 트리트먼트

20 헤어 컬러링한 고객이 녹색 모발을 자연갈색으로 바꾸려고 할 때 가장 적합한 방법은?
① 3% 과산화수소를 약 3분간 작용시킨 뒤 주황색으로 컬러링 한다.
② 빨간색으로 컬러링 한다.
③ 3% 과산화수소로 약 3분간 작용시킨 후 보라색으로 컬러링 한다.
④ 노란색을 띠는 보라색으로 컬러링 한다.

21 한 나라의 건강수준을 나타내며 다른 나라들과의 보건수준을 비교할 수 있는 세계보건기구가 제시한 지표는?
① 비례사망지수 ② 국민소득
③ 질병이환율 ④ 인구증가율

22 공기의 자정작용과 관련이 가장 먼 것은?
① 공기 자체의 희석작용
② 자외선의 살균작용
③ 강우, 강설에 의한 세정작용
④ 기온역전작용

23 고기압 상태에서 올 수 있는 인체 장애는?
① 안구진탕증 ② 잠함병
③ 레이노드병 ④ 섬유증식증

24 다음 중 기생충과 전파 매개체의 연결이 옳은 것은?
① 무구조충 – 돼지고기 ② 간디스토마 – 바다회
③ 폐디스토마 – 가재 ④ 광절열두조충 – 소고기

25 다음 중 파리가 전파할 수 있는 소화기계 전염병은?
① 페스트 ② 일본뇌염
③ 장티푸스 ④ 황열

26 자연독에 의한 식중독 원인물질과 서로 관계없는 것으로 연결된 것은?
① 테트로도톡신(tetrodotoxin) – 복어
② 솔라닌(solanin) – 감자
③ 무스카린(muscarin) – 버섯
④ 에르고톡신(ergotoxin) – 조개

27 음용수의 일반적인 오염지표로 사용되는 것은?
① 탁도 ② 일반 세균수
③ 대장균 수 ④ 경도

28 임신초기에 감염이 되어 백내장아, 농아출산의 원인이 되는 질환은?
① 심장질환 ② 뇌질환
③ 풍진 ④ 당뇨병

29 일반적으로 공기 중 이산화탄소는 약 몇 %를 차지하고 있는가?
① 0.03% ② 0.3%
③ 3% ④ 13%

30 도시 하수처리에 사용되는 활성오니법의 설명으로 가장 옳은 것은?
① 상수도부터 하수까지 연결되어 정화시키는 법
② 대도시 하수만 분리하여 처리하는 방법
③ 하수 내 유기물을 산화시키는 호기성 분해법
④ 쓰레기를 하수에서 걸러내는 법

31 소독약의 사용과 보존상의 주의사항으로 틀린 것은?
① 모든 소독약은 미리 제조해 둔 뒤에 필요한 양만큼씩 두고 두고 사용한다.
② 약품은 암냉장소에 보관하고, 라벨이 오염되지 않도록 한다.
③ 소독물체에 따라 적당한 소독약이나 소독방법을 선정한다.
④ 병원미생물의 종류, 저항성 및 멸균/소독의 목적에 의해서 그 방법과 시간을 고려한다.

32 화학적 약제를 사용하여 소독 시 소독약품의 구비조건으로 옳지 않은 것은?
① 용해성이 낮아야 한다.
② 살균력이 강해야 한다.
③ 부식성, 표백성이 없어야 한다.
④ 경제적이고 사용방법이 간편해야 한다.

33 살균력은 강하지만 자극성과 부식성이 강해서 상수 또는 하수의 소독에 주로 이용되는 것은?
① 알코올　　　② 질산은
③ 승홍　　　　④ 염소

34 다음 중 일광 소독법은 햇빛 중의 어떤 영역에 의해 소독이 가능한가?
① 적외선　　　② 자외선
③ 가시광선　　④ 우주선

35 다음 중 이·미용업소에서 손님으로부터 나온 객담이 묻은 휴지 등을 소독하는 방법으로 가장 적합한 것은?
① 소각 소독법　　② 자비 소독법
③ 고압증기 멸균법　④ 저온 소독법

36 유리 제품의 소독방법으로 가장 적합한 것은?
① 끓는 물에 넣고 10분간 가열한다.
② 건열 멸균기에 넣고 소독한다.
③ 끓는 물에 넣고 5분간 가열한다.
④ 찬물에 넣고 75℃까지만 가열한다.

37 플라스틱 브러시의 소독방법으로 가장 알맞은 것은?
① 0.5%의 역성비누에 1분 정도 담근 후 물로 씻는다.
② 100℃ 끓는 물에 20분 정도 자비 소독을 행한다.
③ 세척 후 자외선 소독기를 사용한다.
④ 고압증기 멸균기를 이용한다.

38 다음 중 포자를 형성하는 세균의 멸균방법으로 가장 좋은 것은?
① 역성비누 소독　　② 알코올 소독
③ 일광 소독　　　　④ 고압증기 소독

39 석탄산계수에 대한 설명으로 틀린 것은?
① 살균력의 지표이다.
② 소독약의 희석배수이다.
③ 살균력을 비교할 때 사용된다.
④ 석탄산계수가 높을수록 살균력이 약하다.

40 소독약 10mL를 용액(물) 40mL에 혼합시키면 몇 %의 수용액이 되는가?
① 2%　　　② 10%
③ 20%　　　④ 50%

41 다음 중 피부의 표피층을 순서대로 나열한 것은?
① 각질층, 유극층, 투명층, 과립층, 기저층
② 각질층, 유극층, 망상층, 기저층, 과립층
③ 각질층, 과립층, 유극층, 투명층, 기저층
④ 각질층, 투명층, 과립층, 유극층, 기저층

42 다음 중 모발의 성장단계를 옳게 나타낸 것은?
① 성장기 → 휴지기 → 발생기
② 휴지기 → 발생기 → 퇴화기
③ 퇴화기 → 성장기 → 발생기
④ 성장기 → 퇴화기 → 휴지기

43 탈모의 원인으로 볼 수 없는 것은?
① 과도한 스트레스로 인한 경우
② 다이어트와 불규칙한 식사로 인한 영양부족인 경우
③ 여성호르몬의 분비가 많은 경우
④ 땀, 피지 등의 노폐물이 모공을 막고 있는 경우

44 두발의 영양 공급에서 가장 중요한 영양소이며 가장 많이 공급되어야 할 것은?
① 비타민 A　　② 지방
③ 단백질　　　④ 칼슘

45 홍반, 부종, 통증뿐만 아니라 수포를 형성하는 것은?
① 제1도 화상　　② 제2도 화상
③ 제3도 화상　　④ 중급 화상

46 흑갈색의 사마귀 모양으로 40대 이후에 손등이나 얼굴에 생기는 것은?
① 기미
② 주근깨
③ 흑피종
④ 노인성 반점

47 자외선 차단제에 관한 설명으로 틀린 것은?
① 자외선 차단제는 SPF(Sun Protection Factor)의 지수가 매겨져 있다.
② 자외선 차단지수는 제품을 사용했을 때 홍반을 일으키는 자외선의 양을 제품을 사용하지 않았을 때 홍반을 일으키는 자외선의 양으로 나눈 값이다.
③ 자외선 차단제의 효과는 자신의 멜라닌 색소의 양과 자외선에 대한 민감도에 따라 달라질 수 있다.
④ SPF(Sun Protection Factor)가 낮을수록 차단지수가 높다.

48 다음 중 UV A(장파장 자외선)의 파장 범위는?
① 320~400nm   ② 290~320nm
③ 200~290nm   ④ 100~200nm

49 다음 중 인체 내 물의 역할로 가장 거리가 먼 것은?
① 생체 내 모든 반응은 물을 용매로 삼투압 작용을 한다.
② 신체 내의 산, 알칼리의 평형을 갖게 한다.
③ 피부표면의 수분량은 5~10%로 유지되어야 한다.
④ 체액을 통하여 신진대사를 한다.

50 다음 중 글리세린의 가장 중요한 작용은?
① 소독 작용   ② 수분유지 작용
③ 탈수 작용   ④ 금속염 제거 작용

51 (   ) 안에 알맞은 것은?

> 시장·군수·구청장은 공중위생영업의 정지 또는 일부 시설의 사용중지 등의 처분을 하고자 하는 때에는 (   )을/를 실시하여야 한다.

① 위생서비스 수준의 평가
② 공중위생감사
③ 청문
④ 열람

52 다음 중 이·미용사의 면허를 받을 수 없는 자는?
① 전문대학에서 이·미용에 관한 학과를 졸업한 자
② 교육부장관이 인정하는 고등기술학교에서 1년 이상 이·미용에 관한 소정의 과정을 이수한 자
③ 국가기술자격법에 의한 이·미용사의 자격을 취득한 자
④ 외국의 유명 이·미용학원에서 2년 이상 기술을 습득한 자

53 공중위생영업자가 준수하여야 할 위생관리기준은 다음 중 어느 것으로 정하고 있는가?
① 대통령령   ② 국무총리령
③ 고용노동부령   ④ 보건복지부령

54 공중위생관리법 시행규칙에 규정된 이·미용기구의 소독기준으로 적합한 것은?
① 1cm² 당 85㎽ 이상의 자외선을 10분 이상 쬐어준다.
② 100℃ 이상의 건조한 열에 10분 이상 쬐어준다.
③ 석탄산수(석탄산 3%, 물 97%)에 10분 이상 담가둔다.
④ 100℃ 이상의 습한 열에 10분 이상 쬐어준다.

55 이·미용업의 신고에 대한 설명으로 옳은 것은?
① 이·미용사 면허를 받은 사람만 신고할 수 있다.
② 일반인 누구나 신고할 수 있다.
③ 1년 이상의 이·미용업무 실무경력자가 신고할 수 있다.
④ 미용사자격증을 소지하여야 신고할 수 있다.

56 영업자의 지위를 승계한 자로서 신고를 하지 아니하였을 경우 해당하는 처벌기준은?
① 1년 이하의 징역 또는 1천 만 원 이하의 벌금
② 6월 이하의 징역 또는 500만 원 이하의 벌금
③ 200만 원 이하의 벌금
④ 100만 원 이하의 벌금

57 이·미용업의 상속으로 인한 영업자의 지위승계 시 구비서류가 아닌 것은?
① 영업자 지위승계 신고서
② 가족관계증명서
③ 양도계약서 사본
④ 상속인임을 증명할 수 있는 서류

58 공중위생감시원에 관한 설명으로 틀린 것은?
① 특별시·광역시·도 및 시·군·구에 둔다.
② 위생사 또는 환경기사 2급 이상의 자격증이 있는 소속 공무원 중에서 임명한다.
③ 자격, 임명, 업무범위 기타 필요한 사항은 보건복지부령으로 정한다.
④ 위생지도 및 개선명령 이행 여부의 확인 등 업무가 있다.

59 공중위생서비스평가를 위탁받을 수 있는 기관은?
① 보건소   ② 동사무소
③ 소비자단체   ④ 관련전문기관 및 단체

60 이·미용사 면허증을 분실하여 재발급을 받은 자가 분실한 면허증을 찾았을 때 취하여야 할 조치로 옳은 것은?
① 시·도지사에게 찾은 면허증을 반납한다.
② 시장·군수에게 찾은 면허증을 반납한다.
③ 본인이 모두 소지하여도 무방하다.
④ 재발급 받은 면허증을 반납한다.

기출복원문제 4회 정답 및 해설

01 ③	02 ③	03 ④	04 ④	05 ③	06 ①	07 ③	08 ③	09 ②	10 ②
11 ④	12 ①	13 ③	14 ①	15 ②	16 ④	17 ①	18 ②	19 ③	20 ②
21 ①	22 ④	23 ②	24 ②	25 ②	26 ④	27 ③	28 ②	29 ①	30 ③
31 ①	32 ①	33 ④	34 ②	35 ①	36 ②	37 ③	38 ④	39 ④	40 ③
41 ④	42 ④	43 ③	44 ③	45 ②	46 ④	47 ④	48 ①	49 ③	50 ②
51 ③	52 ④	53 ④	54 ③	55 ①	56 ②	57 ③	58 ③	59 ④	60 ②

01 소재 확인(관찰, 분석) → 구상(디자인 계획) → 제작(구체적 작업) → 보정

02 공중위생관리법의 미용사(일반) 업무의 범위는 파마, 머리카락 자르기, 머리카락 모양내기, 머리피부 손질, 머리카락 염색, 머리감기, 의료기기나 의약품을 사용하지 않는 눈썹 손질로 정한다.

03 고대 미용에서 머리 모양은 신분과 계급의 차이를 표시한다.

04 십미도는 열 가지 종류의 눈썹모양을 그린 그림이다.

05 브러시는 세척 후 털이 아래방향으로 향하게 하여 그늘에 말린다.

06 헤어 스티머는 분무되는 증기 입자의 크기가 동일한 것이 좋다.

07 댄드러프(dandruff, 비듬)

08 핫오일 샴푸 후 플레인 샴푸를 시술한다.

09 원랭스 커트는 모발을 중력의 방향으로(자연시술각 0°) 빗어내려 동일선상에서 커트하여 네이프에서 정수리 방향으로 갈수록 모발의 길이가 길어지는 구조이다. 단차가 없어 무게감 있는 형태와 매끄럽고 가지런한 질감으로 표현된다.

10 퍼머넌트 웨이브 시술 전에 디자인라인보다 1~2cm 길게 커트한다.

11 가위를 사용하여 모발을 쳐내듯이 모량을 감소하면서 커트하는 방법으로 곡선날의 가위를 사용하는 것이 적합하다.

12 • 프레 커트는 퍼머넌트 웨이브 시술 전에 디자인라인보다 1~2cm 길게 커트하는 것이다.
• 트리밍은 완성된 형태의 커트선을 최종적으로 다듬고 정돈하는 방법이다.

13 • 마셀 그라또우 : 아이론을 사용한 마셀 웨이브 개발
• 찰스 네슬러 : 퍼머넌트 웨이브(스파이럴 와인딩)
• 조셉 메이어 : 머신 히팅 퍼머넌트 웨이브(크로키놀식)

14 플레인 린스는 물로만 가볍게 헹구는 것을 의미한다.

15 언더 프로세싱은 제1액의 방치시간이 짧아 웨이브가 거의 형성되지 않는다.

16 • 센터 파트(center part) : 전두부 헤어라인 중심에서 두정부 방향의 직선
• 스퀘어 파트(square part) : 양쪽 사이드 파트와 T.P를 지나는 연장 수평선이 만난 사각형
• 카우릭 파트(cowlick part) : 두정부의 가르마를 중심으로 모류의 흐름에 따라 방사상으로 나눔

17 • 콜드 웨이브 : 열을 사용하지 않는 퍼머넌트 웨이브 방법
• 핑거 웨이브 : 세팅 로션 또는 물을 적신 모발에 빗과 손가락을 사용하여 웨이브를 만드는 것
• 섀도 웨이브 : 리지가 정확하지 않고 느슨한 웨이브

18 • 논 스템 롤러 컬 : 베이스의 중심에서 45° 위로 들어 와인딩(120°)하여 모근에 최대 볼륨을 형성하고 컬의 지속성 높음
• 롱 스템 롤러 컬 : 베이스의 중심에서 45° 내려잡아 와인딩(45°)하여 모근의 볼륨감이 없음

19 비듬성 두피는 댄드러프 스캘프 트리트먼트를 한다.

20 원하지 않는 색상을 중화할 때는 보색을 사용한다. 녹색의 보색은 빨강, 노랑의 보색은 보라, 주황의 보색은 파랑이다.

21 국가 간이나 지역사회 간의 보건수준을 평가하는 3대 지표 : 영아사망률, 비례사망지수, 평균수명(비례사망지수 : 연간 총 사망자 수에 대한 50세 이상의 사망자 수)

22 기온역전작용 : 상부 기온이 하부 기온보다 높아지면서 공기의 수직 확산이 일어나지 않으므로 대기가 안정되지만 오염도는 심하게 나타나는 현상

23 잠함병 : 혈액 속의 질소가 기포를 발생하여 모세혈관에 혈전 현상을 일으키는 것

24 ① 무구조충 – 소고기
② 간디스토마 – 담수어
④ 광절열두조충 – 물벼룩

25 파리에 의해 주로 전파될 수 있는 전염병 : 장티푸스, 이질, 콜레라

26 에르고톡신(ergotoxin) – 맥각류

27 음용수의 일반적인 오염지표 : 대장균 수

28 풍진 : 임신초기에 감염되어 백내장아, 농아출산의 원인이 되는 질환

29 대기의 성분 : 질소(N_2) 78%, 산소(O_2) 21%, 이산화탄소(CO_2) 0.03%

30 활성오니법은 하수 본처리 과정으로, 산소를 공급하여 호기성 균을 촉진시키는 호기성 분해법이다.

31 약제에 따라 사전에 조금 조제해 두고 사용해도 되는 것과 새로 만들어 사용하는 것을 구별하여 사용한다.

32 소독약품은 용해성이 높고, 안정성이 있어야 한다.

33 염소 : 살균력과 소독력이 강하지만 자극성과 부식성이 강해서 상·하수 소독에 주로 이용된다.

34 일광 소독법은 햇빛 중의 자외선에 의해 소독이 가능하다.

35 소각 소독법 : 이·미용업소에서 손님으로부터 나온 객담이 묻은 휴지 등을 소독하는 방법

36 건열 멸균법 : 건열 멸균기에서 170℃에서 1~2시간 가열하고 멸균 후 서서히 냉각시키는 방법으로 유리, 도자기, 주사침, 바셀린, 분말 제품 등의 소독이 가능하다.

37 플라스틱 브러시의 소독은 세척 후 자외선 소독기를 사용하는 것이 가장 좋다.

38 포자를 형성하는 세균의 멸균방법으로는 고압증기 소독이 가장 적합하다.

39 석탄산계수가 높을수록 살균력이 강하다.

40 농도 = $\dfrac{\text{용질량(소독약)}}{\text{용액량(물+소독약)}} \times 100$

$\dfrac{10}{(10+40)} \times 100(\%) = 20\%$

41 표피층은 바깥쪽부터 각질층, 투명층, 과립층, 유극층, 기저층의 순서로 구성된다.

42 모발은 성장기, 퇴화기, 휴지기의 성장단계 과정으로 반복 발생하고 순환한다.

43 남성호르몬인 안드로겐의 과다는 탈모의 원인이다.

44 케라틴 단백질은 모발의 주요 구성 성분이다.

45 • 1도 화상 : 피부가 붉어지며 국소적 열감과 통증
• 3도 화상 : 피부의 전층과 신경손상으로 피부색이 흰색 또는 검은색으로 변함
• 4도 화상 : 피부 전층, 근육, 신경, 뼈 조직이 모두 손상

46 흑피종 : 화장품이나 연고 등으로 발생하는 색소침착

47 SPF(Sun Protection Factor)는 차단지수가 높을수록 높다.

48 • UV A : 320~400nm (장파장)
• UV B : 290~320nm (중파장)
• UV C : 200~290nm (단파장)

49 정상적인 피부 표면의 수분 함유량은 10~20%이다.

50 글리세린 : 수분유지 작용

51 시장·군수·구청장은 신고사항의 직권 말소, 이·미용사의 면허취소 및 면허정지, 일부 시설의 사용중지 및 영업소 폐쇄명령 등의 처분을 하고자 하는 때에 청문을 실시할 수 있다.

52 외국의 유명 이·미용학원에서 2년 이상 기술을 습득한 자는 이·미용사의 면허를 받을 수 없다.

53 공중위생영업자가 준수하여야 할 위생관리기준은 보건복지부령으로 정한다.

54 ① 1cm²당 85μW 이상의 자외선을 20분 이상 쬐어준다.
② 섭씨 100℃ 이상의 건조한 열에 20분 이상 쬐어준다.
④ 섭씨 100℃ 이상의 습한 열에 20분 이상 쬐어준다.

55 이·미용업의 신고는 이·미용사 면허를 받은 사람만 할 수 있다.

56 6월 이하의 징역 또는 500만 원 이하의 벌금인 경우
• 보건복지부령이 정하는 중요한 사항을 변경하고도 변경신고하지 아니한 자
• 공중위생영업자의 지위를 승계한 자로서 신고(1개월 이내)를 아니한 자
• 건전한 영업질서를 위하여 공중위생영업자가 준수하여야 할 사항을 준수하지 아니한 자

57 양도·양수를 증명할 수 있는 서류 사본은 영업 양도의 경우 필요한 서류이다.

58 공중위생감시원의 자격, 임명, 업무범위는 대통령령으로 정한다.

59 공중위생서비스 평가를 위탁받을 수 있는 기관 : 관련전문기관 및 단체

60 면허증을 재발급 받은 후 면허증을 찾을 경우 지체 없이 시장·군수·구청장에게 이를 반납하여야 한다.

기출복원문제 5회

01 올바른 미용인으로서의 인간관계와 전문가적인 태도에 관한 내용으로 가장 거리가 먼 것은?
① 예의바르고 친절한 서비스를 모든 고객에게 제공한다.
② 고객의 기분에 주의를 기울여야 한다.
③ 효과적인 의사소통 방법을 익혀두어야 한다.
④ 대화의 주제는 종교나 정치 같은 논쟁의 대상이 되거나 개인적인 문제에 관련된 것이 좋다.

02 미용의 목적과 가장 거리가 먼 것은?
① 심리적 욕구를 만족시켜 준다.
② 인간의 생활의욕을 높인다.
③ 영리의 추구를 도모한다.
④ 아름다움을 유지시켜 준다.

03 우리나라 옛 여인의 머리모양 중 밑머리 양쪽에 틀어 얹은 모양의 머리는?
① 낭자머리 ② 쪽진머리
③ 풍기명식머리 ④ 쌍상투머리

04 조선중엽 상류사회 여성들이 얼굴의 밑화장으로 사용한 기름은?
① 동백기름 ② 콩기름
③ 참기름 ④ 파마자기름

05 다음 중 시대적으로 가장 늦게 발표된 미용술은?
① 찰스 네슬러의 퍼머넌트 웨이브
② 스피크먼의 콜드 웨이브
③ 조셉 메이어의 크로키놀식 퍼머넌트 웨이브
④ 마셀 그라또우의 마셀 웨이브

06 가위에 대한 설명 중 틀린 것은?
① 양날의 견고함이 동일해야 한다.
② 가위의 길이나 무게가 미용사의 손에 맞아야 한다.
③ 가위 날이 반듯하고 두꺼운 것이 좋다.
④ 협신에서 날 끝으로 갈수록 약간 내곡선인 것이 좋다.

07 빗의 보관 및 관리에 관한 설명 중 옳은 것은?
① 빗은 사용 후 소독액에 계속 담가 보관한다.
② 소독액에서 빗을 꺼낸 후 물로 닦지 않고 그대로 사용해야 한다.
③ 증기소독은 자주 해주는 것이 좋다.
④ 소독액은 석탄산수, 크레졸비누액 등이 좋다.

08 다음 중 샴푸의 효과를 가장 옳게 설명한 것은?
① 모공과 모근의 신경을 자극하여 생리기능을 강화한다.
② 모발을 청결하게 하며 두피를 자극하여 혈액순환을 원활하게 한다.
③ 두통을 예방할 수 있다.
④ 모발의 수명을 연장시킨다.

09 염색한 두발에 가장 적합한 샴푸제는?
① 댄드러프 샴푸제 ② 논스트리핑 샴푸제
③ 프로테인 샴푸제 ④ 약용 샴푸제

10 두발이 유난히 많은 고객이 윗머리가 짧고 아랫머리로 갈수록 길게 하며, 두발 끝 부분을 자연스럽고 차츰 가늘게 커트하는 스타일을 원하는 경우 알맞은 시술방법은?
① 레이어 커트 후 테이퍼링(tapering)
② 원랭스 커트 후 클리핑(clipping)
③ 그라데이션 커트 후 테이퍼링(tapering)
④ 레이어 커트 후 클리핑(clipping)

11 페더링(feathering)이라고도 하며 두발 끝을 점차적으로 가늘게 커트하는 방법은?
① 클리핑(clipping) ② 테이퍼링(tapering)
③ 트리밍(trimming) ④ 틴닝(thinning)

12 뱅(bang)의 설명 중 잘못된 것은?
① 플러프 뱅 - 부드럽게 꾸밈없이 볼륨을 준 앞머리
② 포워드 롤 뱅 - 포워드 방향으로 롤을 이용하여 만든 뱅
③ 프린지 뱅 - 가르마 가까이에 작게 낸 뱅
④ 프렌치 뱅 - 풀 혹은 웨이브로 만든 뱅

13 콜드 퍼머넌트 웨이브 시 두발 끝이 자지러지는 원인이 아닌 것은?
① 콜드 웨이브 제1액을 바르고 방치시간이 길었다.
② 사전 커트 시 두발 끝을 너무 테이퍼링 하였다.
③ 두발 끝을 블런트 커팅 하였다.
④ 너무 가는 로드를 사용하였다.

14 콜드 퍼머넌트 웨이브(cold permanent wave) 시 제1액의 주성분은?
① 과산화수소 ② 취소산나트륨
③ 티오글리콜산 ④ 과붕산나트륨

15 헤어 세팅의 컬에 있어 루프가 두피에 45° 각도로 세워진 것은?
① 플랫 컬 ② 스컬프처 컬
③ 메이폴 컬 ④ 리프트 컬

16 시술자의 조정에 의해 바람을 일으켜 직접 내보내는 블로우 타입으로 주로 드라이 세트에 많이 사용되는 것은?
① 핸드 드라이어 ② 에어 드라이어
③ 스탠드 드라이어 ④ 적외선램프 드라이어

17 모발손상의 원인으로만 짝지어진 것은?
① 드라이어의 장시간 이용, 크림 린스, 오버 프로세싱
② 두피 마사지, 염색제, 백 코밍
③ 브러싱, 헤어 세팅, 헤어 팩
④ 자외선, 염색, 탈색

18 스캘프 트리트먼트의 목적과 가장 관계가 먼 것은?
① 먼지나 비듬 제거
② 혈액순환을 왕성하게 하여 두피의 생리기능을 높임
③ 두피의 지방막을 제거해서 두발을 깨끗하게 해줌
④ 두피나 두발에 유분 및 수분을 공급하고 두발에 윤택함을 줌

19 헤어 블리치제의 산화제로서 오일 베이스제는 무엇에 유황유가 혼합되는 것인가?
① 과붕산나트륨 ② 탄산마그네슘
③ 라놀린 ④ 과산화수소수

20 저항성 두발을 염색하기 전에 행하는 기술에 대한 내용 중 틀린 것은?
① 염모제 침투를 돕기 위해 사전에 두발을 연화시킨다.
② 과산화수소 30mL, 암모니아수 0.5mL 정도를 혼합한 연화제를 사용한다.
③ 사전 연화기술을 프레-소프트닝(pre-softening)이라고 한다.
④ 50~60분 방치 후 드라이로 건조시킨다.

21 다음 중 공중보건학의 범위 중 보건관리 분야에 속하지 않는 사업은?
① 보건통계 ② 사회보장제도
③ 보건행정 ④ 산업보건

22 무구조충은 다음 중 어느 것을 날것으로 먹었을 때 감염될 수 있는가?
① 돼지고기 ② 잉어
③ 게 ④ 소고기

23 출생 후 4주 이내에 기본접종을 실시하는 것이 효과적인 전염병은?
① 볼거리 ② 홍역
③ 결핵 ④ 일본뇌염

24 산업피로의 본질과 가장 관계가 먼 것은?
① 생체의 생리적 변화 ② 피로감각
③ 산업구조의 변화 ④ 작업량 변화

25 수인성(水因性) 전염병이 아닌 것은?
① 일본뇌염 ② 이질
③ 콜레라 ④ 장티푸스

26 수질오염의 지표로 사용하는 "생물학적 산소요구량"을 나타내는 용어는?
① BOD ② DO
③ COD ④ SS

27 다음 식중독 중에서 치명률이 가장 높은 것은?
① 살모넬라증 ② 포도상구균 중독
③ 연쇄상구균 중독 ④ 보툴리누스균 중독

28 다음 중 식수의 수질기준 중 대장균에 대한 기준으로 알맞은 것은?
① 100cc 중에 검출되지 않을 것
② 50cc 중에 검출되지 않을 것
③ 10cc 중에 10% 이하일 것
④ 50cc 중에 10% 이하일 것

29 다음 중 비타민(vitamin)과 그 결핍증과의 연결이 틀린 것은?
① vitamin B_2 - 구순염 ② vitamin D - 구루병
③ vitamin A - 야맹증 ④ vitamin C - 각기병

30 간흡충증(간디스토마)의 제1중간숙주는?
① 다슬기 ② 우렁이
③ 피라미 ④ 게

31 소독과 멸균에 관련된 용어 해설 중 틀린 것은?
① 살균 : 생활력을 가지고 있는 미생물을 여러 가지 물리·화학적 작용에 의해 급속히 죽이는 것을 말한다.
② 방부 : 병원성 미생물의 발육과 그 작용을 제거하거나 정지시켜서 음식물의 부패나 발효를 방지하는 것을 말한다.
③ 소독 : 사람에게 유해한 미생물을 파괴시켜 감염의 위험성을 제거하는 비교적 강한 살균작용으로 세균의 포자까지 사멸하는 것을 말한다.
④ 멸균 : 병원성 또는 비병원성 미생물 및 포자를 가진 것을 전부 사멸 또는 제거하는 것을 말한다.

32 소독약의 구비조건으로 틀린 것은?
① 값이 비싸고 위험성이 없다.
② 인체에 해가 없으며 취급이 간편하다.
③ 살균하고자 하는 대상물을 손상시키지 않는다.
④ 살균력이 강하다.

33 균(菌)의 내성에 대해 가장 잘 설명한 것은?
① 균이 약에 대하여 저항성이 있는 것
② 균이 다른 균에 대하여 저항성이 있는 것
③ 인체가 약에 대하여 저항성을 가진 것
④ 약이 균에 대하여 유효한 것

34 다음 소독 방법 중 완전 멸균으로 가장 빠르고 효과적인 방법은?
① 유통 증기법　　② 간헐 살균법
③ 고압 증기법　　④ 건열 소독

35 소독에 영향을 미치는 인자가 아닌 것은?
① 온도　　② 수분
③ 시간　　④ 풍속

36 다음 중 열에 대한 저항력이 커서 자비 소독법으로 사멸되지 않는 균은?
① 콜레라균　　② 결핵균
③ 살모넬라균　　④ B형간염 바이러스

37 역성비누액에 대한 설명으로 틀린 것은?
① 냄새가 거의 없고 자극이 적다.
② 소독력과 함께 세정력(洗淨力)이 강하다.
③ 수지, 기구, 식기소독에 적당하다.
④ 물에 잘 녹고 흔들면 거품이 난다.

38 3% 크레졸비누액 1,000mL를 만드는 방법으로 옳은 것은?(단, 크레졸 원액의 농도는 100%이다)
① 크레졸 원액 300mL에 물 700mL를 가한다.
② 크레졸 원액 30mL에 물 970mL를 가한다.
③ 크레졸 원액 3mL에 물 997mL를 가한다.
④ 크레졸 원액 3mL에 물 1000mL를 가한다.

39 유리기구 제품을 소독할 때의 방법으로 가장 옳은 것은?
① 60℃ 정도 물에 넣은 후 10분간 끓인다.
② 차고 더운 것에 관계없이 넣고 10분간 끓인다.
③ 찬물에서부터 넣고 가열하여 100℃ 이상에서 10분 이상 끓인다.
④ 끓는 물에 넣고 10분간 끓인다.

40 에틸렌옥사이드(ethylene oxide) 가스를 이용한 멸균법에 대한 설명 중 틀린 것은?
① 멸균온도는 저온에서 처리된다.
② 멸균시간이 비교적 길다.
③ 고압증기 멸균법에 비해 비교적 저렴하다.
④ 플라스틱이나 고무제품 등의 멸균에 이용된다.

41 피부의 가장 이상적인 pH는?
① pH 9.0~10.0　　② pH 7.0~8.0
③ pH 4.5~6.5　　④ pH 1.0~2.0

42 모발의 성장이 멈추고 전체 모발의 14~15%를 차지하며 가벼운 물리적 자극에 의해 쉽게 탈모가 되는 단계는?
① 성장기　　② 퇴화기
③ 휴지기　　④ 모발주기

43 두발의 물리적인 특성에 있어서 두발을 잡아 당겼을 때 끊어지지 않고 견디는 힘을 나타내는 것은?
① 두발의 질감　　② 두발의 밀도
③ 두발의 대전성　　④ 두발의 강도

44 다음 중 수용성 비타민은?
① 비타민 B 복합체　　② 비타민 A
③ 비타민 D　　④ 비타민 K

45 직경 1~2mm의 둥근 백색 구진으로 안면(특히 눈 하부)에 호발하는 것은?
① 비립종(milium)
② 피지선 모반(nevus sebaceous)
③ 한관종(syringoma)
④ 표피 낭종(epidermal cyst)

46 피부의 색소침착에서 과색소 침착 증상이 아닌 것은?
① 기미　　② 주근깨
③ 백반증　　④ 검버섯

47 단파장으로 가장 강한 자외선이며, 원래는 오존층에 완전 흡수되어 지표면에 도달되지 않았으나 오존층의 파괴로 인해 인체와 생태계에 많은 영향을 미치는 자외선은?
① UV A　　② UV B
③ UV C　　④ UV D

48 멜라닌의 설명으로 옳지 않은 것은?
① 멜라닌생성세포는 신경질에서 유래하는 세포로서 정신적 인자와도 연관성이 있다.
② 멜라닌 형성자극 호르몬(MSH)도 멜라닌 형성에 촉진제 역할을 한다.
③ 색소생성세포의 수는 인종 간의 차이가 크다.
④ 임신 중에 신체 부위별로 색소가 짙어지기도 하는데 MSH가 왕성하게 분비되기 때문이다.

49 75%가 에너지원으로 쓰이고 에너지가 되고 남은 것은 지방으로 전환되어 저장되는데 주로 글리코겐 형태로 간에 저장된다. 이것의 과잉섭취는 혈액의 산도를 높이고 피부의 저항력을 약화시켜 세균감염을 초래하여 산성체질을 만들고 결핍되었을 때는 체중감소, 기력부족 현상이 나타나는 영양소는?
① 탄수화물　② 단백질
③ 비타민　④ 무기질

50 천연보습인자(NMF)에 속하지 않는 것은?
① 아미노산　② 요소
③ 젖산염　④ 글리세린

51 다음 중 공중위생영업에 속하지 않는 것은?
① 식당조리업　② 숙박업
③ 이·미용업　④ 세탁업

52 관련법상 이·미용사의 위생교육에 대한 설명 중 옳은 것은?
① 위생교육 대상자는 이·미용업 영업자이다.
② 위생교육 대상자에는 이·미용사의 면허를 가지고 이·미용업에 종사하는 모든 자가 포함된다.
③ 위생교육은 시·군·구청장만이 할 수 있다.
④ 위생교육 시간은 분기당 4시간으로 한다.

53 영업소 외의 장소에서 이·미용업무를 행할 수 있는 경우가 아닌 것은?
① 질병으로 영업소에 나올 수 없는 경우
② 결혼식 등의 의식 직전의 경우
③ 손님의 간곡한 요청이 있을 경우
④ 시장·군수·구청장이 인정하는 경우

54 이·미용사의 면허를 받을 수 없는 자는?
① 전문대학에서 이용 또는 미용에 관한 학과를 졸업한 자
② 교육부장관이 인정하는 이·미용고등학교를 졸업한 자
③ 교육부장관이 인정하는 고등기술학교에서 6개월 수학한 자
④ 국가기술자격법에 의한 이·미용사 자격취득자

55 국가기술자격법에 의하여 이·미용사 자격 정지처분을 받은 때의 1차 위반 행정처분 기준은?
① 업무정지　② 면허정지
③ 면허취소　④ 영업장 폐쇄명령

56 공중이용시설의 위생관리 기준이 아닌 것은?
① 소독을 한 기구와 소독을 하지 아니한 기구를 각각 다른 용기에 보관한다.
② 1회용 면도날을 손님 1인에 한하여 사용하여야 한다.
③ 업소 내에 요금표를 게시하여야 한다.
④ 업소 내에 화장실을 갖추어야 한다.

57 공중위생관리법상 이·미용업자의 변경신고 사항에 해당되지 않는 것은?
① 영업소의 명칭 또는 상호 변경
② 영업소의 소재지 변경
③ 영업정지 명령 이행
④ 대표자의 성명(단, 법인에 한함)

58 1회용 면도날을 2인 이상의 손님에게 사용한 때에 대한 1차 위반 시 행정처분 기준은?
① 시정명령　② 경고
③ 영업정지 5일　④ 영업정지 10일

59 공중위생관리법에 규정된 벌칙으로 1년 이하의 징역 또는 1천만 원 이하의 벌금에 해당하는 것은?
① 영업정지 명령을 받고도 그 기간 중에 영업을 행한 자
② 위생관리 기준을 위반하여 환경오염 허용기준을 지키지 아니한 자
③ 공중위생영업자의 지위를 승계하고도 변경신고를 아니한 자
④ 건전한 영업질서를 위반하여 공중위생영업자가 지켜야 할 사항을 준수하지 아니한 자

60 미용업 영업소에서 영업정지 처분을 받고 그 영업정지 중 영업을 한 때에 대한 1차 위반 시의 행정처분 기준은?
① 영업정지 1월　② 영업정지 3월
③ 영업장 폐쇄명령　④ 면허취소

기출복원문제 5회 정답 및 해설

01 ④	02 ③	03 ④	04 ③	05 ②	06 ③	07 ④	08 ②	09 ②	10 ①
11 ②	12 ④	13 ③	14 ③	15 ④	16 ①	17 ④	18 ③	19 ④	20 ④
21 ④	22 ④	23 ③	24 ③	25 ①	26 ①	27 ④	28 ②	29 ④	30 ②
31 ③	32 ①	33 ①	34 ③	35 ④	36 ④	37 ②	38 ②	39 ③	40 ③
41 ③	42 ③	43 ④	44 ①	45 ①	46 ③	47 ③	48 ③	49 ①	50 ④
51 ①	52 ①	53 ③	54 ③	55 ②	56 ④	57 ③	58 ②	59 ①	60 ③

01 종교나 정치 같은 논쟁의 대상이 되거나 개인적인 문제에 관련된 대화의 주제는 적절하지 않다.

02 미용의 기본적인 목적이 영리추구는 아니다.

03 쌍상투머리는 쌍계머리라고도 하며 머리를 둘로 갈라 상투를 두 개로 틀어 올린 머리 형태이다.

04 조선시대 중엽 상류사회 여성이나 신부화장의 밑화장 용도로 참기름을 사용했다.

05 • 마셀 그라또우 : 1875년 아이론을 사용한 마셀 웨이브 개발
• 찰스 네슬러 : 1903년 퍼머넌트 웨이브(스파이럴 와인딩)
• 조셉 메이어 : 1925년 머신 히팅 퍼머넌트 웨이브(크로키놀식)
• J.B. 스피크먼 : 1936년 콜드 퍼머넌트 웨이브

06 가위의 날은 반듯하고 얇은 것이 좋다.

07 증기소독은 고열을 이용한 소독법으로 빗 모양의 변형이 발생할 수 있다(금속 소재의 빗은 가능). 사용 후 브러시로 털거나 크레졸수, 역성비누액, 석탄산수, 포르말린수에 약 10분 담근 후 물로 헹구고 물기 제거 후 자외선 소독한다.

08 • 두피와 모발에 쌓인 기름때(피지, 땀, 비듬, 먼지, 스타일링 제품 등)를 세정하여 청결하게 한다.
• 모근부의 혈액순환을 촉진하여 건강한 두피와 모발을 유지하기 위함이다.
• 정확한 두피와 모발 진단에 도움이 되며 시술을 용이하게 한다.

09 염색모발에는 논스트리핑(nonstripping) 샴푸제가 적합하다.

10 레이어 커트는 두정부에서 네이프로 점점 길어지는 인크리스 형태이다.

11 테이퍼링은 레이저를 사용하여 모량을 제거하면서 커트하는 방법이다.

12 프렌치 뱅 : 두발을 위로 빗고 두발 끝을 플러프해서 내려뜨린 뱅

13 두발 끝의 모량을 과하게 감소하였을 때 모발의 자지러짐이 발생할 수 있다.

14 과산화수소, 과붕산나트륨(취소산나트륨)은 제2액의 주성분이다.

15 • 플랫 컬 : 컬의 루프가 두피에 평평하고 납작하게 누운 컬로 볼륨 없음
• 리프트 컬(lift curl) : 컬의 루프가 두피에 45° 비스듬히 세워진 컬

16 핸드형 블로우 드라이어는 일반적인 드라이어의 형태로 블로우 타입과 웨이빙 타입이 있다.

17 자외선, 화학 시술, 물리적 자극은 모발 손상의 원인이다.

18 스캘프 트리트먼트는 두피 환경을 개선하여 건강하고 아름다운 모발을 유지하기 위한 물리·화학적 시술 방법이다.

19 산화제의 주성분은 과산화수소이다.

20 연화제를 사용하고 20~30분 방치한다.

21 산업보건은 환경보건 분야에 속한다.

22 ① 돼지고기 : 유구조충
② 잉어 : 간흡충(간디스토마)
③ 게 : 폐흡충(폐디스토마)
④ 소고기 : 무구조충

23 결핵(BCG) : 출생 후 4주 이내에 기본접종

24 산업피로의 본질 : 생체의 생리적 변화, 피로감각, 작업량 변화

25 수인성(水因性) 전염병 : 물이나 음식물에 의하여 발생하는 전염병으로, 이질, 장티푸스, 콜레라 등이 이에 해당한다.

26 • BOD : 생물학적 산소요구량
• COD : 화학적 산소요구량
• DO : 용존산소량
• SS : 부유물질

27 보툴리누스균 중독 : 혐기성 상태의 신경독소 분비로 발생하며, 호흡곤란, 소화기계 증상, 신경계 증상 등을 일으키고 식중독 중 치명률이 가장 높다.

28 먹는 물의 수질 기준은 대장균균이 100cc 중에 검출되지 않아야 한다.

29 vitamin C - 괴혈병

30 간흡충(간디스토마) : 제1숙주(우렁이), 제2숙주(잉어, 참붕어, 피라미)의 생식으로 인한 감염

31 소독 : 병원성 미생물의 생활력을 파기 또는 멸살시켜 감염되는 증식물을 없애는 조작

32 소독약은 저렴하고 구입이 용이해야 하며, 독성이 낮으면서 사용자에게 자극성이 없어야 한다.

33 세균이 약제에 대하여 저항성이 강한 균주로 변했을 경우 그 세균은 내성을 가졌다고 한다.

34 고압 증기법 : 100℃ 이상 고압에서 기본 15파운드로 20분 가열하는 방법, 소독 방법 중 완전 멸균으로 가장 빠르고 효과적인 방법(미생물과 아포의 완전 멸균)

35 소독에 영향을 주는 인자 : 온도, 수분, 시간, 열, 농도, 자외선

36 B형간염 바이러스는 열에 대한 저항력이 커서 자비 소독법으로 사멸되지 않는다.

37 역성비누액은 소독력은 강하지만 세정력은 약하다.

38 1,000mL의 3%는 30mL이므로, 크레졸 원액 30mL에 물 970mL를 첨가하여 1,000mL를 만든다.

39 유리기구 제품을 소독할 때는 찬물에서부터 넣고 가열하여 100℃ 이상에서 10분 이상 끓이는 방법이 좋다.

40 에틸렌옥사이드(E.O) 가스 소독은 멸균시간이 비교적 길고 비용이 많이 드는 소독법이다.

41 피부의 등전점은 pH 4.5~6.5이다.

42 모발은 성장기 - 퇴화기 - 휴지기의 성장 단계를 반복한다.

43 • 대전성 - 마찰, 정전기
• 질감 - 표면 텍스처(두께, 곱슬 상태)
• 밀도 - 모발의 양

44 수용성 비타민은 B, C, H, P이다.

45 • 한관종(물사마귀) : 황색 또는 분홍색의 반투명성 구진(2~3mm)으로 작은 물방울 모양
• 낭종 : 피부가 융기된 상태, 진피까지 침투, 심한 통증, 흉터가 남는 상태

46 백반증은 탈색소 질환이다.

47 • UV A : 320~400nm(장파장)
• UV B : 290~320nm(중파장)
• UV C : 200~290nm(단파장)

48 인종 간의 색소형성세포 수의 차이는 없지만 색소의 특징에 따라 피부색과 모발색 등의 차이가 나타난다.

49 탄수화물은 에너지원으로 혈당을 유지하고 세포를 활성화시킨다.

50 • 천연보습인자(NMF) : 아미노산(40%), 젖산(12%), 요소(7%), 지방산 등
• 폴리올 : 글리세린

51 공중위생영업 : 미용업, 이용업, 숙박업, 세탁업, 목욕장업, 건물위생관리업

52 ② 위생교육 대상자는 이·미용업에 종사하는 자가 아니라 신고하고자 하는 영업자이다.
③ 위생교육은 보건복지부장관이 허가한 관련 전문기관 및 단체가 실시할 수 있다.
④ 위생교육 시간은 매년 3시간이다.

53 손님의 간곡한 요청이 있을 경우라도 영업소 외의 장소에서 이·미용 업무를 행하여서는 안 된다.

54 교육부장관이 인정하는 고등기술학교에서 1년 이상 이용 또는 미용에 관한 소정의 과정을 이수한 자

55 이·미용사 자격 정지처분을 받은 때의 1차 위반 행정처분 기준은 면허정지이다.

56 업소 내에 화장실을 반드시 갖추어야 할 필요는 없다.

57 변경신고를 해야 할 경우
• 영업소의 명칭 또는 상호 변경
• 영업소의 소재지 변경
• 신고한 영업장 면적의 3분의 1 이상 증감 시
• 대표자의 성명 또는 생년월일 변경
• 미용업 업종 간 변경

58 1회용 면도날을 2인 이상의 손님에게 사용한 때 행정처분
• 1차 위반 : 경고
• 2차 위반 : 영업정지 5일
• 3차 위반 : 영업정지 10일
• 4차 위반 : 영업장 폐쇄명령

59 1년 이하의 징역 또는 1천만 원 이하의 벌금
• 영업의 신고를 하지 아니한 자
• 영업 정지 명령 또는 일부 시설의 사용 중지 명령을 받고도 그 기간 중에 영업을 하거나 그 시설을 사용한 자
• 영업소 폐쇄명령을 받고도 계속해서 영업을 한 자

60 영업정지 처분을 받고 그 영업정지 중 영업을 한 때에 대한 1차 위반 시의 행정처분 기준 : 영업장 폐쇄명령